Innovationslobbying

Regina Langer

Innovationslobbying

Eine Analyse am Beispiel der Elektromobilität

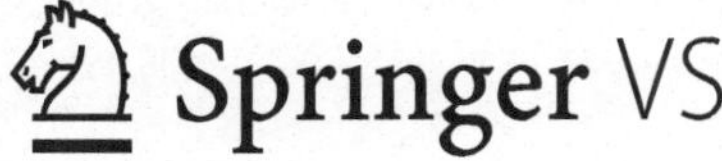
Springer VS

Regina Langer
Stuttgart, Deutschland

D100 (Dissertation Universität Hohenheim, 2013)

ISBN 978-3-658-04050-5   ISBN 978-3-658-04051-2 (eBook)
DOI 10.1007/978-3-658-04051-2

Die Deutsche Nationalbibliothek verzeichnet diese Publikation in der Deutschen Natio-
nalbibliografie; detaillierte bibliografische Daten sind im Internet über http://dnb.d-nb.de
abrufbar.

Springer VS
© Springer Fachmedien Wiesbaden 2014

Springer VS ist eine Marke von Springer DE. Springer DE ist Teil der Fachverlagsgruppe
Springer Science+Business Media.
www.springer-vs.de

Danksagung

„Wenn man auf ein Ziel zugeht, ist es äußerst wichtig, auf den Weg zu achten. Denn der Weg lehrt uns am besten, ans Ziel zu gelangen, und er bereichert uns, während wir ihn zurücklegen." (Paulo Coelho)

An dieser Stelle möchte ich allen Menschen, die mich auf dem Weg zur Promotion begleitet und bereichert haben, danken.

Zunächst möchte ich meinem akademischen Lehrer und Doktorvater, Professor Dr. Frank Brettschneider, danken, der mich während meiner Promotionszeit stets konstruktiv und zielgerichtet unterstützt hat. Darüber hinaus danke ich Prof. Dr. Dr. Claudia Mast, die das Zweitgutachten für meine Arbeit übernommen hat.

Ein besonderer Dank geht auch an die Daimler AG, meinen Auftraggeber und Praxispartner. Während meiner Doktorandentätigkeit im Bereich Politik und Außenbeziehungen konnte ich einerseits auf wertvolle Ressourcen für meine Dissertation zurückgreifen und andererseits durch die Projektarbeit im Team wichtige Erfahrungen für meine weitere berufliche Weiterentwicklung sammeln. In diesem Zusammenhang möchte ich insbesondere meinem Vorgesetzten, Herrn Dr. Lothar Ulsamer, Leiter föderale und kommunale Projekte, für die fachliche Unterstützung, die wertvollen Kontakte zur Politik, die idealen Rahmenbedingungen bei der Anfertigung dieser Studie und die einzigartige Zusammenarbeit danken. Darüber hinaus danke ich der gesamten Abteilung für die herzliche Aufnahme und für das Interesse an meinem Projekt. Auch die Experten aus Politik und Wirtschaft, die für ein ausführliches Interview zur Verfügung standen, sowie die zahlreichen politischen Entscheidungsträger, die an der Online-Umfrage teilnahmen, haben einen wichtigen Beitrag für das Gelingen dieser Arbeit geleistet. Allen Beteiligten sei an dieser Stelle ein Dankeschön gesagt.

Aus vollem Herzen möchte ich schließlich meiner Familie danken, die mir in allen Lebenslagen stets zur Seite stand. In diesem Zusammenhang möchte ich insbesondere meinem Bruder für die zahlreichen wissenschaftlichen Diskussionen sowie moralischen Appelle danken. Schließlich danke ich meiner Mutter, ohne deren Rückendeckung und warmherzige Unterstützung diese Arbeit nie im Zeitraum von drei Jahren hätte vollendet werden können. In Liebe und tiefer Verbundenheit sei ihr dieses Werk gewidmet.

Lorch, August 2013

In Liebe und tiefer Verbundenheit
meiner Mutter gewidmet

Inhalt

Abkürzungsverzeichnis

ADAC	Allgemeiner Deutscher Automobil-Club
AG	Aktiengesellschaft
ARD	Arbeitsgemeinschaft der öffentlich-rechtlichen Rundfunk-anstalten der Bundesrepublik Deutschland
BEV	Battery Electric Vehicle
BMBF	Bundesministerium für Bildung und Forschung
BMF	Bundesfinanzministerium
BMU	Bundesumweltministerium
BMVBS	Bundesministerium für Verkehr, Bau und Stadtentwicklung
BMW	Bayerische Motoren Werke
BMWi	Bundesministerium für Wirtschaft und Technologie
BUND	Bund für Umwelt und Naturschutz Deutschland
CDU	Christlich Demokratische Union Deutschlands
CEO	Chief Executive Officer
CO_2	Kohlenstoffdioxid
DLR	Deutsches Zentrum für Luft- und Raumfahrt
DVZ	Deutsche Verkehrszeitung
E-Fahrzeuge	Elektrofahrzeuge
EU	Europäische Union
e. V.	Eingetragener Verein
F&E	Forschung und Entwicklung
F.A.Z.	Frankfurter Allgemeine Zeitung
FAS	Frankfurter Allgemeine Sonntagzeitung
FCEV	Fuel Cell Electric Vehicle
FTD	Financial Times Deutschland
FW	Freie Wähler
Fraunhofer IAO	Fraunhofer-Institut für Arbeitswirtschaft und Organisation IAO
Fraunhofer ISI	Fraunhofer-Institut für System- und Innovationsforschung ISI
GGEMO	Gemeinsame Geschäftsstelle Elektromobilität
GmbH	Gesellschaft mit beschränkter Haftung
HEV	Hybrid Electric Vehicle
IKT	Informations- und Kommunikationstechnologien

IMU-Institut	Institut für Marktorientierte Unternehmensführung
IREES	Institut für Ressourceneffizienz und Energiestrategien
KMU	Klein- und mittelständische Unternehmen
kWH	Kilowattstunden
Lkw	Lastkraftwagen
m	Mittelwert
MdB	Mitglied des Bundestages
MdEP	Mitglied des Europäischen Parlaments
MdL	Mitglied des Landtages
MHEV	Mild-Hybrid Electric Vehicle
n	Anzahl
NGO	Non Governmental Organisation (Nicht-Regierungsorganisation)
NIP	Nationales Innovationsprogramm
NOW	Nationale Organisation Wasserstoff- und Brennstoffzellentechnologie
NPE	Nationale Plattform Elektromobilität
OEM	Original Equipment Manufacturer
PHEV	Plug-In-Hybrid Electric Vehicle
Pkw	Personenkraftwagen
PR	Public Relations
REEV	Range-Extended Electric Vehicle
Regional- und Kommunalpol.	Regional- und Kommunalpolitiker
Sp.	Spalte
SPD	Sozialdemokratische Partei Deutschlands
SWOT	Strengths, Weaknesses, Opportunities, Threats
taz	Die Tageszeitung
TCO	Total Cost of Ownership
VCD	Verkehrsclub Deutschland
VDA	Verband der Automobilindustrie
VW	Volkswagen
WAZ	Westdeutsche Allgemeine Zeitung
WBZU	Weiterbildungszentrum Brennstoffzelle Ulm e. V.
Wh	Wattstunden
WON	Währung von Südkorea
YTD	Year-to-date
ZDF	Zweites Deutsches Fernsehen

1 Einleitung

1.1 Problemstellung

„Bill Gates wäre in Deutschland allein deshalb gescheitert, weil nach der Baunutzungsordnung in einer Garage keine Fenster drin sein dürfen."
Jürgen Rüttgers, ehemaliger Ministerpräsident von Nordrhein-Westfalen

Innovationen sind der Motor für Fortschritt, Wachstum, Beschäftigung und Wohlstand. Die Stärkung der Innovationskraft sowie die Förderung von neuen Technologien sind von besonderer Bedeutung, um den Wirtschaftsstandort Deutschland zukunftsfähig zu halten (vgl. Hundt 2005: 9). In Zeiten zunehmender globaler und digitaler Vernetzung muss jedoch Abschied von der Vorstellung genommen werden, dass radikale Innovationen hinter verschlossenen Unternehmenstüren stattfinden. Unternehmen jeglicher Größenordnung agieren mehr denn je eingebettet in die Prozesse und Interdependenzen des gesellschaftspolitischen Umfeldes. Dabei bestimmen politische Normen einerseits und die Beziehungen eines Unternehmens zur Politik andererseits die Handlungsspielräume und damit auch die Erfolgsaussichten eines Wirtschaftsunternehmens (vgl. Köppl 2008: 189). Es bedarf daher eines engen Zusammenspiels zwischen Wirtschaft und Politik, um Innovationen am Markt erfolgreich einzuführen. Eine professionelle Kommunikation von Innovationen mit politischen Stakeholdern bildet aus Unternehmenssicht dafür die wesentliche Grundvoraussetzung.

Dies gilt insbesondere auch und gerade für eine Innovation wie die Elektromobilität. Vor dem Hintergrund des Klimawandels, begrenzter Erdölvorräte, veränderter Mobilitätsbedürfnisse sowie des starken technologischen Wettbewerbs werden seitens der Gesellschaft und der Politik zunehmend Forderungen nach einer nachhaltigen zukunftsfähigen Mobilität laut. Der Elektromobilität wird dabei eine Schlüsselfunktion zugesprochen (vgl. Bundesregierung 2009: 6). Die Einführung dieser Innovation bedeutet jedoch nicht nur eine Umstellung auf eine neue Motorisierungsvariante, sondern impliziert den Wechsel eines gesamten Systems (vgl. e-mobil BW GmbH 2011a: 75; ELAB 2012: 9 f; Fraunhofer IAO 2010a: 7), so dass hier zweifelsfrei von einer radikalen Innovation gesprochen werden kann, die nicht nur Veränderungen innerhalb der Organisation und auf dem Markt, sondern auch im gesellschaftspolitischen Umfeld nach sich zieht. Die Politik kann durch geeignete Rahmenbedingungen wie z. B. durch den Aufbau einer Infrastruktur für Strom und Wasserstoff, durch die Förderung von Forschungs- und Entwicklungsaktivitäten oder durch staatliche Kaufanreize den Marktdurchbruch von Elektrofahrzeugen maßgeblich beeinflussen. Daher ist es für Unternehmen im automobilen und automobilnahen Sektor zwingend notwendig, mit der Politik in Kontakt zu treten, um sich über das Thema Elektromobilität sowohl aus wirtschaftlicher als auch aus politischer Perspektive auszutauschen. Dem systematischen Unternehmenslobbying kommt beim Thema Elektromobilität folglich eine hohe Bedeutung zu.

1.2 Identifizierung des Forschungsbedarfs

Nach der skizzierten Problemstellung dieser Arbeit wird im nachfolgenden Kapitel der Fokus auf den aktuellen Stand der Forschung auf diesem Themengebiet gerichtet und der Forschungsbedarf identifiziert. Dabei wird zunächst der generelle Forschungsbedarf aus der Perspektive der wissenschaftlichen Fachliteratur aufgezeigt. So wird der Blick sowohl auf die Bereiche Innovationsmanagement, Innovationskommunikation sowie Public Affairs gerichtet. In einer interdisziplinären Annäherung werden eindeutige Desiderata herausgearbeitet, die Anlass zur Untersuchung des dargestellten Forschungsfeldes geben. Neben der wissenschaftlichen Perspektive wird anschließend der Fokus auf die aktuelle Praxis gerichtet und aufgezeigt, welche Innovationsbereiche insbesondere auf der heutigen gesellschaftspolitischen Agenda stehen und warum gerade die Elektromobilität eine radikale Innovation darstellt, die untersucht werden sollte.

1.2.1 *Forschungsbedarf aus der wissenschaftlichen Literatur*

Ausgehend von der Literatur der allgemeinen Innovationslehre kristallisiert sich heraus, dass im Zusammenhang mit der erfolgreichen Einführung von Innovationen am Markt und in der Gesellschaft vor allem situativen Einflüssen Beachtung geschenkt werden muss:

> „Wer diese situativen Einflüsse vernachlässigt, verrät einen Mangel an Professionalität. Er erlebt als Forscher, dass die Beziehungen zwischen Innovationsmanagement und Innovationserfolg vielfach instabil sind und keine zuverlässigen Prognosen ermöglichen. Als Praktiker wird er konstatieren müssen, dass er deshalb nicht erfolgreich war, weil er das Innovationsmanagement nicht wachsam und flexibel genug betrieben hat" (Hauschildt/Salomo 2011: 41).

Ein Blick in die wissenschaftliche Literatur zur Unternehmenskommunikation als systematisches Management von Kommunikationsprozessen bekräftigt diese Aussage und lässt sich auch auf den Innovationskontext übertragen:

> „Im gesellschaftspolitischen Umfeld geht es um die Sicherung prinzipieller Handlungsspielräume und die Legitimation konkreter Strategien. Die Unternehmensführung muss versuchen, ihr Handeln und dessen Ergebnisse mit den strukturellen Imperativen der verschiedenen Lebensbereiche verträglich zu machen" (Zerfaß 2007: 49).

Folglich muss bei der Kommunikation zwischen Unternehmen und Politik sichergestellt werden, dass adäquate Rahmenbedingungen für das betriebswirtschaftliche Agieren bestimmt und gesellschaftspolitische Unterstützungspotenziale für die Unternehmenstätigkeiten aktiviert werden (vgl. Zerfaß 2007: 49). *„Der ‚Markt Politik' interagiert mit allen Entscheidungen und Aktivitäten des Unternehmens und muss daher aktiv gestaltet werden"* (Köppl 2003: 73). Unternehmen müssen in den aktiven gesellschaftlichen und politischen Dialog eintreten und eine glaubwürdige und transparente Kommunikation durchführen (vgl. Claasen 2005: 122 f). Im Zusammenhang mit neuen Technologien, Produkten oder Dienstleistungen müssen Hintergründe und Chancen erklärt werden, komplexe Handlungsräume koordiniert und gegensätzliche Interessen diskutiert werden (vgl. Zerfaß 2004a: 10). Vor allem bei radikalen Innovationen, die mit einem erheblichen Wandel bezüglich Technologie, Organisation, Markt und Umfeld einhergehen, gilt dieses Prinzip umso mehr:

> „Innovationen beeinflussen nicht nur die Marktakteure (insb. Anbieter und Nachfrager), sondern auch das weiter gefasste Umfeld. Besonders radikale Innovationen verlangen häufig den Aufbau neuer Infrastrukturen sowie größere Anpassungen regulatorischer und gesellschaftlicher Rahmenbedingungen" (Steinhoff 2008: 10).

Je radikaler eine Innovation, desto mehr Akteure sind am Innovationsprozess beteiligt und desto bedeutsamer wird auch deren Einfluss auf den Erfolg einer Innovation. Gerade daher ist die Betrachtung des Beziehungsgeflechts zwischen Unternehmen und deren politischen Stakeholdern bei der Vermittlung von Innovationen von erheblicher Relevanz. Der Kommunikation von Innovationen kommt also eine Schlüsselfunktion zu (vgl. Ernst/Zerfaß 2009: 58 f).

Jedoch herrscht auf dem Gebiet der Innovationskommunikation insbesondere in Deutschland ein erheblicher Nachholbedarf (vgl. Zerfaß/Mast 2005: 16; Huck 2007: 5; Zerfaß/Huck 2007a: 108). So hinkt die wissenschaftliche Auseinandersetzung rund um Fragen hinsichtlich der kommunikativen Vermittlung von Innovationen der Praxis hinterher (vgl. Huck 2007: 5). Zwar wurden zahlreiche Innovationsoffensiven eingeläutet, eine Verknüpfung von Kommunikation und Innovation hat jedoch nur rudimentär und unzureichend stattgefunden (vgl. Roeßle 2007: 10; Zerfaß 2006: 18; Zerfaß/Möslein 2009: VI; Zerfaß 2005b: 17 f; Zerfaß/Ernst 2008: 2; Mast/Zerfaß 2004: 5; Zerfaß 2004a: 10): *„Insgesamt wird deutlich, dass die Kommunikation trotz ihrer zentralen Bedeutung für den Innovationserfolg bislang nicht systematisch untersucht und thematisiert wird"* (Zerfaß 2009: 26). Und das, obwohl die Kommunikation von Innovationen eine wichtige Determinante für den Erfolg einer Innovation ist:

> „Oft scheitern Innovationen [...] schlicht an mangelhafter kommunikativer Vorbereitung. Menschen, an die sich Innovationen richten, verstehen diese nicht, wehren sich gegen Veränderung oder stufen den persönlichen Nutzen einer Neuheit als zu gering ein [sic!] mit der Folge erhöhter Kosten der Durchsetzung oder dem Scheitern einer Innovation. Strategische Kommunikation wird zum kritischen Erfolgsfaktor, der in Innovationsprozessen einen unverzichtbaren Wertbeitrag liefert" (Fink 2009: 209 f).

Es fehlt eine fundierte interdisziplinäre Auseinandersetzung mit entsprechender Problemstellung, in der betriebswirtschaftliche, kommunikationswissenschaftliche und sozialtheoretische Erkenntnisse erörtert und integriert werden (vgl. Zerfaß 2005b: 18; Zerfaß/Sandhu/Huck 2004a: 2; Zerfaß 2009: 26), was für eine spätere interdisziplinäre Herangehensweise in dieser Untersuchung spricht. Darüber hinaus hat sich gezeigt, dass *„weiterführende Studien zu ausgewählten Aspekten erforderlich sind, die stärker qualitativ angelegt sind oder sich näher mit Ausschnitten beschäftigen"* (Huck 2007: 5).

Konkretisiert man also – ausgehend von dem Postulat von Huck – den Forschungsbedarf bezüglich der Kommunikation von Innovationen mit politischen Stakeholdern, können eindeutige Desiderata lokalisiert werden. Es existieren keinerlei spezifische wissenschaftliche Befunde für die hier definierte Zielgruppe. Die bisherigen wissenschaftlichen bzw. empirischen Untersuchungen leisteten einen Beitrag lediglich darin, dass sie entweder die Stakeholdergruppen eines Unternehmens in ihrer Gesamtheit berücksichtigten oder die Interaktion zwischen Kommunikationsverantwortlichen eines Unternehmens und den Stakeholdergruppen Journalisten, Kunden oder Mitarbeiter im Detail beleuchteten (vgl. Ernst/Zerfaß 2009: 58; Mast/Huck/Zerfaß 2004: 51)[1]:

---

1 Dies beweisen die ersten empirischen Studien zum Thema Innovationskommunikation (vgl. Mast/Huck/Zerfaß 2004; Mast/Huck/Zerfaß 2006). Die beiden INNOVATE Trend-Studien, die im Jahre 2004 und 2006 erste Einblicke zu diesem Thema gegeben haben, legten den Schwerpunkt auf die Innovationsvermittlung von Unternehmen, Organisationen oder Forschungseinrichtungen in der deutschen Forschungslandschaft (vgl. Mast/Huck/Zer-faß 2006: 11). Im Vordergrund dieser Studien

„Kunden, Mitarbeiter und Fachjournalisten – diese drei Zielgruppen sind es, die für die befragten Kommunikationsverantwortlichen im Fokus ihrer Innovationskommunikation stehen. [...] Eine eher untergeordnete Rolle als Adressaten der Innovationskommunikation spielen z. B. Politik, Behörden, Verbände, Nicht-Regierungsorganisationen oder Anwohner" (Mast/Huck/Zerfaß 2005a: 63 f).

Folglich liegt auch eine Beschäftigung mit den vernachlässigten Zielgruppen nahe (vgl. Huck 2007: 27). Wie zu Beginn dieses Kapitels auf Basis der Literatur aus der Innovationslehre deutlich wurde, hat vor allem die politische Stakeholdergruppe Einfluss auf den Erfolg eines Unternehmens und somit auch auf Innovationen. Die Kommunikation mit dieser speziellen Gruppe gewinnt durch den Wandel der Innovationsmodelle hin zu offenen Prozessen unter Einbindung verschiedener externer Stakeholder und den komplexer werdenden Rahmenbedingungen mehr und mehr an Bedeutung (vgl. Ernst/Zerfaß 2009: 58):

„Die stärkere Außenorientierung und skizzierte Öffnung des Innovationsprozesses führt dazu, dass die Unternehmensführung interne und externe Stakeholder mehr denn je kommunikativ einbinden muss. [...] Schließlich sind NGOs (Non Governmental Organizations, z. B. Greenpeace) und Regulierungsinstanzen (Politik, Verwaltung) wichtige Stakeholder, die die Markteinführung einer Innovation durch öffentlichen Protest und gesetzliche Auflagen behindern oder gar blockieren können" (Zerfaß 2005b: 26 f).

Eine Entwicklung spezieller Maßnahmen für die kommunikative Ansprache von Politik, Verbänden und NGOs ist folglich mehr als gerechtfertigt: *„Denkbar wäre beispielsweise die Modellierung eines nach Zielgruppen spezifizierten Maßnahmenkataloges"* (Huck 2007: 27). Die Forderung, sich diesem Gebiet stärker zuzuwenden, wird vielfach begrüßt: *„Eine gute Kommunikation zwischen Experten, Politik, Wirtschaft und Gesellschaft ist wichtige Voraussetzung für einen reibungslosen Innovationsprozess"* (Bundesministerium für Wirtschaft und Arbeit 2004: 60):

„Notwendige Innovationen müssen kreativ entwickelt und umgesetzt werden, wobei gerade auch die Kommunikationsprozesse wichtig sind. Viele Innovationen scheitern, werden verworfen, da es an der adäquaten kommunikativen Unterstützung mangelt. Dies gilt für das Wirtschaftsunternehmen, aber auch für gesamtgesellschaftliche und politische Prozesse" (Ulsamer 2005: 27).

---

standen vor allem die Interaktion zwischen PR-Fachleuten und Journalisten sowie die Frage, wie über die Massenmedien Innovationen an die Öffentlichkeit getragen werden (vgl. Huck 2007: 5 f). So wurde beispielsweise überprüft, welche Einflussfaktoren die mediale Berichterstattung über Innovationen hemmen bzw. fördern (vgl. Mast/Huck Zerfaß 2006: 11).

Schließlich wurde die Differenzierung zwischen Innovationstypen und Innovationsgrad sowohl im Innovationsmanagement als auch in der Innovationskommunikation bisher stark vernachlässigt (vgl. Huck 2007: 27; Hauschildt/Salomo 2011: 33).

Zusammenfassend lässt sich also nachweisen, dass aus der Perspektive der wissenschaftlichen Literatur eine interdisziplinäre Untersuchung bezüglich der Kommunikation von Innovationen mit politischen Stakeholdern (Innovationslobbying) gerechtfertigt ist.

1.2.2   Forschungsbedarf aus der Praxis: Elektromobilität als Beispiel für eine radikale Innovation

Ein Blick in die Praxis zeigt, dass vor allem bei der Einführung radikaler Innovationen, bei denen Politik und Wirtschaft zusammen tätig waren, in der jüngsten Vergangenheit erhebliche Fehler passiert sind (vgl. Stäudner 2008). Staat und Wirtschaft planen bei Großvorhaben häufig aneinander vorbei, was zur Schwächung des Technologiestandortes Deutschland führt und den deutschen Steuerzahler Milliarden kostet (vgl. Deckstein et al. 2008: 20):

> „Vom Transrapid über die Autobahn-Maut bis zur elektronischen Gesundheitskarte versanken in den vergangenen Jahren zahlreiche technologische Großvorhaben in einem Sumpf von Pannen" (Deckstein et al. 2008: 21).

Auch jüngste Beispiele wie der kontrovers diskutierte neue Stuttgarter Bahnhof „Stuttgart 21" oder der Bau des Flughafens Berlin Brandenburg „Willy Brandt" verstärken dieses Bild und machen deutlich, dass eine transparente Kommunikation gegenüber der Öffentlichkeit sowie exakte Absprachen zwischen Wirtschaft und Politik immer mehr an Relevanz gewinnen und die Einführung von radikalen Innovationen kommunikativ begleitet werden muss. Dies ist vor allem bei innovativen Projekten der Fall, die über viele Jahre hinweg geplant bzw. umgesetzt werden (vgl. zur Kommunikation und Meinungsbildung bei Großprojekten Brettschneider 2011: 40f). Betrachtet man die aktuelle Agenda der Politik und untersucht, in welchen Bereichen radikale Innovationen im Moment besonders fokussiert werden und somit auch von Anfang an kommunikativ begleitet werden müssen, kristallisieren sich Bedarfsfelder vor allem in den Bereichen Klima/Energie, Gesundheit/Ernährung, Mobilität, Sicherheit und Kommunikation heraus (siehe Abbildung 1). Mittels der Hightech-Strategie der Bundesregierung sollen diese Felder besonders gefördert werden und „Deutschland zum Vorreiter bei der Lösung dieser globalen Herausforderungen gemacht werden" (Ministerium für Bildung und Forschung 2010: 5). Dabei wird auch die Intention verfolgt, Wertschöpfungspotenziale für Unternehmen zu bieten, qualifizierte Arbeitsplätze zu schaffen und Talente in Deutschland besser zu nutzen. Die Bundesregierung will wichtige Schlüsseltechnologien in diesen fünf Bereichen fördern und die innovationsrelevanten Rahmenbedingungen verbessern (vgl. Ministerium für Bildung und Forschung 2010: 5). Hierzu sind von der Bundesregierung in den einzelnen Bedarfsfeldern konkrete Zukunftsprojekte definiert worden.

Abbildung 1: Konkreter Bedarf an radikalen Innovationen in fünf Bereichen

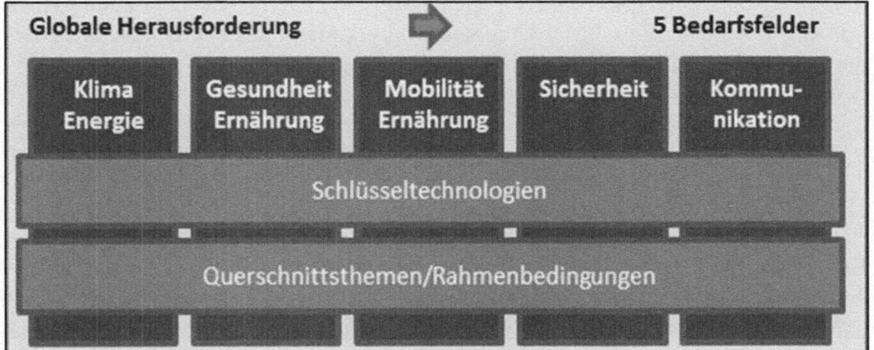

Quelle: Bundesministerium für Bildung und Forschung 2010: 5

Der Bereich der Mobilität – insbesondere die Automobilindustrie in Deutschland – bietet beste Voraussetzungen, sich mit radikalen Innovationen zu beschäftigen:

> „Wenn nach einem anschaulichen Beispiel für den technischen Fortschritt gesucht wird, gehört die Automobilproduktion zur ersten Wahl. In kaum einem anderen Wirtschaftszweig lässt sich der tiefgreifende Wandel der Produktionsverfahren in Fertigung und Montage derart plastisch vor Augen führen wie in der Fabrikation von Fahrzeugen [...] Die ausgefeilten heutigen Abläufe kommen im Zuge der Elektromobilität erneut auf den Prüfstand" (ELAB 2012: 22).

Wenn es um die Mobilität der Zukunft geht, geht es auch immer um Elektromobilität (vgl. VDA 2011: 7; Bund für Umwelt und Naturschutz 2009: 3). Zu diesem Ergebnis kommt auch das Bundesministerium für Bildung und Forschung: *„Zu den wichtigsten Forschungs- und Innovationsschwerpunkten zählt die Entwicklung neuer Antriebssysteme"* (Bundesministerium für Bildung und Forschung 2010: 15). Folglich ist es ratsam, sich dem Innovationsfeld Elektromobilität zuzuwenden und die Kommunikation mit den politischen Stakeholdern systematisch zu untersuchen.

1.3 Theoretische Verortung in der integrierten Unternehmenskommunikation

Nach der Konkretisierung des Forschungsbedarfs und der Erkenntnis, dass vor allem das Feld der Innovationskommunikation bzw. des Innovationslobbyings untersucht werden muss, soll nachfolgend die theoretische Verortung dieses Forschungsfeldes erfolgen. Bei der Innovationskommunikation *„handelt es sich um ein bedeutsames Handlungsfeld der Unternehmens- bzw. Organisationskommunikation, weil im Wettbewerb um öffentliche Aufmerksamkeit für Innovationen eigene Spielregeln und Vorgehensweisen gelten"* (Zerfaß/Sandhu/Huck 2004a: 4). Dabei soll in dieser Untersuchung vor allem das Prinzip der integrierten Unternehmenskommunikation in den Vordergrund rücken:

> „Vor dem Hintergrund der Herausforderung, die die Vermittlung von neuen, abstrakten und komplexen Innovationen für Kommunikationsfachleute in Unternehmen darstellt, scheint insbesondere das Konzept der integrierten Kommunikation geeignet"(Huck-Sandhu 2009: 196).

Bei dieser integrierten Herangehensweise werden alle Teilbereiche der Unternehmenskommunikation inhaltlich, formal, zeitlich und dramaturgisch aufeinander abgestimmt, um ein einheitliches Erscheinungsbild des Unternehmens gewährleisten zu können (vgl. Bruhn 2005: 100; Zerfaß 2007: 23, 41). Somit können Widersprüche weitgehend vermieden und Verstärkereffekte genutzt werden (vgl. Zerfaß 2005b: 32). Gerade bei der Kommunikation von radikalen Innovationen, die eine hohe Komplexität aufweisen, erscheint die Anwendung dieses Ansatzes sinnvoll. Bei der Verortung der Innovationskommunikation im Kontext der Unternehmenskommunikation wird ersichtlich, dass Innovationslobbying auf Unternehmensebene organisatorisch der Innovations-PR zugeordnet wird (siehe Abbildung 2).

Bei der internen Innovationskommunikation stehen die Handlungskoordination und die Interessenklärung mit den internen Stakeholdern (Eigentümer, Mitarbeiter, Führungskräfte etc.), die an der Umsetzung der Innovationsziele des Unternehmens mitwirken, im Vordergrund (vgl. Zerfaß 2005b: 32). Das Innovationsmarketing richtet sich an externe Stakeholder (Kunden, Lieferanten, Wettbewerber etc.), die in einer Austausch- oder Wettbewerbsbeziehung mit dem Unternehmen stehen. Innovationskommunikation übernimmt hier vor allem die Aufgabe, den Nutzwert der Innovation zu veranschaulichen (vgl. Zerfaß/Sandhu/Huck 2004b: 57). Der Bereich Innovations-PR beschäftigt sich mit Stakeholdern, die weder eine Organisations- noch eine Marktbeziehung zum Unternehmen aufweisen, die aber dennoch für die Durchsetzung von Innovationen relevant sind. Dies können Wissenschaftler, Anwohner von Standortregionen, Regierungen oder auch Behörden sein. Bei der Innovations-PR stehen der Aufbau von Vertrauen und Glaubwürdigkeit sowie der Imageaufbau als Innovationsträger im Vordergrund. Darüber hinaus geht es um die Abstimmung konkreter Handlungen wie beispielsweise den Aufbau von politischen Rahmenbedingungen (vgl. Zerfaß 2005b: 32). Genau hier setzen die Public Affairs-Aktivitäten und damit auch das Innovationslobbying an.

Beim Innovationslobbying bzw. auch bei der allgemeinen Innovationskommunikation gilt es daher – gemäß dem Prinzip der Integration – darauf zu achten, den Bezug zur Gesamtstrategie herzustellen bzw. zu wahren. Als Teil der integrierten Unternehmenskommunikation stehen selbstverständlich auch in diesem spezifischen Bereich die übergeordneten betriebswirtschaftlichen Unternehmensziele im Vordergrund (vgl. Zerfaß 2007: 52).

Abbildung 2: Theoretische Verortung der Innovationskommunikation bzw. des Innovationslobbyings

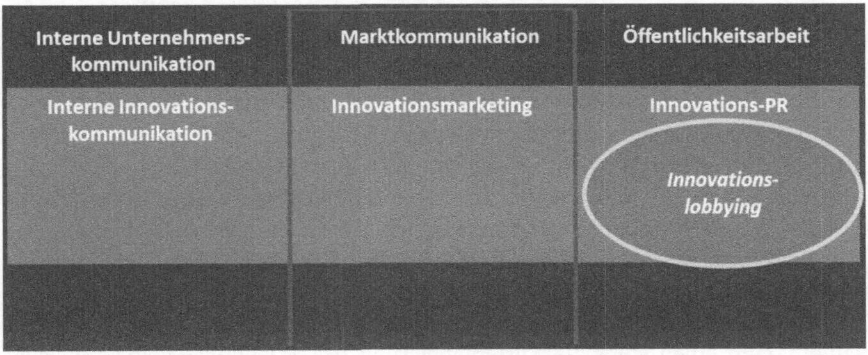

1.4 Ziel und wissenschaftliches Erkenntnisinteresse der Arbeit

Vor dem Hintergrund des identifizierten Forschungsbedarfs wird deutlich, dass eine umfassende Untersuchung der Kommunikation radikaler Innovationen mit politischen Stakeholdern (Innovationslobbying) im Kontext der integrierten Unternehmenskommunikation gerechtfertigt ist. Bisher liegt kein systematischer Ansatz in der Wissenschaft zu diesem Untersuchungsgegenstand vor. Die Forschungsrelevanz ist deutlich erkennbar, da sowohl aus betriebswirtschaftlicher Sicht, aus kommunikationswissenschaftlicher Perspektive und aus politikwissenschaftlichem Blickwinkel Desiderata sichtbar wurden. Es existieren zwar wissenschaftliche Befunde zu einzelnen Forschungsfeldern wie Innovationsforschung, Innovationskommunikation und Lobbying, eine Verbindung dieser

Komponenten zu einem integrativen Konzept wurde bisher aber nicht vorgenommen. Auch die Differenzierung nach Innovationsgrad wurde aus kommunikationswissenschaftlicher Sicht bisher vernachlässigt. Darüber hinaus zeigte der Blick in die Praxis, dass aufgrund der Kommunikationsprobleme zwischen Unternehmen und Politik in der Vergangenheit eine wissenschaftliche Untersuchung zum Thema Innovationslobbying notwendig ist.

Die Untersuchung verfolgt daher das Ziel, aus Unternehmenssicht Erfolgsfaktoren für die systematisch geplante, durchgeführte und evaluierte Kommunikation von radikalen Innovationen mit politischen Stakeholdern (Innovationslobbying) zu bestimmen, um positiv auf politische Entscheidungsprozesse einzuwirken und somit radikale Innovationen erfolgreich durchzusetzen. Dabei soll ein konzeptueller Rahmen entwickelt werden, der anhand der Elektromobilität als Musterbeispiel für eine radikale Innovation in der Empirie erprobt wird.

Die vorliegende Arbeit intendiert vorrangig ein wissenschaftliches Erkenntnisinteresse. Dabei wird in dieser Untersuchung vor allem von einem anwendungsorientierten Wissenschaftsverständnis ausgegangen. Während die Grundlagenforschung die Erklärungskraft von Theorieentwürfen und die Bestätigungskraft von Hypothesen in den Mittelpunkt stellt, werden in der angewandten Wissenschaft mit Hilfe von vorhandenen Erkenntnissen der Grundlagenwissenschaft die Anwendbarkeit von Modellen, Verfahren und Regeln für wissenschaftlich geleitetes Handeln in der Praxis fokussiert (vgl. Ulrich 2001: 53). Anwendungsorientierte Wissenschaft weist darüber hinaus starke interdisziplinäre Züge auf. Vor dem Hintergrund des identifizierten Forschungsbedarfs, der in mehreren wissenschaftlichen Disziplinen sichtbar wurde, eignet sich die anwendungsorientierte Forschung daher optimal.

Die wissenschaftliche Leistung dieser Arbeit beruht auf drei wesentlichen Säulen: Zum einen steht die Systematisierung des existierenden theoretischen Wissens im Vordergrund. Zweitens soll ein interdisziplinäres Konzept für Innovationslobbying entwickelt werden, das die relevanten Erkenntnisse der einzelnen Fachdisziplinen verbindet. In einem dritten Schritt erfolgt die Anwendung des Konzepts auf eine aktuelle radikale Innovation in der Praxis. Die Elektromobilität soll aus den genannten Gründen (siehe Kapitel 1.2.2) als Beispiel herangezogen werden.

In dieser Untersuchung wird der Fokus vor allem auf Deutschland gerichtet und Innovationslobbying wird sowohl auf Bundesebene, Landesebene als auch kommunaler Ebene diskutiert. Selbstverständlich spielt auch das Innovationslobbying auf EU-Ebene oder auf internationaler Ebene eine herausragende und sicherlich ebenso bedeutende Rolle. Aus Gründen der Komplexität dieses wissenschaftlichen Feldes müssen jedoch Einschränkungen vorgenommen werden. Daher soll eher ein Teilgebiet analysiert werden und dafür jedoch der Detaillierungsgrad stärker sein. Gleichzeitig sei an dieser Stelle auch bemerkt, dass in Bezug auf die Kommunikation von Innovationen mit politischen Stakeholdern vor allem die Interaktion zwischen Wirtschaft und Politik betrachtet wird. Wissenschaft, Medien und weitere gesellschaftliche Akteure leisten bei der erfolgreichen Vermittlung von Innovationen natürlich auch einen wichtigen Beitrag, können jedoch aus Gründen der Komplexität kein expliziter Untersuchungsgegenstand dieser Arbeit sein, auch wenn sie selbstverständlich im Laufe der Arbeit immer wieder Erwähnung finden. Die dargestellten Begrenzungen beziehen sich auch auf die empirische Analyse der Elektromobilität.

1.5 Leitfrage und zentrale Forschungsfragen

Vor dem Hintergrund der erläuterten Zielsetzung wird die Untersuchung von folgender Leitfrage dominiert werden, mit deren Beantwortung der wesentliche Innovationbeitrag dieser Untersuchung abgebildet wird. *Welche zentralen Erfolgsfaktoren lassen sich für die systematisch geplante, durchgeführte und evaluierte Kommunikation von radikalen Innovationen mit politischen Stakeholdern (Innovationslobbying) – am Beispiel der Elektromobilität – bestimmen?*

Aus dieser übergeordneten Frage lassen sich drei konkrete Unterfragen ableiten, die das Grundgerüst dieser Arbeit darstellen (siehe Abbildung 3).

Abbildung 3: Ableitung der Leitfrage in die drei zentralen Forschungsfragen

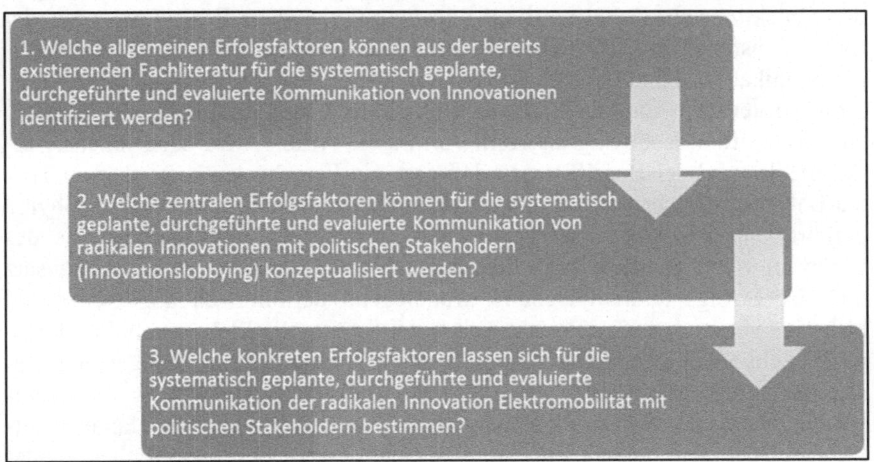

So soll im Rahmen der ersten Fragestellung eine ganzheitliche Betrachtung der Innovationskommunikation erfolgen, damit eine Basis für die spätere Spezifizierung des Untersuchungsgegenstandes hergestellt wird. Bei der zweiten Frage steht dann die Kommunikation von radikalen Innovationen mit politischen Stakeholdern (Innovationslobbying) im Mittelpunkt. Um die Frage zu beantworten, wird ein konzeptioneller Rahmen für Innovationslobbying erarbeitet, der die relevanten Erkenntnisse aus der Innovationsforschung, der Innovationskommunikation und der Lobbying-Literatur vereint, und Orientierung über Ziele, organisatorische Rahmenbedingungen, Schlüsselakteure, Themen sowie Kommunikationsinstrumente des Innovationslobbyings gibt. Anhand der dritten Frage wird dieser konzeptionelle Rahmen am Beispiel einer konkreten Innovation, der Elektromobilität, erprobt.

1.6 Vorgehensweise dieser Untersuchung

Die vorliegende Untersuchung ist in mehrere Abschnitte gegliedert. Nach der Einleitung (Kapitel 1), in der die Problemstellung erläutert, der Forschungsbedarf dargestellt, der Untersuchungsgegenstand in der integrierten Unternehmenskommunikation verortet, das Ziel und das wissenschaftliche Erkenntnisinteresse demonstriert und die zentralen Forschungsfragen präsentiert wurden, soll an dieser Stelle die weitere Vorgehensweise dieser Untersuchung skizziert werden (siehe Abbildung 4). Kapitel 2 umfasst die interdisziplinäre Annäherung an den Objektbereich. Dabei wird auf relevante vorhandene Erkenntnisse aus der Innovationsforschung (betriebswirtschaftliche Perspektive), der Innovationskommunikation (kommunikationswissenschaftliche Perspektive), und der Public Affairs-Literatur (kommunikations- und politikwissenschaftliche Perspektive) zurückgegriffen. Lobbying als Kern von Public Affairs wird dabei intensiv erläutert. So wird der Begriff genau definiert, ein Forschungsüberblick zum Thema Lobbying gegeben und demokratietheoretische Diskussionen über Lobbying geführt, um in dieser Untersuchung eine reflektierte Betrachtungsweise des Lobbyismus zu gewährleisten. Darüber hinaus werden der Stakeholderansatz und die Erfolgsfaktorenforschung grundlegend definitorisch abgegrenzt und bisherige vorhandene theoretische Erkenntnisse über die Elektromobilität dargestellt. Schließlich werden die Phasen des Kommunikationsmanagements zusammenfassend erläutert, da diese als strukturelles Grundgerüst für die Beantwortung der drei zentralen Forschungsfragen, die dem Prinzip des Managementkreislaufes folgen, dienen. Ziel dieses Kapitels ist es, ein theoretisches Fundament zu bilden, auf das bei der weiteren Bearbeitung des Untersuchungsgegenstandes in den späteren Kapiteln zurückgegriffen werden kann.

Abbildung 4: Aufbau der Arbeit

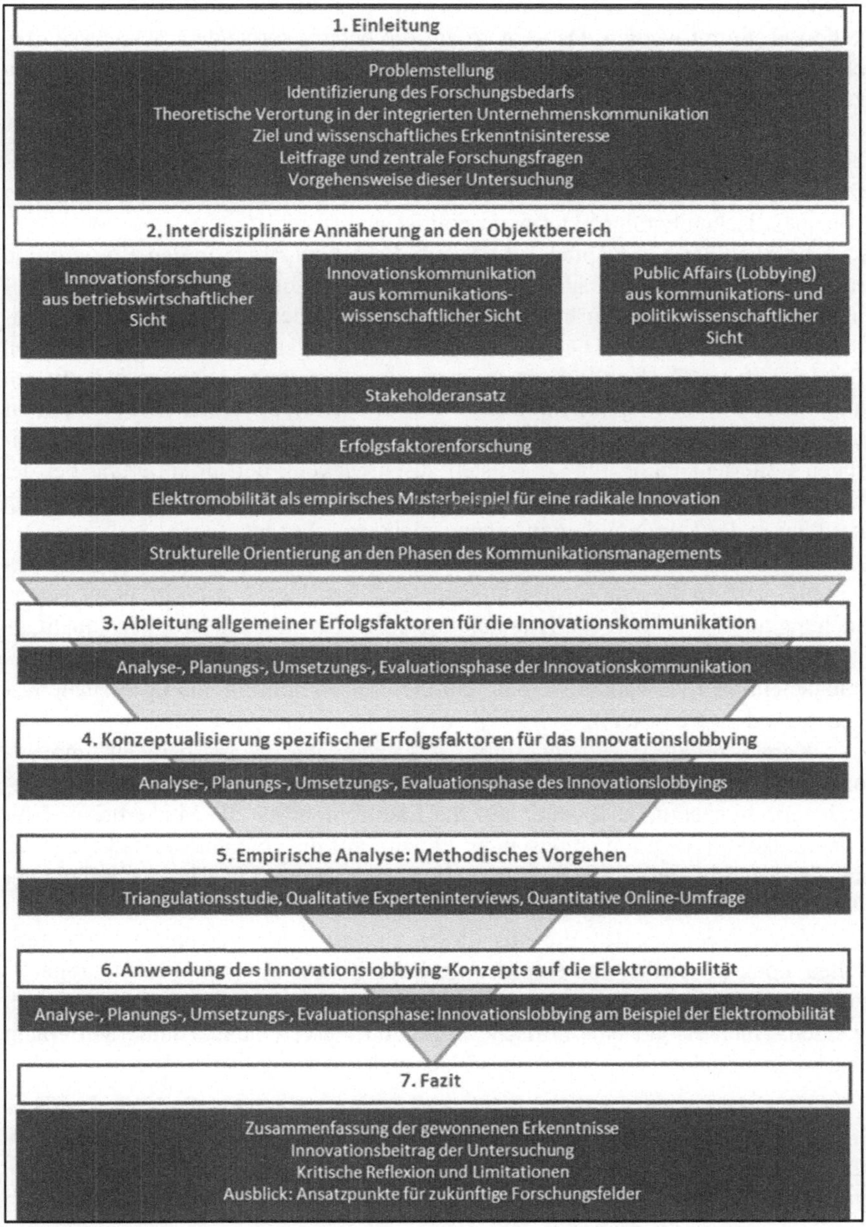

In Kapitel 3 soll die erste zentrale Forschungsfrage bearbeitet und beantwortet werden, indem allgemeine Erfolgsfaktoren für die Innovationskommunikation bestimmt werden. Dabei wird auf die bereits vorhandene wissenschaftliche Literatur aus dem jungen Forschungsfeld der Innovationskommunikation zurückgegriffen und relevante Erkenntnisse in die Phasen des Kommunikationsmanagements, angefangen bei der Analyse über die Planung und Umsetzung bis hin zur Evaluation, eingeordnet. Diese ganzheitliche Betrachtung der Innovationskommunikation dient als Ausgangspunkt für die nachfolgende Bestimmung von spezifischen Erfolgsfaktoren im politischen Umfeld.

Folglich kann in Kapitel 4 die zweite Forschungsfrage in den Vordergrund rücken und die Konzeptualisierung spezifischer Erfolgsfaktoren für die Kommunikation von radikalen Innovationen mit politischen Stakeholdern (Innovationslobbying) erfolgen. Die gewonnenen Erfahrungen aus der Ableitung von Erfolgsfaktoren für die allgemeinen Innovations-kommunikation werden mit den allgemeinen Lobbying-Erkenntnissen aus der wissenschaftlichen Fachliteratur verknüpft und auf den Innovationskontext angewendet. Ziel ist, einen spezifischen Kriterienkatalog für Lobbyisten zu entwickeln, der Orientierung bei der Gestaltung des Innovationslobbyings gibt. Analog zu Kapitel 3 wird dies entlang der Phasen des Kommunikationsmanagements geschehen.

In Kapitel 5 wird das methodische Vorgehen im empirischen Teil der Arbeit erläutert. In diesem Zusammenhang wird dargelegt, warum in dieser Untersuchung auf das Prinzip der Triangulation gesetzt wird und sowohl das qualitative Experteninterview als auch die quantitative Online-Umfrage als Datenerhebungsmethoden verwendet werden, um die Elektromobilität als Untersuchungsgegenstand zu analysieren.

Kapitel 6 befasst sich dann mit der Anwendung des erarbeiteten Innovationslobbying-Konzepts. So wird der in Kapitel 4 auf politische Stakeholder spezialisierte konzeptuelle Rahmen auf die Elektromobilität als Musterbeispiel für eine radikale Innovation angewendet. Es wird auf die gewonnenen Erkenntnisse aus der Empirie zurückgegriffen und die Auswertung der Ergebnisse entlang der Phasen des Managementzyklus detailliert erörtert.

Abschließend sollen die aus dieser Untersuchung gewonnenen theoretischen, konzeptionellen und empirischen Erkenntnisse in einem Fazit (Kapitel 7) zusammengefasst und der Innovationsbeitrag der Arbeit nochmals herausgestellt werden. Auch erfolgt eine kritische Reflexion dieser Untersuchung. Mit einem Ausblick auf zukünftige Forschungsfelder endet diese Arbeit.

2 Interdisziplinäre Annäherung an den Objektbereich

Wie sich bei der Identifizierung des Forschungsbedarfs aus wissenschaftlicher Perspektive (Kapitel 1.2.1) eindeutig herauskristallisiert hat, erscheint eine interdisziplinäre Herangehens-weise an den Untersuchungsgegenstand notwendig. Daher sollen im nachfolgenden Kapitel die einzelnen Disziplinen erörtert werden, um eine fundierte Basis für die Beantwortung der Forschungsfragen zu schaffen. So rücken die Innovationsforschung aus betriebswirtschaftlicher Sicht, die Innovationskommunikation aus kommunikationswissenschaftlicher Perspektive sowie Public Affairs bzw. Lobbying aus gesellschaftspolitischem Blickwinkel in den Vordergrund. Im Anschluss soll ein grundlegendes Verständnis über den Stakeholderansatz geschaffen werden, da durch die zunehmende Öffnung des Innovationsprozesses eine *„konsequente Stakeholderorientierung"* (Zerfaß 2005b: 24) unverzichtbar ist, wie aus Kapitel 1.2.1 ersichtlich wurde. Um nachvollziehbare Messkriterien im Hinblick auf die Kommunikation zu erhalten, wird die Herangehensweise der Erfolgsfaktorenforschung angewendet. Danach rückt die theoretische Betrachtung der Elektromobilität, die als Musterbeispiel für eine radikale Innovation im empirischen Teil verwendet werden wird, in den Vordergrund. Abschließend werden die Phasen des Managementkreislaufes, die das strukturelle Grundgerüst für die Beantwortung der Forschungsfragen darstellen, kurz erläutert.

2.1 Innovationsforschung aus betriebswirtschaftlicher Sicht

„Wer nichts verändern will, wird auch das verlieren, was er bewahren möchte."
Gustav Heinemann, dritter Bundespräsident der Bundesrepublik Deutschland (1899-1976)

Im nachfolgenden Kapitel soll ein grundlegendes Verständnis von Innovationen und insbesondere von radikalen Innovationen geschaffen werden. In diesem Zusammenhang gilt es zunächst, den Begriff Innovation aus der wirtschaftlichen Perspektive zu definieren und die in der wissenschaftlichen Literatur am häufigsten gebrauchten Innovationsdimensionen herauszuarbeiten. In diesem Zusammenhang soll auf das Innovationsobjekt, das Innovationssubjekt, den Innovationsprozess, die Innovationsentstehung, die Innovationsdiffusion, die Innovationswiderstände und die Innovationsnetzwerke eingegangen werden. Schließlich wird der Fokus auf die radikale Innovation gelegt, da sich diese Untersuchung im späteren empirischen Verlauf insbesondere auf diesen Typus konzentriert und radikale Innovationen bisher auch auf theoretischer Ebene nur marginal systematisch behandelt worden sind (vgl. Leifer et al. 2000: 102). Es soll klar gemacht werden, welche Spezifika bei Innovationen mit hohem Innovationsgrad – ergo bei radikalen Innovationen – auftreten. Insgesamt muss berücksichtigt werden, dass die einzelnen Dimensionen nicht isoliert betrachtet werden können, sondern sich stets aufeinander beziehen und miteinander verzahnt sind.

2.1.1 Der Begriff Innovation

Bei der Literatur-Recherche nach relevanter Literatur stößt man hinsichtlich des Begriffs Innovation auf eine Vielfalt von Definitionen, die eine rasche Orientierung und Systematisierung des Untersuchungsfeldes gar unmöglich machen (vgl. Hofbauer et al. 2009: 34; Müller 1997: 58 ff; Beer 2010: 25; Zerfaß 2009: 23, 26). Ein Grund ist möglicherweise in der Tatsache zu sehen, dass es sich bei der definitorischen Betrachtung von Innovationen um eine populäre Disziplin handelt. Der Terminus wird häufig durch den allgemeinen Sprachgebrauch auf beliebige Weise interpretiert und durch seine lange historische Vergangenheit unterschiedlich verwendet (vgl. Aeschbacher 2009: 13; Bullinger/Engel 2006: 22; Mast 2005: 47). Hinzu kommt, dass Innovationen als Untersuchungsfeld aus verschiedensten Perspektiven betrachtet werden (vgl. Roeßle 2007: 10) und in der wissenschaftlichen Fachliteratur keine *„in sich geschlossene und fundierte Innovationstheorie"* (Schewe/Nienaber 2009: 228) vorzufinden ist.

Auch Zerfaß und Möslein merken an, dass gerade in wirtschaftlich kritischen Zeiten der Begriff Innovation gerne als Losungswort genutzt wird. Durch die inflationäre Verwendung fehle es häufig an Substanz und Inhalt (vgl. Zerfaß/Möslein 2009: V; Mast 2005: 48; Mast 2004: 39; Zerfaß 2006: 19). Nachfolgend soll daher eine systematische Begriffsarbeit geleistet werden. Dabei sollen der Ursprung des Begriffes kurz erläutert, die Auffassung von Schumpeter im Hinblick auf Innovationen dargelegt und grundlegende Kennzeichen einer Innovation erläutert werden.

Etymologisch betrachtet stammt der Begriff aus dem Kirchenlatein und wurde vor allem durch Tertullian (um 200 nach Christus) und durch den Heiligen Augustin (um 400 nach Christus) geprägt, die diesen Begriff im Zusammenhang von Erneuerung bzw. Veränderung verwendeten (vgl. Müller 1997: 9;

Trommsdorff/Steinhoff 2007: 26; Zerfaß 2004a: 11). Ab der Renaissance wurde der Begriff in Frankreich und Italien eingeführt, in England wurde der Terminus um 1550 erstmals erwähnt. In Deutschland wurde dieses Thema zu dieser Zeit noch unter den Schlagwörtern technischer Fortschritt, Erfindungen, Entdeckungen oder Forschung und Entwicklung behandelt (vgl. Müller 1997: 9).

Erst durch den österreichischen Nationalökonom Joseph Alois Schumpeter wurde der Begriff Innovation ab den 1960er Jahren auch in Deutschland verwendet. In seinem Buch „Die Theorie der wirtschaftlichen Entwicklung" (Erstauflage 1912) betrachtet Schumpeter die *„Durchsetzung neuer Kombinationen"* (Schumpeter 1987: 110) durch einen von *„Initiative, Autorität, Voraussicht"* (Schumpeter 1987: 112) gekennzeichneten Unternehmer. Darüber hinaus wird der Unternehmer strikt vom Erfinder getrennt:

> „Die Funktion des Erfinders oder überhaupt Technikers und die des Unternehmers fallen nicht zusammen. Der Unternehmer kann Erfinder sein und umgekehrt, aber grundsätzlich nur zufälligerweise" (Schumpeter 1987: 129).

Auf dieser Logik beruht auch seine Auffassung von Innovation. In seinem Werk „Business Cycles" (vgl. Schumpeter 1939), dessen deutsche Auflage 1961 erschien und in dem der Begriff Innovation zum ersten Mal erwähnt wurde, machte er deutlich, dass aus wirtschaftswissenschaftlicher Perspektive erst dann von Innovationen gesprochen werden kann, wenn Erfindungen und Problemlösungen von Unternehmern auch erfolgreich am Markt eingeführt und wirtschaftlich genutzt werden. Im Gegensatz zu sozialwissenschaftlichen Theorien, bei denen die Termini Invention und Innovation oftmals als Einheit verwendet werden und sich die Innovation auf beliebig Neues bezieht, sofern es gesellschaftliche Relevanz besitzt (vgl. Zingerle 1976: Sp. 391), ist in der betriebswirtschaftlichen Perspektive von Schumpeter die strikte Trennung zwischen Invention und Innovation das Charakteristikum. Bei der Invention wird der Fokus auf die Idee, die Erfindung an sich, gerichtet. Sie stellt den ersten Schritt im Innovationsprozess dar. Die Innovation hingegen beinhaltet neben der Invention auch die Umsetzung einer solchen in eine marktreife Lösung (vgl. Norfors 2005: 201, 203; Aeschbacher 2009: 13; Afuah 1998: 13; Rademacher 2005: 4; Steinhoff/Trommsdorf 2007: 5; Müller-Prothmann/Dörr 2009: 7). Ergo müssen Innovationen zum einen wahrgenommen werden, zum anderen müssen sie sich auf dem Markt bzw. im Einsatz bewähren. Dabei kommen Innovationen aus einer Verknüpfung von Zielen (Befriedigung bestimmter Bedürfnisse) und Mitteln der Leistungserstellung (angewandte Technologien) zustande (vgl. Hofbauer et al. 2009: 34).

Schumpeter vertritt eine aggressive Innovationsbefürwortung und spricht dem Begriff eine positive Valenz zu. Eine Innovation betrachtet er als *„schöpferische Zerstörung"*. Die Innovation als neue Problemlösung macht eine frühere Problemlösung wertlos. Dies ist jedoch *„das für den Kapitalismus wesentliche Faktum. Darin besteht der Kapitalismus und darin muß [sic!] auch jedes kapitalistische Gebilde leben"* (Schumpeter 1950: 137 f). In diesem Zusammenhang drängt sich die Frage nach den unterschiedlichen Begriffsdimensionen auf.

2.1.2 Innovationsobjekt

Beim Innovationsobjekt rückt der Gegenstand bzw. das Ergebnis einer Innovation in den Vordergrund (vgl. Hofbauer et al. 2009: 35). In der Literatur gibt es vielfältige Vorschläge, Innovationsformen aufzugliedern. Zu den klassischen Kategorien werden Produktinnovationen, Prozessinnovationen und Organisationsinnovationen gezählt (vgl. Möslein 2009: 8). Neben diesen existieren aber weitere Typen von Innovationen, die an dieser Stelle ebenfalls berücksichtigt werden.

Die Produktinnovation ist die wohl gängigste Form von Innovation, da diese leicht nachvollziehbar und mit dem Begriff Innovation häufig assoziiert wird (vgl. Möslein 2009: 8; Wahren 2004: 19). Hier stehen fassbare Produkte im Mittelpunkt, wobei diese Endprodukte (z. B. Fahrzeuge), Vorprodukte (z. B. Stahl) oder Zwischenprodukte (z. B. Zuliefererteile) sein können (vgl. Wahren 2004: 19). Produktinnovationen dienen dem Aufbau und der Verteidigung der Wettbewerbsfähigkeit (vgl. Trommsdorff/Steinhoff 2007: 26) und sind für Unternehmen von großer Bedeutung, da sie den wesentlichen Anteil am Gesamtumsatz ausmachen (vgl. Vahs/Burmester 2005: 75). Eine verbesserte oder neue Leistung wird für den Kunden entwickelt, hergestellt und vermarktet, mit dem Ziel, Kundenbedürfnisse zu erfüllen (vgl. Hofbauer et al. 2009: 35; Zerfaß 2004a: 12; Möslein 2009: 8).

Prozessinnovationen hingegen, die unter anderem auch als Verfahrensinnovationen bekannt sind, beinhalten die Erneuerung von Vorgängen, Methoden oder Herstellungsverfahren, um eine höhere Produktivität, geringere Kosten oder eine bessere Qualität zu erreichen (vgl. Disselkamp 2005: 23; Hofbauer et al. 2009: 35; Steinhoff/Trommsdorf 2007: 6). *„Sie bewirken eine Veränderung der Faktorkombination für eine optimale Leistungserbringung des Unternehmens"* (Hofbauer et al. 2009: 35). Für die Kunden bleibt diese Art von Innovation meistens unsichtbar. Sie richtet sich vorrangig an die Arbeitnehmer in einem Unternehmen oder auch an Kapitalgeber, wenn man die Investitionen und die erhoffte Rendite betrachtet (vgl. Zerfaß 2004a: 12). Dabei darf nicht vergessen werden, dass Prozess- und Produktinnovationen eng miteinander verzahnt und die Grenzen fließend sind (vgl. Möslein 2009: 8; Reichwald/Piller 2006: 4 ff; Steinhoff/Trommsdorff 2007: 6). Durch günstigere oder bessere Produkte beispielsweise tragen Prozessinnovationen indirekt zum Aufbau der Wettbewerbsposition eines Unternehmens bei (vgl. Trommsdorff/Steinhoff 2007: 27).

Auf eine Erneuerung der Organisationsstruktur und der Organisationsmethoden zielt die Organisationsinnovation oder auch Strukturinnovation ab. Jegliche Neustrukturierung der Aufbauorganisation eines Unternehmens kann zu dieser Form von Innovation subsumiert werden (vgl. Glatz/Steindl 2005: 61-83; Möslein 2009: 8; Hofbauer et al. 2009: 35). Ziel hierbei ist es, das Zusammenwirken der Beschäftigten effizienter und effektiver zu gestalten (vgl. Wahren 2004: 20).

Neben den drei Klassikern müssen weitere Innovationsformen wie z. B. Dienstleistungsinnovationen betrachtet werden, da diese gerade in Zeiten der Tertiarisierung der Wirtschaft eine immer stärkere Rolle spielen (vgl. Möslein 2009: 9; Bienzeisler/Ganz 2006: 344). Dienstleistungsinnovationen – auch Serviceinnovationen genannt – können sowohl Verbesserungen bisheriger Dienstleistungen darstellen als auch ganz und gar neue Dienstleistungsangebote beinhalten (vgl. Zerfaß 2004a: 12). Vor dem Hintergrund, dass innovative Dienstleistungen den eigentlichen Kern eines Produktes darstellen und ihm den eigentlichen Wert verleihen (vgl. Bienzeisler/Ganz 2006: 344), gestalten heutzutage Unternehmen Erlebnis- und Service-Welten (vgl. Dreher et al. 2006: 24; Claasen 2005: 125 ff).

Systeminnovationen hingegen bezeichnen die Erneuerung ganzer sozialer und gesellschaftlicher Systeme (vgl. Weisshaupt 2006[2]). Diese Form von Innovation übersteigt demzufolge die Innovationskraft von einzelnen Innovatoren und führt zu Transformationsprozessen in der Gesellschaft, Politik und Wirtschaft (vgl. Möslein 2009: 11). Soziale Funktionssysteme, Wertesysteme, Lebensstile oder Infrastrukturen verändern sich grundlegend, so dass in der Tat von der Veränderung grundlegender Paradigmen und mentaler Modelle gesprochen werden kann (vgl. Bessant/Tidd 2007: 13)[3]. Die Einordnung der Elektromobilität in den Innovationskontext, ergo auch die Zuordnung zu den unterschiedlichen Innovationsformen, wird in Kapitel 2.6.2 ausführlich behandelt.

---

2 Weisshaupt setzt sich intensiv mit Systeminnovationen auseinander und betrachtet zunächst das Phänomen auf der allgemeinen gesellschaftlichen und wirtschaftlichen Ebene, bevor er sich mit den aktuellen Themen der Moderne wie Urbanität, Identität, Interaktion, Mobilität, Integration, Individualität und Flexibilität beschäftigt (vgl. Weisshaupt 2006).
3 Als Beispiel können sowohl die Etablierung des Internets als auch die Erfindung und Einführung des Automobils genannt werden.

2.1.3 Innovationssubjekt

Stellen die gerade dargestellten Formen die objektive Dimension dar, wird in wissenschaftlichen Fachkreisen auch die subjektive Dimension und damit einhergehend die Frage, für wen die Innovation eine Neuheit ist, diskutiert (vgl. Belz/Schögel/Tomczak 2007: 10; Hübner 2002: 13; Hofbauer et al. 2009: 36; Trommsdorff/Steinhoff 2007: 27; Steinhoff/Trommsdorff 2007: 8). Die Beurteilung der qualitativen Unterschiede der innovativen Neuheit gegenüber dem vorhergehenden Zustand ist offensichtlich subjektgebunden:

> „Innovativ wird das, was als innovativ dargestellt und angeboten werden kann. Nicht der technische Wandel ist maßgeblich, sondern der Wandel des Bewusstseins. Daher kommt der Frage eine hohe Bedeutung zu, welches Subjekt für die Einschätzung dieses innovativen Zustandes maßgeblich ist" (Hauschildt/Salomo 2011: 18).

In der Fachliteratur wird dabei vor allem zwischen zwei unterschiedlichen Ebenen (Makroebene/Mikroebene) unterschieden. Auf der Mikroebene rückt das Unternehmen oder auch der individuelle Konsument in den Vordergrund. Auf der Makroebene beschäftigt man sich mit der Frage, ob Innovationen neu für die Welt, eine Nation, eine Branche oder einen ganzen Markt sind (vgl. Garcia/Calantone 2002: 113, 118).

Betrachtet man auf der Mikroebene zuerst die Unternehmen, so kann auch dann eine Innovation vorliegen, wenn die Produkte, Prozesse etc. ausschließlich für das Unternehmen neu sind. Dabei spielt es keine Rolle, ob die Innovation bereits von anderen Unternehmen angeboten wird (vgl. Steinhoff/Trommsdorff 2007: 8). Folglich können auch Neuheiten auf Basis von Imitationen entstehen. Ebenso verhält es sich für einen beliebigen individuellen Konsumenten. Während andere Individuen eine Neuheit als Innovation wahrnehmen und diese Neuheit bereits nutzen, kann es durchaus sein, dass das eben betrachtete Subjekt die Neuheit (noch) nicht identifiziert hat (vgl. Hauschildt/Salomo 2011: 18). Auf der Makroebene werden Innovationen subsumiert, die z. B. für eine gesamte Branche, eine Nation oder im Extremfall für die Welt neu sind und komplett neue Problemlösungen anbieten (vgl. Hofbauer et al. 2009: 36).

2.1.4 Innovationsprozess

Neben der objektiven und subjektiven Dimension spielt auch die prozessuale Dimension eine Rolle, die danach fragt, wo die Neuerung beginnt und wo sie endet. Der Innovationsprozess lässt sich durch zeitliche Phasen charakterisieren und umfasst die Gesamtheit der Aktivitäten, die im Zusammenhang mit der

Einführung einer Innovation stehen (vgl. Steinhoff/Trommsdorff 2007: 7). Um den Prozess von der ersten Idee bis zur Markteinführung der Innovation zu strukturieren, wird im Innovationsmanagement, das für die Gestaltung von Innovationsprozessen verantwortlich ist, auf Prozessmodelle zurückgegriffen (vgl. Möslein 2009: 6, Zerfaß/Sandhu/Huck 2004a: 7; Hauschildt/Salomo 2011: 20).

Die Einteilung in die verschiedenen Phasen variiert in der wissenschaftlichen Fachliteratur stark im Detailgrad (vgl. Müller-Prothmann/Dörr 2009: 25). Greifen Hauschildt/Salomo beispielsweise auf sieben Teilschritte zurück (vgl. Hauschildt/Salomo 2011: 20f), nehmen Bessant/Tidd eine Einteilung in drei Teilschritte vor. Nachfolgend soll letzteres als Grundlage genommen werden, da das Drei-Phasen-Modell in der Forschungsliteratur sehr häufig anzutreffen ist:

> „The core process involves three steps – getting hold of new ideas, selecting the good ones and implementing them. The challenge comes in doing this in organized fashion and in being able to repeat the trick" (Bessant/Tidd 2007: 27).

Die Ideenentwicklung kommt durch die Kombination von Bekundung von Interesse, Neugier, Kreativität, Wissen und Information zustande (vgl. Klöcker 2009: 127; Hauschildt/Salomo 2011: 20). Dabei kann sich dieser Vorgang nicht nur an die internen Mitarbeiter richten, sondern auch externe Stakeholder wie Kunden einbeziehen (vgl. Steinhoff/Trommsdorff 2007: 9).

Die Ideenauswahl bedeutet, dass vorliegende Innovationsideen auf möglicherweise erfolgreiche Ideen reduziert werden (vgl. Müller-Prothmann/Dörr 2009: 25; Möslein 2009: 6; Wahren 2004: 21). Hier greifen beispielsweise sogenannte Feasibilitystudien, die prüfen, ob die Innovation technisch und wirtschaftlich realisierbar ist und ob bzw. wann sie unter welchen Bedingungen von den Zielgruppen akzeptiert wird (vgl. Steinhoff/Trommsdorff 2007: 9). Es müssen also Kundenbedürfnisse identifiziert und technologische Trends rechtzeitig erkannt werden. Existiert ein Markt, auf dessen spezifische Bedürfnisse abgezielt wird, spricht man von Marketing-Pull-Innovation. Entwickeln Unternehmen eigene Ideen und Konzepte kann von einer Technology-Push-Innovation gesprochen werden (vgl. Hofbauer et al. 2009: 41). Im dritten Schritt wird letztlich die Einführung[4] und Diffusion im Markt vollzogen:

---

4 Dazu gehören auch vorangeschaltete Markt- und technische Funktionstests, Pilotprojekte, die Serienproduktion, der dazugehörende Marketing-Mix und Erfolgskontrollen bzw. Evaluationen (vgl. Steinhoff/Trommsdorff 2007: 9).

Abbildung 5: Trichterform der Innovationsprozesse

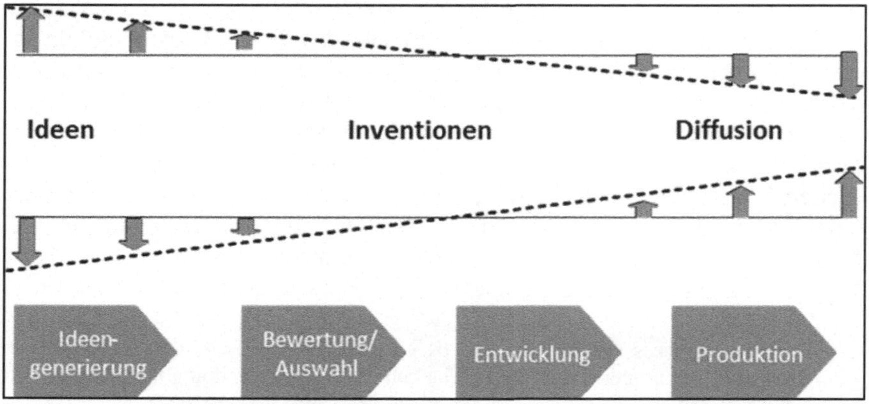

Ideen Inventionen Diffusion

Ideengenerierung | Bewertung/Auswahl | Entwicklung | Produktion

Quellen: orientiert an Bessant/Tidd 2007: 19; Müller-Prothmann/Dörr 2009: 26

Der in Abbildung 5 illustrierte Innovationsprozess weist die typische Trichterform auf (vgl. Möslein 2009: 6; Müller-Prothmann/Dörr 2009: 25). Es finden regelmäßig Überprüfungen und Auswahlentscheidungen statt. Aus der Vielzahl der generierten Ideen werden einige Inventionen ausgewählt und weiterentwickelt. Am Ende werden noch wenige auf dem Markt implementiert. Zwar liefern diese linearen Prozessmodelle mit einem sequenziellen Ablauf einen nützlichen Überblick über die Innovationsprozesse, jedoch bilden sie – wie jedes Modell – die Realität nur vereinfacht ab. Es muss daher berücksichtigt werden, dass in der Praxis der Innovationsprozess oftmals durch ineinander übergreifende, parallel laufende und rückkoppelnde Teilprozesse charakterisiert ist (vgl. Steinhoff/Trommsdorff 2007: 8; Trommsdorff/Steinhoff 2007: 38 f; Wahlen 2004: 23). Gerade bei radikalen Innovationen, die sehr komplex sind (siehe Kapitel 2.1.9), trifft dies umso mehr zu.

Darüber hinaus wandeln sich heute Innovationsprozesse (vgl. Zerfaß/Ernst 2008: 64). In Zeiten der Open Innovation, ein durch Chesbrough und seiner Forschergruppe geprägter Begriff, werden zunehmend die vielfältigen Stakeholdergruppen, die sich sowohl im internen als auch externen Umfeld befinden, berücksichtigt und einbezogen (vgl. Chesbrough/Prencipe 2008: 414, 416):

„The Open Innovation paradigm can be understood as the antithesis of the traditional vertical integration model where internal research and development (R&D) activities lead to internally developed products. [...] Open Innovation is a paradigm that assumes that firms can and should use external ideas as well as internal ideas, and internal and external paths to market, as they look to advance in their technology" (Chesbrough/Vanhaverbeke/West 2006: 1).

Die Unternehmensgrenzen werden geöffnet und die Außenwelt strategisch genützt, um das eigene Innovationspotenzial zu vergrößern (vgl. Gassmann/Enkel 2006: 132; Bartl 2008: 3; Möslein 2009: 18 f; Vanhaverbeke/Van de Vrande/Chesbrough 2008: 251 f; Neyer/Bullinger/Möslein 2009: 410 f; Möslein/Neyer 2009: 85 ff). Dabei wird auf drei Schlüsselprozesse im Wesentlichen zurückgegriffen: der Outside-in-Prozess[5], der Inside-out-Prozess[6] und der Coupled Process[7] (vgl. Enkel/Gassmann/Chesbrough 2009: 311; Enkel 2009: 177).

Die Leitidee der Open Innovation korreliert sehr stark mit dem Wandel von einer Industriegesellschaft hin zu einer Wissens- und Kommunikationsgesellschaft, in der die Menge an Innovationsimpulsen und Ideenquellen nur noch im Rahmen einer interaktiven Wertschöpfung verarbeitet werden kann (vgl. Bartl 2008: 3; Reichwald/Piller 2009: 105 f). Die Anzahl und die Gestaltung der Schnittstellen sowie die Einbindung von Stakeholdern im Open Innovation Paradigma sind im Vergleich zu traditionellen geschlossenen Innovationsprozessen sehr hoch (siehe Abbildung 6).

Abbildung 6:   Closed Innovation versus Open Innovation

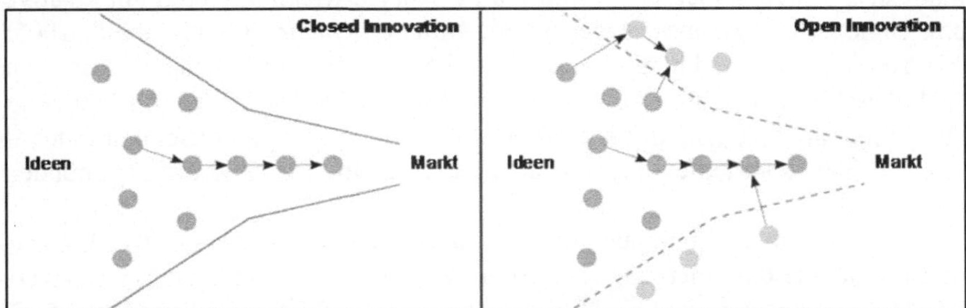

Quelle: Detecon 2009

---

5 Der Outside-in-Prozess vergrößert das interne Wissen eines Unternehmens zum einen durch externes Wissen von Kunden, Lieferanten, Partnern und zum anderen durch das Transferieren von neuen Technologien aus anderen Unternehmen oder Forschungseinrichtungen wie z B. Institute oder Universitäten (vgl. Müller-Prothmann/Dörr 2009: 105; Zerfaß/Huck 2007b: 849).
6 Der Inside-out-Prozess fördert die Externalisierung von internem Wissen. Durch Lizenzierung wird die Idee bzw. das IP (Intellectual Property) schneller auf den Markt gebracht und Technologien besser multipliziert, als es durch eine interne Verwendung möglich wäre (vgl. Müller-Prothmann/Dörr 2009: 105; Gassmann/Enkel 2006: 136).
7 Der Begriff Coupled Process wird verwendet, wenn eine Verknüpfung von Outside-in-Prozessen und Inside-out-Prozessen stattfindet. Es entstehen Kooperationen mit komplementären Unternehmen in Form von Allianzen (vgl. Müller-Prothmann/Dörr 2009: 105).

2.1.5 Innovationsentstehung

Geht man der Frage nach, wo eigentlich der Ursprung der innovativen Ideen liegt, rückt – wie in den Werken von Schumpeter bereits angesprochen – unmittelbar der Mensch in den Vordergrund (vgl. Glatz/Steindl 2005: 75; Aeschbacher 2009: 34; Wahlen 2004: 34). Führungskräfte und Mitarbeiter spielen eine wesentliche Rolle bei der Entstehung von Neuem (vgl. Noss 2002: 40):

> „Da Personen sowohl Quellen von Ideen sind und andererseits ihr Verhalten gegenüber anderen Personen in und außerhalb des Unternehmens ausschlaggebend für Ideen, Erfindungen und schließlich Innovationen ist, knüpfen viele Betrachtungen zur Förderung von Innovationen direkt an den Mitarbeitern an" (Clausen/Löw 2009: 40).

Organisationen sind auf kreative Mitarbeiter angewiesen (vgl. Aeschbacher 2009: 34). Gemeint sind Innovationsträger, die offen für neue Ideen sind und sie aktiv umsetzen (vgl. Glatz/Steindl 2005: 75; Haller 2003: 196). Folglich ist für innovative Unternehmen eine offensive Personalentwicklung nötig, um kreative bzw. innovative Personen, sogenannte *„Mitunternehmer"* (Glatz/Steindl 2005: 75), zu kultivieren und deren Potenzial in die Wertschöpfungskette einzuspeisen (vgl. Aeschbacher 2009: 34). Anreiz- und Aufstiegssysteme müssen Modelle in den Mittelpunkt stellen, die Innovationen fördern, auch wenn dabei den Innovatoren Fehler unterlaufen (vgl. Glatz/Steindl 2006: 81; Zboralski/Gemünden 2009: 294).

Darüber hinaus spielt auch die Innovationskultur bzw. das positive Innovationsklima eine dominierende Rolle, um Innovationen als lebendiges Selbstverständnis zu erachten (vgl. Müller-Prothmann/Dörr 2009: 18; Hofbauer et al. 2009: 41, Glatz/Steindl 2005: 61; Wahlen 2004: 46 f). Um ein innovationsfreundliches Umfeld zu erreichen, bedarf es Sensibilität, Offenheit, Wissen und Kreativität im Unternehmen. Anstelle von Reglementierungen müssen Entfaltungsspielräume für Mitarbeiter geschaffen, Neugier und Experimentierfreude innerhalb des Unternehmens gefördert, klare Aufgabenstellungen von Seiten der Führungskräfte vorgegeben und Wertschätzung für innovationsförderndes Verhalten den Mitarbeitern entgegengebracht werden (vgl. Müller-Prothmann/Dörr 2009: 17 ff; Ulsamer 2005: 20, 24, 26; Ulsamer 1997: 1-5; Glatz/Steindl 2006: 61, 64 ff; Mast 2009: 273; Schewe/Nienaber 2009: 229; Bullinger/Engel 2006: 47; Bullinger 1996).

Auch eine heterogene Belegschaft kann unterstützend wirken, da durch diverse Erfahrungen sowie interdisziplinäres Denken der Austausch bereichert wird und ein fruchtbarer Nährboden für neuartige Erkenntnisse und Lösungen entstehen kann (vgl. Ulsamer 1997: 6 f, Zboralski/Gemünden 2009: 295, Gemünden/Kock: 2009: 39; Aeschbacher 2009: 30f), natürlich stets unter der Voraussetzung, dass genügend Ressourcen für eine konstruktive Arbeit zur Verfügung stehen (vgl. Hofbauer et al. 2009: 55). Nur wenn Innovationen von Organisationen gewollt (*„soziales Dürfen"*), *„situativ ermöglicht"*, *„individuelles Können"* von Mitarbeitern und deren *„persönliches Wollen"* gefördert werden, können aus Sicht der Motivationspsychologie Innovationen erfolgreich realisiert werden (vgl. Haller 2003: 196; Enkel 2009: 189 f).

Darüber hinaus ist es notwendig, die Außenorientierung des Unternehmens zu stärken und externe Sensoren zu verfeinern (vgl. Ulsamer 2005: 22f; Glatz/Steindl 2005: 73). Kooperationen mit anderen Unternehmen oder der Dialog mit wissenschaftlichen, gesellschaftlichen, kulturellen und politischen Interessengruppen sind ein konstituierendes Charakteristikum für die Herausbildung einer Innovationskultur (vgl. Ulsamer 2005: 22ff; Ulsamer 1997: 5, 12; Waldmann 2009: 336; Bullinger/Engel 2006: 32). Kontakte nach außen müssen aufgebaut werden und eine grundsätzliche Dialogbereitschaft muss vorhanden sein (vgl. Glatz/Steindl 2005: 66).

Schließlich müssen Unternehmen immer wieder aufs Neue ihre bisherigen Strukturen überdenken und die Organisation rechtzeitig erneuern, um langfristig überleben zu können (vgl. Glatz/Steindl 2006: 80; Ulsamer 2005: 25; Groh 2009: 239; Afuah/Tucci 2001: 4). Sie müssen daher allen Beteiligten auf glaubwürdige Art und Weise klar machen, dass ein unternehmerisches Risiko nicht zu vermeiden und ein frühes und proaktives Eingreifen im System langfristig oft weniger schmerzhaft für alle Interessengruppen ist (vgl. Groh 2009: 239; Glatz/Steindl 2006: 80f; Trommsdorff/Steinhoff 2007: 32). Überzogene Erwartungen, mechanische Reparaturversuche sowie menschenverachtendes Vorgehen sind fehl am Platze (vgl. Bullinger/Engel 2006: 80f). Vielmehr ist es Aufgabe des Managements, Veränderungsprozesse sorgfältig und verantwortungsbewusst zu gestalten und auf Mitarbeiter und deren emotionale oder kognitive Situation flexibel einzugehen (vgl. Glatz/Steindl 2009: 81; Mast 2009: 287).

2.1.6 Innovationsdiffusion

Betrachtet man nach der Entstehung die Verbreitung (Diffusion) von Innovationen in einem sozialen System genauer, rückt der diffusionstheoretische Ansatz von Rogers in den Mittelpunkt: *„Diffusion is the process by wich an innovation is communicated through certain channels over time among the members of a social system"* (Rogers 2003: 35). Dabei werden die Mitglieder des sozialen Systems in fünf potenzielle Kundengruppen (Adoptergruppen) aufgeteilt, die mit unterschiedlicher Innovationsfreudigkeit bzw. Risikobereitschaft Innovationen in einer bestimmten Zeit adoptieren und die Diffusion einer Innovation im Markt fördern (vgl. Rogers 2003: 280). Generell wird zwischen „Innovatoren"[8], „Frühen Adoptoren"[9], „Früher Mehrheit",[10] „Später Mehrheit"[11] und „Nachzüglern"[12] unterschieden (vgl. Rogers 2003: 282ff; Hofbauer et al. 2009: 108 ff; Trommsdorff/Steinhoff 2007: 24 f).

Dabei durchlaufen die Kunden als Individuen typischerweise fünf verschiedene Phasen (Wahrnehmungsphase, Suchphase, Bewertungsphase, Probierphase, Aufnahmephase), bis sie eine Innovation akzeptieren (vgl. Freiling/Reckenfelderbäumer 2010: 130). Die einzelnen Phasen werden dabei je nach Person unterschiedlich schnell abgehandelt, so dass die Adoption – die endgültige Übernahmeentscheidung – zu unterschiedlichen Zeitpunkten erfolgt. Wird die Anzahl der Adoptoren über die Zeit kumuliert, so erhält man die idealtypische Diffusionskurve, die einen S-förmigen Verlauf aufweist. Allen Ausbreitungsverläufen ist gemeinsam, dass sie einen zeitlichen Punkt (kritische Masse) haben, der überwunden werden muss. Ist dieser erreicht, setzt sich die Diffusion der Innovation rasch fort. Wird dieser Punkt jedoch nicht erreicht, verkümmert der Prozess (vgl. Hofbauer et al. 2009: 108 f; Freiling/Reckenfelderbäumer 2010: 132). Abbildung 7 zeigt den Verlauf der Diffusionskurve und die verschiedenen Adoptergruppen.

Das Wissen über das Adoptionsverhalten der Käufer ist auch für die Gestaltung der Innovationskommunikation mit Kunden von Relevanz. Mit Hilfe einer gezielten Kampagnenplanung und mit dem zielgruppengerechten Einsatz von Kommunikationsinstrumenten kann die Diffusionsgeschwindigkeit erhöht und der Absatzmarkt einer Innovation gesteigert werden (vgl. Zerfaß 2009: 2; Freiling/Reckenfelderbäumer 2010: 132).

---

8 Als Innovatoren werden die Erstkäufer bezeichnet. Diese sind risikofreudig und aufgeschlossen gegenüber Neuem (vgl. Rogers 2003: 282 f).

9 Frühe Adoptoren besitzen ähnliche Eigenschaften wie Innovatoren. Jedoch weisen sie weniger Risikobereitschaft, geringeres Interesse an Neuheiten sowie ein größeres soziales Beziehungsgeflecht auf (vgl. Rogers 2003: 283).

10 Als frühe Mehrheit werden Mainstream-Konsumenten bezeichnet. Diese kaufen ein Produkt, wenn die Innovation den Punkt der kritischen Masse in der Diffusionskurve überschritten hat und es absehbar ist, dass sich die Innovation am Markt durchsetzt (vgl. Rogers 2003: 283 f).

11 Späte Mehrheit: Konsumenten, die Innovationen skeptisch und vorsichtig gegenüberstehen. Die Gruppe akzeptiert Innovation erst dann, wenn der größte Teil der Gesellschaft die Innovationen bereits akzeptiert hat (vgl. Rogers 2003: 284).

12 Nachzügler verfügen über geringe finanzielle Ressourcen und über eine äußerst geringe Risikobereitschaft. Ihre Position im sozialen System ist isoliert. Sie hängen stark an Vergangenem (vgl. Rogers 2003: 284 f).

Abbildung 7: Verlauf der Diffusionskurve und Adoptergruppen

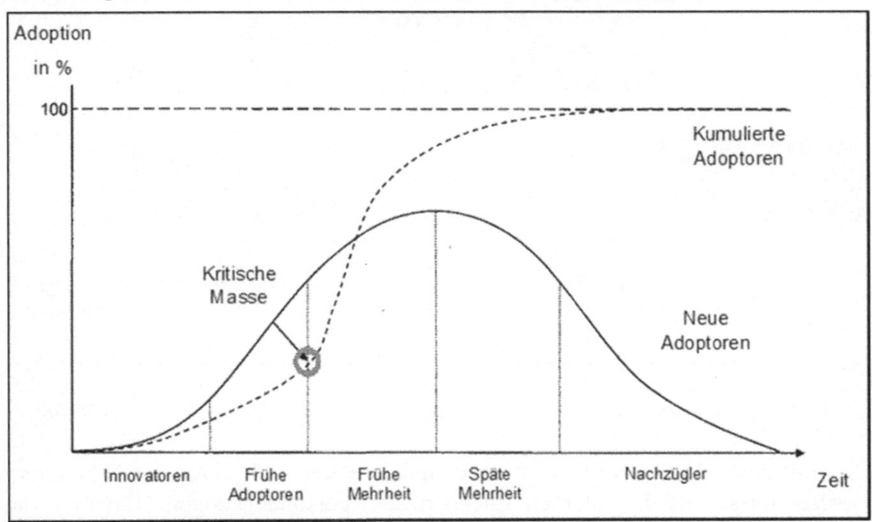

Quelle: in Anlehnung an Rogers 2003: 281, 112

2.1.7 Innovationswiderstände

Durch die Komplexität von Innovationsprozessen treten in der Unternehmenspraxis häufig Störungen auf, die die Einführung von Innovationen erschweren. Vor allem große Organisationen neigen dazu, an bewährten Strategien, Verhaltens- und Denkmustern festzuhalten. Bürokratisierung, träge Entscheidungsprozesse, rückwärtsgewandte Identitäten erschweren Innovationsprozesse (vgl. Glatz/Steindl 2005: 64, 81; Rogers 2003: 1).

> „Oft ohne sich dessen bewusst zu sein, mauern sich Firmen hinter dem vertrauten Schutzwall ein und beschwören Erfolge der Vergangenheit, auch wenn für alle sichtbar eine neue Zeit angebrochen ist, die dringend neue Antworten erfordert" (Groh 2009: 239).

Solche Innovationswiderstände im Unternehmen haben unterschiedliche Ursachen (vgl. Abbildung 8).

Abbildung 8:   Störungen im Innovationsprozess

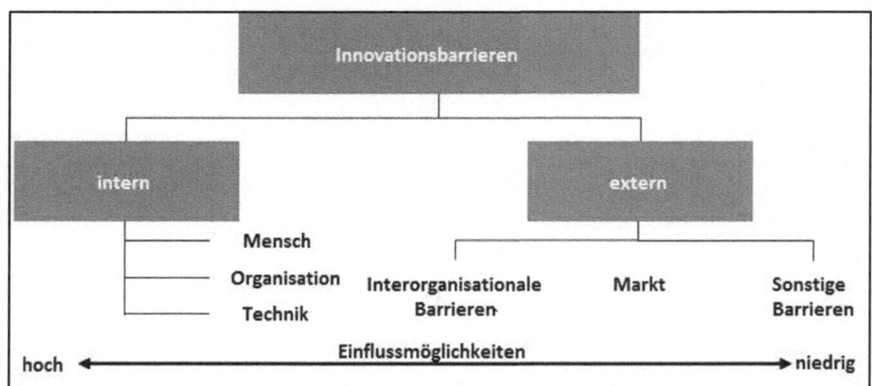

Quellen: vgl. Müller-Prothmann et al. 2008; Müller-Prothmann/Dörr 2009: 48

Es zeigt sich, dass zwischen internen und externen Störfaktoren differenziert werden muss. Auf der internen Ebene rücken personenbezogene Barrieren in Bezug auf Motivation und Kompetenz des jeweiligen Mitarbeiters in den Vordergrund. Auch die Angst der Mitarbeiter, aufgrund der Innovation ihren Arbeitsplatz zu verlieren, stellt eine Innovationshürde dar. Machtkämpfe um hierarchische Positionen sowie Interessenkonflikte zwischen unterschiedlichen Bereichen können ebenfalls den mit Innovationen verbundenen Wandel in Organisationen (vgl. Strebel 2009: 300; Groh 2009: 239 f) erschweren. Außerdem können technische Probleme bei Neuheiten auftreten, so dass die Umsetzung von Innovationen verlangsamt oder sogar gänzlich verhindert wird (vgl. Müller-Prothmann/Dörr 2009: 49).

Hinzu kommen oft schwierige externe Rahmenbedingungen. Der mögliche Gegendruck seitens Lieferanten, Konkurrenten oder auch Kunden kann die Durchführung eines neuen Vorhabens verhindern (vgl. Müller-Prothmann/Dörr 2009: 49 f). Des Weiteren ist eine Innovation nicht realisierbar, wenn im politischen und gesellschaftlichen Bereich die Bereitschaft zum Umdenken fehlt und Innovationen durch komplexe Verwaltungsvorgänge, Regularien und durch eine unüberschaubare Anzahl von Ansprechpartnern aufgehalten werden (vgl. Ulsamer 1997: 9, Müller-Prothmann/Dörr 2009: 50).

Die Beachtung von Prozessen und die Überwindung der Hürden, die im Kontakt mit den politischen Stakeholdern entstehen können, gilt es im späteren Verlauf der Untersuchung auch bei der Gestaltung der Kommunikation zu berücksichtigen.

2.1.8 Innovationsnetzwerke

Externe Innovationsnetzwerke oder Innovationsallianzen gewinnen durch die zunehmende Öffnung der Innovationsprozesse für Unternehmen ebenfalls an Bedeutung. Die Vorstellung des geschlossenen Innovierens, wie dies bei Schumpeter der Fall war, wird als veraltet angesehen. Heutzutage gilt es, nach Innovationspartnern und Integrationsmöglichkeiten von externen Innovationen zu suchen und Netzwerke zur Optimierung der eigenen Wertschöpfung im Innovationsmanagement zu nutzen (vgl. Bullinger/Engel 2006: 121):

> „Prinzipiell sind Innovationsnetzwerke soziale Systeme, die auf die Invention, Entwicklung von Innovationen und deren Einführung in den Markt ausgerichtet sind. Es handelt sich dabei um flexible statt starrhierarchische Beziehungen, die auf gegenseitigem Vertrauen basieren und im Erfolgsfall zu längeren Kooperationsdauern führen können" (Borchert/Goos/Hagenhoff 2004: 7).

In solchen Netzwerken können Institutionen des öffentlichen sowie des privatwirtschaftlichen Bereiches zusammenarbeiten (vgl. Zerfaß/Huck 2007b: 849; Bullinger/Engel 2006: 33). Unternehmen, Zulieferer, Kunden, wissenschaftliche Institutionen wie Universitäten, staatliche Einrichtungen sowie auch Forschungszentren stellen ihr spezifisches Fachwissen für die Entwicklung einer Innovation zur Verfügung (vgl. Belitz/Schrooten 2008: 6; Wahren 2004: 69; Hofbauer et al. 2009: 57; Zerfaß 2005a: 9; Zerfaß 2005b: 22f; Hauschildt/Salomo 2011: 156) und interagieren miteinander (siehe Abbildung 9).

Dabei können sich die Partner sowohl auf lokaler Ebene (Innovationscluster) als auch auf globaler bzw. nationaler Ebene (Innovationssysteme) zusammenschließen (vgl. Wahren 2004: 69; Belitz/Schrooten 2008: 6; Zerfaß 2005b: 22f). Die Dauer und die Intensität von solchen Netzwerken variieren stark (vgl. Glatz/Steindl 2005: 73). Gründe für die Zusammenarbeit in Innovationsnetzwerken liegen hauptsächlich in den Wettbewerbsvorteilen, in der Risikoreduzierung, im Wissens- und Technologietransfer, in der internationalen Expansion, in Größenvorteilen oder auch in der Überwindung von Handelsbarrieren und Investitionshindernissen (vgl. Müller-Prothmann/Dörr 2009: 44; Zerfaß/Ernst 2008: 29). Risiken sind im Wissensabfluss, Verlust von geistigem Eigentum, in Fehlinvestitionen oder in der erhöhten Komplexität zu sehen (vgl. Enkel 2009: 187 f).

Abbildung 9:   Sektoren und Partner der Innovationskooperation

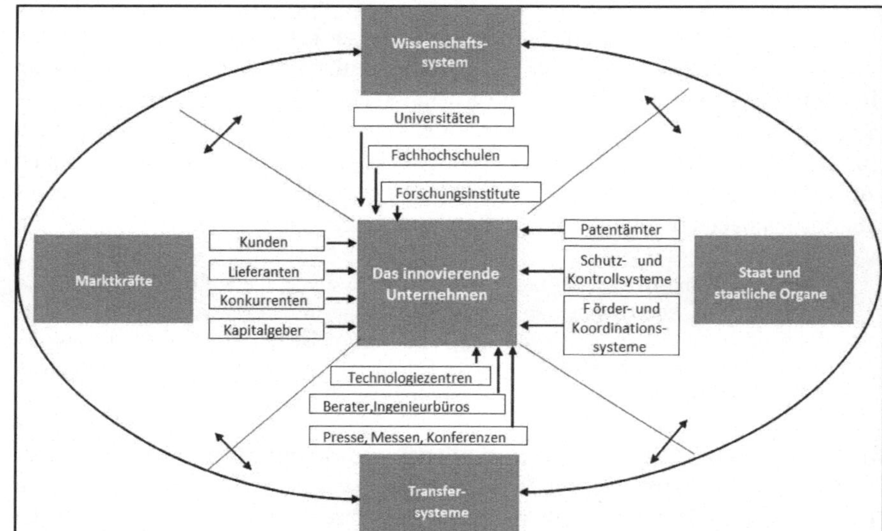

Quelle: Hauschildt/Salomo 2011: 156

2.1.9   *Innovationsgrad und radikale Innovation*

Nachfolgend soll in diesem Kapitel die Frage nach dem „Wie neu?" berücksichtigt werden und dabei auf den Innovationsgrad und die radikale Innovation als spezifische Form eingegangen werden, um eine theoretische Grundlage für das spätere Vorgehen in dieser Untersuchung zu etablieren.

Bei inkrementellen Innovationen stehen keine völlig neuen Technologien im Vordergrund, sondern eine relativ geringfügige und kontinuierliche Veränderung z. B. in Form von verbesserten Zusatzfunktionen oder neuen Verpackungen (vgl. Belz/Schögel/Tomczak 2007: 10; Hofbauer et al. 2009: 41). Wenn die Innovation ganz neuartige Zwecke ermöglicht und die Zweckerfüllung durch ganz neue Technologieinnovationen erreicht wird, wird von einer radikalen Innovation gesprochen (vgl. Gemünden/Kock 2009: 32; Belz/Schögel/Tomczak 2007: 10):[13]

---

13 In der Fachliteratur werden neben radikaler und inkrementeller Innovation eine Vielfalt weiterer Begriffspaare verwendet: grundlegende versus instrumentale, größere versus geringere, revolutionäre versus evolutionäre, originäre versus adaptive, diskontinuierliche versus kontinuierliche, Pionier-

„Incremental innovation introduces relatively minor changes to the existing product, exploits the potential of the established design, and often reinforces the dominance of established firms. [...] Radical innovation, in contrast, is based on a different set of engineering and scientific principles and often opens up whole new markets and potential applications" (Henderson/Clark 1990: 92).

Die Unterscheidung zwischen radikaler Innovation (Innovationssprung) und inkrementeller Innovation (Innovationsschritt) sollte jedoch nicht als dichotome Einteilung verstanden werden. Vielmehr ist das Ausmaß der Neuerung im Vergleich zum aktuellen Zustand ein Kontinuum zwischen den beiden Extremen (vgl. Foster/Kaplan 2001: 103; Wheelwright/Clark 1994: 134 f; Wahlen 2004: 16 f; Möslein 2009: 16). Im Idealfall sollte ein Unternehmen in beiden Disziplinen gut aufgestellt sein, will es wettbewerbsfähig und profitabel bleiben (vgl. Möslein 2009: 16; Gemünden/Kock 2009: 33).

Der Innovationsgehalt drückt sich jedoch nicht nur durch neue Technologiekombinationen und durch den marktbezogenen Kundennutzen aus. Es muss auch berücksichtigt werden, dass an ein Unternehmen, das radikale Innovationen hervorbringt, höchste Anforderungen gestellt werden (vgl. Belz/Schögel/Tomczak 2007: 10). Organisationen und ihr Umfeld müssen sich also selbst verändern, um die Innovation zu ermöglichen (vgl. Dreher et al. 2006: 25; Gemünden/Kock 2009: 33). Folglich lassen sich vier Dimensionen des Innovationsgrades unterscheiden: Marktdimension, Technologiedimension, Organisationsdimension und Umfelddimension (siehe Abbildung 10).

- *Marktdimension:* Eine Innovation weist einen hohen Innovationsgrad für den Markt auf, wenn sie aus Sicht der zukünftigen Nutzer einen signifikanten Wertzuwachs bedeutet und entscheidende Vorteile mit sich bringt. Der Marktinnovationsgrad ist jedoch auch von den erforderlichen Einstellungs- und Verhaltensänderungen der Kunden abzuleiten. Hohe Investitionen sowie Marktwiderstände und -risiken müssen ebenso berücksichtigt werden (vgl. Gemünden/Kock 2009: 33 f; Steinhoff 2008: 9; Rogers 2003: 240).
- *Technologiedimension:* Der Grad der technologischen Neuheit wird durch ihr Leistungspotenzial, mit der Realisierung neuer Funktionalitäten, technologischer Leistungssprünge oder auch radikaler Kostensenkungen ausge-

---

versus Nachfolger-Innovation, Basis- versus Verbesserungs-Innovation (vgl. Hauschildt/Salomo 2011: 16; Leifer et al. 2000: 19; Trommsdorff/Steinhoff 2007: 33). In dieser Untersuchung soll das Begriffspaar radikale/inkrementelle Innovation verwendet werden. Die Auswahl dieses Ansatzes lässt sich durch die häufige Verwendung innerhalb der aktuellen Fachliteratur begründen (so z. B. vgl. Möslein 2009; Trommsdorff/Steinhoff 2007; Belz/Schögel/Tomczak 2009; Henderson/Clark 1990: 92).

drückt. Technologischer Fortschritt äußert sich durch neue technologische Prinzipien oder auch durch neue Architekturen, Materialien und Komponenten (vgl. Gemünden/Kock 2009: 34; Steinhoff 2008: 9; Afuah 1998: 13 ff).

- *Organisationsdimension:* Bei der Entwicklung neuer Technologien und deren Vermarktung ist es darüber hinaus notwendig, Veränderungen in der Organisation durchzuführen. Ein hoher Innovationsgrad äußert sich dabei durch Veränderungen in der Strategie, neue Strukturen und Arbeitsprozesse sowie durch neue Qualifikationen und eine veränderte Unternehmenskultur (vgl. Gemünden/Kock 2009: 34; Steinhoff 2008: 9). Das spiegelt sich beispielsweise in der verstärkten und offenen Zusammenarbeit mit externen Akteuren wider (vgl. Steinhoff 2008: 10).
- *Umfelddimension:* Da die Organisation nicht isoliert agiert, sondern in ihr Stakeholderumfeld eingebettet ist und eine Interdependenz zu weiteren Akteuren besteht, darf das Umfeld des Unternehmens nicht missachtet werden. Innovationen mit hohem Umfeld-Innovationsgrad können neue Infrastrukturen, neue Institutionen oder neue Rahmenbedingungen verlangen. Gleichzeitig sind sie häufig gesellschaftlicher Kritik ausgesetzt (vgl. Gemünden/Kock 2009: 34; Steinhoff 2008: 9; Salomo 2003: 406). Diese Arbeit wird aufgrund der Forschungsfrage den Fokus insbesondere auf die Umfelddimension richten.

Durch die Kombination der unterschiedlichen Ausmaße in diesen Dimensionen kristallisieren sich unterschiedliche Typen von Innovationen heraus. Sind alle Dimensionen stark ausgeprägt, kann man von radikalen Innovationen sprechen, sind die meisten Dimensionen nur gering oder mittel ausgebildet, handelt es sich um inkrementelle Innovationen (vgl. Gemünden/Kock 2009: 34 f).

Wie bereits erwähnt, stehen Innovationsobjekt, Innovationssubjekt, Innovationsprozess, Innovationsentstehung und Innovationsgrad in einem interdependenten Zusammenhang. So gilt es zunächst, die Perspektive zu bestimmen, aus der der Innovationsgrad festgestellt wird. Der Innovationsgrad beeinflusst darüber hinaus den Grad der Komplexität eines Innovationsprozesses. Bei radikalen Innovationen verlaufen die Innovationsprozesse im Vergleich zu inkrementellen Innovationen selten linear und sequenziell. Vielmehr muss von einem flexiblen Ablaufsystem ausgegangen werden, bei dem Phasen sowohl parallel ablaufen als auch durch Rückkopplungen geprägt sind. Hinsichtlich des Innovationsobjektes sind beispielsweise radikale Produktinnovationen bei der Ausgestaltung der Marketingmaßnahmen anders zu managen als inkrementelle Produktinnovationen. Auch radikale Prozessinnovationen erfordern größere Umstrukturierungsmaßnahmen als inkrementelle Innovationen. Je größer der Komplexitätsgrad, desto risikoreicher, konfliktbeladener und unsicherer ist eine erfolgreiche Innovationsentstehung. Gelingt jedoch die Einführung einer radikalen Innovation, so ist die Möglichkeit einer nachhaltigen Differenzierung vom Wettbewerb und somit die Chance auf einen überproportional hohen wirtschaftlichen Erfolg auch wahrscheinlicher (vgl. Wiedmann/Venghaus/Münchenberg 2009: 16 f).

Im Innovationsmanagement müssen diese Verknüpfungen berücksichtigt werden, da vor allem in der Unternehmenspraxis die Analyse des Innovationsgrades sowie die Identifizierung weiterer Dimensionen einer Innovation große Relevanz besitzen. Nur so können Entscheidungen in Bezug auf die Bereitstellung der Innovationskapazitäten, der Ressourcen und des gesamten Managements der Innovation effizient getroffen werden (vgl. Hauschildt/Salomo 2011: 4, 16 f).

Abbildung 10:   Dimensionen des Innovationsgrads

Innovationsgrad			
Markt	**Technologie**	**Organisation**	**Umfeld**
Neuer Kundennutzen	Neues technologisches Prinzip	Neuausrichtung der Strategie	Neue Infrastruktur
Einzigartiger Kundenvorteil	Neue Funktionalität	Neue Strukturen und Prozesse	Anpassung regulatorischer Rahmenbedingungen
Hoher Lernaufwand für den Kunden	Angestrebter technologischer Leistungssprung	Neue Qualifikationen	Gesellschaftliche Kritik
Verhaltensänderung seitens der Kunden	Neue Architektur, Materialien, Komponenten	Veränderung der Kultur	Neue Institutionen

Quelle: Gemünden/Kock 2009: 33

2.2 Innovationskommunikation aus kommunikationswissenschaftlicher Sicht

Nach der ausführlichen Betrachtung der Innovationsforschung aus betriebswirtschaftlicher Sicht soll nun das Augenmerk auf die Innovationskommunikation gelegt werden und somit die kommunikationswissenschaftliche Perspektive in den Vordergrund rücken. So sollen zunächst der Begriff Innovationskommunikation definitorisch abgegrenzt, die grundsätzlichen Einsatzfelder der Innovationskommunikation betrachtet und die Innovationscharakteristika, die als Ausgangspunkt für die Innovationskommunikation dienen, erörtert werden.

2.2.1 Der Begriff Innovationskommunikation

Der Terminus Innovationskommunikation hat zwar in den letzten Jahren in der PR-Praxis enorm an enormen Stellenwert gewonnen, in der wissenschaftlichen Auseinandersetzung stellt die Innovationskommunikation – wie bereits in der Einleitung erwähnt – jedoch ein relativ junges Feld mit einer geringen Anzahl von definitorischen Annäherungen bzw. theoretischen Ansätzen dar (vgl. Huck 2007: 5). Tatsächlich findet man im kommunikationswissenschaftlichen Kontext nur ein Konzept im deutschsprachigen Forschungsraum, das sich diesem spezifischen Feld explizit zuwendet (vgl. hierzu z. B. Zerfaß 2004a: 13-17; Zerfaß/Sandhu/Huck 2004a: 1-32; Zerfaß/Sandhu/Huck 2004b: 56-58; Zerfaß 2005a: 1-27; Zerfaß/Huck 2007b: 847-858).[14] Diese Gruppe von Forschern postuliert eine explizite Diskussion über Innovationskommunikation und spricht sich für eine Verankerung dieses Forschungsfelfeldes in die strategische Unternehmenskommunikation aus:[15]

> „The notion of new technologies, processes and products as key factors for economic success makes innovation communication an integral part of strategic communication. It also forces us to look more into detail at recent concepts of innovation management and at promising measures to shape the meaning of innovation in day-to-day interactions" (Zerfaß/Huck 2007a: 108).

In dieser Untersuchung wird auf diese Definition von Zerfaß/Sandhu/Huck zurückgegriffen, da hier Innovationskommunikation ebenfalls als neues Feld der

---

14 Auch wenn der Ansatz der sogenannten *Innovation Readiness* (siehe z. B. Zerfaß 2004a: 16) Optimierungspotenzial bietet, existiert in der wissenschaftlichen Fachliteratur kein konkurrenzfähiges Konzept. Lars Rademacher beispielsweise kritisiert die Operationalisierung des Ansatzes und das Innovationsverständnis von Zerfaß, Sandhu und Huck (vgl. Rademacher 2005: 7 f), sein distinktionsthereotischer Blickwinkel im Hinblick auf die Kommunikation von Innovationen ist jedoch nach aktuellem Stand nicht konkurrenzfähig und bietet keine Alternative (vgl. hierzu auch Roeßle 2007: 25).
15 Auf der Internetseite „innovationskommunikation.de" werden von den genannten Autoren weiterführende Informationen rund um das Thema Innovation und Innovationskommunikation aufgeführt (innovationskommunikation.de 2010).

Unternehmenskommunikation betrachtet werden soll (siehe hierzu Kapitel 1.3) und diese Definition in der Fachliteratur anerkannt ist und häufig aufgegriffen wird[16].

> „Innovationskommunikation ist die systematisch geplante, durchgeführte und evaluierte Kommunikation von Innovationen mit dem Ziel, Verständnis für und Vertrauen in die Innovation zu schaffen und die dahinter stehende Organisation als Innovator zu positionieren" (Zerfaß/Sandhu/Huck 2004b: 56).

Innovationskommunikation in diesem Sinne leistet also einen wichtigen Beitrag zur Innovations- und Wettbewerbsfähigkeit einzelner Wirtschaftsunternehmen, Forschungsinstitutionen oder sonstiger Einrichtungen. Demgemäß soll in dieser Untersuchung die betriebswirtschaftliche Dimension im Vordergrund stehen und nicht die volkswirtschaftliche Dimension, in der die Wettbewerbsfähigkeit von Standorten sowie Regionen die zentrale Rolle spielt (z. B. Zerfaß 2004a: 17).[17] Dem Prinzip der integrierten Unternehmenskommunikation folgend (siehe Kapitel 1.3) soll bei diesem betriebswirtschaftlichen Betrachtungswinkel ein ganzheitlicher Ansatz angewendet und darüber hinaus eine Verzahnung der Kommunikation mit dem Innovationsmanagement angestrebt werden (vgl. Zerfaß 2009: 25; Zerfaß/Ernst 2008: 64; Zerfaß 2004a: 16 f). Dies wird auch bei der Betrachtung der Einsatzfelder der Innovationskommunikation im nächsten Kapitel deutlich.

2.2.2 Einsatzfelder der Innovationskommunikation

Welche Einsatzfelder weist die Innovationskommunikation einer Organisation auf? Da die Innovationskommunikation einen integrierten Ansatz verfolgt, muss sie in allen Bereichen des Innovationsmanagements und somit auch in allen Prozessen einer Innovation eingebunden sein: angefangen bei der Unternehmensplanung, über die Forschungs- und Entwicklungsaktivitäten bis hin zum Marketing und zur externen bzw. internen Unternehmenskommunikation (vgl. Zerfaß/Huck 2007b: 848; Zerfaß 2009: 24 f; Zerfaß/Sandhu/Huck 2004b: 58).

---

16 wie z. B. Fink (vgl. Fink 2008).

17 Auf dieser sogenannten Makroebene rückt vor allem der Informationsfluss innerhalb von Clustern und Innovationssystemen in den Fokus. Es werden volkswirtschaftliche Leitthemen angesprochen, Chancen und Risiken einer Technologie auf gesellschaftlicher Ebene diskutiert sowie wissenschaftliche Erkenntnisse der Öffentlichkeit zur Verfügung gestellt. Hier wird auch der Bereich des Innovationsjournalismus verortet (vgl. Zerfaß 2004a: 17).

Dabei kommt der Innovationskommunikation zunächst in Bezug auf das Informations- und Wissensmanagement bei der Generierung von Ideen eine wichtige Aufgabe zu: Es geht um die kommunikative Gestaltung der Unternehmensstruktur. So hat die Innovationskommunikation die Aufgabe, die einzelnen Fachbereiche (z. B. Forschungs- und Marketingabteilungen) zu koordinieren und mittels geeigneter Kommunikationsmaßnahmen eine offene und kreativitätsförderliche Unternehmenskultur aufzubauen. Darüber hinaus ist die Innovationskommunikation auch für die Diffusion und Durchsetzung der Innovationen auf dem Markt und in der Gesellschaft verantwortlich. Hier geht es, wie bei der Definition des Begriffes angesprochen, um den Aufbau von Vertrauen und Reputation. Eine gezielte Positionierung oder auch die Planung und Umsetzung von Kampagnen rücken hierbei in den Vordergrund (vgl. Zerfaß 2009: 24 f).

Abbildung 11: Einsatzfelder der Kommunikation in der Innovationsliteratur

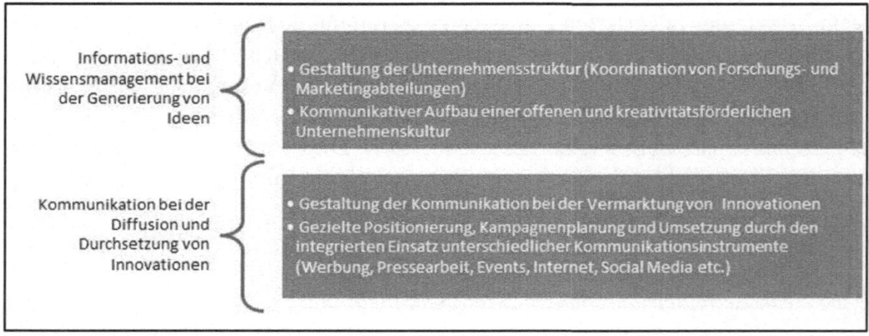

Quelle: eigene Darstellung, inhaltlich angelehnt an Zerfaß 2009: 24 f

Ausgehend von diesen generellen Einsatzfeldern der Innovationskommunikation (siehe Abbildung 11) sollen später die Erfolgsfaktoren für die Innovationskommunikation im Allgemeinen und für die Kommunikation von Innovationen mit politischen Stakeholdern (Innovationslobbying) im Speziellen ausgearbeitet werden (siehe Kapitel 3 und 4).

2.2.3 Innovationscharakteristika als Ausgangspunkt für die Innovationskommunikation

Alle Innovationen weisen einige grundlegende Kennzeichen auf, die es zu beachten gilt, da sie als Ausgangspunkt für den Aufbau der Innovationskommunikation genommen werden müssen. Sechs Merkmale werden in der Forschungsliteratur inbesondere erörtert: Komplexität, Neuartigkeit, Abstraktheit, Anschluss-fähigkeit, Veränderungspotenzial, und Unsicherheit (vgl. Zerfaß 2004a: 20ff; Zerfaß/Sandhu/Huck 2004a: 12ff; Zerfaß 2005a: 15 ff; Zerfaß 2005b: 29-31).[18] Nachfolgend sollen die Innovationsmerkmale und die sich daraus ergebenden Herausforderungen für das Kommunikationsmanagement erörtert werden (siehe Abbildung 12).

Aufgrund der meist hohen *Komplexität* sind Innovationen Laien nur schwer zu vermitteln. Neben der Vorstellung des Verfahrens muss auch meistens die komplizierte Anwendungsmöglichkeit einem Nicht-Experten erklärt werden, so dass bei der Vermittlung von Neuem hohe Anforderungen an die inhaltliche Darstellung in der Innovationskommunikation existieren. Durch die *Neuartigkeit* einer Innovation können die Folgen nicht kalkuliert werden. Es gilt beim Aufbau einer Kommunikationsstrategie zu beachten, dass Innovationen sowohl positive (Neugierde) als auch negative Reaktionen (Angst, Ablehnung, Misstrauen) bei der jeweiligen Zielgruppe hervorrufen können. Ist der Nutzen einer Innovation nicht sofort sichtbar bzw. erlebbar, bleiben Innovationen darüber hinaus vorerst sehr *abstrakt*. Eine weitere Herausforderung der Innovationskommunikation liegt also darin, Innovationen verständlich zu vermitteln und zu visualisieren (vgl. Zerfaß 2004a: 20ff; Zerfaß/Sandhu/Huck 2004a: 12ff; Zerfaß 2005a: 15 ff; Zerfaß 2005b: 29 ff).

Bei radikalen Innovationen, die gesamte Lebensformen bzw. Gesellschafts-systeme verändern, besteht darüber hinaus die Gefahr, dass aufgrund des hohen Neuigkeits- und Abstraktionsgrades nur eine *geringe Anschlussfähigkeit* zu bekannten Themen möglich ist. Die Hürden für die Innovationskommunikation sind besonders hoch, da schwer Beispiele gefunden werden können, auf die man sich beziehen kann und die einen Anhaltspunkt für die Anwender bieten. Gleichzeitig ziehen Innovationen und insbesondere radikale Innovationen ein hohes *Veränderungspotenzial* bzw. einen tiefgreifenden Wandel innerhalb der Organisation nach sich, was in erster Linie auf die Mitarbeiter entweder negativ (Druck, Ängste um Arbeitsplatzverlust) oder positiv (Motivation, Einsatzbereit-schaft) wirken kann. Schließlich ist der Faktor *Unsicherheit* eine große Heraus-forderung für das Kommunikationsmanagement. Der Nutzen einer Innovation bleibt für ein Unternehmen und auch für den Konsumenten lange Zeit unklar.

---

18 Während die Gruppe um Zerfaß sich an sechs Innovationsmerkmalen für den Aufbau einer Inno-vationskommunikation orientiert, nennt Rogers (2003: 15 f). in seinem Werk fünf Charakteristika (relativer Vorteil, Kompatibilität, Komplexität, Erprobbarkeit, Beobachtbarkeit). Es wird ersichtlich, dass die beiden Ansätze starke Überschneidungen aufweisen. Da die Gruppe um Zerfaß die Innova-tionsmerkmale explizit in Verbindung mit der Kommunikation bringt, wird in dieser Untersuchung auf diese Einteilung zurückgegriffen.

Dies stellt eine erhebliche Schwierigkeit für die Innovationskommunikation dar, da zum einen die möglichst zeitnahe und deutliche Vermittlung von Innovationen an Stakeholder als Chance (Neuigkeitscharakter) betrachtet werden kann, andererseits jedoch die Gefahr droht, dass Innovationen scheitern und sich große Ankündigungen nicht halten lassen. Folglich besteht ein hohes Risiko, dass die Glaubwürdigkeit der Innovationskommunikation in Frage gestellt wird (vgl. Zerfaß 2004a: 20ff; Zerfaß/Sandhu/Huck 2004a: 12ff; Zerfaß 2005a: 15 ff; Zerfaß 2005b: 29-31).

Abbildung 12: Herausforderungen an die Kommunikation von Innovationen

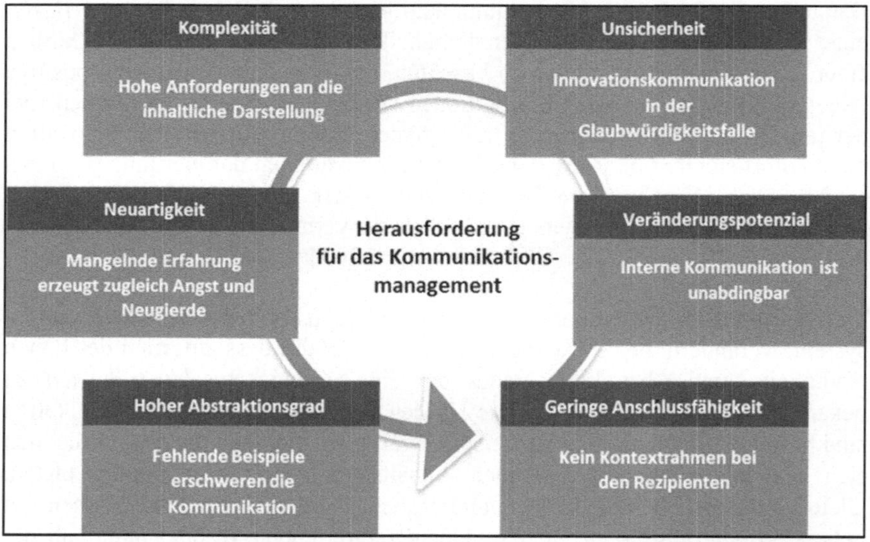

Quellen: eigene Darstellung, inhaltlich orientiert an Zerfaß 2004a: 20ff; Zerfaß/Sandhu/Huck 2004a: 12ff; Zerfaß 2005a: 15 ff; Zerfaß 2005b: 29-31

2.3 Public Affairs aus kommunikations- und politikwissenschaftlicher Sicht

Nach der Betrachtung der Innovationsforschung sowie der Innovationskommunikation im Allgemeinen wird nun im nächsten Schritt auf die kommunikative Schnittstelle von Wirtschaft und Politik eingegangen. Dabei rücken die Public Affairs-Aktivitäten und in dieser Arbeit insbesondere das Lobbying als Kern von Public Affairs in den Vordergrund. Nachfolgend sollen die beiden Begriffe und deren Beziehung zueinander diskutiert werden. Schließlich soll eine Verknüpfung mit dem Innovationskontext stattfinden und der neue Terminus Innovationslobbying, der in dieser Untersuchung erstmals Verwendung findet, genau definiert werden. Die Betrachtung des Public Affairs-Forschungsfeldes legt den Baustein für die spätere Konzeptualisierung, in der die spezifische Kommunikation von radikalen Innovationen mit politischen Stakeholdern im Vordergrund steht.

2.3.1 Der Begriff Public Affairs

Public Affairs ist in der deutschsprachigen Literatur ein relativ neuer Terminus, der in der Struktur von Unternehmen oder Organisationen eine neue Kompetenz bzw. einen spezifischen Bereich widerspiegelt:

> „Public Affairs organisiert das Erfassen von Veränderungen im politischen, gesellschaftlichen, wirtschaftlichen und kulturellen Umfeld, die Rückkopplung dieser Veränderungen mit den Unternehmenszielen, und sorgt für Aufbau und Aufrechterhaltung von Arbeitsbeziehungen zu Organen der Politik" (Köppl 2008: 195).

Ziel von Public Affairs ist, das allgemein wirtschaftliche und politische Klima für eine Organisation durch die Beeinflussung von Politik, Meinungsführern und Öffentlichkeit zu verbessern bzw. negative Auswirkungen der Aktivitäten einer Regierung in wirtschaftlichen und gesellschaftlichen Angelegenheiten, in die Unternehmen involviert sind, zu begrenzen (vgl. Köppl 2000: 21; Weiser 2004: 11; Bergner 1989: Sp. 884; Radunski 2006: 315).

Voraussetzungen dafür sind politisches Know-how, die Beherrschung von Kommunikationstechniken sowie Erfahrung im Umgang mit politischen Entscheidungsträgern, Verbänden oder sonstigen Interessengruppen (vgl. Köppl 2000: 25). Des Weiteren spielt ein Abgleich mit den externen Erwartungen an das Unternehmen und die Organisation der externen Informationsströme eine erhebliche Rolle für das Unternehmen. Nicht die einseitige Beeinflussung steht im Vordergrund, sondern ein zielorientierter Dialog mit politischen Institutionen und gesellschaftlichen Gruppierungen, bei dem Unternehmensinteressen vorgetragen und die Anliegen der Politik eruiert werden (vgl. Köppl 2008: 197). Folglich kann Public Affairs als die Außenpolitik eines Unternehmens bezeichnet werden. Stöhlker spricht dieser Disziplin in diesem Kontext auch eine äußert hohe Relevanz zu und bezeichnet Public Affairs sogar als anspruchsvollstes Gebiet der Kommunikation (vgl. Stöhlker 2001: 191).

Wie bereits in Kapitel 1.3 erwähnt, wird Public Affairs dem Bereich der Public Relations zugeordnet, auch wenn in der wissenschaftlichen Fachliteratur schwelende Diskussionen hinsichtlich der Abgrenzung und Zuordnung dieser beiden Begriffe vorzufinden sind. Des Öfteren wird Public Affairs auch auf der gleichen Ebene wie Public Relations angesiedelt (vgl. Althaus 2007: 799; Köppl 2008: 192). Gründe liegen vor allem darin, dass die klassische PR[19] die Darstellung der Erfolge bzw. das Image in der Öffentlichkeit fokussiert (vgl. Kunczik 2010: 15) und Public Affairs – neben den Kommunikationsleistungen der PR – auch eine aktive und bewusste Involvierung eines Unternehmens in politische Prozesse, Themen und Strukturen (vgl. Köppl: 2000: 11; 19; Achleitner 1995: 14) in den Vordergrund stellt. Die Komponenten politische Analyse, inhaltliche Beratung, Beziehungspflege zu Verwaltungen und politischen Gremien, die Mitarbeit an unternehmerischen Grundsatzentscheidungen stehen bei traditionellen Public Relations-Maßnahmen bisher nicht explizit im Vordergrund (vgl. Lies 2008: 390; Althaus 2007: 799). Folglich ist es ratsam, Public Affairs sowohl aus kommunikationswissenschaftlicher Perspektive als auch aus politikwissenschaftlicher Perspektive zu betrachten, um seine Breite komplett zu erfassen. In dieser Arbeit wird Public Affairs aus Gründen der organisatorischen Überschaubarkeit auf Unternehmensebene als Teil einer umfassend verstandenen Public Relations begriffen, die jedoch die spezifische Aufgabe hat, sich mit gesellschaftspolitischen Stakeholdern sowie mit den Beziehungen zu politischen Instanzen zu befassen.

2.3.2 Aufgabenfelder von Public Affairs

Welche Aufgabenfelder weist das Public Affairs-Management nun im Detail auf? Public Affairs schnürt ein vielfältiges Paket an Analyse- und Steuerungselementen. Lobbying, das direkt diverse Anliegen gegenüber dem jeweils relevanten Entscheidungsfindungssystem vertritt, ist dabei eine effiziente Maßnahme (vgl. Köppl 2008: 189; Althaus 2007: 798 ff; Leif/Speth 2006: 14; Hogrefe 2009: 86) und wird aufgrund der hier vorliegenden Fragestellung im nächsten Kapitel explizit erörtert werden. Darüber hinaus sind Reputation Management[20], Medienarbeit, Corporate Social Responsibility[21]/Corporate Citizenship[22], Moni-

---

19 Weiterführende Literatur zum Thema Public Relations liefern Bentele/Fröhlich/Szyszka (2008); Schulz 2009 oder auch Grunig/Hunt 1984.

20 Das Reputationsmanagement beinhaltet Planung, Aufbau, Pflege, Steuerung und Kontrolle des Rufs eines Unternehmens gegenüber allen relevanten Stakeholdern (vgl. Gabler Wirtschaftslexikon 2010).

21 Der Begriff Corporate Social Responsibility beinhaltet ein Konzept, bei dem Unternehmen auf freiwilliger Basis soziale Belange und Umweltbelange in ihre Unternehmenstätigkeit und in die Wechselbeziehungen mit den Stakeholdern integrieren. Im Drei-Säulen-Modell sind neben den

toring[23] und Issues Management[24] weitere Handlungsfelder des Public Affairs-Managements (vgl. Lies 2008: 390; Köppl 2008: 197).

Abbildung 13: Public Affairs Management

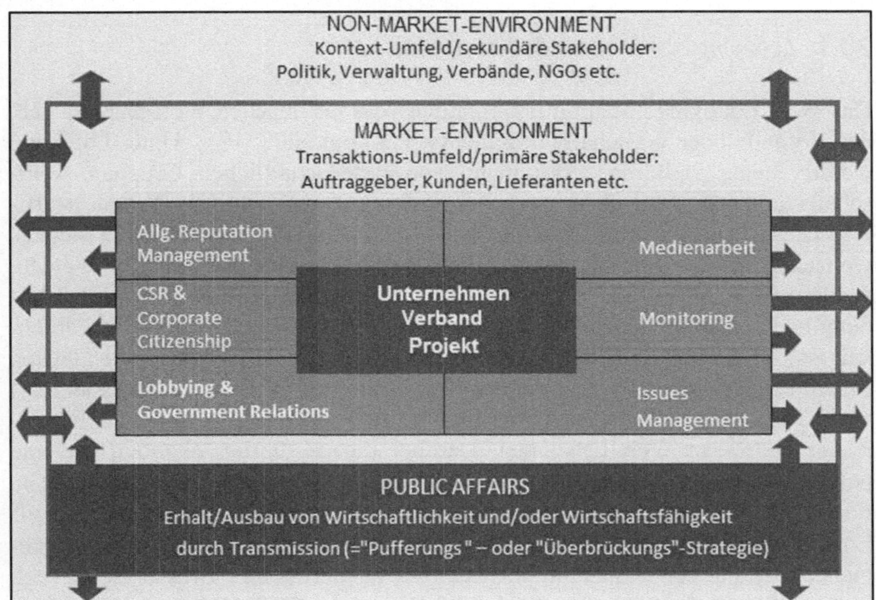

Quelle: Köppl 2008: 197

---

genannten ökologischen und sozialen Aspekten auch die ökonomischen Belange enthalten (vgl. Europäische Kommission 2001: 29).

22 Corporate Citizenship ist ein systematisch betriebenes bürgerschaftliches/soziales Engagement von Unternehmen, die sich als „gute Bürgerin" oder „guter Bürger" für das Gemeinwohl betrachten und eine zusätzliche gesellschaftliche Verantwortung übernehmen (vgl. Bundeministerium für Wirtschaft und Technologie 2010).

23 Monitoring ist die Beobachtung der relevanten Prozesse auf den föderalen Ebenen – lokal, regional, national und international. Es dient dazu, die jeweils beteiligten Institutionen sowie Entscheidungsprozesse zu identifizieren. Das Issues Management als Themenradar ist daher mit dem Monitoring eng verknüpft (vgl. Lies 2008: 390; Althaus 2007: 798; Showalter/Fleisher 2005: 112 ff).

24 Das Issues Management versucht als proaktives Früherkennungssystem das Unternehmensumfeld antizipativ in dessen Handlungsspektrum zu integrieren. Ziel dieser speziellen Disziplin des Kommunikationsmanagements ist es, Issues (= Sachverhalte, die sich als Barrieren strategischer Handlungsspielräume entwickeln können und ein Reputationsrisiko darstellen) frühzeitig zu erkennen, zu analysieren und gegebenenfalls durch aktive Maßnahmen zu beeinflussen (vgl. Köppl 2000: 71; Ingenhoff/Röttger 2006: 321; Mast 2006: 106; Issues Management Gesellschaft Deutschland e. V. 2007; Wiedemann/Ries 2007: 285 f).

Abbildung 13 veranschaulicht das Maßnahmenbündel des Public Affairs-Managements und zeigt die Interaktion zwischen dem Unternehmen und seinem Marktumfeld und seinem nicht-kommerziellen Umfeld auf.

2.3.3 Lobbying als Kern von Public Affairs

Das Wort Lobbying[25] stammt ursprünglich vom lateinischen Wort „labium" ab, das Vorhalle oder Wartehalle bedeutet (vgl. Köppl 2008: 191). Unter Lobbying werden heute vielfältige Aktivitäten von gesellschaftlichen Gruppen, Wirtschaftsverbänden oder Unternehmensvertretungen im Vorhof der Politik begriffen. Dabei kristallisiert sich der informelle Charakter des Lobbyismus heraus, wonach politische Entscheidungen nicht nur in Plenarsälen getroffen werden, sondern insbesondere im Vorfeld, ergo im vorpolitischen Raum der Willensbildung und des Interessenabgleiches, der überwiegend fern ab von der Öffentlichkeit ist (vgl. Köppl 2000: 105; Leif/Speth 2006: 15). Lobbying hat in den letzten Jahren sowohl aufgrund von Veränderungen in der Umwelt von Verbänden als auch aufgrund der gestiegenen Anzahl von Public Affairs-Agenturen als Dienstleister enorm an Wert gewonnen. Darüber hinaus führten ökonomische und politisch-regulative Veränderungen dazu, dass Unternehmen sich nicht nur in Form von Mitgliedschaften in Verbänden, sondern zunehmend auch selbst als Lobbyisten in der politischen Kommunikation betätigen, was auch die zunehmende Anzahl von Konzernrepräsentanzen in Berlin und Brüssel zeigt (vgl. Speth 2006: 45; Busch-Janser 2004: 28 f; Wehrmann 2007: 41):[26]

> „Ohne Informationen aus Verbänden und Unternehmen könnten Politiker und Beamte ihre Arbeit als Gesetzgeber und Exekutive nicht leisten. Dafür sind viele Themen einfach zu komplex geworden." (Althaus 2007: 799).

Im Rahmen der definitorischen Auseinandersetzung mit Lobbying wird häufig das Element der Beeinflussung der Regierung durch Lobbyisten betont, wie dies zum Beispiel bei der Definition von Fischer (1997: 35) der Fall ist: *„Versuch*

---

25 Neben Lobbying wird häufig auch von Government Relations, Government Affairs, Public Policy oder Politikberatung gesprochen (vgl. Busch-Janser 2004: 21). In dieser Untersuchung wird jedoch ausschließlich der Terminus Lobbying verwendet werden, da dieser trotz vielfältiger Ressentiments weitläufiger und bekannter ist als die an dieser Stelle aufgeführten Synonyme.

26 Neben Unternehmen oder Verbänden existieren selbstverständlich weitere gesellschaftliche Interessengruppen wie Gewerkschaften als Schutzverbände der Arbeitnehmer, Kammern (wie z. B. die Industrie- und Handelskammer), Kirchen oder auch Bürgerinitiativen sowie Interessenvertretungen im Bereich des Sports, der Freizeit, Soziales oder Kultur (vgl. Alemann/Eckert 2006: 4).

der Beeinflussung von Entscheidungsträgern durch Dritte" oder auch bei Köppl (2001: 215):

> „Lobbying als direkte Beeinflussung von politischen Entscheidungsprozessen durch Personen, die nicht an diesen Entscheidungen beteiligt sind."

Eine ausführlichere Definition bietet Farnel (1994: 2), der Lobbying als eine Tätigkeit beschreibt, „die darin besteht, Einfluss zu nehmen, um direkt oder indirekt auf Prozesse der Ausarbeitung, Anwendung oder Auslegung gesetzlicher Maßnahmen, Normen und Vorschriften oder ganz allgemein auf jede Intervention oder Entscheidung öffentlicher Stellen einzuwirken." Auch Strauch (1993: 111) knüpft mit seiner Definition an diese an, indem er wie Farnel die Prozesse des Lobbyings darlegt und darüber hinaus die schnelle Informationsübermittlung in den Mittelpunkt stellt.

> „Lobbying ist eine Methode und die Anwendung dieser Methode im Rahmen einer vorzubereitenden oder bereits festgelegten Strategie, Informationen zu sammeln, aufzubereiten und weiterzugeben und auf die Entscheidungszentren und Entscheidungsträger einzuwirken, wobei das wichtigste Mittel der rasche Informationsaustausch ist."

Es wird bewusst der Begriff des Einwirkens und nicht der Begriff des Beeinflussens verwendet, da dies als wertneutraler erachtet wird (vgl. Strauch 1993: 15).

Zahlreiche Autoren betonen bei der Definition von Lobbying das Tauschgeschäft von Informationen (vgl. Winter 2004: 761 ff; Hogrefe 2009: 88 ff; Hillmann/Hitt 1999: 834; De Figueiredo 2002: 3). Unternehmen haben als gesellschaftliche Interessengruppe den Auftrag, an der politischen Meinungsbildung zu partizipieren und das Recht, Unternehmens-, Mitarbeiter- und Mitgliederinteressen im politischen Kontext zu vertreten (vgl. Althaus/Geffken/Rawe 2005: 262; Köppl 2000: 26; Meier 2005: 88 f; Althaus 2007: 390; Bentele 2007: 14; Bentele 2003: 15 f; Güttler/Klewes 2002: 5). Für die Interessen und Anliegen der Organisation soll politisches Verständnis geweckt werden und politische Entscheidungsträger als Unterstützer gewonnen werden. Gesetze können nur dann langfristig wirkungsvoll sein, wenn diejenigen, die in der Praxis agieren und die politischen Gesetze umsetzen müssen, gehört werden und darlegen können, was die möglichen Auswirkungen der Gesetzesvorhaben sein werden (vgl. Wehrmann 2007: 39; Hogrefe 2009: 90). Gleichzeitig darf nicht außer Acht gelassen werden, dass auch Politiker den Kontakt zu den Interessengruppen suchen (vgl. Wehrmann 2007: 39). Es wird bei dieser Sichtweise also deutlich, dass es sich bei Lobbying nicht um einen einseitigen Prozess handelt, bei dem die Lobbyisten der Politik Informationen aufdrängen und Druck ausüben (vgl. Leif/Speth 2006: 16).

Ergänzend zur Tauschtheorie wird darüber hinaus in der Literatur auch das Principal-Agent-Modell aufgeführt, da dieses den zweistufigen Prozess aufzeigt. Der Principal – das Unternehmen – delegiert die Aufgabe an den Lobbyisten (Agent), der wiederum mit den Politikern das gerade aufgeführte Tauschverhältnis eingeht. Ein Lobbyist übernimmt folglich eine Brückenfunktion und bewegt sich in zwei unterschiedlichen Bereichen (vgl. Priddat/Speth 2007: 12; Michalowitz 2004a: 48).

Dazu gehört folglich die effektive Gestaltung des Kommunikationsprozesses, der das wesentliche Charakteristikum von Lobbying darstellt und damit unmittelbar verbunden das Management von Kommunikationsbeziehungen. Dies kann in Form von indirektem Lobbying (Kommunikation über die Öffentlichkeit oder dritte Personen) als auch in Form von direktem Lobbying (direkte, persönliche Kommunikation) realisiert werden (vgl. Köppl: 2000: 137, 139; Siegele 2007: 13; Wehrmann 2007: 45; Althaus 2007: 798).

2.3.4 Lobbying in der wissenschaftlichen Diskussion

Nachdem Lobbying als Kern von Public Affairs definitorisch erläutert wurde, soll nun dargelegt werden, wie Lobbying in der wissenschaftlichen Literatur bisher untersucht wurde. Somit wird eine fundierte theoretische Grundlage für die spätere Erstellung eines Innovationslobbying-Konzepts geschaffen und eine differenzierte Herangehensweise an das Phänomen Lobbyismus gewährleistet.

Die deutsche Politikwissenschaft hat sich seit dem Zweiten Weltkrieg intensiv mit der verbandlichen Interessenforschung befasst. Insbesondere Alemann hat die politikwissenschaftliche Literatur sehr geprägt, in dem er das Verbandswesen und dessen Dimensionen wissenschaftlich untersucht hat (vgl. z. B. Alemann/Heinze 1981; Alemann 1989; Alemann 2000):

> „Der Einfluss von unterschiedlich organisierten Interessen auf die Politik in demokratischen Verfassungsstaaten war seit jeher ein spannendes Thema wissenschaftlicher Abhandlungen. […] Im Wesentlichen sind es vier Aspekte, die bei der Analyse des Lobbyismus die Schwerpunkte bilden: die Organisationsform, die Adressaten, die Inhalte und Ideologien sowie die Aktionsformen des Lobbyismus" (Alemann/Eckert 2006).

Dem Gesamtkomplex des Lobbyings, dabei eingeschlossen das Unternehmenslobbying, wurde lange Zeit hingegen wenig Beachtung in der Forschung geschenkt (vgl. Wehrmann 2007: 36). In der Politikwissenschaft wurde Lobbyismus lange als Teilgebiet des Themas Verbände oder der Staat-Verbände-Beziehung gesehen (vgl. Leif/Speth 2003: 10).

Eine Trendwende vollzog sich erst mit dem Regierungsumzug von Bonn nach Berlin. Das Thema Lobbying gewann an Relevanz (vgl. Wehrmann 2007: 37). Zu den klassischen Interessenvertretungsorganisationen, den Verbänden, kamen weitere Akteure hinzu. Die heutige Verwendung des im angelsächsischen Raum seit langem vertrauten Begriff Lobbying ist eine Folge des veränderten Zusammenspiels von Politik und Wirtschaft (vgl. Speth 2010; Burgmer 2003: 33).

Neben den wissenschaftlichen Untersuchungen (z. B. Winter 2007; Leif/Speth 2003; Kleinfeld/Zimmer/Willems 2007; Mayer/Naji 2000) entstanden auch zunehmend Handbücher und Ratgeber für effektives Lobbying (z. B. Köppl 2003; Merkle 2003; Siegele 2007).[27] Betrachtet man die Entwicklung der wissenschaftlichen Modelle, die die Interessenvermittlung konzeptionell zu fassen versuchen, wird deutlich, dass die jüngsten Entwicklungen und Trends im Lobbying auch in der Theorie Veränderungen herbeigeführt haben: *„Gegenwärtig ist eine Renaissance der Pluralismustheorie und ihrer Autoren zu beobachten"* (Speth 2010). Alemann/Eckert (2006) bezeichnen den Lobbyismus auch als *„nackte Verkörperung des Pluralismus"*.

Die pluralistische Theorie wurde von Ernst Fraenkel in den 60-er Jahren in Deutschland neu ausgelegt. Pluralismus ist „das gleichberechtigte, durch grundrechtliche Garantien geschützte Nebeneinanderexistieren und -wirken einer Mehrzahl sozialer Gruppen innerhalb einer staatlichen Gesellschaft" (Fraenkel 1957: 254). Die Vielfalt der Interessen im politischen Willensbildungsprozess wird als Notwendigkeit betrachtet und ist erwünscht (vgl. Alemann 1989: 38). Im Pluralismus geht man von einem Machtgleichgewicht zwischen den unterschiedlichen Interessengruppen aus. Das Gemeinwohl ergibt sich am Ende als die Kompromisssumme der unterschiedlichen Meinungen und Positionen (vgl. Speth 2010: 6; Leif/Speth 2006: 17): „Der Markt der Interessen als Garant des Gemeinwohls: Das ist das Credo des Pluralismus" (Alemann/Eckert 2006).

Jedoch weist die Theorie zwei fundamentale Schwächen auf. Zum einen wird davon ausgegangen, dass alle Interessen die gleiche Durchsetzungskraft besitzen. Jedoch existieren Asymmetrien zwischen den Interessengruppen in der Realität (vgl. Lösche 2006: 60; Winter 2007: 217 ff). Verbraucher-, Kinder- oder auch Umweltinteressen z. B. sind ressourcenschwächer und somit weniger einflussstark. Zum anderen wird dem Staat in der Pluralismus-theorie in naiver

---

27 Letztere sind für wissenschaftliche Untersuchungen ebenfalls aufschlussreich, da sie Positionen und Meinungen von Praktikern über erfolgreiches Lobbying wiedergeben (vgl. Wehrmann 2007: 37; Kolbe/Hönigsberger/ Osterberg 2011: 2).

Weise eine neutrale, unabhängige Schiedsrichterrolle zugewiesen (vgl. Leif/Speth 2003: 11; Alemann 1989: 39). In der Realität ist dieses Bild jedoch nicht haltbar, da dort starke Verknüpfungen zwischen dem staatlich-administrativen System und den Interessengruppen bestehen (vgl. Speth 2010).

Diese Verknüpfung findet in der Korporatismustheorie Ausdruck, die ab den 1970er Jahren aufkam und bis Ende der 1990er Jahre das forschungsleitende Paradigma war (vgl. Alemann/Heinze 1981). Während in der pluralistischen Theorie gruppenegoistische Ziele verfolgt werden, werden im Korporatismus interessenpolitische Forderungen durch Konsensbildung gemäßigt. Verbände haben die Rolle des Moderators und des Vermittlers inne. Sie bündeln und filtern die Positionen und erbringen mit dieser Tätigkeit für das politische System somit Ordnungsleistungen (vgl. Leif/Speth 2006: 18; Leif/Speth 2003: 12). Sie werden als gemeinwohlorientierte Akteure betrachtet und nicht als Lobbys, die Partikularinteressen vertreten (vgl. Speth 2010).

Vor diesem Hintergrund kann die heutige Struktur, in der der Einfluss der Verbände schwindet und die eigenständigen Lobbyingaktivitäten der Unternehmen an Relevanz gewinnen, eher mit einer pluralismustheoretischen Perspektive beschrieben werden. Die ökonomische Dynamik und der gesellschaftliche Trend zur Individualisierung fördern die lobbyistische Interessendurchsetzung (vgl. Leif/Speth 2003: 23). Es ist daher auch nicht verwunderlich, dass im Begriff Lobbying kritische Untertöne mitschwingen. Treten in diesem Zusammenhang doch zwangsläufig Fragen in Bezug auf die politische Kultur und die Funktionsfähigkeit des politischen Systems auf (siehe Kapitel 2.3.5) (vgl. Speth 2010: 5).

Neben theoretischen Modellen gibt es darüber hinaus zahlreiche empirische Feldbeobachtungen und Fallbeispiele, z. B. im Bereich der Agrarwirtschaft (vgl. Niemann 2003), im Gesundheitssektor (vgl. Martiny 2003), im Bereich der Telekommunikation (vgl. Schober 2003) oder der Pharmazie (vgl. Langbein 2003). Sie zeichnen den Einfluss von Interessengruppen in den einzelnen Politikgebieten oder bei bestimmten politischen Entscheidungen nach. So wird beispielsweise in einer empirischen Studie zur politischen Kommunikation der BASF untersucht, welchen Wertbeitrag der eigene Lobbyingbereich in Berlin leistet. Die Studie analysiert, welche Erwartungen Politiker an Unternehmenslobbyisten richten, welche Nachfragehaltung seitens der Berliner Politik gegenüber Unternehmen besteht, was wertsteigernde Ziele der politischen Interessenvertretung eines Wirtschaftsunternehmens im Vergleich zum Verbandslobbying sein können und welche Kenntnisse die Bevölkerung über den Dialog zwischen Wirtschaft und Unternehmen in seinen unterschiedlichsten Formen aufweist. Des Weiteren wurden in einem nicht veröffentlichten Teil die Häufigkeit, die Qualität und die Ergiebigkeit der politischen Kontakte der BASF abgefragt (vgl. Escher 2003).

Auch die Berliner Konzernrepräsentanz der Metro Group widmet sich diesem Thema und untersuchte den Wert ihrer Politikdependance. Als zentrale Messgröße wurde die Dialogfähigkeit der Konzernlobbyisten herangezogen, die anhand von qualitativen Interviews mit gesellschaftspolitischen Multiplikatoren erhoben wurde. Da gerade subjektive Kriterien die Dialogfähigkeit ausmachen, wurde z. B. die Glaubwürdigkeit, die persönliche Reputation oder auch die Authentizität der Unternehmenslobbyisten abgefragt. Ergebnis war, dass Unternehmensrepräsentanzen durch die präsente und direkte Kommunikation die Unternehmensreputation unter den Multiplikatoren steigern und so einen Mehrwert für das operative Geschäft leisten (vgl. Aufricht 2012: 42).

Die zentrale Frage jedoch, welchen Einfluss unterschiedliche Interessengruppen auf die politischen Entscheidungsprozesse bzw. auf die politische Gesetzgebung haben, lässt sich aufgrund der vielen Einflussfaktoren nur schwer beantworten (vgl. Aufricht 2012: 42; Kolbe/Hönigsberger/Osterberg 2011: 3). Dies zeigen auch die unterschiedlichen Ergebnisse von empirischen Studien. So existieren widersprüchliche Auffassungen über die Wirkung von Lobbying. Eine verhaltenswissenschaftliche Studie von Malmendier/Schmidt (2012), die ein experimentelles Design aufweist, kommt beispielsweise zum Ergebnis, dass Entscheidungsträger, die Zuwendungen oder Vergünstigungen von jemanden erhalten, eine unausgesprochene moralische Verpflichtung gegenüber dem Zuwendungsgeber empfinden und unbewusst zugunsten des Zuwendungsgebers handeln. Die Autoren, die ihre Studie sehr breit angelegt haben, interpretieren ihre Ergebnisse auch explizit im Kontext der Politik.

Hingegen schlussfolgert beispielsweise die empirische Studie von Michalowitz, die sich mit der Wirkung von Lobbying in der EU beschäftigt, dass der Einfluss der Lobbyisten generell überschätzt wird. Lobbyingaktivitäten sind laut dieser Studie nur dann erfolgreich, wenn sie in ihrer Stoßrichtung bereits dem vorhandenen politischen Willen entsprechen oder wenn überhaupt keine Präferenz bei den politischen Akteuren vorhanden ist (vgl. Michalowitz 2004b: 25). Lobbying kann demnach grundsätzliche politische Richtungen nicht verändern. Dennoch können Lobbyisten Details in der politischen Gesetzgebung abändern:

> „Ob beispielsweise ein Unternehmen zwei statt fünf Millionen Euro Strafe für eine unrechtmäßig zugesprochene Subvention zahlen muss, verändert nicht die politische Struktur des Systems, aber es ist von großer Bedeutung für das betroffene Unternehmen" (Michalowitz 2004b: 26).

Insgesamt wird die Diskussion über den Lobbyingbeitrag für die Demokratie dadurch erschwert, dass die Wirkung von Lobbying in der Summe nicht messbar ist:

„Die Wirkung der Lobbyarbeit ist in der Regel schwer zu bewerten, da sie sich zumeist jenseits der öffentlichen Aufmerksamkeit abspielt. Zudem sind die Einflussfaktoren so vielfältig und die Wirkungen so kompliziert nachzuweisen, dass sich oft schwer genau angeben lässt, inwieweit sich lobbyistische Interessen durchgesetzt haben" (Leif/Speth 2003: 27).

2.3.5 Lobbying und Demokratie: Eine kritische Reflexion

Wie bereits im vorigen Kapitel ersichtlich wurde, wird Lobbying in Deutschland häufig negativ konnotiert und nicht selten mit Aussagen wie „skrupelloses Agieren von Strippenziehern", „kriminelle Absprachen", „Schattenmanagement" oder auch „heimliche Macht starker Interessen" in Verbindung gebracht (vgl. Hogrefe 2009: 87; Alemann/Eckert 2006; Wehrmann 2007: 39; Kleinfeld/Zimmer/Willems 2007: 10; Rieksmeier 2007: 10; Lösche 2006: 53; Leif/Speth 2003: 9). Daher soll an dieser Stelle eine differenzierte Darstellung des Lobbyismus erfolgen und die unterschiedlichen Positionen, die in der Literatur hinsichtlich des Phänomens existieren, dargelegt werden. Dabei soll auf den weißen und auf den schwarzen Sektor des Lobbyismus sowie auf die problematische Grauzone eingegangen werden.

Betrachtet man zunächst die positive Seite des Lobbyismus, den weißen Sektor, so kann die Interessenvermittlung als eine Art Politikberatung interessengeleiteter Art betrachtet werden. Politiker benötigen bei ihrer Entscheidungsfindung Informationen, Analysen und Bewertungen von Sachverständigen (vgl. Lösche 2006: 55). Erst durch die Kenntnis der Präferenzen der jeweiligen gesellschaftlichen Interessengruppen und der Bürger können demokratische Entscheidungssituationen geschaffen werden (vgl. Hart 2003: 78; Hogrefe 2009: 88 ff; Alemann/Eckert 2006; Güttler/Klewes 2002: 5). Darüber hinaus ist Interessenpolitik im Grundgesetz durch die Versammlungs-, Meinungs- oder Pressefreiheit geschützt. Die pluralistische Gesellschaftsordnung schützt die breit gefächerte Interessenartikulierung und den Wettstreit um die besten Argumente (vgl. Alemann/Eckert 2006). Lobbying ist folglich ein Element der Demokratie (vgl. Fücks 2003: 55; Leif/Speth 2003: 9).

Dem weißen Sektor gegenübergestellt ist der schwarze Sektor. Darunter wird alles subsumiert, was illegal und illegitim ist. Werden politische Entscheidungen aufgrund egoistisch motivierter Ziele gefällt und nicht in einem multipolaren Entscheidungsprozess getroffen, werden die demokratischen Grundprinzipien ausgehebelt. Zu diesem Sektor des inakzeptablen Lobbyings gehören beispielsweise illegale Politik- oder Parteifinanzierung, Korruption sowie politische Druckausübung durch Nötigung bzw. Erpressung (vgl. Alemann/Eckert 2006; Leif/Speth 2006: 27).

Wie verhält es sich aber nun mit der Grauzone? Während die Einteilung in den weißen und in den schwarzen Sektor relativ einfach ist, bewegt sich die Grauzone nicht in einem illegalen, sondern in einem illegitimen Bereich, der zu erheblichen Diskussionen in der Öffentlichkeit führt. Die auf den ersten Blick demokratisch gewünschte Informationsvermittlung der Lobbyisten wird beispielsweise ab jenem Punkt kritisch, wenn die Quellen verunklart werden und private Interessen unter dem Deckmantel von Gemeinwohlideologien präsentiert werden (vgl. Alemann/Eckert 2006; Leif/Speth 2003: 16; Hart 2003: 70). Aus Gründen der Transparenz sollten Lobbyisten dazu angehalten werden, ihre Aktivitäten offen zu legen (vgl. Fücks 2003:55).

Auch die Vergabe von dotieren Posten in der Wirtschaft unmittelbar nach dem Ausüben eines politischen Amtes ist mit einem demokratiekritischen Beigeschmack behaftet (vgl. Alemann/Eckert 2006; Lösche 2006: 66). Wie kann man in diesem Zusammenhang nachweisen, ob ein Politiker nicht bereits während seiner politischen Amtsausübung Entscheidungen zugunsten der Interessengruppe getroffen hat, um seine spätere nicht-politische Existenz zu sichern? Forderungen nach Karenzzeiten werden laut:

„Für Politiker sollte gelten, dass sie nach dem Ausscheiden aus der Politik für einen bestimmten Zeitraum ihr Insiderwissen nicht als Lobbyisten verwerten dürfen. Es stinkt zum Himmel, wenn z. B. eine Staatssekretärin aus dem Verteidigungsministerium im Anschluss an ihre Regierungszeit als Vertreterin eines Rüstungskonzerns tätig wird" (Fücks 2003: 56).

Kritisch sind auch personelle Penetrationen der Exekutive oder Legislative mit Interessenvertretern zu sehen. So sollten Verbandsvertreter oder Unternehmenslobbyisten nicht gleichzeitig in politischen Gremien tätig sein, in denen Entscheidungen für ihren Auftraggeber getroffen werden. Hier muss der Fokus stärker auf eine strikte Rollentrennung gesetzt werden. Darüber hinaus sind zwar Parteispenden genau geregelt, dennoch gibt es in Deutschland keine Begrenzung der Höhe von Unternehmensspenden. Hier besteht ebenfalls Nachbesserungsbedarf, um Abhängigkeiten zu vermeiden (vgl. Alemann/Eckert 2006; Fücks 2003: 56)

Die Beispiele machen deutlich, warum es schnell zu Vorbehalten gegenüber Lobbyingaktivitäten kommt. Lobbying birgt durch seine informelle Grundstruktur Gefahren der illegitimen Interessendurchsetzung (vgl. Leif/Speth 2006: 27). Dieser Punkt muss bei dieser Untersuchung, bei der im späteren Verlauf ein Innovationslobbying-Konzept aufgebaut wird, ebenfalls reflektiert werden. Um den illegitimen Aktionsformen entgegen zu treten, bedarf es zukünftig Nachbesserungen und strikterer Regeln im politischen Bereich, die Transparenz und Offenheit zum Ziel haben (vgl. Alemann/Eckert 2006; Leif/Speth 2003: 27).

Gerade in Zeiten von verstärkter Bürgerpartizipation und Medienkontrolle muss Lobbying der gesellschaftlichen Forderung nach Offenheit und Transparenz in politischen Prozessen stärker gerecht werden (vgl. Hart 2003; Fücks 2003; Alemann 2000). Lobbying und insbesondere Innovationslobbying sollen in dieser Arbeit durchgehend als wertneutral verstanden werden.

2.3.6 Innovationslobbying als neuer Terminus

Da in dieser Untersuchung die Kommunikation von radikalen Innovationen mit politischen Stakeholdern im Vordergrund steht und somit Lobbying das zentrale Element bei der Vermittlung von Innovationen im politischen Kontext darstellt, soll in dieser Untersuchung ein neuer Terminus – das Innovationslobbying – verwendet werden. Nach der Berücksichtigung der in den vorliegenden Kapiteln vorgestellten Definitionen von Innovation, Innovationskommunikation, Public Affairs und Lobbying soll Innovationslobbying die grundlegenden Dimensionen dieser Begriffe aufgreifen und miteinander verknüpfen:

Innovationslobbying wird als ein systematisch geplantes, durchgeführtes und evaluiertes kommunikatives Einwirken von Unternehmen, Verbänden oder Branchen auf politische Entscheidungsträger und Entscheidungsprozesse durch Informationsaustausch über eine Innovation begriffen. Ziel ist es, im Dialog mit der Politik geeignete Rahmenbedingungen und einen größeren Handlungsspielraum für innovative Unternehmen zu schaffen, damit radikale Innovationen erfolgreich eingeführt werden können.

Dabei beschränkt sich diese Definition nicht nur auf informelle Beziehungen mit der Politik, sondern integriert bewusst den Aspekt, dass wirtschaftliche Interessengruppen in öffentlichen Begegnungen (Gremien, Anhörungen in politischen Institutionen etc.) ihre Interessen einfließen lassen können.

2.4 Stakeholderansatz

Um ein systematisches Vorgehen gewährleisten zu können, ist die exakte Definition derer wichtig, an die sich die Kommunikation von Innovationen als Teil der Unternehmenskommunikation richtet. Ein weit verbreitetes Strukturierungskonzept für Kommunikationsfelder ist die Einteilung in Zielgruppen bzw. Interessengruppen/Anspruchsgruppen (Stakeholder) (vgl. Mast 2006: 124, 128). Nachfolgend soll dargestellt werden, warum der Stakeholderansatz für die Innovationskommunikation geeignet ist. Darüber hinaus wird der Fokus explizit auf die politischen Stakeholder eines Unternehmens gerichtet.

2.4.1 Stakeholder der Innovationskommunikation

Für Unternehmen, die Innovationen erfolgreich am Markt einführen wollen, sind die Interessen, Aktivitäten und Erwartungen sowie die Antworten und Reaktionen von unterschiedlichsten Gruppen auf Innovationen relevant (vgl. Köppl 2003: 46; Theuvsen 2001: 1; Schmid/Lyczek 2008: 69). Langfristig können Unternehmen in der Praxis nicht die Interessen von relevanten Gruppen ignorieren, so dass der Erfolg einer Organisation auch davon abhängt, inwieweit ein Gleichgewicht zwischen Unternehmensinteressen und den Interessen ihrer Anspruchsgruppen hergestellt werden kann (vgl. Schlicht 2005).

Gerade bei Innovationen kommt es darauf an, den Dialog mit relevanten Stakeholdern zu führen, da Stakeholder entweder relevante Ideenträger sein können oder auch Innovationen aus diversen Gründen blockieren können. Der traditionelle Zielgruppenansatz, der in PR und Marketing gerne verwendet wird (vgl. Köppl 2000: 35), greift in diesem Zusammenhang jedoch zu kurz, da bei diesem lediglich die Personen umschrieben werden, an die bestimmte Informationen selektiv und einseitig übermittelt werden (vgl. Köppl 2003: 46; Karmasin 2007: 82). Der Stakeholderansatz stellt vielmehr das dialogorientierte Prinzip in den Vordergrund und soll daher für diese Untersuchung verwendet und nachfolgend erläutert werden.[28]

In der Forschungsliteratur wird am häufigsten auf die Definition von Freeman (1984: 46) zurückgegriffen, der als Wegbereiter für die Stakeholdertheorie betrachtet wird und der den Terminus wie folgt definierte:

> „A stakeholder in an organization is (by definition) any group or individual who can affect or is affected by the achievement of the organization's objective. (…) Each of these groups plays a vital role in the success of the business enterprise in today's environment."

Um eine differenziertere Behandlung der Stakeholder zu ermöglichen, wird in der wissenschaftlichen Fachliteratur auf verschiedene Aggregationsformen zurückgegriffen. Abhängig von der Relevanz für den wettbewerblichen Erfolg eines Unternehmens, wird zwischen primären und sekundären Stakeholdern differenziert (vgl. z. B. Clarkson 1995: 106; Lawrence/Weber/Post 2005: 9 f;

---

28 In dieser Untersuchung sollen aus Gründen der Verständlichkeit für Stakeholder die Begriffe Anspruchsgruppen, Einflussgruppen, Interessengruppen synonym verwendet werden. Auch die Termini Stakeholderansatz, Stakeholderkonzept, Stakeholdertheorie oder Stakeholdermanagement sollen gleichwertig gebraucht werden. Zwar existieren in der Literatur Differenzierungen zwischen den einzelnen Begriffen, da der Fokus dieser Untersuchung jedoch nicht auf der Untersuchung von Stakeholderkonzepten liegt, genügt diese simplifizierte Vorgehensweise.

Welge/Al-Laham 2003: 169; Köppl 2003: 47 ff; Carroll/Buchholtz 2006: 71; Savage et al. 1991: 62).

Primäre Anspruchsgruppen werden unter das marktbezogene Umfeld des Unternehmens subsumiert. Dazu gehören zum Beispiel Mitarbeiter, Eigentümer, Aktionäre, Geldgeber, Zulieferer, Kunden, Mitbewerber oder auch Großhändler, die mit dem Unternehmen in einer geschäftlichen Beziehung stehen und einen legitimen Anspruch (vertragliche Beziehung, Austauschverhältnis oder Beteiligung an der Wertschöpfung) gegenüber dem Unternehmen geltend machen können (vgl. Köppl 2003: 49; Schlicht 2005).

Sekundäre Anspruchsgruppen gehörten zum nicht-marktbezogenen Umfeld des Unternehmens. Sie haben zwar keinen legitimen Anspruch, verfügen aber dennoch über Möglichkeiten der Einflussnahme (vgl. Clarkson 1995: 105 ff; Savage et al. 1991: 62; Köppl 2003: 49). Man kann dabei drei Beziehungsebenen unterscheiden: Ermächtigende Beziehungen bestehen zu externen Anspruchsgruppen, die über Macht als Gesetzgeber, Verwaltungsbehörde, Gericht oder Exekutivorgan verfügen. Normative Beziehungen sind zwischen Unternehmen und Anspruchsgruppen mit ähnlichen Problemen oder gemeinsamen Werten möglich. Hierzu können Branchenverbände, Unternehmervereinigungen oder auch Interessenvertretungen der Wirtschaft gezählt werden. Diffuse Beziehungen existieren zwischen Unternehmen und Gruppen, die gegenüber dem Unternehmen bislang nicht explizit oder nicht organisiert aufgetreten sind. Die Beziehungen hierbei beruhen nicht auf formalen Kriterien und sind relativ instabil. Als Beispiele hierfür können Medien, NGOs, Bürgerinitiativen, Wähler, Minderheiten oder Anrainer genannt werden (vgl. Köppl 2003: 47 f).

2.4.2 *Politische Stakeholder des Innovationslobbyings*

Akteure des politischen Systems sind einer der zentralen Stakeholder für jedes Unternehmen und jede Organisation. Wie im vorigen Kapitel bereits erläutert wurden, werden politische Stakeholder zu den sekundären Anspruchsgruppen eines Unternehmens subsumiert, die zwar über keinen legitimen Anspruch an das Unternehmen verfügen, jedoch verantwortlich für gesetzliche und regulative Bestimmungen bzw. Spielregeln sind. Politik schafft somit Rahmenbedingungen, die Einfluss auf den wirtschaftlichen Wettbewerb und auf den wirtschaftlichen Erfolg eines Unternehmens bzw. einer Organisation haben. Mittels Steuern, Abgaben, Bewilligungen oder Zugeständnisse bestimmter Rechte oder auch durch Subventionen können politische Stakeholder auf Unternehmensentscheidungen grundlegend einwirken (vgl. Köppl 2000: 49; Köppl 2003: 71).

Fast alle politisch-inhaltlichen Bereiche haben Auswirkungen auf ein Unternehmen, indem sie das Klima regulieren, in dem sich Unternehmen befinden. Umweltschutzpolitik, Finanzpolitik, Wirtschaftspolitik oder Arbeits- und Sozialpolitik betreffen immer auch wirtschaftlich agierende Unternehmen und deren Zukunft. Dabei finden Berührungspunkte auf nationaler, regionaler und lokaler Ebene statt:

> „Egal, ob eine Bundesregierung das Wirtschaftswachstum durch finanz- und geldmarktpolitische Instrumente ankurbeln möchte oder Landesregierungen bestimmte Regionalförderungen zur Aufwertung wachstumsschwacher Bereiche anbieten, von all dem sind Unternehmen ebenso betroffen wie von raumordnungspolitischen Entscheidungen und bautechnischen Auflagen einer Gemeinde" (Köppl 2000: 49).

Politische Stakeholder sollen in dieser Untersuchung als politische Entscheidungsträger verstanden werden, „die sowohl legislativ, verwaltungstechnisch als auch entscheidungstechnisch in Verfahren, Handlungsabläufe bzw. in jene Entscheidungen aktiv einwirken und ein Ergebnis autonom herbeiführen oder abändern können" (Siegele 2007: 15). Neben den legislativen und exekutiven Entscheidungsträgern müssen auch die für die Thematik oder für eine bestimmte Innovation zuständigen Mitarbeiter der politischen Entscheidungsträger als politische Stakeholder beachtet werden (vgl. Köppl 2008: 208), da diese in der Regel über ein profunderes Fachwissen verfügen und somit bei den Entscheidungsprozessen verwaltungstechnisch mitwirken. Sie sind es, die mit Einzel- oder Sammelprojekten betraut werden, fachspezifische Themen aufarbeiten oder sich mit speziellen Problemaufgaben beschäftigen (vgl. Siegele 2007: 20).

2.5 Erfolgsfaktorenforschung

Aufgrund der Fragestellung dieser Untersuchung, die die Erfolgsfaktoren bei der Kommunikation von Innovationen mit politischen Stakeholdern in den Mittelpunkt stellt, soll nachfolgend darauf eingegangen werden, was unter Erfolgsfaktoren in der allgemeinen Innovationsforschung verstanden wird und welche spezifischen Erfolgsfaktoren beim Innovationslobbying betrachtet werden müssen.

Die traditionelle Erfolgsfaktorenforschung in der Innovationsforschung zielt darauf ab, relevante Kriterien zu identifizieren, die Einfluss auf den Innovationserfolg haben. Welche Faktoren führen dazu, dass eine Innovation erfolgreich am Markt eingeführt wird, während eine andere Innovation scheitert? Dabei beabsichtigt die Erfolgsfaktorenforschung sowohl die strategische Effektivität (richtig handeln) als auch die operative Effizienz (wirtschaftlich handeln).

Vor allem vor dem Hintergrund der hohen Flopratenbefunde von Innovationen am Markt ist es nachvollziehbar, dass die Managementforschung sich dem Thema widmet und die Gründe für den Erfolg bzw. Misserfolg neuer Innovationen beleuchtet (vgl. Steinhoff 2008: 4,6).

Die Anfänge der Erfolgsfaktorenforschung von Innovationen sind in der SAPPHO-Studie von Rothwell und seinem Forschungsteam zu sehen (siehe hierzu Rothwell et al. 1974). Diese Forscher gingen erstmals der Frage nach, durch welche Eigenschaften sich ein Unternehmen von nicht erfolgreichen Unternehmen unterscheidet. Die Studie wird in der Forschungsliteratur als Meilenstein in der Erfolgsfaktorenforschung betrachtet (vgl. Hauschildt/Salomo 2011: 31; Steinhoff 2008: 7). Inzwischen existiert eine unüberschaubare Vielfalt an Befunden zu Innovationserfolgsfaktoren sowie Metastudien mit teilweise äußerst diversen Ergebnissen und einer unterschiedlichen Anzahl an Erfolgsfaktoren, was zu erheblicher Kritik führte. Defizite der Erfolgsfaktorenforschung werden unter anderem in den unterschiedlichsten Inhalten (Fokussierung bzw. Vernachlässigung von Teilaspekten) und auch in der Vernachlässigung der moderierenden Variable „Innovationsgrad" betrachtet (vgl. Hauschildt/Salomo 2011: 31, 33), obwohl gerade radikale Innovationen eine nachhaltige Unterscheidung vom Wettbewerb und somit die Chance auf einen überproportional hohen Erfolg möglich machen (vgl. Steinhoff 2008: 11).

Darüber hinaus wurden ungleiche sowie schwache Messmethoden kritisiert. Auch die Vernachlässigung von Kontextfaktoren (nicht-marktliche Faktoren wie Medien, Behörden, NGOs) wurde bemängelt: *„Die traditionelle Erfolgsfaktorenforschung hat situative Einflüsse zumeist übersehen oder nur beiläufig erhoben"* (Hauschildt/Salomo 2011: 41).

Trotz dieser Schwächen ist die Erhebung von Erfolgsfaktoren von Innovationen in der wissenschaftlichen Forschung grundsätzlich gerechtfertigt bzw. anerkannt:

> „Dennoch können die Ergebnisse der allgemeinen Erfolgsfaktorenforschung zur Entscheidungsunterstützung in der Praxis sinnvoll verwendet werden und sind wissenschaftlich fundiert. So ist der Katalog als Checkliste nützlich, die jedes Innovationsprojekt begleiten sollte" (Steinhoff 2008: 7).

Aus diesem Grund sollen auch nachfolgend die spezifischen Erfolgsfaktoren bei der Kommunikation von radikalen Innovationen mit politischen Stakeholdern auf Basis der allgemeinen Erfolgsfaktorenforschung bestimmt werden. Politische Stakeholder können, wie bereits erwähnt, vor allem bei radikalen Innovationen, die einen Wandel in Technologie, Markt, Organisation und Umfeld induzieren, gesellschaftspolitische Rahmenbedingungen beeinflussen und somit den Handlungsspielraum eines innovierenden Unternehmen somit begrenzen oder erweitern. Daher müssen spezifische nicht-monetäre, immaterielle Erfolgsfaktoren für das kommunikative Beziehungsgefüge zwischen Unternehmen und Politik herausgearbeitet werden. Durch geeignetes Kommunikationsmanagement kann der Erfolg zwar nicht garantiert, jedoch die Chance auf einen Erfolg erheblich gesteigert werden.

2.6 Elektromobilität als Musterbeispiel für eine radikale Innovation

Wie in Kapitel 1.2.2 bereits erwähnt, stellt die Elektromobilität eine radikale Innovation dar, deren Einführung auf dem Massenmarkt Veränderungen in der Wirtschaft, Politik, Wissenschaft und Gesellschaft nach sich ziehen wird. Daher eignet sich diese Innovation äußerst gut als empirisches Musterbeispiel für diese Untersuchung. Nachfolgend soll geklärt werden, was unter dem Begriff Elektromobilität verstanden wird und wo die Elektromobilität im Innovationskontext (siehe Kapitel 2.1) verortet werden kann. Darüber hinaus soll ein theoretischer Überblick über die wissenschaftlichen Erkenntnisse erfolgen, indem eine Zusammenschau aktueller Studien, die politische Aspekte beim Thema Elektromobilität beinhalten, vorgestellt wird. Daneben rückt auch eine Analyse der politischen Aktivitäten und Programme in Deutschland zur Förderung der Elektromobilität in den Vordergrund. Abschließend soll anhand einer systematischen Medieninhaltsanalyse ein Überblick über die Medienberichterstattung zum Thema Elektromobilität in den letzten fünf Jahren gegeben werden. Anhand der Analysen soll aufgezeigt werden, welche Relevanz das Thema sowohl auf wissenschaftlicher, politischer als auch (medien)-gesellschaftlicher Ebene besitzt.

2.6.1 Der Begriff Elektromobilität

Elektromobilität ist mittlerweile ein komplexer Begriff mit vielen Facetten geworden. Im engeren Sinne umfasst die Elektromobilität den elektrisch angetriebenen Individualverkehr (vgl. Fraunhofer ISI 2011: 6). Zwar spielen Elektroantriebe auch im Schienenverkehr und bei der Schifffahrt eine Rolle, im Rahmen dieser Untersuchung soll der Begriff jedoch wie beim „Nationalen Entwicklungsplan Elektromobilität" der Bundesregierung auf den Straßenverkehr beschränkt werden und folgende Fahrzeuge umfassen: Personenkraftwagen (Pkw), leichte Nutzfahrzeuge, Zweiräder (Elektroroller, Elektrofahrräder) sowie Leichtfahrzeuge und Stadtbusse (vgl. Bundesregierung 2009: 6), *„die zumindest einen Teil einer Strecke rein elektrisch angetrieben zurücklegen können, gleich ob sie ihre Energie von einer Batterie oder einer Brennstoffzelle beziehen"* (Wirtschaftsministerium Baden-Württemberg/Wirtschafts-förderung Region Stuttgart GmbH/ Fraunhofer IAO 2010: 4).

Fahren mit Batterie und Fahren mit Brennstoffzelle werden in dieser Untersuchung nicht als sich gegenseitig ausschließende Antriebstechnologien betrachtet, sondern als einander ergänzende Zukunftspfade gesehen, die es parallel weiterzuentwickeln gilt.[29] Die unterschiedlichen Antriebskonzepte können nach den jeweils überwiegend genutzten Energieträgern differenziert werden (vgl. Bundesregierung 2009: 6). Zum heutigen Zeitpunkt unterscheidet man Hybridfahrzeuge (Mild-Hybrid/Full-Hybrid), Plug-In-Hybridfahrzeuge, Elektrofahrzeuge mit Reichweitenverlängerung (Range Extender), rein elektrisch angetriebene Fahrzeuge sowie Brennstoffzellenfahrzeuge (siehe Abbildung 14).

Abbildung 14: Die Vielfalt elektromobiler Antriebskonzepte im Vergleich zum konventionellen Antrieb

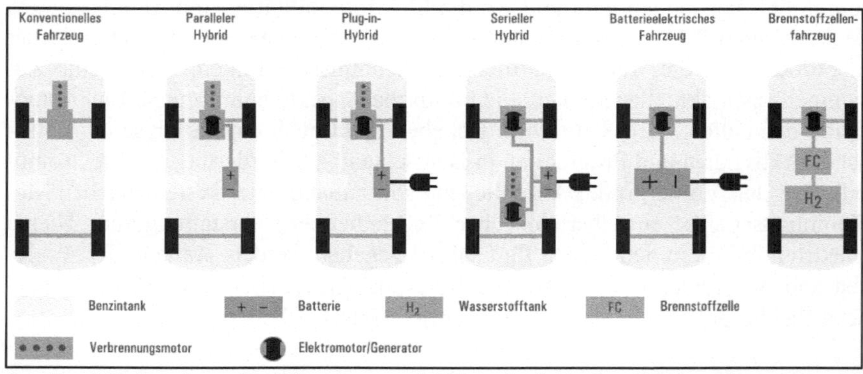

Quelle: Ministerium für Finanzen und Wirtschaft Baden-Württemberg/e-mobil BW GmbH/Fraunhofer IAO 2011: 8

Mild-Hybrid-Fahrzeuge und Full-Hybrid-Fahrzeuge (parallele Hybridtechnologie)
Auf dem Weg zum emissionsfreien Fahren greifen Hersteller auf eine Brückentechnologie, den Hybridmotor, zurück. Dabei handelt es sich um eine Kombination aus Verbrennungsmotor und elektrischen Antriebselementen, die die Vortei-

---

29 Brennstoffzellenfahrzeuge sind zwar kein Gegenstand des „Nationalen Entwicklungsplans Elektromobilität", sie werden jedoch gesondert über das „Nationale Innovationsprogramm Wasserstoff und Brennstoffzellentechnologie" (NIP) gefördert (vgl. Bundesregierung 2009: 6 f), so dass sie in dieser Untersuchung ebenfalls als Teil der Elektromobilität betrachtet werden.

le beider Technologien vereint und somit einen möglichst geringen Kraftstoffverbrauch erreicht (vgl. Verband der Deutschen Automobilindustrie 2011: 8; Weyer 2010; Plötz/Reuscher/Zweck 2009: 53; Fraunhofer ISI 2011: 29; Bundesministerium für Umwelt, Naturschutz und Reaktorsicherheit 2009a). Bei den Mild-Hybrid-Fahrzeugen (MHEV) wird der herkömmliche Verbrennungsmotor durch einen Elektromotor unterstützt, um die Leistung zu steigern und die Effizienz zu erhöhen. Die Batterie wird durch Rekuperation, ergo Rückgewinnung von Bremsenergie, aufgeladen (vgl. Verband der Deutschen Automobilindustrie 2011: 8). Im Gegensatz zum Mild-Hybrid ist der Full-Hybrid (HEV) aufgrund eines stärkeren Elektromotors in der Lage, in gewissem Rahmen rein elektrisch zu fahren (z. B. Anfahren) (vgl. Berenberg Bank/HWWI Hamburgisches Weltwirtschaftsinstitut 2009: 34). Mild-Hybride und Full-Hybride werden auch als parallele oder leistungsverzweigte Hybridfahrzeuge bezeichnet (vgl. Wirtschaftsministerium Baden-Württemberg/Wirtschaftsförderung Region Stuttgart GmbH/Fraunhofer IAO 2010: 6). [30]

Plug-In-Hybrid-Fahrzeuge
Die Plug-In-Hybrid-Fahrzeuge (PHEV) verfügen über Batterien, die nicht allein über den Motor aufgeladen werden, sondern zusätzlich über das externe Stromnetz Energie beziehen (vgl. Verband der Deutschen Automobilindustrie 2011: 8). Diese Fahrzeuge weisen neben dem Elektromotor auch einen Verbrennungsmotor auf, der jedoch nur dann zum Einsatz kommt, wenn die Batterie komplett entladen ist (vgl. Wirtschaftsministerium Baden-Württemberg/ Wirtschaftsförderung Region Stuttgart GmbH/Fraunhofer IAO 2010: 7). Heutige Plug-In-Hybrid-Fahrzeuge besitzen eine elektrische Reichweite von ca. 30-40 Kilometern (vgl. Bain & Company 2010: 19; Berenberg Bank/HWWI Hamburgisches Weltwirtschaftsinstitut 2009: 34).

Elektrofahrzeuge mit Range Extender (serielle Hybridtechnologie)
Elektrofahrzeuge mit Range Extender (REEV) sind Hybridfahrzeuge, die einen leistungsstarken Elektromotor mit am Netz aufladbarer Batterie aufweisen. Darüber hinaus verfügt ein Range Extender auch über einen modifizierten Verbrennungsmotor mit beschränkter Leistung, der bei Bedarf einen Generator antreibt. Dieser liefert Strom, sobald die Batterie leer gefahren ist (vgl. Bundesregierung 2009: 7; Verband der Deutschen Automobilindustrie 2011: 8; Wirtschaftsminis-

---

30 Mild-Hybrid-Fahrzeuge und Full-Hybrid-Fahrzeuge werden im „Nationalen Entwicklungsplan für Elektromobilität" nicht zu den geförderten Elektrofahrzeugen subsumiert. Da diese Hybridfahrzeuge jedoch wichtige Weichen für die reinen Elektrofahrzeuge stellen, werden sie in dieser Untersuchung thematisiert.

terium Baden-Württemberg/Wirtschaftsförderung Region Stuttgart GmbH/ Fraunhofer IAO 2010: 7; Bain & Company 2010: 34). Elektrofahrzeuge mit Range Extender werden auch als serielle Hybride bezeichnet, da beide Aggregate voneinander getrennte Aufgabenbereiche übernehmen (vgl. Verband der Deutschen Automobilindustrie 2011: 8).

Batterieelektrische Fahrzeuge

Rein batterieelektrische Fahrzeuge (BEV) weisen keinen Verbrennungsmotor mehr auf. Sie verfügen lediglich über eine leistungsstarke Batterie als Speicher und werden ausschließlich über einen Elektromotor bewegt, so dass sie zumindest lokal emissionsfrei fahren (vgl. Fraunhofer ISI 2011: 6; Pricewaterhouse-Coopers AG Wirtschaftsprüfungsgesellschaft/Fraunhofer IAO 2010: 45). Die Batterie kann grundsätzlich mit Strom aus der Steckdose geladen werden. Der Ladevorgang dauert – abhängig vom Restladestand und der Batteriegröße – zwischen 15 Minuten (bei Starkstromladung) und acht Stunden (bei Normalladung) (vgl. Bain & Company 2010: 34). Die Batterie stellt die Kernkomponente der Elektromobilität dar, da sie über Reichweite und Leistung entscheidet. Nach dem aktuellen Stand der Technik wird bei batterieelektrischen Fahrzeugen insbesondere auf Lithium-Ionen-Batterien zurückgegriffen, da diese aufgrund ihrer verhältnismäßig guten Energiedichte (50 bis 200 Wh/kg) und Leistungsdichte (bis zu 5.000W/kg) das höchste Potenzial aufweisen und eine relativ lange Lebensdauer haben (vgl. Wirtschaftsministerium Baden-Württemberg/ Wirtschaftsförderung Region Stuttgart GmbH/Fraunhofer IAO 2010: 11). Die Batterien machen E-Fahrzeuge jedoch um bis zu 50 Prozent teurer als herkömmliche Pkw. Die Reichweite von Elektrofahrzeugen ist bisher auf rund 150 km begrenzt (vgl. Bain & Company 2010: 12).

Brennstoffzellenfahrzeuge

Bei den Brennstoffzellenfahrzeugen (FCEV) geschieht die Stromerzeugung direkt an Bord. In einer chemischen Reaktion wird mit Hilfe von Wasserstoff der Fahrstrom direkt im Fahrzeug erzeugt (vgl. Verband der Deutschen Automobilindustrie 2011: 8; Wirtschaftsministerium Baden-Württemberg/ Wirtschaftsförderung Region Stuttgart GmbH/Fraunhofer IAO 2010: 7). Brennstoffzellenfahrzeuge verfügen ebenfalls über eine kleine Batterie, die zur Rekuperation dient (vgl. Fraunhofer ISI 2011: 6). Wie bei den rein elektrischen Elektrofahrzeugen (BEV) kann die Wasserstofftechnologie jedoch nur dann einen Beitrag zum Umweltschutz leisten, wenn der Wasserstoff aus regenerativen Energiequellen hergestellt wird[31] (vgl. Berenberg Bank/HWWI Hamburgisches Weltwirtschaftsinstitut 2009: 35).

Einbindung in Energie- und Verkehrssysteme
Neben den unterschiedlichen elektrischen Antriebskonzepten soll der Begriff Elektromobilität in dieser Untersuchung auch die Einbindung von Elektrofahrzeugen in Energie- und Verkehrssysteme umfassen. So besteht beispielsweise die Möglichkeit, Elektrofahrzeuge kontrolliert mit Strom zu beladen, um fluktuierende Energieträger besser in das Energiesystem einzubinden oder um den Strom in Elektrofahrzeugen zwischenzuspeichern und später – je nach Bedarf – ins Stromnetz zurückzuspeisen (vgl. Fraunhofer ISI 2011: 7).[32] Dies stellt die Energiewirtschaft vor neue Aufgaben. Zusammen mit der Automobilbranche und der IKT-Branche muss die Energiewirtschaft neue Geschäftsmodelle entwickeln und ein intelligentes Netz für Elektromobile schaffen, um den Mehrabsatz von Strom zu bewältigen (vgl. PricewaterhouseCoopers AG Wirtschaftsprüfungsgesellschaft/Fraunhofer IAO 2010: 47, 49; A.T. Kearney 2009: 2; energate GmbH & Co. KG 2009: 14).

Darüber hinaus wird die Elektromobilität auch im Kontext von intelligenten Verkehrs- und Mobilitätskonzepten in dieser Studie diskutiert. So bietet sie sich beispielsweise als Baustein des intermodalen Verkehrs in urbanen Gebieten an (vgl. Fraunhofer IAO 2011: 6). Gerade durch die kürzeren Reichweiten und die längeren Ladezeiten eignen sich Elektrofahrzeuge im urbanen Raum für die Integration in eine multimodale Verkehrskette, bei der der Nutzer auf dem Weg von A nach B auf unterschiedliche Verkehrsmittel (wie z. B. Bus, Bahn, Fahrrad, Auto eines Carsharing-Anbieters) zurückgreift und die Reise mittels moderner Kommunikationstechnologien (Internet, Smartphone etc.) organisiert. Die Integration von E-Fahrzeugen in private Firmenflotten oder öffentliche Carsharing-Angebote stellen daher zukunftsträchtige Verkehrsmodelle dar (vgl. Fraunhofer ISI 2011: 7, 27). Ein weiteres revolutionäres Mobilitätskonzept, das darauf

---

31 Wasserstoff ist in der Natur nicht in reiner Form vorhanden, sondern muss per Elektrolyse oder mittels Gasreformierung gewonnen werden. Bei der Gasreformierung wird Erdgas verwendet, das CO_2-Emissionen verursacht und darüber hinaus nicht unendlich zur Verfügung steht. Die Nutzung von Windenergie wäre eine Option, um Wasserstoff via Elektrolyse möglichst CO_2-arm zu gewinnen (vgl. Berenberg Bank/HWWI Hamburgisches Weltwirtschaftsinstitut 2009: 35).
32 Darüber hinaus können über die Elektromobilität auch Synergien bei den Themen Wohnen und Mobilität hergestellt werden. Das von der Bundesregierung geförderte Effizienzhaus-Plus mit Elektromobilität in Berlin zeigt erstmals auf, dass die Gebäude der Zukunft mehr Strom herstellen können als sie selbst verbrauchen und somit gemäß dem Motto „Mein Haus, meine Tankstelle" Fahrzeuge über die hauseigene Photovoltaikanlage versorgen können (vgl. Bundesministerium für Verkehr, Bau und Stadtentwicklung 2012b).

abzielt, E-Fahrzeuge auch auf Langstrecken einzusetzen, stellt „Better Place" dar. Bei diesem Konzept sollen an Batteriewechselstationen leere Akkus innerhalb von drei bis fünf Minuten gegen volle Akkus ausgetauscht werden. Hierbei stellt „Better Place" Elektrofahrzeuge, Strom, Service und Batterienutzung anhand von Mietraten zur Verfügung (vgl. Better Place 2012).[33]

2.6.2 Einordnung der Elektromobilität in den Innovationskontext

Nach der definitorischen Abgrenzung des Begriffes soll die Elektromobilität im nächsten Schritt in den Kontext dieser Arbeit eingebettet werden, indem die vorgestellten Innovationsdimensionen aus Kapitel 2.1 auf die Elektromobilität übertragen werden.

Innovationsobjekt
Bei der Betrachtung des Innovationsobjektes wird ersichtlich, dass die Elektromobilität mehr als nur eine Produktinnovation in der Automobilindustrie darstellt. Durch die Veränderungen in der Wertschöpfungskette (siehe Abbildung 15) entstehen komplexe unternehmensinterne Prozesse (vgl. ELAB 2012).

Abbildung 15: Veränderungen in der Wertschöpfungskette durch die
                 Einführung der Elektromobilität

Rohstoffe ⇒	Komponenten ⇒	Fahrzeuge ⇒	Strom ⇒	Infrastruktur ⇒	Mobilitäts-anbieter
Beschaffung/ Veredlung	Entw./Produktion/ Recycling/ Ausbildung und Kompetenzaufbau	Entw./Fertig./ Vertrieb/Ausbildung und Kompetenzaufbau	aus erneuerbaren Energien/ Netzmanagement	Aufbau und Betrieb von Ladestationen, Netzinfrastruktur, Ausbildung und Kompetenzaufbau	Geschäftsmodelle

Quelle: Bundesregierung 2009: 9

Die Veränderungen fangen bei der Beschaffung von neuen Rohstoffen (z. B. Lithium für die Batterien) und Materialen (z. B. Faserverbundwerkstoffe) an, umfassen neue Komponenten sowie Fahrzeuge und reichen bis hin zu einem neuen Energiemanagement. Auch der Aufbau neuer Infrastrukturen sowie die

---

33 Die Idee wird unter Fachleuten kontrovers diskutiert. So verlangen einheitliche Batteriewechselstationen Standardbatterien für alle Elektroautos, was aufgrund unterschiedlicher Fahrzeugkonzepte aktuell nur schwer realisierbar ist. Standardbatterien würden darüber hinaus die Weiterentwicklung von Batteriesystemen erschweren. Auch müssen an den Wechselstationen stets Batterien verfügbar sein, was den Bau von Lagerhallen voraussetzt (vgl. Hybrid-Elektrofahrzeuge.de 2012a).

Entwicklung spezifischer·Geschäftsmodelle sind von den Veränderungen betroffen, die mit der Elektromobilität einhergehen (vgl. Bundesregierung 2009: 9). Mit den neuen Prozessen entwickeln sich neue Organisationsformen (z. B. neue Beschäftigungsmöglichkeiten, einhergehend mit neuen Unternehmen, Fachabteilungen sowie neuen Mitarbeiterqualifikationen), so dass bei der Elektromobilität auch von einer Organisationsinnovation gesprochen werden kann (vgl. ELAB 2012).[34] Ferner stellt die Elektromobilität eine Dienstleistungsinnovation dar, da mit ihr neue Geschäftsmodelle wie Carsharing-Angebote möglich sind. Klassische Automobilhersteller können somit auch Automobildienstleister werden.[35]

Schließlich kann die Elektromobilität auch als Systeminnovation bezeichnet werden, da mit ihr Veränderungen in Gesellschaft, Politik und Wirtschaft einhergehen und neue Funktionssysteme, neue politische Gesetze/Förderungsmaßnahmen sowie neue Lebensstile und Infrastrukturen entstehen (vgl. Bain & Company 2010: 6, 8 f; Fraunhofer IAO 2011: 8).

Daher ist es wichtig, bei der Einführung der Elektromobilität darauf zu achten, dass dem Kunden ein funktionierendes Gesamtsystem (siehe Abbildung 16) angeboten wird. Das geht vom Strom aus regenerativen Energiequellen und schnellem Laden über integrierte Mobilitätskonzepte bis hin zu Fahrzeugen mit alternativen Antrieben (Batterie/Brennstoffzelle), die über Informations- und Kommunikationstechnologien mit dem Verkehrssystem und dem Energiesystem vernetzt sind. Der Nutzer muss bei all den verschiedenen Teilsystemen und -prozessen (IKT und Infrastruktur, Antriebstechnologie, Recycling, Leichtbau, Systemische Dienste, Batterie und Fahrzeugintegration) im Mittelpunkt des Geschehens stehen (vgl. Nationale Plattform Elektromobilität 2012: 10).

---

34 Im Rahmen des Forschungsprojektes ELAB wird der Frage nachgegangen, welche Beschäftigungswirkungen aus der Elektrifizierung des Antriebsstrangs resultieren. Projektträger sind die Hans-Böckler-Stiftung, die Daimler AG (Unternehmensleitung und Gesamtbetriebsrat) und die IG Metall Baden-Württemberg. Die damit beauftragten Forschungsinstitute sind das Fraunhofer IAO, das IMU-Institut und das DLR – Institut für Fahrzeugkonzepte (vgl. ELAB 2012).
35 An dieser Stelle können beispielsweise car2go (DAIMLER), DriveNow (BMW) oder auch Quicar (VW) genannt werden (vgl. WirtschaftsWoche Online 2012).

Abbildung 16: Das System Elektromobilität

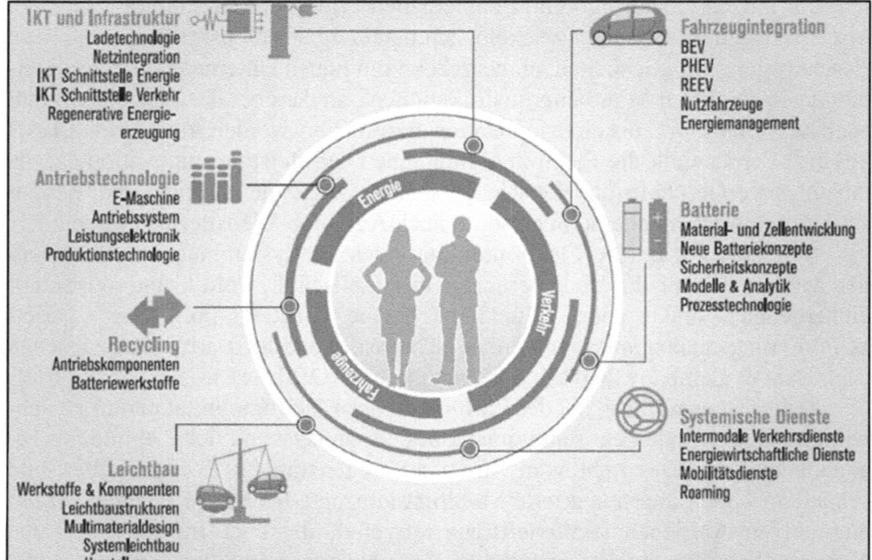

Quelle: Nationale Plattform Elektromobilität 2012: 10

Innovationssubjekt

Bei der Wahl der Perspektive, aus der der Innovationsgrad festgestellt wird (Innovationssubjekt), rücken auf der Makroebene die Welt, die Nation oder auch die Branchen in den Vordergrund und auf der Mikroebene das einzelne Unternehmen sowie der individuelle Konsument (siehe Kapitel 2.1.3). Da das Thema Elektromobilität bereits in der Vergangenheit immer wieder diskutiert wurde[36], ist die Innovation nicht gänzlich neu für die Welt, eine Nation oder auch die

---

36 Eines der ersten Elektroautomobile wurde bereits im Jahr 1881 von Gustave Trouvé gebaut, fünf Jahre bevor an fossil betriebene Automobile zu denken war (vgl. Bundesverband eMobilität e. V. 2012). Aufgrund der damals mangelnden Infrastruktur sowie der begrenzten Speicherkapazität konnte es dem Wettbewerb jedoch nicht standhalten (vgl. Abt 1998: 67). Eine Renaissance erlebte die Elektromobilität in den 1970er Jahren vor dem Hintergrund der Ölkrise (vgl. Pricewaterhouse-Coopers AG Wirtschaftsprüfungsgesellschaft/Fraunhofer IAO 2010: 12). Ein weiterer Versuch erfolgte 1990 in Kalifornien mit der Einführung einer Zero-Emission-Vehicle-Quote. Diese sah vor, dass bis 1998 zwei Prozent und bis 2003 zehn Prozent der verkauften Fahrzeuge von großen Automobilherstellern emissionsfrei sein müssen. Das Programm scheiterte jedoch am fehlenden Willen der Automobilindustrie sowie an mangelnden Lösungen in Bezug auf Infrastruktur, Batterie und gesellschaftliche Akzeptanz. Es wurde 1996 wieder abgeschafft (vgl. Abt 1998: 230-241; PricewaterhouseCoopers AG Wirtschaftsprüfungsgesellschaft/Fraunhofer IAO 2010: 12 f).

Automobilbranche an sich, so dass die Herangehensweise aus der Makroperspektive nicht zielführend ist. Daher soll die Mikroperspektive als Ausgangspunkt in dieser Untersuchung gewählt werden und – aufgrund der Fragestellung – die einzelnen innovierenden Unternehmen im automobilen Sektor inklusive Zulieferer, Energie-, Informations- und Kommunikationsbereich etc. als Analyseobjekt zur Feststellung des Neuheitsgrades herangezogen werden. Dies ist gerechtfertigt, da die großen etablierten Unternehmen im Automobilbereich in der Vergangenheit keine seriellen Produkte für den Massenmarkt angeboten haben und die Elektromobilität aus diesem Blickwinkel eine Innovation darstellt (vgl. Wiedmann/Venghaus/Münchenberg 2009: 50).

Innovationsprozess
Auch die Einordnung in den Innovationsprozess (siehe Abbildung 17) soll an dieser Stelle erläutert werden. Die neuesten Entwicklungen zeigen, dass die Elektromobilität im Innovationsprozess bereits weit fortgeschritten ist. Es handelt sich nicht mehr um eine bloße Idee oder Invention, sondern bereits um eine Innovation, die sich in der Realisierungsphase befindet und auf dem Markt eingeführt wird (siehe Kapitel 2.1.4).

Abbildung 17: Entwicklungsphasen des Leitmarktes Elektromobilität

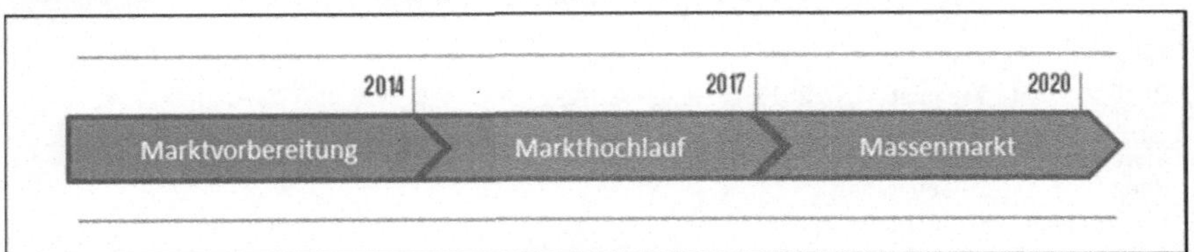

Quelle: Nationale Plattform Elektromobilität 2011: 5

Bis 2014 wird der Schwerpunkt auf die Markt-/Technologievorbereitung gesetzt und erste Fahrzeuge von den Herstellern auf dem Markt angeboten. Ab 2014 soll dann der Markthochlauf erfolgen, bei dem der Marktaufbau bei Fahrzeugen und Infrastruktur[37] geplant ist. Ab 2020 wird dann mit einem Massenmarkt und tragfähigen Geschäftsmodellen gerechnet (vgl. PricewaterhouseCoopers AG Wirtschaftsprüfungsgesellschaft/Fraunhofer IAO: 21; Nationale Plattform Elektromobilität 2011: 5). Abbildung 18 gibt einen Überblick über die Markteinführung von Elektrofahrzeugen und Hybridfahrzeugen.

---

37 Die Website „e-tankstellen-finder" gibt einen umfassenden Überblick über alle eingetragenen Stromtankstellen und Ladestationen in Deutschland, Österreich, Spanien, Frankreich, Niederlande, Polen und Slowenien (siehe e-tankstellen-finder.com).

Abbildung 18: Überblick über die Markteinführung von Elektro- und Hybridfahrzeugen

Hersteller	Modell	Markt-einführung	Reichweite	Km/h	Ladezeit (h)	Preis (€)
Mitsubishi	iMiev	2009	150	130	6	35.000
Citroën	C-Zero	2010	150	130	6	30.000
Nissan	Leaf	2010	160	144	7-8	24.700[3]
Peugeot	iOn	2010	150	130	6	23.600[4]
Ford	Focus Electric	2011	100	136	3-4	k. A.
Mercedes-Benz	Vito E-Cell	2011	130	80	10-12	k. A.
Opel	Ampera	2011	60/500[2]	161	4	42.900
Renault	Kangoo Rapid Z.E.	2011	160	130	6.8	23.800[2]
Fiat	500EV	2012	k. A.	k. A.	k. A.	k. A.
Renault	Fluence Z.E.	2012	160	135	6-8	26.200[2]
Renault	Twitzy	2012	100	75	3,5	k. A.
Renault	Zoe	2012	160	140	6-8	k. A.
Smart	Fortwo	2012	140	120	8	19.000[2]
Toyota	IQ-EV	2012	80	100	3-4	22.000
Toyota	Prius PHEV	2012	20/740[1]	180.	1,5	35.000
Toyota	RAV EV	2012	160	k. A.	k. A.	k. A.
BMW	Megacity Vehicle	2013	k. A.	k. A.	k. A.	k. A.
Mercedes-Benz	SLS AMG E-Cell	2013	200	250	k. A.	k. A
Volkswagen	Golf Blue-Motion	2013	150	135	6	k. A
Volkswagen	UP! Blue-Motion	2013	130	135	5-6	k. A

[1] Elektrischer Anteil/fossiler Anteil Reichweite
[2] Preis ohne Batterieleasing
[3] US-amerikanischer Marktpreis
[4] Leasingpreis

Quelle: PricewaterhouseCoopers AG Wirtschaftsprüfungsgesellschaft 2012: 50

Der Innovationsprozess bei der Elektromobilität wird vor allem durch neue Ideen und Konzepte von Unternehmen sowie durch politische Regularien (Reduzierung von CO_2-Emissionen und Lärm etc.) vorangetrieben werden. Somit handelt es sich bei der Elektromobilität weniger um eine Market-Pull-Innovation, sondern vielmehr um eine Technology-Push-Innovation (siehe Kapitel 2.1.4). Zu diesem Ergebnis kommt auch eine Untersuchung von Arthur D.

Little (2010: 1): „Push instead of pull – regulation will drive the commercialization of electric vehicles."

Die Öffnung der Unternehmensgrenzen im Sinne der Open Innovation wird bei der Entwicklung dieser Technologie von Unternehmen gezielt auf einzelne Bereiche (wie beispielsweise Standardisierung und Normen der Kommunikationsschnittstelle zwischen Fahrzeug und Ladestation) gerichtet. Bei konkreten Produkten sowie Marken greift der Gedanke der Open Innovation aus Wettbewerbsgründen beim Thema Elektromobilität jedoch nicht (vgl. Weber 2012).

Innovationswiderstände
Der Elektromobilität stehen bis zur ihrer erfolgreichen Einführung am Massenmarkt zahlreiche Hürden gegenüber. So existieren innerhalb eines Unternehmens unterschiedliche Störfaktoren wie die Angst des Einzelnen vor Arbeitsplatzverlust, mangelnde Kompetenzen und Qualifikationen in den Feldern Elektrik/Elektronik, strukturelle und prozessuale Veränderungen in der Organisation sowie technische Herausforderungen (z. B. Energiespeicher, Ladetechnik, Abrechnung/Kommunikation, Rohstoffe/Materialien) (vgl. ELAB 2012: 48 f; PricewaterhouseCoopers AG Wirtschaftsprüfungsgesellschaft 2012: 21).

Hinzu kommen externe Barrieren in Form von sozioökonomischen Herausforderungen (siehe Abbildung 19). Automobilhersteller und Zulieferer müssen sich mit Fragen beschäftigen wie: Wo sehen wir unsere Kernkompetenzen? Welche Produkte stellen wir selbst her und welche beziehen wir über Zulieferer? Auf welchen Gebieten sind Kooperationen sinnvoll? (vgl. ELAB 2012: 49). Es kommt folglich zu gravierenden Veränderungen in der Wertschöpfungskette, insbesondere im Zuliefererbereich. Vor allem kleine und mittelständische Unternehmen reagieren bisher verhalten auf den Strukturwandel und weisen nur wenige aktuelle Produktentwicklungen für Komponenten neuer automobiler Antriebstechniken auf (vgl. IHK Region Stuttgart 2011: 11 f), was wiederum negative Konsequenzen hinsichtlich Qualität (aufgrund der geringen Auswahl) und Kosten (aufgrund des geringen Wettbewerbs) hat.

Gleichzeitig müssen rechtliche Fragestellungen wie Fahrzeugsicherheit, Verkehrsraumgestaltung, Datenschutz etc. geklärt, politische Verantwortungsbereiche sowie politische Fördermaßnahmen verhandelt und eine Nutzerakzeptanz für die Technologie sichergestellt werden (vgl. PricewaterhouseCoopers AG Wirtschaftsprüfungsgesellschaft/Fraunhofer IAO 2010: 11 f; PricewaterhouseCoopers AG Wirtschaftsprüfungsgesellschaft 2012: 20).

Abbildung 19: Sozioökonomische Bereiche der Elektromobilität

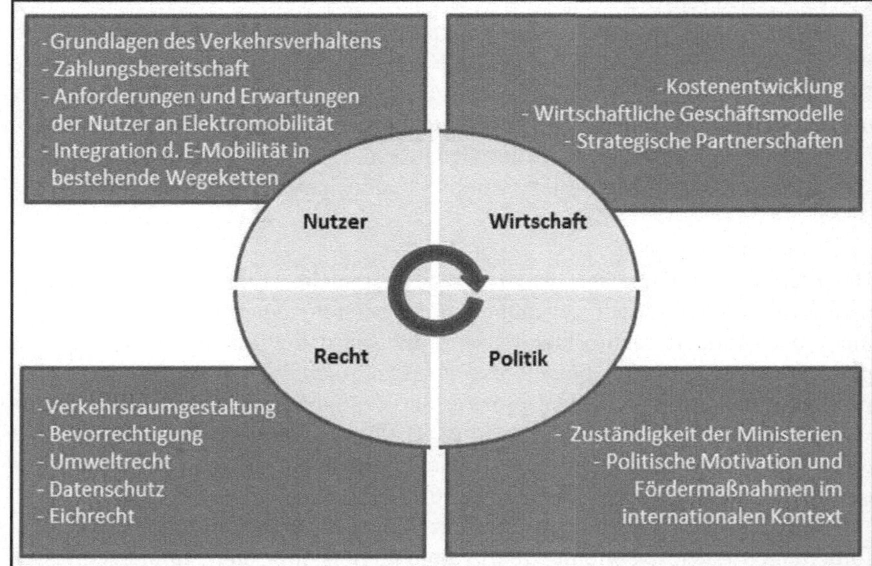

Quelle: PricewaterhouseCoopers AG Wirtschaftsprüfungsgesellschaft 2012: 20

Innovationsentstehung
Wirtschaft und Politik sind sich einig, „dass der Schlüssel zum Erfolg der Elektromobilität auch eine fundierte Ausbildung sowie eine systematische berufliche Qualifizierung sind. Denn auf die Menschen kommt es an. Gut ausgebildete Experten sind gefragt, damit Deutschland tatsächlich zu einem Leitanbieter für die Elektromobilität werden kann" (vgl. Bundesministerium für Bildung und Forschung 2012a).

Mit modifizierten oder neuen Produkten und Prozessen ist stets auch ein Wandel der Arbeitsinhalte und damit der Kompetenzen und Qualifikationen verbunden. Bei der Elektromobilität betrifft dies die gesamte Wertschöpfungskette von der Forschung über die Produktion bis hin zum Recycling (vgl. ELAB 2012: 36). Insbesondere die drei Kernbereiche der Elektromobilität – Elektrochemie/Batterieforschung, Leistungselektronik sowie Leichtbau[38] – müssen in der akademischen Bildung stärker berücksichtigt werden. Darüber hinaus fordert

---

38 In Baden-Württemberg wurde zum Thema Leichtbau explizit ein Kompetenzatlas erstellt, der in gebündelter Form die Forschungskompetenzen auf diesem Gebiet präsentiert und die verschiedenen Kompetenzträger vorstellt (siehe e-mobil BW GmbH 2012).

der systematische Ansatz der Elektromobilität neben ingenieurwissenschaftlichen Studiengängen auch die Einbindung von Volks- und Wirtschaftswissenschaften, Sozial- und Geisteswissenschaften, um Bereiche wie Marketing, betriebswirtschaftliche Prozesse und innovative Geschäftsmodelle angemessen gestalten zu können (vgl. Nationale Plattform Elektromobilität 2010: 31). Das deutsche Bildungssystem hat bereits auf die veränderten Anforderungen reagiert und an den relevanten deutschen Hochschulorten neue Lehrstühle sowie Kompetenzzentren und andere Initiativen realisiert (vgl. Nationale Plattform Elektromobilität 2012: 30f).[39]

Auch im Bereich der beruflichen Bildung sind in der Metall- und Elektronikindustrie, in den elektro- und informationstechnischen Handwerksberufen und im Kfz-Gewerbe in den letzten Jahren zukunftsorientierte Berufsbilder entwickelt und die Elektromobilität betreffende Inhalte integriert worden (vgl. ELAB 2012: 39). Parallel dazu müssen Weiterbildungsangebote innerhalb der Unternehmen durchgeführt werden. Dabei rückt vor allem der Umgang mit Hochvoltsystemen in den Vordergrund. Sowohl die Mitarbeiter in der Produktion und im After-Sales als auch die Beschäftigten in der Forschung müssen geschult werden, damit Unfälle an (teil)-elektrischen Fahrzeugen vermieden werden (vgl. Ministerium für Finanzen und Wirtschaft Baden-Württemberg/e-mobil BW GmbH/Fraunhofer IAO 2011: 61; ELAB 2012: 38).

Innovationsdiffusion
Wendet man die Diffusionskurve von Rogers (vgl. Kapitel 2.1.6) auf die Elektromobilität an, wird ersichtlich, dass die Innovation am Anfang des Diffusionsprozesses steht und den Punkt der kritischen Masse noch nicht erreicht hat. Folglich kann zum heutigen Zeitpunkt noch nicht gesagt werden, ob sich die Elektromobilität am Massenmarkt durchsetzen wird oder ob der Prozess – wie in der Vergangenheit bereits passiert – wieder verkümmert, auch wenn die heutigen ökonomischen, ökologischen und sozialen Entwicklungen für die Durchdringung dieser Innovation sprechen. Wie Abbildung 20 verdeutlicht, liegt der Fokus bis zum Jahr 2014 auf der Marktvorbereitung der Elektromobilität, so dass bei den heutigen Kunden dieser Innovation durchaus von „Early Adoptern" gesprochen werden kann. Aufgrund des geringen Marktvolumens sowie der hohen TCO-Lücke existiert zum jetzigen Zeitpunkt lediglich diese kleine Kun-

---

39 Einen Überblick über das deutschlandweite Hochschulangebot im Themenfeld der nachhaltigen Mobilität gibt die Studie „Akademische Qualifizierung. Analyse der Bildungslandschaft im Zeichen von Nachhaltiger Mobilität" (siehe Ministerium für Finanzen und Wirtschaft Baden-Württemberg/Ministerium für Wissenschaft, Forschung und Kunst Baden-Württemberg/e-mobil BW GmbH/Fraunhofer IAO 2012).

dengruppe, die jedoch eine hohe Kaufkraft aufweist und eine hohe Affinität zu Umweltthemen besitzt (vgl. Nationale Plattform 2012: 46). Es wird damit gerechnet, dass in 2014 ein Kundenmix aus 40 Prozent Privatkunden, 30 Prozent rein gewerblichen Kunden und weiteren 30 Prozent Dienstwagen-Nutzern entstehen wird (vgl. Nationale Plattform 2011: 32).[40] Nach aktuellen Marktannahmen wird ab dem Jahr 2015 die entscheidende Phase des Markthochlaufes eintreten. Das dann vorhandene breitere Angebot könnte eine Marktdurchdringung der Elektromobilität unterstützen und die Entwicklung der Innovation weiter vorantreiben (vgl. Nationale Plattform Elektromobilität 2012: 46).

Abbildung 20: Zielkurve Marktentwicklung 2010-2020

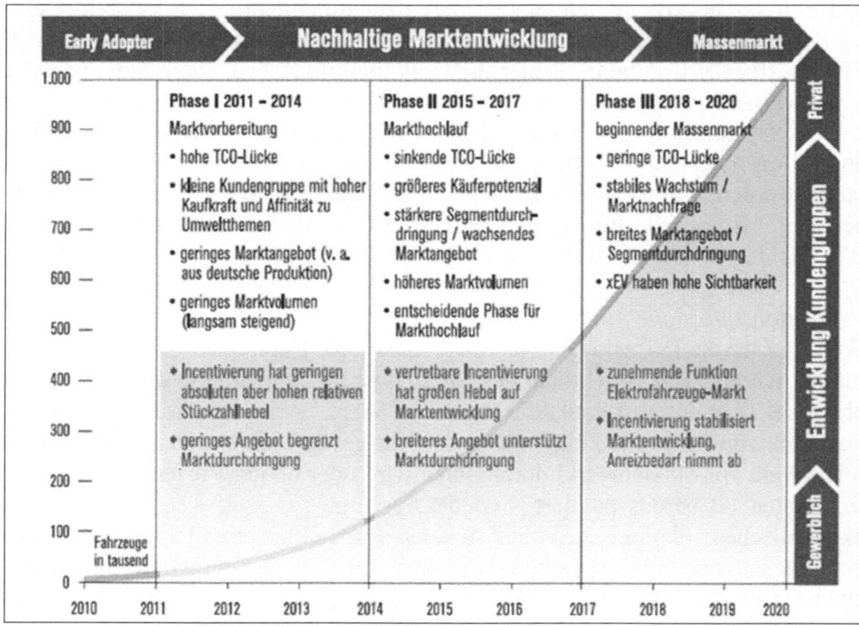

Quelle: Nationale Plattform Elektromobilität 2012: 46

---

40 Eine genaue Definition und Identifikation der Erstkäufer bzw. „Early-Adopters" im Privatkundenbereich liefert die Studie „Kaufpotenzial für Elektrofahrzeuge bei sogenannten ,Early Adoptern'", die im Auftrag des Bundesministeriums für Wirtschaft und Technologie, vom Fraunhofer ISI und vom Institut für Ressourceneffizienz und Energiestrategien durchgeführt worden ist (vgl. Fraunhofer ISI/IREES 2012).

Innovationsnetzwerke
Gerade bei einer radikalen Innovation wie der Elektromobilität, bei der verschiedene Akteure aus Wirtschaft, Wissenschaft, Politik und Gesellschaft interagieren müssen, braucht man Netzwerke für die erfolgreiche Einführung der Innovation auf dem Massenmarkt. Dabei werden strategische Allianzen nicht nur branchenintern geknüpft, sondern auch mit anderen Bereichen geschlossen (vgl. ELAB 2012: 44; PricewaterhouseCoopers AG Wirtschaftsprüfungsgesellschaft 2012: 84).

Ein Musterbeispiel für ein lokales bzw. regionales Innovationsnetzwerk im Bereich der Elektromobilität stellt das von der Bundesregierung im Rahmen der Hightech-Strategie mit 40 Millionen Euro geförderte Cluster „Elektromobilität Süd West – road to global market" dar. Das Cluster greift auf die wertvollen Ressourcen seiner Region (Karlsruhe, Mannheim, Stuttgart, Ulm) zurück, indem es renommierte große, mittelständische und kleine Unternehmen aus den Bereichen Fahrzeugbau, Energietechnik sowie Informations- und Kommunikationstechnik mit Forschungsinstituten und Universitäten vernetzt. Ziel des regionalen Clusters ist es, die Entwicklung großserienfähiger Elektrofahrzeuge, Ladetechnologien sowie IT-Lösungen voranzutreiben (vgl. e-mobil BW GmbH 2011b; Bundesministerium für Bildung und Forschung 2012b).[41]

Neben den regionalen Clustern existieren auch nationale Netzwerke. Die von der Bundesregierung einberufene „Nationale Plattform Elektromobilität" stellt ein Musterbeispiel dar. Sie besteht aus Vertretern von Industrie, Wissenschaft, Politik, Gewerkschaft und Gesellschaft, deren Ziel es ist, mit einem *„systemischen, marktorientierten und technologieoffenen Ansatz"* (Nationale Plattform Elektromobilität 2011: 5) Deutschland zum Leitmarkt und Leitanbieter bis zum Jahr 2020 zu etablieren. Der Schlüssel zum Erfolg liegt folglich in der branchenübergreifenden Zusammenarbeit aller beteiligten Akteure (vgl. Nationale Plattform Elektromobilität 2011: 9). Um der Vernetzung des Themas Elektromobilität Rechnung zu tragen, wurden in der NPE themenübergreifende Leuchtturmprojekte und Themencluster (Batterie, Antriebstechnologie, Leichtbau, IKT, Recycling, Fahrzeugintegration, Verbesserung der Fördermittelvergabeprozesses) definiert sowie vier Schaufensterregionen etabliert, in denen Technologien und Teillösungen zu visionären Gesamtkonzepten zusammengeführt und Elektromobilität sichtbar und erlebbar für die Öffentlichkeit gemacht werden soll (vgl. Nationale Plattform Elektromobilität 2011: 16-24, 55).

---

41 Weiterführende Beispiele für strategische Partnerschaften bietet die Studie „Elektromobilität – Normen bringen die Zukunft in Fahrt" (vgl. PricewaterhouseCoopers AG Wirtschaftsprüfungsgesellschaft 2012).

Innovationsgrad und radikale Innovation
Nachfolgend soll die in Kapitel 2.1.9 aufgezeigte Grafik, die die unterschiedlichen Dimensionen des Innovationsgrads illustriert, auf die Elektromobilität übertragen werden und somit explizit die Radikalität der Innovation bewiesen werden.

Abbildung 21: Dimensionen des Innovationsgrades am Beispiel der Elektromobilität

Elektromobilität: radikale Innovation			
Markt	**Technologie**	**Organisation**	**Umfeld**
Neuer Kundennutzen: emissionsfreies Fahren, gute Fahrdynamik, innovatives Fahrzeugdesign	**Neues technologisches Prinzip:** Energiespeicher, Antriebsstrang, Ladetechnik, Rohstoffe, Materialien, Abrechnung, Kommunikation	**Neuausrichtung der Strategie:** parallele Weiterentwicklung der Antriebsformen, 1. Verbrennungsmotor, 2. Hybridisierung, 3. Fahren mit Batterie/Brennstoffzelle	**Neue Infrastruktur:** öffentliche und private Ladesäulen, H_2-Tankstellen
Einzigartiger Kundenvorteil: Nutzungsprivilegien (Sonderparkplätze, Busspuren), Steuerprivilegien, Unabhängigkeit von Erdölpreisen	**Neue Funktionalität:** Baustein des intermodalen Verkehrs, Zwischenspeicher für Strom	**Neue Strukturen und Prozesse:** neue Fachabteilungen, neue Fertigungsverfahren- und Techniken (Integration der Batterie in das Fahrzeug, neue Sicherheitsstandards)	**Anpassung regulatorischer Rahmenbedingungen:** Schaffen von Normen und Standards (einheitliche Stecker, Abrechnungssysteme, Straßenbeschilderung)
Hoher Lernaufwand für den Kunden: neue Bedienung des Fahrzeugs (Laden etc.)	**Angestrebter technologischer Leistungssprung:** Fortschritte in der Batterietechnik, Elektromotor mit besserem Wirkungsgrad	**Neue Qualifikationen:** Aus- und Weiterbildung in den Bereichen Elektronik/ Elektrik erforderlich, Schulungen der Mitarbeiter im Bereich Hochvoltsysteme	**Gesellschaftliche Kritik:** hohe Anschaffungskosten, geringe Reichweite, Sicherheitsaspekte, Verwendung von regenerativen Energiequellen nicht garantiert
Verhaltensänderung seitens der Kunden: neue Tankprozesse, Konsument kann Produzent werden, wenn beispielsweise der Strom aus eigener Solaranlage stammt	**Neue Architektur, Materialien, Komponenten:** neue Fahrzeugarchitektur aufgrund schwerer Batterie, stärkerer Anteil an leichten Faserverbundstoffen, Einbau eines H_2-Tanks bzw. einer Batterie	**Veränderung der Kultur:** E-Auto als Lifestyle-Produkt, mobil ohne eigenes Auto, höheres Umweltbewusstsein	**Neue Institutionen:** staatliche Koordinationsstellen neue Kompetenzzentren sowie Lehrzentren, Universitäten

Quelle: orientiert an der strukturellen Vorgehensweise von Gemünden/Kock 2009: 33

Anhand von Abbildung 21 zeigt sich deutlich, dass der Innovationsgrad bei der Elektromobilität in allen vier Bereichen – Markt, Technologie, Organisation und Umfeld – stark ausgeprägt ist und somit zu Recht von einer radikalen Innovation gesprochen werden kann.

2.6.3 Wissenschaftliche Metaanalyse der Elektromobilität

Nachdem nun die Elektromobilität in den allgemeinen Innovationskontext eingeordnet worden ist, soll nun im Sinne einer qualitativen Metaanalyse eine Zusammenschau über ausgewählte aktuelle wissenschaftliche Studien und Publikationen, die entweder von staatlicher Seite gefördert wurden oder starke politisch relevante Aspekte beinhalten, dargestellt werden (siehe Abbildung 22).[42] Diese Vorgehensweise ist zweckgebunden, da so die aktuelle Relevanz des Untersuchungsgegenstandes nochmals aus wissenschaftlicher Perspektive bewiesen werden und aufgezeigt werden kann, welchen großen Forschungsraum diese Thematik momentan bietet. Gleichzeitig stellen die Studien einen geeigneten Ausgangspunkt für die weiterführende Untersuchung in Hinblick auf die Gestaltung der Kommunikation zwischen Wirtschaft und Politik beim Thema Elektromobilität dar.

Abbildung 22: Zusammenschau aktueller wissenschaftlicher Publikationen mit politischem Bezug

Titel:	Autor (Jahr):	Inhalt:
Gesellschaftspolitische Fragestellungen der Elektromobilität	Fraunhofer ISI (2011)	Die Untersuchung gibt einen Überblick über den aktuellen technischen Status quo der Technologie, eine Bewertung aus ökonomischer, ökologischer und gesellschaftspolitischer Perspektive sowie eine Übersicht über interessante Erstmärkte und Entwicklungsszenarien dieser neuen Form der Mobilität.
Elektromobilität: Herausforderungen für Industrie und öffentliche Hand	Pricewaterhouse-Coopers AG Wirtschaftsprüfungsgesellschaft/Fraunhofer IAO (2010)	Die Studie zeigt die Herausforderungen, die die Elektromobilität an Industrie und öffentliche Hand stellt sowie die damit verbundenen Chancen.
Zukunft der deutschen Automobilindustrie: Herausforderungen und Perspektiven für den Strukturwandel im Automobilsektor	Arbeitskreise Innovative Verkehrspolitik und Nachhaltige Strukturpolitik der Friedrich-Ebert-Stiftung (2010)	Die Publikation geht unter anderem der Frage nach, wie die Automobilindustrie auf veränderte Mobilitätsanforderungen und auf die Bedürfnisse der Menschen im Einklang mit energie-, klima-, umwelt- und verkehrspolitischen Zielen reagieren muss.

---

42 Eine allgemeine Studiendatenbank rund um das Thema Elektromobilität bieten z. B. die Internetseiten „electrive.net" (siehe electrive.net 2012) oder auch „Hybrid-Elektrofahrzeuge.de" (siehe Hybrid-Elektro-fahrzeuge.de 2012b). Dort werden Studien und Publikationen zu ganz und gar unterschiedlichen Bereichen der Elektromobilität aufgelistet.

Beitrag der Elektromobilität zu langfristigen Klimaschutzzielen und Implikationen für die Automobil-industrie	McKinsey & Company (2010)	Die Studie der Unternehmensberatung McKinsey präsentiert im Auftrag des Bundesumweltministeriums die Wachstumschancen der Elektromobilität sowie die Auswirkung auf Arbeitsplätze. Gleichzeitig wird deutlich, dass die politischen Klimaziele bis 2050 nur erreicht werden, wenn 68-93 Prozent der Fahrzeuge elektrisch fahren.
Elektromobilität – Normen bringen die Zukunft in Fahrt	Pricewaterhouse-Coopers AG Wirtschaftsprüfungsgesellschaft (2012)	Die vom Bundesministerium für Wirtschaft und Technologie in Auftrag gegebene Studie untersucht den mittel- bis langfristigen Standardisierungsbereich im Bereich Elektromobilität auf Grundlage von sozioökonomischen Entwicklungen.
Technologie-Roadmap: Lithium-Ionen-Batterien 2030	Fraunhofer ISI (2010)	Die vom Bundesministerium für Bildung und Forschung geförderte Studie befasst sich intensiv mit dem Herzstück der Elektromobilität, der Batterie. Im Vordergrund steht die Bewertung des Entwicklungspotenzials der Lithium-Ionen-Technologie.
Elektromobilität und Beschäftigung. Wirkungen der Elektrifizierung des Antriebsstrangs auf Beschäftigung und Standortumgebung	ELAB (2012)	Laut der Studie beinhaltet der technologische Wandel in der Automobilindustrie mit einem steigenden Produktionsanteil alternativer Antriebe grundsätzlich Chancen für die Beschäftigung im Automobilsektor.
Akademische Qualifizierung. Analyse der Bildungslandschaft im Zeichen von Nachhaltiger Mobilität	Ministerium für Finanzen und Wirtschaft Baden-Württemberg/Ministerium für Wissenschaft, Forschung und Kunst Baden-Württemberg/e-mobil BW GmbH/Fraunhofer IAO (2012)	Die Studie analysiert die akademische Qualifizierung im Bereich der nachhaltigen Mobilität. Der Vergleich von mehr als 600 Studiengängen zeigt ein generell ausreichendes Bildungsangebot mit Baden-Württemberg an der Spitze.
Elektromobilität	BITKOM – Bundesverband Informationswirtschaft, Telekommunikation und neue Medien e. V. (2010)	Die empirische Studie untersucht, ob deutsche Bürgerinnen und Bürger staatliche Subventionen (Kaufzuschüsse, Forschungsprogramme) befürworten.
Strukturstudie BW mobil. Baden-Württemberg auf dem Weg in die Elektromobilität	Ministerium für Finanzen und Wirtschaft Baden-Württemberg/e-mobil BW GmbH/ Fraunhofer IAO (2011)	Die Analyse gibt einen Einblick in die verschiedenen Technologieansätze der Elektromobilität und zeigt, dass das Land Baden-Württemberg eine hervorragende Ausgangsposition besitzt, um sich in diesem Zukunftsmarkt eine Spitzenstellung zu sichern.
Systemanalyse BWe mobil. IKT- und Energieinfrastruktur für innovative Mobilitätlösungen in Baden-Württemberg	Wirtschaftsministerium Baden-Württemberg/Fraunhofer IAO/e-mobil GmbH – Landesagentur für Elektromobilität und Brennstoffzellentechnologie (2010)	In der Studie werden die Herausforderungen und Chancen für die Automobilindustrie in Baden-Württemberg auf die Bereiche Informations- und Kommunikationstechnologie (IKT) sowie Energeinfrastruktur für innovative Mobilitätslösungen erweitert. Die ganzheitliche Betrachtung steht im Vordergrund.
Energieträger der Zukunft – Potenziale der Wasserstofftechnologie in Baden-Württemberg	e-mobil BW GmbH/Zentrum für Sonnenenergie- und Wasserstoff-Forschung in Baden-Württemberg, WBZU GmbH, Ministerium für Finanzen und	Die Studie gibt einen Überblick über den aktuellen Stand der Technik. Darüber hinaus stellt sie den Aufbau der Wertschöpfungskette mit den jeweiligen Kompetenzen im Land dar und zeigt die Umsatz- und Beschäftigungspotenziale der Wasserstoff-Technologie auf.

	Wirtschaft Baden-Württemberg/Ministerium für Umwelt, Klima und Energiewirtschaft Baden-Württemberg (2012)	
Leichtbau in Mobilität und Fertigung. Chancen für Baden-Württemberg	e-mobil BW GmbH/Fraunhofer IPA/Universität Stuttgart, Institut für Werkzeugmaschinen/DLR – Institut für Fahrzeugkonzepte (2012)	Mit dieser Studie wird ein ganzheitlicher Überblick über die technologischen Aspekte des Leichtbaus gegeben und die Relevanz dieser Schlüsseltechnologie für Baden-Württemberg dargestellt. Dabei werden Chancen und Risiken aufgezeigt und die Branchen identifiziert, die bereits Entwicklungen forciert vorantreiben.
Roadmap – Elektromobile Stadt. Meilensteine auf dem Weg zur nachhaltigen urbanen Mobilität	Fraunhofer IAO (2011)	Die durch das Bundesministerium für Verkehr, Bau und Stadtentwicklung im Rahmen des Förderprogramms „Elektromobilität in Modellregionen" geförderte Studie zeigt auf, wie urbane Zentren als Katalysatoren für Innovationen auf dem Weg zur elektromobilen Stadt wirken können.
Neue Wege für Kommunen	e-mobil BW GmbH/Institut für Angewandte Wirtschaftsforschung e. V. (2011)	Die Publikation gibt Akteuren auf kommunaler Ebene in Baden-Württemberg Anregungen, bei der Umsetzung von Elektromobilität als Pioniere aktiv zu werden und das Engagement auf diesem Gebiet auszubauen.

Die dargestellten Studien machen die Komplexität der Innovation deutlich. So existieren zum einen ganzheitliche Ansätze, die energie-, klima-, umwelt-, verkehrs- und wirtschaftspolitische Themen behandeln, zum anderen rücken auch einzelne Fachthemen in den Vordergrund (wie einheitliche Normen und Standards, politische Förderung der Batterietechnik, des Leichtbaus oder der Wasserstofftechnologie, Beschäftigungsaspekte, Ausbildung und Qualifizierung sowie politische Subventionen). Gleichzeitig wird deutlich, dass diese Forschungsfelder auf unterschiedlichen politischen Ebenen betrachtet werden können (Bundesebene, Landesebene oder auch Kommunalebene).

2.6.4 Analyse der politischen Aktivitäten und Programme in Deutschland

Welche Strategie verfolgt nun die Bundesrepublik Deutschland in Bezug auf die Einführung der Elektromobilität und auf welche politischen Aktivitäten und Programme wird in diesem Kontext zurückgegriffen? Bereits im Jahr 2007 wurde im „Integrierten Energie- und Klimaprogramm" die Förderung der Elektromobilität als ein wesentliches Element für den Klimaschutz von der Bundesregierung erklärt (vgl. Bundesministerium für Umwelt, Naturschutz und Reaktorsicherheit 2012: 12). Im Jahr 2009 wurde dann der „Nationale Entwicklungsplan Elektromobilität" verabschiedet, der sich zum Ziel gesetzt hat, Deutschland bis 2020 zum Leitmarkt für Elektromobilität zu entwickeln (siehe Abbildung 23) (vgl. Bundesregierung 2009).

Abbildung 23: Politische Aktivitäten auf Bundesebene

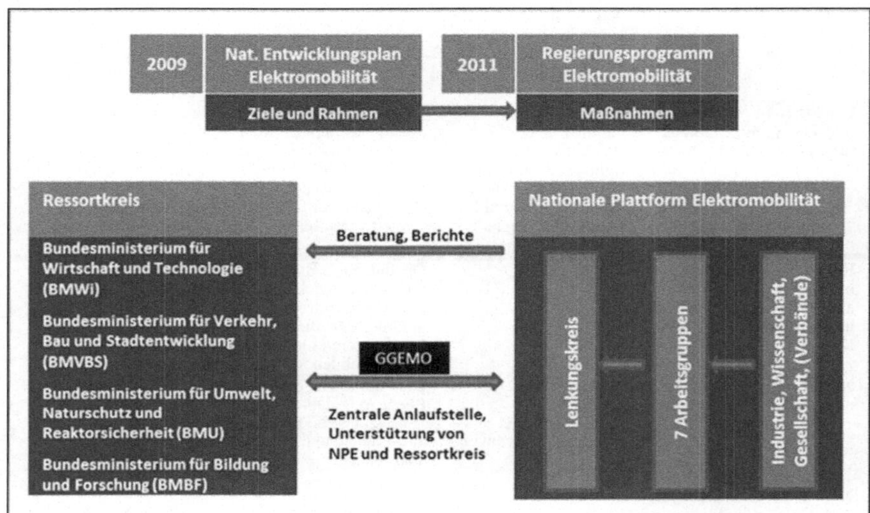

Quelle: Bundesministerium für Umwelt, Naturschutz und Reaktorsicherheit 2012: 12

Das Bundesministerium für Wirtschaft und Technologie, das Bundesministerium für Verkehr, Bau und Stadtentwicklung sowie das Bundesministerium für Bildung und Forschung sind die für die Elektromobilität zuständigen Ressorts der Bundesregierung, die die Unterstützung der Elektromobilität mittels einer Vielzahl von Forschungsvorhaben fördern (vgl. Bundesministerium für Umwelt, Naturschutz und Reaktorsicherheit 2012: 12). Von 2009 bis 2011 wurden insgesamt 500 Millionen Euro aus dem Konjunkturpaket II für den Ausbau und die Marktvorbereitung verwendet. Die vom Bund in diesem Zeitraum geförderten Modellregionen in Deutschland (Fördervolumen: 130 Mio. Euro) stellen ein Beispiel dar. In acht Regionen wurden Elektrofahrzeuge im Alltag getestet, um Erkenntnisse für die Weiterentwicklung der Technologie zu erlangen (vgl. Bundesministerium für Verkehr, Bau und Stadtentwicklung 2011b: 11). Im Mai 2010 hat die Bundeskanzlerin die „Nationale Plattform Elektromobilität" (NPE) gegründet, in der ausgewählte Vertreter aus Wirtschaft, Wissenschaft, Politik und Gesellschaft eingeladen wurden, um Empfehlungen für weitere Maßnahmen abzugeben (vgl. Bundesregierung 2010: 1; Nationale Plattform Elektromobilität 2010; Nationale Plattform Elektromobilität 2011; Nationale Plattform Elektromobilität 2012). In sieben Arbeitsgruppen behandeln die Mitglieder der NPE die Schwerpunktthemen Antriebstechnologie, Batterietechnologie, Ladeinfrastruktur und Netzintegration, Normung, Standardisierung und Zertifizierung, Materialien und Recycling, Nachwuchs und Qualifizierung und Rahmenbedingungen (vgl. Bundesministerium für Wirtschaft und Technologie/Bundesministerium für Verkehr, Bau und Stadtentwicklung 2010a; Bundesministerium für Umwelt, Naturschutz und Reaktorsicherheit 2010; Bundesregierung 2010). Das „Regierungsprogramm Elektromobilität" vom Mai 2011 beinhaltet konkrete Maßnahmen, die eine Einführung dieser Innovation auf dem Massenmarkt unterstützen sollen. Schwerpunkte sind unter anderem die Förderung von Forschung und Entwicklung, Aufbau von regionalen Schaufensterprojekten und technischen Leuchtturmprojekten, Kfz-Steuerbefreiung und begünstigende Dienstwagenbesteuerungen, öffentliche Beschaffung sowie Sonderparkplätze und Mitbenutzung von Busspuren (vgl. Bundesregierung 2011b). Die „Gemeinsame Geschäftsstelle Elektromobilität" (GGEMO) hat die Aufgabe, die jeweiligen Ressorts und die „Nationale Plattform Elektromobilität" zu unterstützen, um den „Nationalen Entwicklungsplan Elektromobilität" umzusetzen. Sie stellt eine zentrale Koordinations- und Beratungsstelle für alle involvierten Akteure dar (vgl. Bundesministerium für Wirtschaft und Technologie/Bundesministerium für Verkehr, Bau und Stadtentwicklung 2010b).

Deutschland betreibt im Vergleich zu anderen Ländern eine Förderungs- und Absatzpolitik, in der keine Kaufprämien für Fahrzeuge vorgesehen sind (siehe Abbildung 24).

Abbildung 24: Beispiele zu Maßnahmen der Absatzförderung in ausgewählten Ländern

Länder	Absatzförderung
Deutschland	Kfz-Steuerbefreiung in den ersten fünf bis zehn Jahren, Auswirkungen der Dienstwagenbesteuerung von Elektrofahrzeugen analog zu Verbrennungsfahrzeugen geplant.
Estland	Förderung des Kaufs von Elektroautos mit bis zu 18.000 Euro in Form von vergünstigten Einzelkrediten für einen bestimmten Personenkreis.
Frankreich	Bis zu 5.000 Euro Umweltprämie.
UK	Zuschuss in Höhe von 5.000 Pfund (ca. 5.700 Euro) beim Kauf eines E-Fahrzeugs, Befreiung von der Kfz-Steuer für privat genutzte Elektroautos, Unternehmen werden infolge der Anschaffung eines Elektroautos für fünf Jahre von der Unternehmenskraftfahrzeugsteuer befreit.
USA	7.500 US-Dollar (ca. 5.400 Euro) sind infolge des Kaufs eines Elektroautos bei der Einkommenssteuer anrechnungsfähig, auf regionaler Ebene Zuschüsse von bis zu 5.000 US-Dollar (ca. 3.600 Euro) möglich.
China	50.000 Renminbi (ca. 5.700 Euro) für PHEV und maximal 60.000 Renminbi (ca. 6.800 Euro) für reine Elektrofahrzeuge, auf regionaler Ebene zusätzliche Förderung möglich (Bsp. Shenzhen: elektrisch betriebene Fahrzeuge in Höhe von 60.000 Renminbi (ca. 6.800 Euro) und Hybridfahrzeuge in Höhe von 20.000 Renminbi (ca. 2.300 Euro).
Japan	Höhe der Förderung regional unterschiedlich, Unterstützung durch Kommunen bis zu 4.000 Euro; Befreiung oder Reduzierung der Erwerbs- und Tonnagesteuer.
Korea	Steuervorteile i. H. v. bis zu 3,1 Millionen WON (ca. 2.000 Euro) für Hybridfahrzeuge.

Quelle: vgl. PricewaterhouseCoopers AG Wirtschaftsprüfungsgesellschaft 2012: 101

Selbstverständlich hat die vom Bund eingeschlagene Strategie Auswirkungen auf die Länder und Kommunen, die die Technologie auf Landesebene und kommunaler Ebene mit ihren jeweiligen Fördermöglichkeiten vorantreiben.

2.6.5 Medieninhaltsanalyse der Elektromobilität

Nach der wissenschaftlichen Metanalyse und dem Überblick über die politischen Aktivitäten in Bezug auf die Elektromobilität soll nachfolgend eine quantitative Inhaltsanalyse der Medienberichterstattung über die Elektromobilität erfolgen, um die aktuelle Relevanz des Themas in der Öffentlichkeit nachzuweisen. Auch wenn in dieser Untersuchung die Medien nicht die Hauptzielgruppe darstellen, können sie als wichtiger Meinungsführer indirekt Einfluss auf Politik und Gesellschaft ausüben und dürfen daher bei der Kommunikation mit der Politik nicht vernachlässigt werden. Dies bestätigt sich auch später im empirischen Teil dieser Untersuchung (siehe Kapitel 6.3.2). Aus diesem Grund wurde auf die strategischen Kommunikationsanalysen des F.A.Z-Institutes für Management, Markt und Medieninformationen und PRIME research (vgl. F.A.Z-Institut für Management, Markt- und Medieninformationen/PRIME research 2012) zurückgegriffen.[43]

Analysiert wurde die Berichterstattung der gesamten Automobilindustrie zum Thema Elektromobilität. Dabei wurde zunächst die Medienpräsenz (Anzahl der Darstellungen) des Themas Elektromobilität untersucht und dabei die Berichterstattung hinsichtlich Hybridfahrzeuge, Fahrzeuge mit Batterie und Fahrzeuge mit Brennstoffzelle unter die Lupe genommen. Darüber hinaus wurde auch die Medientendenz als Messgröße genommen und auf einer Skala von -3 (sehr negativ) bis +3 (sehr positiv)[44] die Bewertung des Themas untersucht.

Als Medienbasis dienten Tageszeitungen, die Sonntagspresse, Wochenpresse, Fachmagazine Automobil und Nutzfahrzeuge, TV und Onlinemedien . Untersucht wurde der Zeitraum 2007-2012 YTD (August), da bereits 2007 im „Integrierten Klima- und Energieprogramm" die Bundesregierung die Elektromobilität als förderungswürdig empfunden hat (siehe Kapitel 2.6.4) und das Thema somit offiziell auf der politischen Agenda stand. Aufgrund der Fragestellung

---

43 Die durchgeführten Kommunikationsanalysen von F.A.Z. und PRIME research greifen auf einen einzigartigen Codierprozess zurück. So wird eine speziell entwickelte Software verwendet, um relevante Inhalte in den Medien zu scannen und zu identifizieren. Die Codierentscheidungen werden jedoch von einem Codierer selbst nach bestimmten definierten Kriterien vorgenommen (siehe www.prime-research.com).

44 Skala im Detail: -3 (sehr negativ), -2 (negativ), -1 (teils negativ), 0 (ambivalent), 1 (teils positiv), 2 (positiv), 3 (sehr positiv).

dieser Untersuchung wurde die Medienanalyse ausschließlich auf Deutschland beschränkt. Betrachtet man nun die Auswertung der medialen Präsenz des Themas Elektromobilität in den letzten fünf Jahren, so ergibt sich folgendes Bild (siehe Abbildung 25).

Abbildung 25: Mediale Präsenz des Themas Elektromobilität

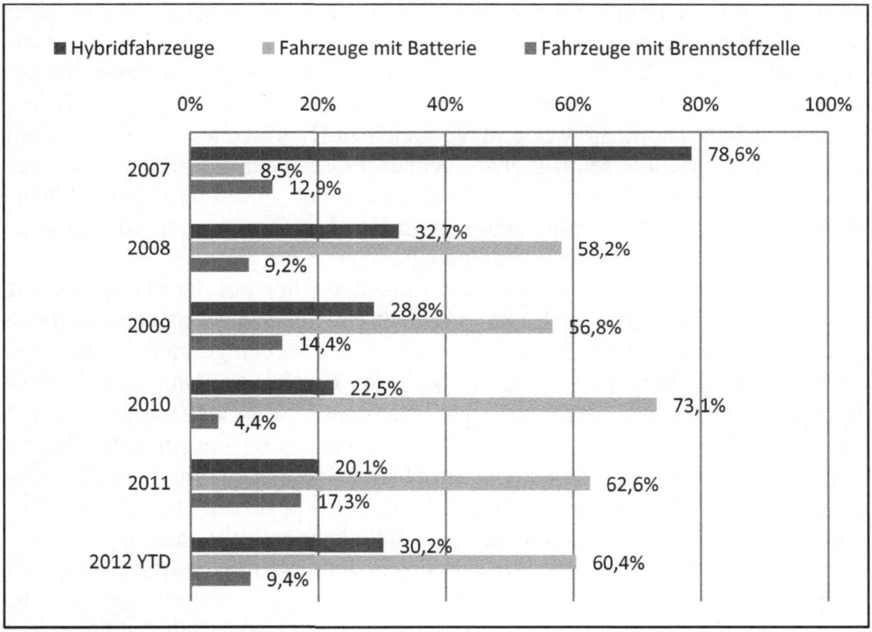

Quelle: F.A.Z./PRIME research 2012

Während im Jahr 2007 das Medienbild insbesondere durch Artikel über Hybridfahrzeuge (78,6 Prozent) geprägt wurde, wurden Berichte über Hybridantriebe von 2008 bis 2011 kontinuierlich durch die Berichte über Fahrzeuge mit Batterie verdrängt. Batteriebetriebene Fahrzeuge weisen seit dem Jahr 2008 eine konstant dominierende Präsenz in den Medien auf, wobei der Höhepunkt der Berichterstattung über Elektrofahrzeuge mit Batterie (73,1 Prozent) im Jahr 2010 zu verzeichnen ist.

In den Jahren 2011 und 2012 YTD ging die mediale Präsenz leicht zurück. Ursachen für diese Entwicklung sind vermutlich auch auf die EU-Verordnung zur Verminderung der CO_2-Emissionen von Personenkraftwagen zurückzuführen, die 2008 auf den Weg gebracht worden ist und 2009 formell verabschiedet wurde (vgl. Bundesministerium für Umwelt, Naturschutz und Reaktorsicherheit

2009b: 1). Durch diese Regelung wurde der Druck auf die Automobilhersteller in Deutschland immens erhöht, alternative Antriebe und insbesondere das rein emissionsfreie Fahren mit Batterie voranzutreiben. Dies wurde auch intensiv in den Medien diskutiert (vgl. süddeutsche.de 2008). Darüber hinaus fanden – wie bereits im vorigen Kapitel erwähnt – ab dem Jahr 2009 zahlreiche Aktivitäten von Politik und Wirtschaft in Deutschland statt. So wurde von 2009-2011 zahlreich über die Elektromobilitätsprojekte in den acht Modellregionen berichtet (vgl. z. B. Spiegel Online 2009). Auch die Etablierung der „Nationalen Plattform Elektromobilität" 2010 und die daran anschließenden Maßnahmen erzeugten eine hohe mediale Aufmerksamkeit (vgl. Handelsblatt 2010). Das Thema Fahren mit Brennstoffzelle weist im Vergleich zu Hybriden und Fahrzeugen mit Batterie eine gleichbleibend geringe mediale Präsenz im Zeitverlauf auf. Dies kann vor allem daran liegen, dass in Deutschland die Anzahl der Automobilhersteller, die Brennstoffzellenfahrzeuge produzieren, äußerst gering ist und folglich auch weniger über diese Technologie berichtet wird.

Richtet man neben der medialen Präsenz den Blick auf die Medientendenz und untersucht, wie über die Elektromobilität bzw. über die einzelnen Antriebe im Detail berichtet worden ist, so zeigt sich, dass über den gesamten untersuchten Zeitraum die Berichterstattung im positiven Bereich stattfand (siehe Abbildung 26). Die mediale Bewertung der Hybridantriebe pendelt zwischen 2007 und 2012 YTD (August) konstant um den Mittelwert 1,6 (= positiv). Im Gegensatz dazu weist die Berichterstattung über Fahrzeuge mit Batterie bzw. Fahrzeuge mit Brennstoffzelle stärkere Schwankungen im positiven Bereich auf. Vor allem im Jahr 2012 wird das rein emissionsfreie Fahren mit Batterie oder Brennstoffzeller kritischer betrachtet. Gründe liegen zum einen darin, dass nach dem anfänglichen Hype um die Elektromobilität und die Erprobung von E-Fahrzeugen in Pilotprojekten ein realistischeres Bild über die Möglichkeiten der Technologien und den Entwicklungstand in den Medien wiedergegeben wird (vgl. z. B. Die Zeit Online 2012). Darüber hinaus mischten sich in den letzten Monaten vor allem kritischere Themen wie die mangelnde Sicherheit von E-Fahrzeugen (*„Feuer-Risiko-Akku – Brandgefährliche Elektromobilität"*: In: Focus Online 2012) oder das fehlende Interesse der Kunden an Elektrofahrzeugen (z. B.: *„Geringe Nachfrage: GM unterbricht Produktion von Elektroautos"*: In: Spiegel Online 2012) unter die jüngste Berichterstattung zum Thema Elektromobilität.

Abbildung 26: Medientendenz beim Thema Elektromobilität

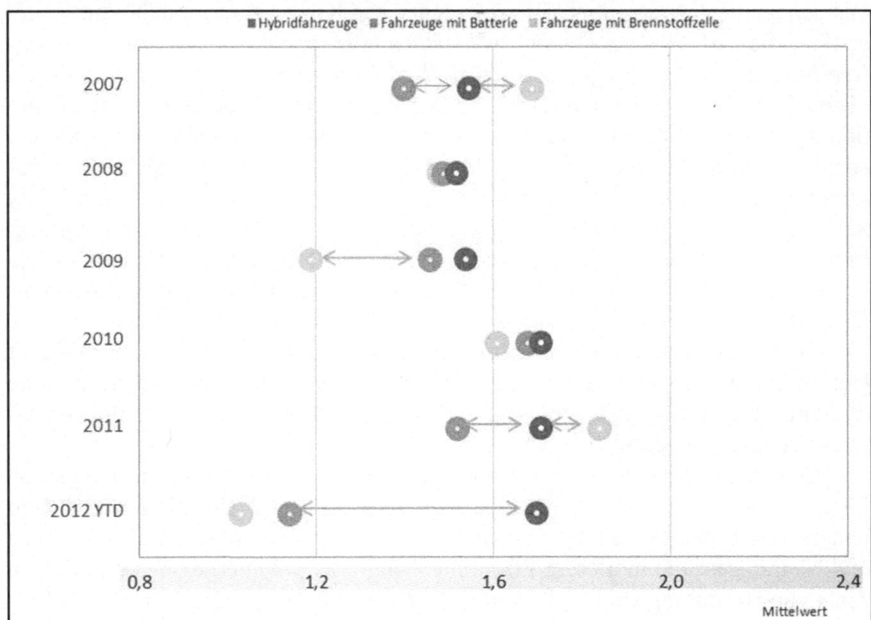

Quelle: F.A.Z./PRIME research 2012

Insgesamt wird jedoch anhand der Kommunikationsanalysen sichtbar, dass das Thema Elektromobilität in der medialen öffentlichen Wahrnehmung in den letzten Jahren enorm an Stellenwert gewonnen hat und in den Medien auf eine positive Resonanz stieß, so dass eine empirische Betrachtung dieser radikalen Innovation gerechtfertigt ist.

2.7 Orientierung an den Phasen des Kommunikationsmanagements

Nachdem in den letzten Kapiteln die interdisziplinäre Annäherung an den Objektbereich vorgenommen wurde und die zentralen Begriffe und Themenfelder erörtert wurden, ist es nun sinnvoll, das strukturelle Grundgerüst, das sich an den Phasen des Kommunikationsmanagements orientiert und das zur Beantwortung der drei zentralen Forschungsfragen dienen soll, zu beleuchten.

Da die Formulierung der zentralen Fragen bereits eine systematisch geplante, durchgeführte und evaluierte Vorgehensweise fordert, wird in dieser Untersuchung das Innovationslobbying dem typischen Zyklus der Unternehmenssteuerung bzw. im kommunikationswissenschaftlichen Kontext dem Kommunikationsmanagement zugeordnet. Es wird daher auf Konzeptionsmodelle zurückgegriffen, die *„als systematischer Problemlösungsprozess von der Situationsanalyse bis über die Planung und arbeitsteilige Umsetzung bis zur Evaluation reichen"* (vgl. Bentele/Nothhaft 2007: 357). Konzeptionen haben eine Mittlerfunktion zwischen Theorie und Praxis. Sie fassen einen gedanklichen Entwurf und auch die erforderlichen operativen Maßnahmen zu einem schlüssigen Plan zusammen. Konzeptionen sollen daher in dieser Untersuchung als *„ein System von Aussagen verstanden werden, welches die Grundlinien einer Sachverhaltsgestaltung als Mittel zur Erreichung einer bestimmten Zielsetzung formuliert. Sie basiert auf der Annahme von Mittel-Zweck-Beziehungen im Rahmen bestimmter Kontexte"* (Harbert 1982: 140).

Gerade für eine anwendungsorientierte Herangehensweise, wie es in dieser Untersuchung der Fall ist, erscheinen wissenschaftliche Konzeptionsmodelle optimal geeignet. Nachfolgend soll auf die Phasen des Kommunikationsmanagements eingegangen werden.

Die zu Beginn einer Konzeption stattfindende aktuelle Situationsanalyse erfasst systematisch das kommunikative Beziehungsgeflecht zwischen einem Unternehmen und den relevanten Stakeholdern und identifiziert dabei Themen und Meinungen, die in diesem Zusammenhang für das Unternehmen und dessen Ziele von Bedeutung sind (vgl. Bentele/Nothhaft 2007: 359; Merten 2000: 37).

In der Planungsphase wird dann die Strategie entwickelt, die geeignet ist, das Problem zu beseitigen (Zerfaß 2007: 61; Bentele/Nothhaft 2007: 360; Bruhn/Esch/Langner 2009: 9 ff). Dabei wird im Wesentlichen die Frage *„Welche Ziele wollen wir wie, wann mit welchen Inhalten und bei welcher Zielgruppe erreichen?"* (Mast 2006: 152) bearbeitet. Im Rahmen der Taktik werden das Maßnahmenpaket sowie Timing- und Kostenpläne für jegliche Phasen und Zielgruppen definiert (vgl. Zerfaß 2007: 61; Fink 2009: 212). Die Umsetzungsphase beinhaltet die Realisierung der einzelnen Kommunikationsmaßnahmen, wobei das komplette Spektrum der verschiedenen Kommunikationswege zum Einsatz kommen kann (vgl. Zerfaß 2007: 61 f; Mast 2006: 152).

In der Evaluationsphase wird überprüft, ob die vorgenommenen Kommunikationsziele erreicht wurden und ob der gesamte Steuerungsprozess effizient ist (vgl. Zerfaß 2007: 62). Letzteres wird vor allem durch das Kommunikationscontrolling sichergestellt, das jedoch in dieser Untersuchung nicht explizit im Mittelpunkt steht.[45]

---

45 Aufgabe des Kommunikationscontrollings ist es, den arbeitsteiligen Prozess des Kommunikationsmanagements zu steuern und zu unterstützen, indem Transparenz im Hinblick auf Strategie, Ergebnis und Finanzen geschaffen wird und indem Methoden, Strukturen und Kennzahlen für die

2.8 Zwischenfazit: Implikationen für das weitere Vorgehen

Um eine theoretische Basis für die Beantwortung der zentralen Forschungsfragen dieser Untersuchung zu erhalten, wurde auf eine interdisziplinäre Annäherung an den Objektbereich zurückgegriffen. Dies war notwendig, da in der bisherigen Forschungsliteratur keine in sich geschlossene Innovationstheorie vorhanden ist und das Feld der Innovationskommunikation in der deutschen Forschungslandschaft nur rudimentär erforscht wurde.

Es zeigte sich, dass die Innovationsforschung ein sehr komplexes Feld ist und Innovation nicht gleich Innovation ist. Bei der systematischen Beschäftigung mit Innovationen gilt es daher zunächst, den Begriff Innovation definitorisch abzugrenzen und die jeweiligen Innovationsdimensionen zu bestimmen. Es kristallisierte sich heraus, dass es unterschiedliche Innovationsobjekte (Produkt, Prozess, Dienstleistung etc.) gibt, die aus einem unterschiedlichen Blickwinkel betrachtet werden können (Innovationssubjekt). Darüber hinaus ist es wichtig, den Stand der Innovation entlang des Innovationsprozesses zu orten, mögliche interne und externe Innovationswiderstände zu beachten und Rahmenbedingungen für eine möglichst gelungene Innovationsentstehung und Innovationsdiffusion zu schaffen. Gleichzeitig muss der Innovationsgrad identifiziert werden und der Einsatz von Innovationsnetzwerken geprüft werden.

Alle betrachteten Aspekte stellen aus betriebswirtschaftlicher Sicht eine wichtige Basis für die Innovationskommunikation dar, die in der kommunikationswissenschaftlichen Forschung als ein neues Feld der Unternehmenskommunikation betrachtet wird. Da die Untersuchung einen integrierten Ansatz verfolgt, muss die Innovationskommunikation generell in allen Prozessen des Innovationsmanagements integriert werden. So hat sie zum einen die Aufgabe des Informations- und Wissensmanagements bei der Generierung von Ideen, zum anderen ist sie auch für die erfolgreiche Diffusion und Durchsetzung von Ideen im Markt und in der Gesellschaft verantwortlich.

Will man – wie in dieser Untersuchung – im späteren Verlauf die Kommunikation von Innovationen mit politischen Zielgruppen fokussieren, muss zuerst das Public Affairs-Management betrachtet werden. Es wurde deutlich, dass Lobbying neben Reputation Management, Medienarbeit, Corporate Social Responsibility bzw. Corporate Citizenship, Monitoring und Issues Management

---

Planung, Umsetzung und Kontrolle zur Verfügung gestellt werden (vgl. Zerfaß 2007: 56). Unter Zuhilfenahme der Corporate Communications Scorecard (Zerfaß 2004b) oder auch des computergestützten Communication Performance Management-Systems (vgl. Brettschneider/Ostermann 2006) kann die Kommunikation einen Nachweis erbringen, wie sie zur Profitabilität und Wertsteigerung des Unternehmens beiträgt (vgl. Zerfaß/Sandhu/Huck 2004a: 25).

ein wichtiges Handlungsfeld in der Kommunikation mit politischen Stakeholdern darstellt. Mittels Lobbying kann auf politische Entscheidungsträger eingewirkt werden und somit der Handlungsspielraum eines Unternehmens erhalten bzw. erweitert werden. Gerade bei der Durchsetzung von Innovationen spielt dies eine wichtige Rolle. Daher wurde der Begriff Innovationslobbying, der die vorgestellten Definitionen von Innovation, Innovationskommunikation, Public Affairs und Lobbying miteinander verknüpft, in dieser Untersuchung erstmals in der wissenschaftlichen Forschungsliteratur eingeführt.

Da Innovationslobbying das Ziel verfolgt, im Dialog mit der Politik geeignete Rahmenbedingungen für innovative Unternehmen zu schaffen, wurde der Stakeholderansatz ausgewählt. Dieser fokussiert das dialogorientierte Prinzip, welches für diesen Untersuchungsgegenstand geeignet ist. Gerade politische Stakeholder können beispielsweise via Steuern, Abgaben, Bewilligungen oder Zugeständnisse bestimmter Rechte oder auch durch Subventionen den Erfolg eines Unternehmens mitbestimmen. Dabei müssen sowohl politische Entscheidungsträger auf der Bundesebene, Landesebene und der kommunalen Ebene als auch deren Mitarbeiter, die für die inhaltliche Ausgestaltung politischer Entscheidungen verantwortlich sind, betrachtet werden. Da in dieser Untersuchung nach Erfolgsfaktoren bei der Kommunikation von Innovationen mit politischen Stakeholdern gefragt wird, wurde die Erfolgsfaktorenforschung erläutert. Schließlich wurde die Elektromobilität als Musterbeispiel für eine radikale Innovation intensiv erläutert und im Innovationskontext verortet. Es wurde klar, dass die Elektromobilität aus Sicht eines Unternehmens eine Systeminnovation mit hohem Innovationsgrad darstellt, die sich gerade in der Marktvorbereitungsphase befindet und vor einigen sozioökonomischen Herausforderungen steht. Die Innovation wird zwar von der „Early Adopter"-Gruppe akzeptiert, der kritische Punkt der Marktdurchdringung ist jedoch noch nicht erreicht. Ausbildungs- und Weiterbildungsmaßnahmen von Mitarbeitern sowie Innovationsnetzwerke (z. B. die „Nationale Plattform Elektromobilität" oder das „Cluster Elektromobilität Süd-West") stellen wichtige Meilensteine in Bezug auf die Weiterentwicklung der Elektromobilität dar.

Nachdem nun die grundlegenden Themengebiete und Fachbegriffe intensiv erläutert wurden und auch die Phasen des Kommunikationsmanagements als strukturelles Grundgerüst für die Beantwortung der Forschungsfragen detailliert erörtert worden sind, ist nun der Weg für die Ableitung allgemeiner Erfolgsfaktoren für die Innovationskommunikation geebnet. Dies soll im nächsten Kapitel stattfinden, bevor auf das Innovationslobbying-Konzept in Kapitel 4 und die Anwendung dieses Konzepts auf die Elektromobilität in Kapitel 6 eingegangen wird.

3 Ableitung allgemeiner Erfolgsfaktoren für die Innovationskommunikation

Die erste zentrale Forschungsfrage dieser Arbeit („Welche allgemeinen Erfolgsfaktoren können aus der bereits existierenden Fachliteratur für die systematisch geplante, durchgeführte und evaluierte Kommunikation von Innovationen identifiziert werden?") soll nun in diesem Kapitel in den Mittelpunkt rücken und beantwortet werden. Wie bereits erwähnt, ist diese Vorgehensweise sinnvoll, da bei der Kommunikation mit politischen Stakeholdern die allgemeinen Erfolgsfaktoren der Innovationskommunikation wichtige Anhaltspunkte darstellen. Gemäß der in dieser Untersuchung determinierten Forschungsstruktur orientiert sich die Innovationskommunikation an den Phasen des Managementzyklus (vgl. Kapitel 2.7) und ist untergliedert in die Analyse-, Planungs-, Umsetzungs- und Evaluationsphase.

3.1 Analysephase der Innovationskommunikation

In der Analysephase der Innovationskommunikation sollen im ersten Schritt die Betrachtung von Themen und Meinungen sowie die detaillierte Stakeholderanalyse Untersuchungsgegenstand sein. In diesem Zusammenhang werden Best Practice-Beispiele bzw. Worst Practice-Beispiele aus der Praxis als Orientierungsstützen dargestellt und die generellen Chancen sowie Herausforderungen der Innovationskommunikation detailliert erläutert.

3.1.1 Analyse von Themen und Meinungen

In der Analysephase gilt es zunächst, durch Scanning- und Monitoringsysteme die Anschlussfähigkeit einer Innovation an existierende oder aufkommende Issues und Trends im gesellschaftlichen, wirtschaftlichen, politischen und wissenschaftlichen Kontext zu prüfen.[46] Es muss untersucht werden, welche Themen auf der öffentlichen Agenda von Relevanz sind, welches Thema in Zukunft wahrscheinlich eine Rolle spielt, wie das spezifische Innovationsthema an die existierenden Anliegen der Stakeholder angeschlossen werden kann oder ob möglicherweise eine eigene Agenda zu setzen ist (vgl. Fink 2009: 220f):

> „Der kommunikative Wert einer Erfindung oder Neuerung für die Unternehmenskommunikation zeigt sich erst dann, wenn sie mit den Themeninteressen der Stakeholder und der Agenda der Massenmedien abgeglichen wird. Deckt sich das Thema mit externen Entwicklungen oder lässt es sich aktiv auf die Agenda setzen, so kommt es als Gegenstand für die Innovationskommunikation infrage" (Huck-Sandhu 2009: 197).

Darüber hinaus gilt es selbstverständlich während und nach der Markteinführung der Innovation, das Unternehmensumfeld zu analysieren. Innovationen bieten Unternehmen die Chance, eine Themen- und Meinungsführerschaft in Bezug auf eine Innovation aufzubauen und sich als Innovator in der Öffentlichkeit zu positionieren. Gleichzeitig bedeutet dieser Umstand jedoch auch, dass bei Schwierigkeiten und Problemen der Name des Unternehmens als erstes zitiert wird (vgl. Fink 2009: 222).

Ebenso liefert der externe Themen-Input aus Politik, Gesellschaft, Wissenschaft und Wirtschaft Erkenntnisse für die Innovationsprozesse in einem Unternehmen (vgl. Huck-Sandhu 2009: 197). Kommunikatoren haben folglich auch die Rolle des Trendscouts und des Monitoring-Experten inne (vgl. Zerfaß/Ernst 2008: 34). Die Medienberichterstattung, Industrieanalysen, Managementberatungen, Markt- oder Zukunftsforschungen können wichtige Denkanstöße für die (Weiter-)Entwicklung von neuen Ideen und Innovationen sein (vgl. Fink 2009: 221). Gerade das Internet eröffnet neue Möglichkeiten, externe Informationsquellen für Innovationen zu erschließen. Für die Suche nach Innovationsinspirationen im Internet eignet sich neben der Benutzung von gängigen Suchmaschinen beispielsweise auch das Innovation Mining, ein Rechercheprozess, der sowohl die Unterstützung des Suchenden durch Domänenwissen, die automatische Identifikation von Experten zu einem Themengebiet oder das computerunter-

---

46 In diesem Kontext wird in der Literatur auch häufig die Verbindung zum Framing-Konzept hergestellt. In der Medienwirkungsforschung versteht man unter Framing einen Effekt, der ähnlich zum Agenda-Setting beschreibt, wie Rezipienten über Themen und Objekte denken. Dabei stehen aber nicht vorrangig die Aspekte der Themenwichtigkeit im Vordergrund, sondern vielmehr die Schaffung von Bezugsrahmen, in die Themen eingebettet und vor deren Hintergrund Themen von den Rezipienten interpretiert werden (vgl. Schenk 2007: 438 f).

stützte Aufspüren neuer Trends, Technologien und innovativer Ideen umfasst (vgl. Fraunhofer IAO 2010b).

Das dargestellte Themenmonitoring als Erfolgsfaktor für die Innovationskommunikation bildet auch die Grundlage für das darauf aufbauende Themen- und Issues Management. Dieses versucht als proaktives Früherkennungssystem das Unternehmensumfeld in den Handlungsraum des jeweiligen Unternehmens zu integrieren. Ziel dieser speziellen Disziplin des Kommunikationsmanagements ist es, Issues frühzeitig zu erkennen, zu analysieren und gegebenenfalls durch aktive Maßnahmen zu beeinflussen und somit Gefahren für den Unternehmenserfolg abzumindern (vgl. Köppl 2000: 71; Ingenhoff/Röttger 2006: 321; Mast 2006: 106; Issues Management Gesellschaft Deutschland e. V. 2007; Wiedemann/Ries 2007: 285 f).

Zusammenfassend lässt sich also sagen, dass über den gesamten Innovationsprozess hinweg, von der Ideensammlung bis hin zur Markteinführung und Marktverbreitung von Innovationen, die Themen und Meinungen relevanter Stakeholder kontinuierlich analysiert werden müssen und mittels Issues Management systematische und effektive Lösungsvorschläge für den Umgang mit konkurrierenden internen und externen Stakeholdern erarbeitet werden müssen (vgl. Mast 2006: 113).

3.1.2 Detaillierte Stakeholderanalyse

In diesem Kapitel soll nun der Fokus auf die Stakeholder der Innovationskommunikation (zur Definition von Stakeholdern siehe Kapitel 2.4.1) gerichtet werden. Dabei sollen zunächst die wichtigen Anspruchsgruppen eines Unternehmens identifiziert werden. Im nächsten Schritt wird dann das unterschiedlich hohe Beeinflussungspotenzial der jeweiligen Stakeholdergruppen untersucht.

3.1.2.1 Identifizierung relevanter Stakeholder

Die Innovationskommunikation hat – wie bereits mehrfach erwähnt – die Aufgabe, die Innovation von der ersten Idee über die Entwicklung und Marktvorbereitung bis hin zur Einführung im Markt gegenüber situativ betroffenen Stakeholdern zu erklären. Dabei ist es während aller Innovationsphasen wichtig, die relevanten Stakeholder und deren Anliegen genau zu identifizieren und frühzeitig vertrauensvolle Beziehungen aufzubauen (vgl. Zerfaß 2004a: 19; Mast 2006: 138). Abbildung 27 macht deutlich, wie stark sich die Interessen der unterschiedlichen Stakeholdergruppen unterscheiden können. So können Innovationen z. B. die Mitarbeiter eines Unternehmens, die evtl. um ihre soziale Sicherheit bangen, beeinflussen, oder Kunden, die aufgrund des nicht nachvollziehbaren Nutzens einer Innovation zur Konkurrenz wechseln, oder auch den Staat, der für die notwendigen Rahmenbedingungen aufkommen muss.

Abbildung 27: Wichtige Anspruchsgruppen und ihre Interessen

Anspruchsgruppe	Interessen (Ziele)
A. Unternehmensinterne Anspruchsgruppen	
1. Eigentümer	- Einkommen - Erhaltung, Verzinsung, Wertsteigerung des investierten Kapitals - Selbstständigkeit/Entscheidungsautonomie
2. Management	- Macht, Einfluss, Prestige - Entfaltung eigener Ideen und Fähigkeiten
3. Mitarbeiter	- Einkommen - Soziale Sicherheit - Sinnvolle Betätigung, Entfaltung der eigenen Fähigkeiten - Zwischenmenschliche Kontakte (Gruppenzugehörigkeit) - Status, Anerkennung, Prestige
B. Unternehmensexterne Anspruchsgruppen	
1. Fremdkapitalgeber	- Sichere Kapitalanlage - Befriedigende Verzinsung - Vermögenszuwachs
2. Lieferanten	- Stabile Liefermöglichkeiten - Günstige Konditionen - Zahlungsfähigkeit der Abnehmer
3. Kunden	- Möglichst hohe Produktqualität - Günstige Preise (Preis/Leistungsverhältnis) - Adäquate Serviceleistungen
4. Konkurrenten	- Einhaltung fairer Grundsätze und Spielregeln der Marktkonkurrenz - Kooperation auf branchenpolitischer Ebene
5. Staat und Gesellschaft	- Steuerzahlungen - Sicherung der Arbeitsplätze - Sozialleistungen - Positive Beiträge an die Infrastruktur - Einhaltung von Rechtsvorschriften und Normen - Teilnahme an der politischen Willensbildung - Beträge an kulturelle, wissenschaftliche Bildungsinstitute - Erhaltung einer lebenswerten Umwelt

Quelle: Hofbauer et al. 2009: 93

Gleichzeitig wird deutlich, wie wichtig es ist, die jeweiligen Anliegen der Stakeholder gerade in der Strategie der Innovationskommunikation zu berücksichtigen und Themen/Issues folglich stakeholderorientiert zu kommunizieren. Es gilt zu ermitteln, was die relevanten Stakeholder über die Innovation wissen oder denken, inwieweit bzw. wie stark sie von der Innovation betroffen sind, welche Informationen bei der jeweiligen Innovation in ihren Augen von Bedeutung sind und woher sie Informationen über die Innovation beziehen (vgl. Mast 2006: 138; Fink 2009: 220; Zerfaß/Huck 2007b: 855):

> „Um eine Innovation erfolgreich vermitteln zu können, sollte eine Innovation immer mit den Augen der Zielgruppen gesehen werden. Zugleich geht es darum, Zielgruppen – wie immer im Rahmen der Kommunikation – klar zu segmentieren, so dass deren Erwartungen und Einstellungen berücksichtigt werden können" (Mast/Huck/Zerfaß 2006: 131).

In diesem Zusammenhang ist der Fokus auch auf soziale Faktoren zu richten, denn der Nutzen einer Innovation wird erst durch die handelnden Subjekte in der sozialen Praxis definiert (in diesem Kontext siehe auch Kapitel 2.1.3 Innovationssubjekt). Folglich sind Innovationen zunächst abstrakte Regeln und Ressourcen, die verschiedenen Nutzern und Bezugsgruppen zur Verfügung gestellt werden. Im konkreten Handlungsvollzug werden Innovationen aktualisiert und gegebenenfalls neu definiert, da unterschiedliche Bezugsgruppen Innovationen unterschiedlich anwenden (vgl. Zerfaß 2004a: 15; Zerfaß 2005b: 23 f; Zerfaß 2009: 23). Aufgabe der Innovationskommunikation muss es also sein, die Bedeutungsvermittlung einer Innovation im Sinne des Unternehmenszieles auf gesellschaftlicher Ebene mitzugestalten. Ein Blick in die Unternehmenspraxis zeigt, dass sich die Innovationskommunikation vor allem auf Kunden, Fachjournalisten und Mitarbeiter konzentriert (siehe Abbildung 28).

Abbildung 28: Wichtigste Zielgruppen der Innovationskommunikation aus Unternehmenssicht

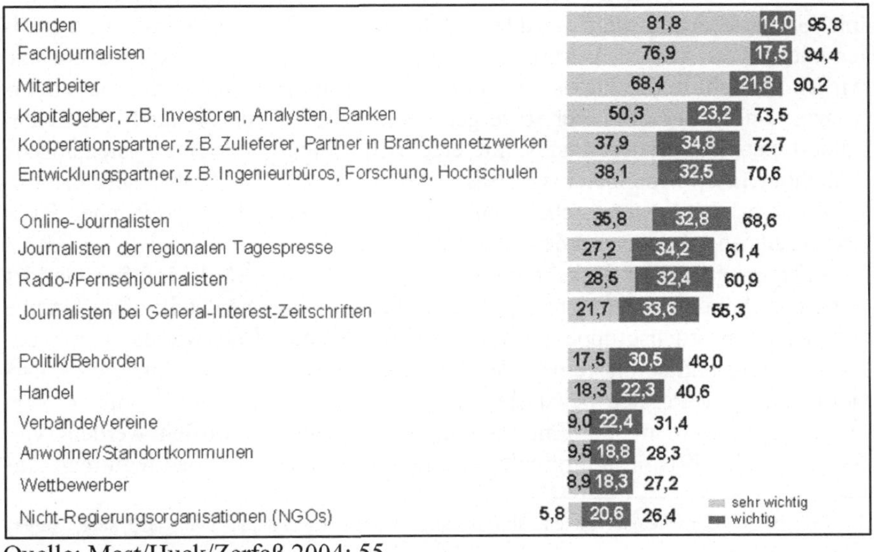

Quelle: Mast/Huck/Zerfaß 2004: 55

Dieses Ergebnis darf jedoch nicht zu dem Trugschluss führen, dass die Kommunikation mit den übrigen Stakeholdern vernachlässigt werden darf (vgl. Kupczyk 2007: 93). Vielmehr ist dies wiederum ein Beleg dafür, dass ein maßgeschneidertes Kommunikationsprogramm für die kaum fokussierten Zielgruppen entwickelt werden muss. Darüber hinaus zeigen die Erkenntnisse aus Kapitel 2.1, dass die von Innovation zu Innovation verschiedenen Dimensionen (Innovationsobjekt, Innovationsprozess, Innovationswiderstände, Innovationsgrad etc.) das Maß der Betroffenheit der Stakeholder beeinflussen. Somit variiert auch die Bedeutsamkeit der jeweiligen Stakeholdergruppe. Stehen beispielsweise bei einer Einführung einer Produktinnovation am Markt vor allem die Kunden und deren Bedürfnisse an erster Stelle, sind bei unternehmensinternen Prozessinnovationen hingegen ausschließlich Mitarbeiter oder Zulieferer betroffen. Auf diese situativen Umstände muss die Innovationskommunikation bei der Stakeholderansprache dementsprechend eingehen. Neben dem Grad der Betroffenheit gilt es selbstverständlich auch das Beeinflussungspotenzial der jeweiligen Stakeholdergruppe zu beachten (vgl. Mast 2006: 138).

3.1.2.2 Klassifizierung des Beeinflussungspotenzials der relevanten Stakeholder

Beim Aufbau der Kommunikationsstrategie für eine bestimmte Innovation sollte im Vorfeld stets analysiert werden, welche Stakeholder eine Bedrohung darstellen und welche Anspruchsgruppen bei der Einführung der Neuheit unterstützend wirken können. In der Praxis wird in diesem Zusammenhang häufig die Vierer-Matrix von Savage et al. zur Hilfe genommen, die vier unterschiedliche Stakeholdertypen klassifiziert und somit eine Hilfestellung für eine systematische Stakeholderansprache bietet (vgl. Savage et al. 1991).[47] Die Matrix soll nachfolgend dargestellt werden (siehe Abbildung 29), da sie auch im politischen Kontext bereits angewendet wurde (siehe Kapitel 4.1.2.2).

Die erste der vier Stakeholdergruppen nach Savage et al. sind Stakeholder mit einem hohen Unterstützungspotenzial. Für Unternehmen stellt diese Gruppe die ideale Anspruchsgruppe dar, da diese die gleichen Ziele wie das Unternehmen anstrebt und somit keine Bedrohung für den Erfolg einer Innovation darstellt. Vielmehr können bei dieser Art von Stakeholdern auch Kooperationen eingegangen werden oder Entscheidungen zusammen getroffen werden (vgl. Savage et al. 1991: 65).Marginale Stakeholder haben zwar einen legitimen An-

---

47 Weitere Analyseschemata bieten zum Beispiel Mitchel/Agle/Wood 1997: 853-886; Müller-Stevens/Lechner 2005: 179 f oder Gröner/Zapf 1998: 55 f.

spruch an das Unternehmen, sie haben jedoch ein geringes Bedrohungs- oder Unterstützungspotenzial. Die Einordnung in diese Stakeholdergruppe (bzw. die generelle Einteilung in die vier Stakeholdergruppen) darf jedoch nicht als konstant bzw. starr betrachtet werden. Oftmals können sich gerade marginale Stakeholder durch ein bestimmtes Ereignis zu unterstützenden oder auch nicht-unterstützenden Stakeholdern entwickeln. Daher gilt es für die Kommunikatoren, auch diese Gruppe im Auge zu behalten (vgl. Savage et al. 1991: 66).

Abbildung 29: Das Analyseschema von Savage et al.

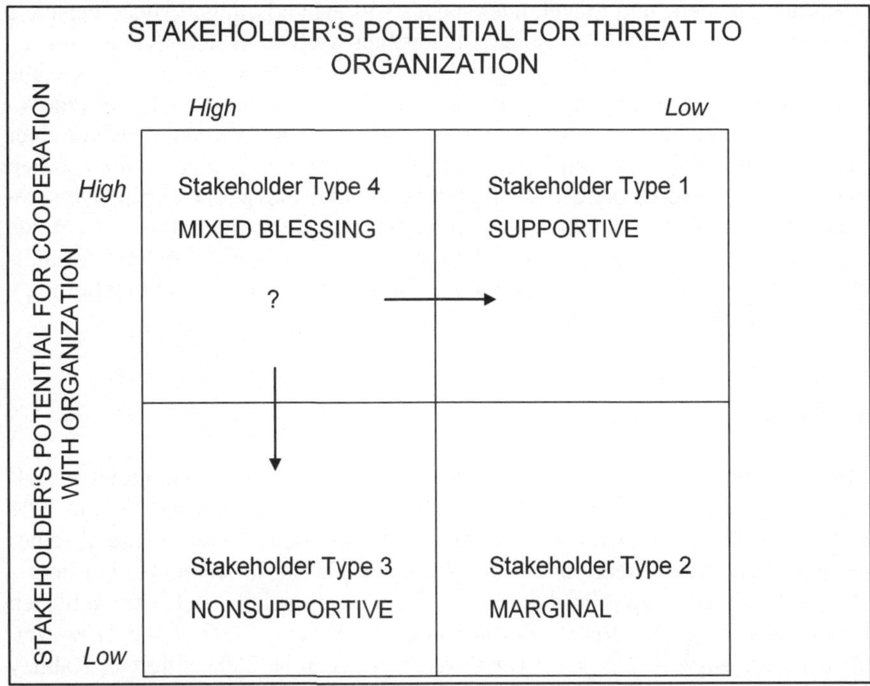

Quelle: Savage et al. 1991: 65

Nicht-unterstützende Stakeholder weisen ein hohes Bedrohungspotenzial für ein Unternehmen auf und sind nicht an Kooperationen oder sonstigen Einbindungen interessiert. Kommunikationsverantwortliche eines Unternehmens müssen sich folglich bei dieser Gruppe mit dem Aufbau von guten Argumenten bzw. Verteidigungsstrategien wappnen (vgl. Savage et al. 1991: 66). Als letzten Typ bestimmen Savage et al. die gemischten Stakeholder („mixed blessing"), die sowohl ein hohes Unterstützungspotenzial als auch ein hohes Bedrohungspotenzial besitzen. Bei diesem Typ von Stakeholder – darauf weisen die Fragezeichen bzw. Pfeile in der Abbildung hin – kann die Unterstützung für das Unternehmen steigen, aber auch fallen. Ein Unternehmen tut gut daran, sich um diesen besonderen Typ von Stakeholder intensiv zu kümmern bzw. mit diesem zusammenzuarbeiten (vgl. Savage et al. 1991: 67).

3.1.3 Best Practices bzw. Worst Practices als Orientierungsstütze

Nach der Themen- und Stakeholderanalyse soll anhand einiger Musterbeispiele die bisherige Kommunikationspraxis beleuchtet werden. Welche Kommunikationswege wurden in der Vergangenheit bei Innovationen eingesetzt? Welche Erfahrungen wurden gemacht? (vgl. Mast 2006: 144). Anhand konkreter Innovationen aus unterschiedlichsten Bereichen soll aufgezeigt werden, welche Fehler bei der Kommunikation von Innovationen unbedingt vermieden werden sollten bzw. welche Faktoren bei der Kommunikation von Innovationen erfolgsversprechend sind. Selbstverständlich können diese Beispiele nicht das vollständige Spektrum an Erfolgsfaktoren abdecken, sie dienen vielmehr zur Veranschaulichung der theoretischen Vorüberlegungen sowie zur punktuellen Orientierungsstütze für das Erstellen einer Kommunikationsstrategie.

3.1.3.1 Das Apple iPhone

Ein Musterbeispiel, wie die Kommunikation bei Innovationen erfolgreich gestaltet werden kann, stellt die Einführung des iPhones der Firma Apple dar. 2007 wurde das iPhone erstmals der Öffentlichkeit vorgestellt. Es gilt heute als eines der meistverkauften Smartphones der Welt. Der Erfolg dieser Innovation liegt – wie bei anderen Apple-Produkten – in einer originellen, nutzerfreundlichen Kombination (vgl. Mast/Huck/Zerfaß 2006: 71; Kahney 2008: 174): *„Kreativität bedeutet einfach, Dinge zu verbinden"* (Steve Jobs 2004 zitiert in Kahney 2008: 174). 2004 verfügten die meisten Haushalte zwar über ein Mobiltelefon, jedoch wies dieses in der Regel keinen Internetanschluss auf. Die Idee von Steve Jobs, damaliger CEO von Apple, war folglich, mobile Internet-Dienste anzubieten, mit denen man komfortabel via Handy im Internet surfen kann. Es handelte sich bei dieser Idee also um keine technische Weltneuheit, sondern lediglich um eine neue Kombination aus Telefonieren und Internet-Surfen. Zwar boten andere Anbieter wie z. B. Nokia vor dem Apple iPhone ähnliche Produkte an, diese wiesen jedoch kleine Bildschirme, winzige Tastaturen und schlechte Akkulaufzeiten auf. Dieses Manko griff Steve Jobs auf, indem er auf eine benutzerfreundliche Bedienung und kreatives Design setzte (vgl. Mast/Huck/Zerfaß 2006: 71; Menn 2010: 1 ff).

> „The iPhone is pretty [...] one of Jobs' basic insights about technology is that good design is actually as important as good technology. All the cool features in the world won't do you any good unless you can figure out how to use said features, and feel smart and attractive while doing it" (Grossman 2007).

Über anfängliche technische Schwierigkeiten wurde großzügig hinweggesehen. Wichtiger schien es für die jüngeren Generationen, Teil dieses Lifestyles zu sein (vgl. Mast/Huck/Zerfaß 2006: 71; Menn 2010: 1 f; Maisch/Meckel 2009: 46). Darüber hinaus schaffte es Steve Jobs durch eine starke CEO-Kommunikation und durch das professionelle Schüren von Gerüchten, Neugierde bereits vor der Produkteinführung zu erzeugen und somit eine beispiellose Aufmerksamkeit im umkämpften Wettbewerb zu erhalten (vgl. Mast/Huck/Zerfaß 2006: 71; Maisch/Meckel 2009: 43). So pilgerten *„die Technik-Fans zu ihm wie einst die Gläubigen zum Christkind"* (vgl. Menn 2010: 1). Schließlich muss jedoch auch konstatiert werden, dass bei diesem Produkt die Herausforderungen an die Innovationskommunikation relativ gering waren, wie Abbildung 30 veranschaulicht. Das iPhone verfügt über diejenigen Innovationscharakteristika (siehe Kapitel 2.2.3), die generell stark akzeptanzfördernd sind.

Abbildung 30: Übertragung der Innovationsmerkmale auf das Apple iPhone

Komplexität	Das Produkt zeichnet sich durch seine hohe Benutzerfreundlichkeit aus, der technisch hochkomplexe Aufbau ist zweitrangig.
Neuartigkeit	Die Neugier auf das Produkt überwiegt, da es sich um eine neue Kombination zweier bekannter Medien handelt. Die Folgen sind für den Kunden abschätzbar.
Abstraktionsgrad	Der konkrete Nutzen ist sofort ersichtlich und erfahrbar. Der Abstraktionsgrad ist gering. Neben den relativ hohen Kosten spielen jedoch auch das soziale Prestige und der Komfort eine erhebliche Rolle.
Anschlussfähigkeit	Smartphones existierten bereits vor dem iPhone. Beispiele waren folglich bereits vorhanden. Die Anschlussfähigkeit ist sehr groß.
Veränderungspotenzial für die Organisation	Mitarbeiterinnen und Mitarbeiter setzen sich für das Produkt gemeinsam ein, da es keine Gefahr für sie in Bezug auf Arbeitsplatzverlust darstellt. Das Veränderungspotenzial für die Organisation ist somit gering.
Unsicherheit	Die Innovation wurde glaubwürdig vermittelt, da sich die Ankündigungen mit der Einführung des Produkts halten lassen konnten. Die Vorteile wurden rechtzeitig an die Stakeholder vermittelt und von diesen auch als Vorteile wahrgenommen.

3.1.3.2 Der Mikrowellenherd

Als ein weiteres lehrreiches Beispiel aus der Vergangenheit kann die erfolgreiche Einführung des Mikrowellenherds in den 1960er Jahren betrachtet werden.

Im Gegensatz zum iPhone handelt es sich nicht um eine Kombination zweier bereits vorhandenen Medien, sondern tatsächlich um eine nie zuvor dagewesene Methode Speisen aufzuwärmen. Die Neuheit beruht auf der Absorption von Mikrowellen. Elektromagnetische Feldenergie wird in Wärmeenergie umgewandelt. Wurde die von der Rüstungsfirma Rytheon eingeführte Innovation in den 1940er Jahren von den Privathaushalten noch nicht akzeptiert, setzte sie sich ab den 1960er Jahren erfolgreich durch. Zum einen wurde sie in den Sechzigern in einer kleineren, praktischeren und günstigeren Form angeboten, zum anderen hatte sich auch die Gesellschaft zu diesem Zeitpunkt grundlegend verändert. Es entstanden zunehmend Singlehaushalte und Doppelverdiener mit Kindern, die den Nutzen dieser schnellen Aufwärmmethode erkannten (vgl. Bauer 2004a). Die Inkongruenz zu bestehenden Kochgewohnheiten und der Lernaufwand in Bezug auf den Kochablauf wurden als einzigartiger Nutzen von dieser Zielgruppe wahrgenommen (vgl. Binsack 2003: 27). Darüber hinaus ist interessant, dass sich der Mikrowellenherd in Deutschland, USA und Großbritannien bis zum heutigen Zeitpunkt weitaus besser verkauft hat als in Frankreich oder Italien, was vermutlich an der anspruchsvollen Esskultur liegt (vgl. Bauer 2004b). Bei diesem Produkt zeigt sich sehr anschaulich, wie wichtig es für die Innovationskommunikation ist, den Nutzwert einer Neuheit stakeholderorientiert zu kommunizieren. Dabei müssen spezifische soziale Gegebenheiten, der geografische Raum sowie das Akzeptanzverhalten der Kunden vorab sorgfältig analysiert werden (vgl. Bauer 2006: 14). Analog zum iPhone sollen anhand von Abbildung 31 auch die grundlegenden Innovationsmerkmale (siehe Kapitel 2.2.3) auf den Mikrowellenherd angewendet werden, um die Herausforderungen an die Innovationskommunikation bei diesem Produkt besser einschätzen zu können.

Abbildung 31: Übertragung der Innovationsmerkmale auf den Mikrowellenherd

Komplexität	Nicht die neue technische Funktionalität, sondern der Nutzen steht im Vordergrund. Die Innovation ist einfach zu bedienen. Die Komplexität der Neuheit ist gering.
Neuartigkeit	Zwar ist die Funktionalität ganz und gar neu, jedoch sind bei diesem Gerät keine unvorhersehbaren Konsequenzen zu erwarten, so dass die Neugierde überwiegt.
Abstraktionsgrad	Der Nutzen ist für eine bestimmte Zielgruppe in einem bestimmten kulturellen Raum ersichtlich. Der Abstraktionsgrad ist gering. Komfort, Zeiteinsparung sowie geringe Kosten stellen Vorteile dar. Die Innovation lässt sich gut vermitteln.
Anschlussfähigkeit	Die Anschlussfähigkeit ist relativ hoch, da der Mikrowellenherd lediglich ein weiteres Küchengerät darstellt, das Kochen effektiver macht. Das Produkt wird in einem für den Nutzer bekannten Themenfeld verortet.
Veränderungspotenzial für die Organisation	Das Veränderungspotenzial für die Organisation ist eher gering, da Innovation keine Gefahr darstellt, sondern Vorteile (z. B. Ergebnisbeteiligung bei Gewinnen) verspricht.
Unsicherheit	In den 1940er Jahren wurde der Wert aufgrund der damaligen gesellschaftlichen Struktur von den Kunden nicht erkannt. Erst in den 1960er Jahren konnten die Vorteile auf eine offene Kundengruppe stoßen. Eine Berücksichtigung gesellschaftlicher Trends ist ein unbedingtes Muss für die Innovationskommunikation.

3.1.3.3 Das Klonschaf Dolly

Die Gentechnologie wird als eines der wichtigsten Wachstumsfelder dieses Jahrhunderts betrachtet. Auf der Ebene der Technologieentwicklung vollziehen sich radikale, bahnbrechende Innovationen. Lediglich bei der Kommunikation dieser Innovationen wurden in der Vergangenheit erhebliche Fehler begangen. Da die Genforschung gesellschaftlich höchst umstritten ist und diffuse Ängste über genmanipulierte Produkte bzw. geklonte Lebewesen existieren, bedarf es umso mehr einer professionellen, aufklärenden Kommunikation (vgl. Machnig/Mikfeld 2003: 15).

Dies zeigt beispielsweise auch die Kommunikation hinsichtlich des ersten Klonschafes Dolly 1996. Wurde diese Innovation von den Forschern des schottischen Roslin-Instituts als bahnbrechender Erfolg betrachtet, waren die Bestürzung und die Angst vor einem widernatürlichen und unbekannten Wesen in der Gesellschaft enorm. Ethische Fragen dominierten die Diskussionen in der (medialen) Öffentlichkeit. Der eigentliche Nutzen des Schafes wurde vergessen. Dolly entstand ursprünglich, um ein lebenswichtiges Eiweiß herzustellen, mit dem die Stoffwechselkrankheit Cystische Fibrose behandelt werden sollte. Erst später entwickelte die Presseabteilung des Roslin-Instituts darauf aufbauend eine Kommunikationsstrategie und stellte die Heilung der Krankheit bzw. die Gesundheit in den Mittelpunkt (vgl. Zerfaß/Sandhu/Huck 2004b: 56).

Abbildung 32: Übertragung der Innovationsmerkmale auf das Klonschaf Dolly

Komplexität	Die gentechnische Innovation ist für Laien nur schwer vermittelbar. Der Nutzen ist nur für eine kleine Zielgruppe (an Cystischer Fibrose erkrankte Menschen) ersichtlich. Die Komplexität ist enorm hoch.
Neuartigkeit	Der Neuigkeitsgrad ist bei einem ersten geklonten Lebenswesen absolut hoch. Ängste vor dem Unbekannten sowie möglich negative Folgen für die Zukunft eines jeden Einzelnen dominieren. Die Bevölkerung kann nicht auf individuelle Erfahrungen oder entsprechende Verarbeitungsschemata zurückgreifen.
Abstraktionsgrad	Der Abstraktionsgrad ist hoch. Es fehlen Beispiele. Der konkrete Nutzen ist nicht ersichtlich. Die Innovation erzeugt Angst.
Anschlussfähigkeit	Durch das erstmalige Klonen sind die negativen Folgen nicht vorhersehbar. Es existieren keinerlei Beispiele, die als Anhaltspunkte in der Bevölkerung dienen können.
Veränderungspotenzial für die Organisation	Ethische Gründe blockieren evtl. den Forschungsdrang einiger Mitarbeiter und sorgen für unternehmensinterne Unruhen. Die Motivation ist unterschiedlich stark ausgeprägt.
Unsicherheit	Die Innovation erzeugt eine große Unsicherheit. Da die Folgen des geklonten Schafs nicht absehbar sind, gerät die Innovationskommunikation leicht in eine Glaubwürdigkeitsfalle.

An diesem Beispiel wird offensichtlich, dass der Erfolg einer Innovation bzw. die Bewertung einer Innovation von Stakeholder zu Stakeholder unterschiedlich ist und diese Tatsache bei der Gestaltung der Kommunikation unbedingt berücksichtigt werden muss. Gerade im Bereich der Genforschung sind die Herausforderungen an das Kommunikationsmanagement gewaltig, wie auch Abbildung 32 veranschaulicht, die die Innovationsmerkmale (siehe Kapitel 2.2.3) auf das Beispiel Dolly überträgt.

3.1.3.4   Weitere Beispiele

Weitere Beispiele für die erfolgreiche Vermittlung von Innovationen an eine breite Öffentlichkeit liefern Mast, Huck und Zerfaß (2006). Dabei werden anhand von zehn Fallstudien unterschiedliche Erfolgsrezepte herausgearbeitet. Auch in den Herausgeberbänden von Zerfaß und Möslein (2009) oder Mast und Zerfaß (2005) werden verschiedene Beispiele aufgeführt, die sich in der Unternehmenspraxis bewährt haben.[48] Eine gegensätzliche, aber dennoch hilfreiche Herangehensweise für die Gestaltung einer erfolgreichen Innovationskommunikation verfolgt Bauer, der sich den Innovationen widmet, die gescheitert sind. So zeigt er die Gründe für misslungene Innovationen (wie z. B. das Plastikfahrrad) auf und gibt damit gleichzeitig Anhaltspunkte für die bestehenden Herausforderungen für die Innovationskommunikation (vgl. Bauer 2006). Auf die allgemeinen Chancen und Herausforderungen der Innovationskommunikation soll nun intensiver eingegangen werden.

3.1.4   Chancen und Herausforderungen der Innovationskommunikation

Was sind die generellen Chancen oder Herausforderungen der Innovationskommunikation? Um diese Frage zu beantworten, wird nachfolgend auf die dargestellten Innovationscharakteristika aus dem vorigen Kapitel sowie aus Kapitel 2.3.3 zurückgegriffen. Die Komplexität, die Neuartigkeit, der hohe Abstraktionsgrad, die geringe Anschlussfähigkeit, das Veränderungspotenzial innerhalb von Unternehmen sowie der unsichere Nutzen einer Innovation sind Aspekte, die die Innovationskommunikation generell bei jeder zu kommunizierenden

---

48 Siehe hierzu Brecht 2009: 307-320; Eberl 2009: 321-332; Waldmann 2009: 333-344; Steinhoff 2009: 345-354; Bungart/Köhler 2009: 355-366; Helfrich 2009: 367-378; Roschek 2009: 379-390; Erler/Rieger/Füller 2009: 391-402; Schläffer 2009: 403-416; Rautter 2005: 70-74; Frontzek 2005: 75-81; Schweinbenz 2005: 82-85; Morwind/Koppenhöfer/Nüßler 2005: 86-97; Ott 2005: 98-104; Hambücher 2005: 105-113; Lindlar 2005: 114-121; Claasen 2005: 122-130; Eberl 2005: 131-137; Miller 2005: 138-144; Haas/Haas 2005: 145-152; Menasse 2005: 153-161; Gerdemann 2005: 162-168; Arend 2005: 169-178; Bihler/Lindberg 2005: 179-187.

Innovation in der Analysephase berücksichtigen muss und die sowohl Chancen als auch Herausforderungen darstellen (siehe Abbildung 33).

Abbildung 33: Chancen und Herausforderungen der Innovationskommunikation

Herausforderungen	Chancen
Angst vor Neuem: Zurückhaltung oder Ängste der Stakeholder	**Veröffentlichkeitschance:** Neuigkeitscharakter als Nachrichtenwert
Mangelnde Anschlussfähigkeit: Kein Referenzrahmen, fehlende Nähe zu Leitthemen	**Positionierungschance:** Innovation gilt als Weg aus der Krise und Wachstumsmotor
Hoher Abstraktionsgrad: Komplexität, verständliche Beispiele und Bilder fehlen häufig	**Kommunikationsanlass:** Innovation als Möglichkeit, von sich reden zu machen

Quelle: Zerfaß 2004a: 19

Die Vermittlung von Innovationen beinhaltet auf der einen Seite Risiken, denn oftmals fehlt Stakeholdern aufgrund der mangelnden Anschlussfähigkeit an bisherige Themen der Referenzrahmen zur Einordnung der Innovation. Die Neuartigkeit kann darüber hinaus die Identifikation mit den neuen Produkten hemmen und zu Zurückhaltung, Skepsis oder Angst vor negativen Folgen führen (siehe z. B. den Fall des Genschafes Dolly). Bei Innovationen mit hohem Abstraktionsgrad besteht darüber hinaus die Gefahr, dass Innovationen von den relevanten Stakeholdern nicht verstanden werden (vgl. Zerfaß 2004a: 19 f; Zerfaß/Sandhu/Huck 2004a: 10f; Zerfaß/Sandhu/Huck 2004b: 56; Zerfaß 2005a: 14 f; Zerfaß 2005b: 28 f).

Auf der anderen Seite bieten Innovationen auch vielfältige Chancen, da der Begriff Innovation im Grunde positiv konnotiert ist. So wird der Terminus häufig mit Begriffen wie Aufbruch, Neuland, Entdeckung und mit Losungen wie „Innovation als Lebenselixier", „Motor für Wachstum", „Gestaltung der Zukunft" (vgl. Zerfaß 2004a: 209) in Verbindung gebracht. Folglich gilt es für Kommunikationsmanager, diese positive Grundstimmung strategisch und operativ zu nutzen, um neue Produkte, Prozesse oder Dienstleistungen erfolgreich zu positionieren. Ziel muss es sein, eine positive Beurteilung der Innovation zu erreichen und damit einhergehend das Unternehmen in ein innovatives Licht zu rücken. Kommunikationsmanager müssen die spezifischen Risiken von Innovationen genau kennen und die Vorteile der neuen Produkte etc. zielführend für die Kommunikation nutzen (vgl. Zerfaß 2004a: 19 f; Zerfaß/Sandhu/Huck 2004a: 10f; Zerfaß/Sandhu/Huck 2004b: 56; Zerfaß 2005a: 14 f; Zerfaß 2005b: 28 f).

3.2 Planungsphase der Innovationskommunikation

Nach der ausführlichen Situationsanalyse erfolgt nun die Planung der Innovationskommunikation. Folglich wird der Fokus auf die anzustrebenden Ziele der Innovationskommunikation, die strukturellen und organisatorischen Rahmenbedingungen, die Kompetenzen der Kommunikatoren sowie auf die Inhalte und Botschaften der Innovationskommunikation gerichtet. Anschließend wird das richtige Timing betrachtet und der Stellenwert von Kommunikationskampagnen (Campaigning) in der Innovationskommunikation diskutiert.

3.2.1 Identifizierung und Ausarbeitung von Zielen der Innovationskommunikation

Mittels Innovationen verfolgen Unternehmen das Ziel, die Zukunft des Unternehmens durch neue und bessere Produkte, Prozesse oder Dienstleistungen und schnelleren Return-on-Investment zu sichern (vgl. Fink 2009: 212). Innovationen tragen zur Wettbewerbsfähigkeit und Profitabilitätssteigerung bei (vgl. Arthur D. Little 2006), was gesamtwirtschaftliches Wachstum und Arbeitsplätze garantiert. Um dem Prinzip der integrierten Vorgehensweise treu zu bleiben und einen schlüssigen Kommunikationsaufbau gewährleisten zu können, sollten sich die Ziele der Innovationskommunikation als Teil der Unternehmenskommunikation (siehe Kapitel 1.3) an den grundlegenden Unternehmenszielen orientieren: *„Vorgaben für die Formulierung der Kommunikationsziele sind stets die allgemeinen Unternehmensziele"* (Mast 2006: 147). Wie in Kapitel 2.2.1 bereits festgelegt, wird Innovationskommunikation als *„systematisch geplante, durchgeführte und evaluierte Kommunikation von Innovationen"* betrachtet *„mit dem Ziel, Verständnis für und Vertrauen in die Innovation zu schaffen und die dahinter stehende Organisation als Innovator zu positionieren"* (Zerfaß/Sandhu/Huck 2004b: 56). Ausgehend von dieser Definition lassen sich bei einer ganzheitlichen Betrachtung der Innovationskommunikation, die von der Ideengenerierung bis hin zur Markteinführung und Verbreitung von Innovationen reicht, sechs grundsätzliche Zieldimensionen identifizieren (vgl. Fink 2009: 212), die es dann je nach Situation und Stakeholdergruppe später auszuarbeiten gilt.

Förderung der internen Innovationsfähigkeit:
Zunächst ist es wichtig, die interne Innovationskommunikation zu betrachten. Ziel muss es sein, die Entstehung von Innovationen zu fördern. Damit setzt die Innovationskommunikation, wie in Kapitel 2.1.5 detailliert erläutert, direkt beim Menschen an. Vor diesem Hintergrund muss insbesondere die innovationsbezo-

gene Führungskommunikation und die Mitarbeiterkommunikation zur Schaffung einer innovationsfördernden Unternehmenskultur betrachtet werden (vgl. Fink 2009: 212). Führungskräfte sollten so früh wie möglich mit den nötigen Informationen über eine Innovation (Hintergründe, Interpretationsrahmen) versorgt werden, um die richtigen Entscheidungen zu treffen. Auch Mitarbeiterinnen und Mitarbeiter müssen bereits während der Entwicklungsphase einer Innovation eingebunden werden (vgl. Zerfaß/Huck 2007b: 855). So können Innovationswiderstände und Ängste abgebaut (siehe Kapitel 2.1.7) sowie gemeinsame Visionen erarbeitet werden (vgl. Zerfaß 2004a: 23). Ziel der Innovationskommunikation ist es, eine Unternehmenskultur zu etablieren, die von Offenheit, Neugierde und Drang nach mehr Ideen geprägt ist. Mitarbeiter, die sich mit Innovationsthemen identifizieren, werden – wie die Führungsebene – zu Innovationsbotschaftern und unterstützen somit auch die externe Reputation eines Unternehmens (vgl. Zerfaß/Sandhu/Huck 2004: 57; Mast 2009: 271 f; Fink 2009: 212; Zerfaß/Huck 2007b: 855; Mast/Huck/Zerfaß 2006: 131).

Gestaltung innovationsrelevanter Austauschbeziehungen zum Unternehmensumfeld:
Des Weiteren müssen gerade in Zeiten der Open Innovation (siehe Kapitel 2.1.4) bei der Ideengenerierung und auch bei der Entwicklung und Marktvorbereitung von Innovationen innovationsrelevante Austauschbeziehungen zum Unternehmensumfeld aufgebaut und gepflegt werden (vgl. Fink 2009: 212). Je nach Innovationstyp sollte das bestehende Unternehmensnetzwerk zu Zulieferern, Kunden, wissenschaftlichen Institutionen (Universitäten, staatliche Einrichtungen, Forschungszentren) etc. über Veränderungen unterrichtet und für neue Trends sensibilisiert werden. Ziel ist es, Akzeptanz bei den Netzwerkpartnern zu schaffen und darüber hinaus neue Verbündete für Innovationsallianzen zu finden (siehe Kapitel 2.1.8). Durch die Öffnung der Unternehmensgrenzen bzw. durch die Interaktion mit den Partnern ist ein Unternehmen besser in der Lage, sein Innovationspotenzial zu vergrößern (vgl. Fink 2009: 212).

Vorbereitendes Agenda-Setting und Anschlussfähigkeit an bestehende Themen:
Wie sich bei der Analyse von Themen und Meinungen in Kapitel 3.1.1 gezeigt hat, muss die Innovationskommunikation in der Marktvorbereitungsphase das Ziel haben, die mit einer Neuheit verbundenen Themen aktiv zu besetzen und einen Anschluss an bestehende Themen und Meinungen zu gewährleisten. Ein Dialog mit den betroffenen Stakeholdergruppen bereits in der Marktvorbereitung führt zwar eventuell zu kritischen Diskussionen, jedoch besteht auch die Chance, Problemfelder frühzeitig zu identifizieren und eine Eskalation zu vermeiden. Gleichzeitig lassen sich durch den Austausch eventuell wichtige Partner

und Verbündete finden, die die Markteinführung der Innovation unterstützen und in der Gesellschaft als Fürsprecher für die Neuheit agieren (vgl. Fink 2008; Fink 2009: 212).

Einführung und Durchsetzung von Innovationen:
Ein weiteres grundsätzliches Ziel der Innovationskommunikation ist eine möglichst problemlose Einführung und Durchsetzung von Innovationen am Markt und in der Gesellschaft. Abstrakte und komplexe Neuheiten müssen stakeholderorientiert und medienformatgerecht aufbereitet werden. Dabei muss darauf geachtet werden, dass die Innovationen verständlich und erlebbar vermittelt werden. Analog zur Marktvorbereitungsphase gilt es auch in der Phase der Markteinführung, das Agenda-Setting und den Anschluss an den gesellschaftlichen Bezugsrahmen weiter auszubauen, damit den unterschiedlichen Stakeholdern die Einordnung und das Verständnis der Innovationen erleichtert wird (vgl. Fink 2009: 213).

Positionierung als Innovator:
Darüber hinaus zielt die Innovationskommunikation darauf ab, das Unternehmen in der öffentlichen Wahrnehmung als Innovator bzw. als „First Mover" zu positionieren (vgl. Zerfaß/Sandhu/Huck 2004b: 57; Fink 2009: 213). Dabei beeinflussen nicht nur technische Neuerungen das Innovator-Image, sondern auch das innovative Handeln bzw. Verhalten in den Bereichen Gesellschaft, Umwelt und Soziales. Das Thema Nachhaltigkeit gewinnt im Innovationskontext immer mehr an Relevanz. Publikationen von unternehmenseigenen Nachhaltigkeitsberichten, die zukunftsgerichtete Produkte, Prozesse und Projekte in den Mittelpunkt rücken, stellen nur eine Maßnahme zur Reputationssteigerung eines Unternehmens als verantwortungsbewusster Innovator dar. Die Integration eigener Innovationsthemen in den öffentlichen Bezugsrahmen und in die aktuelle und zukunftsgerichtete Themenlandschaft ist auch bei dieser Zieldimension elementar (vgl. Fink 2009: 213).

Mitgestaltung des gesellschaftlichen Innovationsklimas:
Ein eher übergreifendes und nicht mit einer spezifischen Innovation verknüpftes Ziel kann in der Beeinflussung des gesellschaftlichen Innovationsklimas gesehen werden. Vor allem in Zeiten einer behaupteten „Dagegen-Republik" bzw. bei einem „Volk der Widerborste" (vgl. Bartsch et al. 2010) gilt es mehr denn je, durch offene Dialoge und Informationen Widerstände gegen Neues abzubauen sowie ein grundsätzliches Interesse an Veränderungen in der Gesellschaft stärker zu wecken. Die Schaffung von innovationsfördernden Rahmenbedingungen ist die elementare Voraussetzung für ein fruchtbares Innovationsklima (vgl. Fink

2009: 213). Hierbei ist das Engagement aller gesellschaftlichen Interessengruppen gefragt:

> „Die Handlungsfelder der gesellschaftlichen Kommunikation, also Politik, Forschung, Wirtschaft und Medien, müssen besser vernetzt werden. Wenn Innovationen ganzheitlich thematisiert werden, entstehen neue Sichtweisen und vielfältige Perspektiven für gemeinsame Aktivitäten" (Zerfaß/Mast 2005: 1).

3.2.2 Persönliche und fachliche Kompetenzen der Kommunikatoren

Gelungenes Innovationsmanagement braucht geeignete Persönlichkeiten, die das Voranbringen einer Innovation forcieren. In der wissenschaftlichen Literatur wird in diesem Kontext häufig von Promotoren gesprochen, die in unterschiedlichen Rollen auftreten können (vgl. Bullinger/Engel 2006: 119; Witte 1999: 11; Hauschildt/Kirchmann 1999: 91). Nachfolgend sollen die Macht-, Fach-, Prozess- und Beziehungspromotoren des Promotorenmodells präsentiert werden und diesem Kontext das Modell aus einem kommunikationswissenschaftlichen Blickwinkel um die Kommunikationspromotoren – wie dies auch Zerfaß und Huck postulieren (vgl. Zerfaß/Huck 2007a: 112) – erweitert werden.

3.2.2.1 Einbindung von Kommunikationspromotoren im Promotorenmodell

Welche Promotoren wirken nun aktiv auf den Innovationsprozess ein? Der Machtpromotor beeinflusst den Innovationsprozess durch sein hierarchisches und autoritäres Potenzial. Er setzt Ziele und Prioritäten, stellt Ressourcen bereit, blockiert mittels Sanktionsmöglichkeiten Opponenten des Nicht-Wollens und schützt Fachpromotoren (vgl. Bullinger/Engel 2006: 119 f; Witte 1999: 17; Hauschildt/Kirchmann 1999: 91; Müller-Prothmann/Dörr 2009: 22). Der Fachpromotor weist spezifisches Fach- und/oder Methodenwissen auf. Barrieren des Nicht-Wissens werden überwunden, indem er als Lehrender fungiert. Er entwickelt Lösungen, kennt kritische Details und unterstützt Vorhaben durch Fachargumente (vgl. Bullinger/Engel 2006: 120). Der Prozesspromotor kennt die Organisationsstrukturen und organisationsspezifischen Prozesse. Er hilft Barrieren des Nicht-Dürfens zu überwinden und zu beseitigen (vgl. Müller-Prothmann/Dörr 2009: 22). Außerdem steuert er den Innovationsprozess und stellt eine Verbindung zwischen Macht- und Fachpromotor her (vgl. Bullinger/Engel 2006: 120). Der Beziehungspromotor wird vor allem in Zeiten der Open Innovation zunehmend wichtiger. Er verfügt über ein Netzwerk von persönlichen Beziehungen zu wichtigen Akteuren sowie über die Fähigkeit, neue

Netzwerksbeziehungen zu erschließen (vgl. Bullinger/Engel 2006: 120; Gemünden/Walter 1999: 111-132; Walter/Gemünden 1999: 133-158). Er überwindet Barrieren des „Nicht-Voneinander-Wissens", „Nicht-Miteinander-Zusammenarbeiten-Könnens", des „Nicht-Miteinander-Zusammenarbeiten-Wollens" und des „Nicht-Miteinander-Zusammenarbeiten-Dürfens" (vgl. Hauschildt/Salomo 2011: 138).

Da der Erfolg dieser Arbeitsteilung im koordinierten Zusammenspiel der Promotoren liegt und somit auch in einer funktionierenden Kommunikation (vgl. Hauschildt/Salomo 2011: 138, 140), ist es sinnvoll, neben den gerade genannten Promotoren auch Kommunikationspromotoren im Innovationsprozess einzusetzen, die über folgendes Potenzial verfügen sollten:

> „Kommunikations-Promotoren verfügen über die persönliche und mediale Vermittlungskompetenz, um die häufig auftretenden Barrieren des Nicht-Verstehens zu überwinden. Sie kennen die Spielregeln der Bedeutungsvermittlung und Beeinflussung und fokussieren auf die Vorstellungsbilder, die sich mit neuen Ideen, Produkten, Prozessen, Technologien und Geschäftsmodellen verbinden" (Zerfaß/Huck 2007b: 856).

Das sich daraus ergebende Anforderungsprofil für Kommunikationsexperten ist vielfältig und soll im nächsten Kapitel explizit ausgearbeitet werden

3.2.2.2   Anforderungsprofil der Kommunikationspromotoren in der Innovationskommunikation

Welche Anforderungen werden an die Kommunikationspromotoren im Innovationsprozess gestellt? Zerfaß benennt in diesem Zusammenhang grundsätzlich vier Rollen: Expert Publisher, Idea Generator, Commmunication Enabler und Devil's Advocate (vgl. Zerfaß 2009: 45 ff).

In der Rolle des Expert Publishers richtet sich die Innovationskommunikation weitgehend nach den strukturellen Bedingungen der Meinungsbildung und beabsichtigt, bei internen und externen Stakeholdern erfolgversprechende Bedeutungsmuster zu aktualisieren. Ziel ist es, mittels kreativer, zielgruppenspezifischer und medienformatgerechter Aufbereitung von Innovationen, Stakeholder zu beeinflussen sowie ein Image als innovatives Unternehmen herzustellen. Strategien wie beispielsweise das Campaigning oder crossmediale Umsetzungsformen eignen sich hierbei besonders. Die Aufgabe des Idea Generators besteht darin, Können und Wissen von internen und externen Stakeholdern durch Beobachtung des Marktes zu erfassen und kognitive Impulse für die Organisation zu generieren. Der Communication Enabler verändert gezielt die Strukturen eines Unternehmens über potenzielle Neuheiten. Ziel ist es, Interaktionen zwischen Unternehmen und internen bzw. externen Stakeholdern zu fördern, z. B. durch Dialogplattformen. Kognitive Schemata sowie Regeln sollen somit geändert oder neu geschaffen werden. Dabei erweisen sich Strategien wie Framing oder auch Agenda-Setting als sinnvoll. In der Rolle des Devil's Advocate brechen die Kommunikationsverantwortlichen bewusst etablierte Strukturen auf. Sie haben die Aufgabe, den Tunnelblick der Entwickler und Projektmanager zu öffnen und vorgetragene Einwände bzw. Ängste von Stakeholdergruppen in den Entscheidungsprozess zeitgerecht einzubringen. Durch die Ausübung dieser vier Rollen fungieren Kommunikationsverantwortliche als Kommunikationspromotoren und können so den Stellenwert der Kommunikationsfunktion im Innovationsprozess erhöhen bzw. einen aktiven Beitrag zur Innovationsfähigkeit des Unternehmens leisten (vgl. Zerfaß 2009: 49).

3.2.2.3 Unternehmer und Führungskräfte als Innovationsbotschafter

Als Kommunikationspromotoren sollten jedoch nicht nur ausschließlich Mitarbeiter der Kommunikationsabteilung eines Unternehmens agieren. Vielmehr sollten auch die Führungskräfte eines innovativen Unternehmens als Kommunikationspromotor auftreten. Führungskräfte koordinieren Innovationsprozesse sowie Arbeitsabläufe von Mitarbeitern. Gleichzeitig sind sie Botschafter des Unternehmens. Sie übernehmen sowohl im internen als auch im externen Umfeld eine zentrale Verantwortung dafür, wie die Innovationen des Unternehmens wahrgenommen werden und sich in den Köpfen der Menschen einprägen. Führungskräften wird folglich die Aufgabe zuteil, sowohl nach innen als auch nach außen Begeisterung für das Neue zu wecken. Sie sollten Impressionisten und Erzähler sein, die in der Lage sind, den Menschen Innovationen nahe zu bringen (vgl. Zerfaß/Huck 2007b: 856; Deekeling/Arndt 2006: 28 f; Zerfaß 2006: 19).

Im Kontext der Führungskommunikation nimmt vor allem die CEO-Kommunikation bei der erfolgreichen Einführung von Innovationen einen hohen Stellenwert ein (vgl. Fink 2009: 217). In der heutigen Zeit der Mediengesellschaft ist die Personalisierung eine vielfach eingesetzte Strategie, um komplexe und abstrakte Innovationen zu veranschaulichen. Medien brauchen Gesichter, mit denen man die Innovationen verbinden kann (vgl. Mast 2004: 45 f). Galt es früher, ein Unternehmen möglichst still zu führen, muss sich ein CEO heute stärker selbst darstellen (vgl. Deekeling/Arndt 2006: 22, 24). In dieser neuen Rolle hat er die Aufgabe, Kernbotschaften, Werte, Ziele, Visionen und strategische Entscheidungen in die Öffentlichkeit zu tragen, eine Identifikation für relevante Bezugsgruppen zu ermöglichen und Vertrauen herzustellen (vgl. Lies

2008: 386). An den CEO sind im Rahmen der Innovationskommunikation folglich hohe Anforderungen gestellt (vgl. Blumenfeld/Gillenberg 2007: 15). Es ist Aufgabe der Kommunikationsexperten, den CEO bzw. weitere Führungskräfte zu briefen und sie als Kommunikator dementsprechend einzusetzen bzw. ins rechte Licht zu rücken (vgl. Zerfaß/Huck 2007a: 113; Deekeling 2009: 44).

3.2.3 *Adäquate strukturelle und organisatorische Voraussetzungen*

Ein weiterer wichtiger Erfolgsfaktor im Kontext der Planung stellen adäquate organisatorische Voraussetzungen dar: „Ein noch so kompetenter Kommunikationsmanager wird nur dann wirklich Erfolg haben, wenn die organisatorischen Strukturen, die er vorfindet, ihm den Erfolg auch ermöglichen" (Klewes/van der Pütten 2007: 700).

Innovationskommunikation ist nur dann wirkungsvoll, wenn sie bereits in der Entwicklungsphase einer Innovation integriert wird und alle Innovationsstufen bis zum Ende hin begleitet (vgl. Zerfaß/Ernst 2009: 78). Kommunikationsprozesse sind nämlich in allen zeitlichen und inhaltlichen Innovationsphasen vorzufinden (zu den Innovationsphasen vgl. Kapitel 2.1.4). Aus diesem Grund müssen Strukturen und Prozesse einer Organisation so gestaltet sein, dass Kommunikationsexperten zwangsläufig von Anfang an über die stattfindenden Innovationsprozesse informiert werden und sie ihr kommunikatives Fachwissen einbringen können. Wesentliche Voraussetzung ist die Anbindung an die Unternehmensspitze, die durch eine einheitliche Leitung die komplexen Prozesse koordinieren und die Einbindung der Kommunikationsabteilung als wertschöpfende Funktion betrachten sollte (vgl. Klewes/van der Pütten 2007: 700).

Darüber hinaus muss der Innovationsprozess auch so organisiert sein, dass Kommunikationsmanagern genügend zeitlicher Spielraum gegeben wird, die Marktvorbereitung und die Einführung einer Innovation vorzubereiten. Wenn sie sich ein profundes Wissen über die Innovation aneignen können, können sie den Nutzen der Innovation kommunikativ besser aufbereiten und sind auch auf mögliche kritische Fragestellungen und Konsequenzen der Innovation vorbereitet (vgl. Fink 2009: 221). Die Unternehmenspraxis hinkt diesbezüglich noch stark hinterher. So existieren häufig interne Informationsbarrieren (vgl. Mast 2005: 49; Huck 2006: 10). Kommunikationsverantwortliche werden teilweise in der Praxis erst kurz vor der Markteinführung hinzugezogen (vgl. Zerfaß/Ernst 2008: 48). Für eine sorgfältig geplante Umsetzung der Innovationskommunikation ist dies jedoch zu spät und sollte vermieden werden.

Durch die Kontakte zu externen Stakeholdern sind Kommunikationsmanager – wie in der Analysephase deutlich wurde – darüber hinaus in der Lage,

Innovationsmanager über externe Trends, Issues und Erwartungen der betroffenen Stakeholder zu informieren. Regelmäßige Workshops, interdisziplinäre Arbeitsgruppen oder sonstige Wege des strukturierten Informationsaustauschs via E-Mail, Wikis oder Kollaborationsblogs sind nur einige Beispiele, wie eine erfolgreiche Koordination zwischen Innovationsmanagern und Kommunikationsmanagern gestaltet werden kann (vgl. Fink 2009: 216).

3.2.4 Vermittlung von Inhalten und Botschaften

Neben den ausgearbeiteten Zielen und der Erkenntnis, dass ein Unternehmen für eine erfolgreiche Planung der Innovationskommunikation sowohl auf kompetente Kommunikatoren als auch auf innovationsfördernde Unternehmensstrukturen angewiesen ist, müssen auch die Inhalte und Botschaften der Innovationskommunikation systematisch geplant werden. In diesem Zusammenhang rückt unmittelbar die Frage in den Vordergrund, welche Themen in der Innovationskommunikation grundsätzlich wie vermittelt werden sollten.

Wie sich in der Analysephase (siehe Kapitel 3.1) bereits gezeigt hat, hängt die Vermittelbarkeit einer Innovation primär davon ab, ob die betroffenen Stakeholdergruppen das Thema überhaupt verstehen und als relevant einstufen (vgl. Fink 2009: 220). Dies haben auch die Beispiele aus der Praxis belegt. Innovationskommunikation sollte bei der Vermittlung von Themen folglich stets das Ziel verfolgen, den Nutzen für die Stakeholder herauszustellen. Kunden sind weniger an technischen Raffinessen interessiert, sondern vielmehr an der Zweckdienlichkeit der Innovation (vgl. Mast/Huck/Zerfaß 2006: 129). Mitarbeiter hingegen achten bei der Einführung einer Innovation auf persönliche soziale Folgen. Folglich gilt es, bei der Kommunikation von Innovationen die Inhalte auszuwählen, die sich – orientiert an den jeweiligen Stakeholdern – als Premium-Themen eignen bzw. eine Unique Communication Proposition darstellen (vgl. Mast 2006: 149 ff).

Auch sollte der Fortschritt der Innovation prominent kommuniziert werden (vgl. Huck-Sandhu 2009: 197). In der Regel bringen Innovationen einen relativen Vorteil gegenüber den Vorgängermodellen bzw. Vorgängertechnologien mit sich. Diese Verbesserung muss bei der Formulierung der zentralen Botschaft in Verbindung mit dem Nutzen einer Innovation aufgegriffen und möglichst einfach und nachvollziehbar dargestellt werden (vgl. Mast/Huck/Zerfaß 2006: 130). Es reicht jedoch nicht aus, sich bei der Innovationskommunikation auf die Nutzenpotenziale zu beschränken. Die Folgewirkungen einer Innovation für die betroffenen Stakeholdergruppen müssen ausgeleuchtet und gegebenenfalls aktiv kommuniziert werden. Dies betrifft sowohl positive Zukunftsperspektiven als auch – wohl abgewogen – negative Folgen. Gerade in der kommunikativen Vorbereitungsphase müssen sich die Kommunikationsverantwortlichen mit kritischen Fragen auseinandersetzen. Themen wie Sicherheit, Datenschutz, Umweltfragen, gesundheitliche Folgen müssen berücksichtigt werden (vgl. Fink 2009: 220f).

So ist bei der Innovationskommunikation keine Verlautbarungs-PR gefordert, sondern vielmehr ein zwischen Unternehmen und Stakeholdern ehrlicher, offener und klarer Dialog, der auf ernst gemeinten Absichten beiderseits beruht und auf die Interessen der Stakeholder eingeht (vgl. Fink 2007; Fink 2009: 220; Zerfaß/Mast 2005: 16; Leitschuh-Fecht 2006: 72). Unternehmen haben durch eine aktive und transparente Innovationskommunikation darüber hinaus viel stärker die Chance, gesellschaftlich verantwortliches Handeln zu zeigen und durch vorbereitendes Agenda-Setting die Rolle des Themenführers im gesellschaftlichen Kontext einzunehmen (vgl. Fink 2007).

Schließlich konnte auch anhand einer empirischen Studie nachgewiesen werden, dass die Innovationskommunikation bei der Vermittlung von Botschaften den Begriff Innovation gänzlich vermeiden sollte. Der Terminus wurde in den letzten Jahren oft überstrapaziert und gilt als *„leere Worthülse"* (Mast/Huck/Zerfaß 2006: 130). Folglich muss bei der Planung von Innovationskampagnen nach kreativen Lösungen bei der Positionierung von Innovationen gesucht und auf andere Begriffe zurückgegriffen werden (vgl. Mast/Huck/Zerfaß 2006: 131; Zerfaß 2006: 19).

3.2.5 Richtiges Timing der Innovationskommunikation

Von erheblicher Bedeutung bei einer erfolgreich gestalteten Innovationskommunikation ist neben der richtigen Vermittlung von Botschaften auch der richtige Zeitpunkt. *„Besides that, the timing of an innovation being communicated internally and externally is important"* (Huck 2006: 10). Unter der Voraussetzung, dass die Innovationskommunikation über alle Phasen hinweg frühzeitig eingebunden ist und somit sorgfältig geplant werden kann, sollten laut Fink die jeweiligen internen und externen Stakeholder zu folgenden Zeitpunkten mittels folgender Kommunikationsmaßnahmen[49] eingebunden werden[50] (siehe Abbildung 34).

---

49 Auf die einzelnen Kommunikationsmaßnahmen wird in Kapitel 3.3 im Detail eingegangen.
50 Empirische Erkenntnisse liefert auch die Trendumfrage INNOVATE 2006. In einer Umfrage wurden Kommunikationsfachleute nach dem richtigen Zeitpunkt der Innovation für Zielgruppen gefragt (vgl. Mast/Huck/Zerfaß 2006: 28 f).

Abbildung 34: Zeitplan für die Kommunikation mit Stakeholdern bzw. für die
Umsetzung von Kommunikationsmaßnahmen

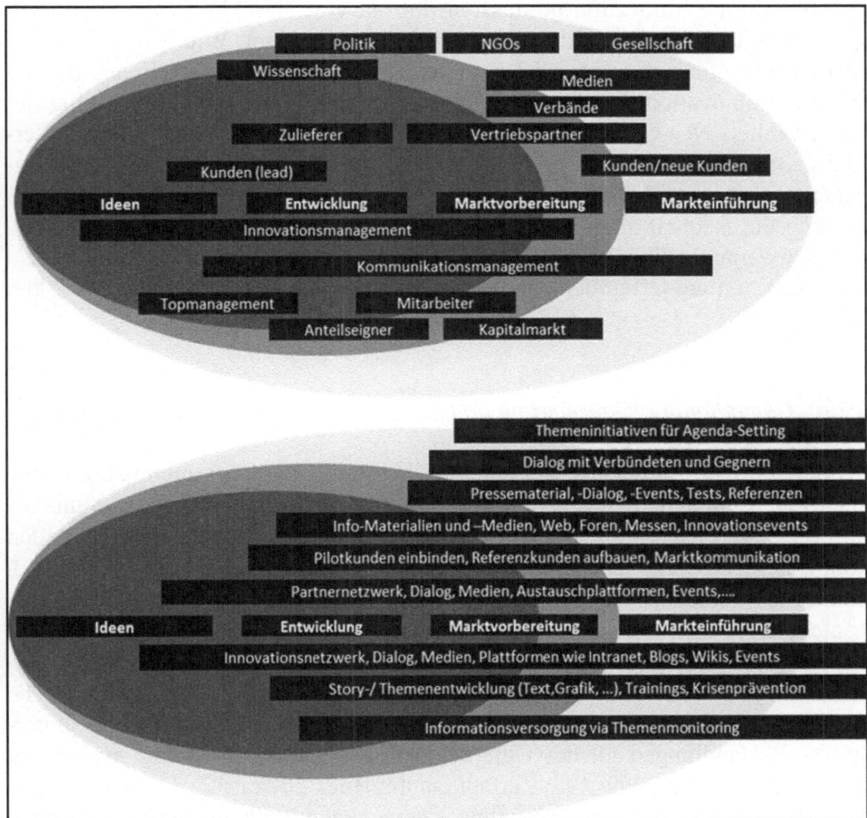

Quelle: vgl. Fink 2009: 219

In der ersten Phase der Ideengenerierung wird die Kommunikation meist unternehmensintern in kleinen geschlossenen Teams und unter Einbindung des Managements starten und dann Schritt für Schritt in der Entwicklungsphase ausgewählte relevante Kunden, Zulieferer, Wissenschaftler oder Partner einbeziehen.
Die dabei stattfindende Kommunikation erfolgt überwiegend in persönlichen
Gesprächen, Meetings oder kleineren Fachkonferenzen, immer öfter auch über
Web-2.0-Plattformen. Bis zu diesem Zeitpunkt wird die Kommunikation überwiegend vom Entwicklungsbereich gestaltet, die Kommunikationsverantwortlichen sollten jedoch – wie bereits erwähnt – auch informiert werden und als Bot-

schafter externer Rückmeldungen sowie Berater bei der tatsächlichen Gestaltung der Kommunikation hinzugezogen werden (vgl. Fink 2009: 218 f).

Sobald die Innovation produktionsreif ist, wird das Marketing hinzugezogen, das mit der strukturierten Marktvorbereitung beginnt. Wie bereits erwähnt, ist es zur Prüfung der Ideen oder zur Identifizierung kritischer Issues bei bestimmten Innovationen auch sinnvoll, vor der Markteinführung den Dialog mit ausgewählten NGOs, Verbänden oder Medien zu suchen. Auch weitere Vertriebspartner gilt es in dieser Phase einzubeziehen. Das Kommunikationsmanagement muss schließlich in den Phasen der Marktvorbereitung und Markteinführung die Neuheit allen Anspruchsgruppen vermitteln (vgl. Fink 2009: 218). Der Schwerpunkt liegt dabei auf den Medien, da diese den wichtigsten Kanal darstellen, um die Öffentlichkeit anzusprechen (vgl. Huck 2006: 10; Fink 2009: 219).

3.2.6 Campaigning: Generierung und Steuerung öffentlicher Aufmerksamkeit

Schließlich wird im Kontext der strategischen Innovationskommunikation gerne auch auf Kampagnen zurückgegriffen, die aufgrund des hohen Kommunikationsdrucks vergleichsweise schnell Aufmerksamkeit für Innovationen herstellen können. Nachfolgend soll daher, angelehnt an die Vorgehensweise von Zerfaß, Sandhu und Huck, die allgemeine PR-Kampagnenplanung in den Innovationskontext übertragen werden (vgl. Zerfaß/Sandhu/Huck 2004a: 17).

Ziel von Campaigning ist es, mittels dramaturgisch angelegter Kommunikationsstrategien bei relevanten Stakeholdern eine möglichst hohe öffentliche Aufmerksamkeit für eine Innovation zu generieren und Zustimmung bzw. unterstützende Handlungen für das Unternehmen und dessen Innovation auszulösen (vgl. Huck-Sandhu 2009: 198; Zerfaß/Sandhu/Huck 2004a: 17). Dramaturgische Züge können bei der konzeptionellen Kampagnengestaltung von Innovationen (Ausrichtung auf ein oder mehrere Höhepunkte z. B. in Bezug auf die Anzahl der Medienkanäle oder den Umfang der Kommunikation) vorkommen, aber auch bei der inhaltlichen Ausgestaltung wie beispielsweise durch die Integration von narrativen Elementen (Storytelling) (vgl. Huck-Sandhu 2009: 199).

Die kommunikative Doppelstrategie von Campaigning sorgt dafür, dass auf der einen Seite die Vermittlungsfunktion und die Verstärkereffekte der Massenmedien genutzt werden, indem sich die Kampagne an der Arbeitsweise der Massenmedien ausrichtet, dass auf der anderen Seite aber auch das breite Publikum direkt angesprochen wird. Mögliche Reaktionen von unterstützenden, aber auch nicht-unterstützenden Stakeholdern (siehe Kapitel 3.1.2.2) werden dabei einkalkuliert. Darüber hinaus wird über Campaigning bewusst ein Innovationsthema festgelegt, geprägt und in der öffentlichen Diskussion besetzt. Wie bereits in der Analysephase (siehe Kapitel 3.1.1) erläutert, wird versucht, *„eine Definitionshoheit über ein Thema und seine Darstellung in den Medien zu erlangen"* (Huck-Sandhu 2009: 199). Ein weiterer Vorteil dieses modernen Kommunikationsprogramms liegt in seiner Flexibilität und Multilinearität. Campaigning ist keiner linearen Logik untergeordnet, sondern verlangt in regelmäßigen Abständen neue Entscheidungen und neue Realisierungen. Kommunikationsmaßnahmen werden also kontinuierlich überprüft und neu ausgerichtet (vgl. Zerfaß 2004a: 24; Huck-Sandhu 2009: 199; Zerfaß/Sandhu/Huck 2004a: 17).

Grundsätzlich sollte jedoch beachtet werden, dass durch die große Aufmerksamkeit in der Öffentlichkeit auch Gegner auf den Plan gerufen werden. Campaigning sollte daher nur bei solchen Innovationen zum Einsatz kommen, bei denen ein Unternehmen überzeugt ist, in der öffentlichen Auseinandersetzung mit geeigneten und überzeugenden Argumenten bestehen zu können (vgl. Zerfaß/Huck/Sandhu 2004a: 17).

3.3 Umsetzungsphase der Innovationskommunikation

Nach der Planung der Innovationskommunikation soll nun die Umsetzung in den Vordergrund rücken. Dabei zeigt sich, dass bei der integrierten Innovationskommunikation massenmediale, direkte und indirekte Kommunikationswege geeignet sind. Nachfolgend soll aufgezeigt werden, wie die jeweiligen Kommunikationsinstrumente effizient und effektiv eingesetzt werden können.[51]

3.3.1 *Professioneller Einsatz massenmedialer Instrumente*

Der Vorteil von massenmedialen Kommunikationsinstrumenten, wie beispielsweise die klassische Presse- und Medienarbeit oder auch Anzeigenschaltungen, liegt in der effektiven Nutzung der großen Reichweite und der Reputation von Zeitungen, Zeitschriften, Rundfunk sowie Internet. Massenmedien sind in der

---

51 Die Konzeptionslehre tut sich mit der Umsetzung als Phase schwer, was in der Doppelnatur der Begrifflichkeit liegt. Wie Bentele und Nothhaft feststellen, lässt sich die Umsetzung zum einen als Operationalisierung, also als Bestandteil der Planung, verstehen, der die vorgesehenen Maßnahmen so konkretisiert, dass sie später in der Realität umgesetzt werden können. Zum anderen lässt sich dieser Schritt in der Konzeptionslehre auch als Realisierung begreifen, also als die Phase des Kommunikationsprozesses, in der das Konzept tatsächlich umgesetzt wird. Beide Perspektiven haben ihre Berechtigung (vgl. Bentele/Nothhaft 2007: 367). In dieser Untersuchung wird aus Gründen der übersichtlichen Darstellung die Umsetzungsphase nach der Planungsphase vorgenommen.

Lage, erhebliche Aufmerksamkeit zu generieren und öffentliche Akzeptanz von Innovationen zu fördern (vgl. Zerfaß/Sandhu/Huck 2004b: 57). Neben den klassischen Medien können bei der Innovationskommunikation ebenso Onlinemedien, wie z. B. Microwebsites, Blogs, Wikis, Pod- und Vidcasts zum Einsatz kommen (vgl. Fink 2007; Fink 2009: 222; Huck-Sandhu 2009: 197; Koch/Bullinger/Möslein 2009: 164). Damit die Innovationen jedoch den Weg in die Medien finden, muss herausgefunden werden, welche strukturellen und prozessualen Hürden die Innovationskommunikation überwinden muss, um auf Medienresonanz zu stoßen, was Journalisten und Rezipienten besonders interessiert und wie Innovationen dem Medienpublikum am besten nahe gebracht werden können (vgl. Mast/Huck/Zerfaß 2005b: 8).

3.3.1.1   Kenntnisse über die Strukturen und Prozesse der Massenmedien

Es hat sich in der Praxis gezeigt, dass die Medienresonanz beim Thema Innovation meist sehr gering ist. Gründe liegen unter anderem in den Redaktionen. Häufig fehlen dort die notwendigen Ansprechpartner und Fachresorts für komplexe Themen. Darüber hinaus ist eine Innovation als Berichterstattungsthema riskant, da nicht klar ist, ob sich diese Neuheit überhaupt durchsetzen wird und welche Folgen eine Innovation nach sich zieht. Jedoch sind nicht nur die Medien, sondern auch die Unternehmen für die geringe Medienresonanz verantwortlich. Interne Informationsbarrieren in Form von mangelnden Absprachen zwischen Kommunikationsabteilung und Fachabteilung oder eine restriktive Informationspolitik erschweren den Weg einer Innovation in die Medien. Hinzu kommt, dass das Thema Innovation in den Unternehmen noch nicht als bedeutend für die Medienarbeit eingeschätzt wird (vgl. Mast 2005: 48 ff). Neben diesen strukturell schwierigen Voraussetzungen müssen auch die in den Redaktionen gängigen Prozesse der Themenauswahl beachtet werden, denn Medien orientieren sich an Nachrichtenwerten[52]. Stellt man analog zur Vorgehensweise von Zerfaß die Nachrichtenfaktoren mit den grundlegenden Charakteristika der Innovationen gegenüber, zeigt sich folgendes Bild:

Innovationen weisen einen hohen Neuigkeitsgrad (Nachrichtenwert: Aktualität) auf, sind für die Rezipienten des Öfteren ungewohnt und unvorhersehbar (Überraschung) und verfügen über ein hohes Konflikt- und Unsicherheitspotenzial (Negativismus). All diese Punkte sprechen für eine erhöhte Medienresonanz. Jedoch sind Innovationen gleichzeitig auch äußerst komplex (mangelnde

---

52 Zu den Nachrichtenwerten kann vertiefend die Literatur von Galtung/Ruge (Galtung/Ruge 1965), Lippmann (Lippmann 1922) oder Schulz (Schulz 1976) herangezogen werden.

Eindeutigkeit), zu Beginn weniger auffallend (mangelnder Schwellenfaktor) und stimmen des Öfteren nicht mit den Ansichten und Ansprüchen der Rezipienten überein (mangelnde Konsonanz). Außerdem ist die konkrete Bedeutung der Innovation für das Publikum in vielen Fällen noch nicht vorhersehbar (mangelnde Nähe und Bedeutsamkeit), und bei technologischen Innovationen fehlen des Öfteren anschauliche Anwendungsbeispiele (mangelnde Eindeutigkeit). Zudem entstehen Innovationen nicht in regelmäßigen Abständen und sie orientieren sich nicht an den Erscheinungsintervallen der Medien, so dass sie – im Gegensatz zu anderen Ereignissen und Themen – für Journalisten schwer vorhersehbar und planbar sind. Bei der Gegenüberstellung von Nachrichtenwerten und den Merkmalen der Innovationen kristallisiert sich also heraus, dass Innovationen schwere Hürden überwinden müssen, wenn sie beabsichtigen, die Medien als Multiplikator einzusetzen (vgl. Zerfaß 2004a: 26; Zerfaß 2005a: 21 f).

Darüber hinaus muss der Fokus auch auf das Format der Inhalte gerichtet werden (vgl. Zerfaß 2004a: 28; Zerfaß 2005a: 23 f; Fink 2007). In der Medienlandschaft wird heute neben inhaltlichen Kriterien auch danach selektiert, ob die von den Unternehmen bereitgestellten Medieninformationen formatgerecht aufbereitet worden sind und sich schnell und einfach übernehmen lassen. Dies gilt vor allem bei denjenigen Medien, die weniger an einer kritischen und sorgfältig recherchierten Berichterstattung interessiert sind, sondern an aufmerksamkeitsstarken Themen. Als dankbare Abnehmer sind hier folglich insbesondere Boulevardmedien, Anzeigenblätter und auch semiprofessionelle Online-Dienste zu nennen (vgl. Zerfaß 2004a: 28; Zerfaß 2005a: 23).

Auf Basis dieser Bedingungen in der Medienlandschaft sollen nachfolgend konkrete Handlungsempfehlungen für die inhaltliche und formatgerechte Gestaltung der Innovationskommunikation abgeleitet werden, die erfolgsversprechend für eine hohe Medienberichterstattung sind.

3.3.1.2 Mediengerechte Aufbereitung

Um ein breite und positive Medienresonanz zu erreichen, sollten bei der Gestaltung der Innovationskommunikation folgende Aspekte berücksichtigt werden.

- *Innovationskommunikation verwendet einfache, anschauliche Beispiele:* Wie bereits mehrfach angesprochen, sind Innovationen in der Regel abstrakt, komplex und neuartig und somit für das Medienpublikum schwer verständlich. Mittels einfacher, nachvollziehbarer Beispiele können diese Mängel kompensiert werden (vgl. Mast 2004: 45; Zerfaß 2004a: 27;

Mast/Huck/Zerfaß 2004: 59; Mast/Huck/Zerfaß 2005b: 10f; Zerfaß/Huck 2007b: 853; Fink 2007).

- *Innovationskommunikation zeigt den Nutzen und die Anwendungsmöglichkeiten einer Innovation auf:* Wird das Ziel verfolgt, ein breites Medienpublikum anzusprechen, interessieren weniger die technischen Spezifika einer Innovation, sondern ihre Anwendungsmöglichkeiten. Der Nutzen und die Perspektiven für den Käufer müssen bei der Innovationskommunikation im Vordergrund stehen (vgl. Mast 2004: 45; Zerfaß 2004a: 27; Mast/Huck/Zerfaß 2004: 59; Zerfaß/Huck 2007b: 853; Fink 2007).

- *Innovationskommunikation verdeutlicht die Aktualität:* Innovationen weisen per se einen hohen Neuartigkeitscharakter auf. Es hat sich jedoch gezeigt, dass dieser positive Aspekt nicht ausreicht, um auf große Medienresonanz zu stoßen. Um den Rezipienten einen Bezug zum Thema zu ermöglichen, ist es sinnvoll, im Rahmen des Framing neu hervorgehobene Themen in ein bereits bekanntes Themenumfeld einzuführen, um so die Neuartigkeit und die damit verbundenen Ängste, Unkenntnisse und Komplexität zu minimieren (vgl. Fink 2007; Fink 2008; Mast/Huck/Zerfaß 2005b: 11; Huck/Zerfaß 2007b: 853; Zerfaß/Huck 2007b: 854; Vetter 2007: 50-66).

- *Innovationskommunikation greift auf Personalisierungsstrategien zurück:* In der heutigen Medienlandschaft wird häufig auf die Personalisierung als Strategie der Berichterstattung zurückgegriffen, da so Medieninhalte emotionaler und einfacher vermittelt werden können. Bei der Vermittlung von Innovationen ist es daher empfehlenswert, Menschen bzw. Gesichter einzusetzen, die von der Innovation betroffen sind. Hier eignen sich beispielsweise CEOs, Prominente, Erfinder/Entwickler, Experten oder auch Anwender, die die Innovation getestet und für gut befunden haben (vgl. Mast 2004: 45 f; Zerfaß 2004a: 27; Mast/Huck/Zerfaß 2004: 59; Mast/Huck/Zerfaß 2005b: 11; Zerfaß/Huck 2007b: 853; Fink 2007; Klaas 2007: 45 f).

- *Innovationskommunikation visualisiert:* Mittels aussagekräftiger und ungewöhnlicher Bilder oder mittels spannender bzw. unterhaltsamer Videos können Innovationen leichter ihren Weg in die Medien finden. Darüber hinaus können Computeranimationen oder auch mediale Vergrößerungen von Strukturen dazu beitragen, die Innovation als Laie besser zu verstehen (vgl. Mast 2004: 46; Zerfaß 2004a: 28; Mast/Huck/Zerfaß 2004: 59; Mast/Huck/Zerfaß 2005b: 11; Fink 2007).

- *Innovationskommunikation verbindet Informationen mit Emotionen:* Wie bereits bei der Personalisierung deutlich wurde, haben Emotionen bei der medialen Vermittlung eine hohe Bedeutung. Innovationen müssen nicht immer sachorientiert und rational vermittelt werden, sondern können auch über Emotionen die Rezipienten ansprechen. Das Design einer Innovation und das damit verbundene Lebensgefühl haben sogar das Potenzial, zum Alleinstellungsmerkmal der Neuheit zu werden (vgl. Mast/Zerfaß/Huck 2006: 130).

- *Innovationskommunikation präsentiert Neuheiten unterhaltend:* Um Personen anzusprechen, zu denen man als Unternehmen schwer Zugang findet, eignet sich auch die unterhaltende Präsentation von Innovationen. Medienrezipienten wie beispielsweise Kinder oder Jugendliche, die weniger die Informationsangebote der Medien nutzen, sondern überwiegend unterhalten werden wollen, können hiermit erreicht werden (vgl. Mast 2004: 46; Mast/Huck/Zerfaß 2004: 59; Zerfaß/Huck 2007b: 853; Fink 2007).
- *Innovationskommunikation erzählt eine Geschichte:* Innovationen werden gezielt, bewusst in spannende Geschichten verpackt (vgl. Huck-Sandhu 2009: 204; Mast/Huck/Zerfaß 2006: 130; Fink 2007). Dabei kann sowohl die Entstehung, die Gestaltung oder auch die Verwendung der Neuheit narrativ dargestellt werden. Als narrative Gestaltungsmittel können alle genannten Erfolgsfaktoren (Personalisierung, Emotionen etc.) genutzt werden (vgl. Zerfaß/Huck 2007b: 884 f). Mittels der Storytelling-Methode kann das Publikum Innovationen besser verstehen. Außerdem schafft es eine gute Geschichte, sowohl nach innen als nach außen Vertrauen zu vermitteln und Begeisterung für das Unternehmen zu wecken (vgl. Simtion 2007: 82).

3.3.2 Gezielte Nutzung direkter und indirekter Kommunikationsinstrumente

Neben der massenmedialen Kommunikation spielen auch direkte und indirekte Kommunikationsinstrumente bei der Vermittlung von Innovationen eine erhebliche Rolle. Bei den direkten Kommunikationsinstrumenten eignen sich z. B. Eigenpublikationen wie beispielsweise Innovationsberichte, Bücher oder Studien, die die Bezugsgruppen ungefiltert erreichen und die Innovationen präzise und anschaulich erklären können (vgl. Zerfaß/Sandhu/Huck 2004b: 58; Fink 2007; Zerfaß 2004a: 29). Das persönliche bilaterale Gespräch bietet den Vorteil, auf Fragen dementsprechend zu reagieren und komplexe Inhalte veranschaulichend zu erklären (vgl. Zerfaß/Sandhu/Huck 2004b: 57; Fink 2007). Hintergrundgespräche mit Befürwortern oder auch Gegnern der Innovation sowie Workshops bzw. hauseigene Seminare bieten sich hierfür besonders an (vgl. Fink 2007; Zerfaß 2004a: 29). Daneben ist auch die Live-Kommunikation ein äußerst geeignetes Instrument. Messen, Ausstellungen, Shows, Events wie beispielsweise Ideen-Parks ermöglichen das persönliche Erleben und Ausprobieren einer Innovation (vgl. Mast 2005: 55 f; Claasen 2005: 125; Zerfaß/Ernst 2008:

50): *„Wichtige Erfolgsfaktoren sind das direkte Anschauen, Anfassen, Erproben und Erleben, d. h. haptische Eindrücke, Vorführungen und ‚Erlebnisse' mit Forschern und ihrer Arbeit"* (Mast 2005: 55). Dies gilt für alle Stakeholder gleichermaßen, seien es nun Medienvertreter, Endkunden oder Mitarbeiter. Durch die persönliche Begegnung und das Testen der Innovation kann man Begeisterung und Interesse wecken. Zugleich ist es der beste Weg, Vorurteile sowie unbegründete Ängste und Unsicherheiten abzubauen (vgl. Claasen 2005: 125-130; Fink 2008).

Eine gute Möglichkeit bei der Kommunikation von Innovationen bieten auch indirekte Kommunikationsinstrumente, *„die bereits etablierte Marken oder Gremien als Leumund verwenden"* (vgl. Zerfaß/Sandhu/Huck 2004b: 58). Hier werden also gezielt Dritte angesprochen und einbezogen, um die Innovationen glaubwürdig und aufmerksamkeitswirksam zu vermitteln (vgl. Fink 2007). Auftritte als Gastredner bei externen Fachkongressen, Networking als Mandatsträger in bestimmten Gremien und regionalen Netzwerken sowie das Erstellen von Fachbeiträgen sind geeignete Plattformen, die zwar zeitlich und inhaltlich sehr aufwendig sind, mittels derer jedoch Innovationen auf einzigartige bzw. schwer imitierbare Weise kommuniziert werden können (vgl. Zerfaß 2004a: 29; Fink 2007).

Ein weiteres Instrument, mit dem Innovationen bekannt gemacht werden können, sind Innovationswettbewerbe (vgl. Zerfaß 2004a: 29; Walcher 2009: 141). Zum einen wird die mediale Aufmerksamkeit auf die gepriesene Neuheit gelenkt, zum anderen wird ihr durch die Auszeichnung unweigerlich eine Qualität zugesprochen (vgl. Zerfaß/Sandhu/Huck 2004b: 57 f). Als Beispiele für Innovationswettbewerbe können an dieser Stelle der „R.I.O. Innovationspreis – Mit weniger mehr erreichen" der Kathy Beys Stiftung, der „TOP 100 Wettbewerb für innovative Mittelständler" der compamedia GmbH Stiftung Innovation u. a., der Wettbewerb „Best Innovator" von A.T. Kearney und der Wirtschafts-Woche, der „Innovationspreis der deutschen Wirtschaft" des Bundesministeriums für Wirtschaft und Arbeit oder auch der Wettbewerb „Henkel Innovation Challenge" genannt werden (vgl. innovationskommunikation.de 2010).

Schließlich können neben den etablierten Vermittlungsformen auch ungewöhnliche Wege eingeschlagen werden. So stellt beispielsweise die persönliche Mund-zu-Mund-Propaganda ein hilfreiches Mittel dar, Innovationen zu kommunizieren. Auch die Mystifizierung eines Produktes durch das bewusste Streuen von Gerüchten – sei es nun über die Massenmedien oder auf direktem bzw. indirektem Wege – bietet sich im Kontext von Innovationen an (vgl. Mast/Huck/Zerfaß 2006: 131).

3.4 Evaluationsphase der Innovationskommunikation

Nach der Situationsanalyse, der Planung und der Umsetzung der Innovationskommunikation soll nun die Evaluation der Innovationskommunikation in den Vordergrund rücken. Die Erfolge der Innovationskommunikation müssen analog zur allgemeinen Unternehmenskommunikation quantifizierbar gemacht und evaluiert werden (vgl. Zerfaß/Sandhu/Huck 2004a: 25).

Ausgehend von den in Kapitel 3.2.1 formulierten Zielsetzungen der Innovationskommunikation, können bei der Evaluation der Innovationskommunikation folgende messbare Dimensionen fokussiert werden: das Image als innovatives Unternehmen, das interne Innovationsklima, die prozessbegleitende Kommunikation oder die Markteinführung mittels bestimmter Untersuchungen. Abbildung 35 verdeutlicht, welche Dimensionen und Verfahren für eine Erfolgsbetrachtung in Betracht kommen.

Abbildung 35: Evaluation der Innovationskommunikation

Dimensionen und Verfahren
Image als Innovator: Image-Untersuchungen, Größe und Qualität des innovationsrelevanten Firmennetzwerkes, Involvement Dritter, Berichterstattungsqualität usw.
Internes Innovationsklima: Partizipation von Mitarbeitern, Ideen-Output, Arbeitgeberimage, Umsatz von neuen Produkten usw.
Prozessbegleitende Kommunikation: Ausbau und Entwicklung des Firmennetzwerkes, Ideen-Input und Commitment von Partnern, Time-to-Market usw.
Marktvorbereitung: Themenvorbereitende Berichterstattung, Involvement von Unterstützern, Interesse/Bewertungen im Markt, Widerstand und kritische Stimmen usw.
Markteinführung: Medienberichterstattung, Abverkauf in der Einführungsphase, Volumen an kritischen Stimmen, Empfehlungsverhalten von Dritten etc.

Quelle: Fink 2009: 224

Dabei können grundsätzlich unterschiedliche Stufen der Evaluation unterschieden werden. Zum einen kann die Leistung (Output) der Innovationskommunikation bewertet werden. Hier stehen die Zugänglichkeit von Informationen (Reichweite, Aktualität, Umfang) sowie die Usability und die Gestaltung und Aufbereitung der Botschaften im Vordergrund. Zum anderen kann die direkte Zielgruppenwirkung (Outcome) der Innovationskommunikation bewertet werden, in dem Wissen, Meinungen/Einstellungen sowie Emotionen und Verhalten der Zielgruppe untersucht werden. Schließlich kann auch die betriebswirtschaftliche Wirkung untersucht werden (Outflow). In diesem Zusammenhang wird der Beitrag der Innovationskommunikation zur Erreichung der strategischen Ziele bzw. der finanziellen Ziele geprüft (vgl. Pfannenberg/Zerfaß 2004: 12; Mast 2006: 159). An dieser Stelle soll jedoch auch erwähnt werden, dass die Wirkungsmessung der Innovationskommunikation insgesamt mit den grundlegenden Schwierigkeiten der Evaluation von Kommunikation zu kämpfen hat. So sind zwar die Methoden in der Praxis wohl bekannt, jedoch fehlen häufig die notwendigen Finanzmittel für eine Evaluation (vgl. Zerfaß/Sandhu/Huck 2004a: 25; zu allgemeinen Grenzen und Problemen der Evaluation vgl. Mast 2006: 173 ff).

3.5 Zwischenfazit: Erfolgsfaktoren für die Innovationskommunikation

Unter Berücksichtigung der kommunikationswissenschaftlichen Befunde aus der bisherigen Forschungsliteratur zum Thema Innovationskommunikation sollen die in Kapitel 3 dargestellten allgemeinen Erfolgsfaktoren für die systematisch geplante, durchgeführte und evaluierte Kommunikation von Innovationen nochmals zusammenfassend skizziert werden. Dabei können die Erfolgsfaktoren nicht isoliert betrachtet werden, da sie in einem interdependenten Zusammenhang stehen.

In der Phase der Situationsanalyse kristallisierte sich heraus, dass bei der allgemeinen Innovationskommunikation insbesondere die umfassende Analyse der existierenden Themen und Meinungen der relevanten Stakeholder ein Erfolgsfaktor darstellt, da so die Anschlussfähigkeit der Innovation an vorhandene Trends und Issues im politischen, gesellschaftlichen, wissenschaftlichen und wirtschaftlichen Kontext geprüft wird. Gleichzeitig ist es auch von Relevanz, eine detaillierte Analyse der jeweils relevanten Stakeholder durchzuführen, um die vorhandenen Meinungen zu Themen zuordnen und bei der späteren Kommunikation zielgruppengerechte Inhalte übermitteln zu können. Sinnvoll erscheint es auch, ähnliche Innovationsbeispiele (Best Practices oder Worst Practices) aus der Praxis zu berücksichtigen, um eine Orientierungsstütze bei der Kommunikation von neuen Innovationsprojekten zu haben. Gleichzeitig müssen die Innovationscharakteristika an sich genau analysiert werden und die für die Kommunikation entstehenden Chancen bzw. Herausforderungen identifiziert werden, um später eine geeignete Kommunikationsstrategie auswählen zu können.

In der strategischen Planungsphase der Innovationskommunikation wurde deutlich, dass –abhängig von der Zielgruppe und der Innovation – die Ziele der Innovationskommunikation genau identifiziert und ausgearbeitet werden müssen. Gleichzeitig müssen die richtigen Voraussetzungen für eine erfolgreiche Planung geschaffen werden, indem Kommunikatoren, die über eine persönliche und mediale Vermittlungskompetenz von komplexen Sachverhalten verfügen, von Anfang an in den gesamten Innovationsprozess einbezogen werden. Die in der Analysephase identifizierten Stakeholder und deren Interessen treten dann bei den zu vermittelnden Botschaften in Bezug auf die Innovation wieder auf den Plan. So sollte der Nutzen für die jeweiligen Stakeholder berücksichtigt und der Fortschritt der Innovation hervorgehoben werden. In diesem Kontext empfiehlt es sich auch – neben den positiven Folgewirkungen einer Innovation – die negativen Auswirkungen bei den betroffenen Stakeholdern nicht zu verheimlichen. Eine transparente und offene Kommunikationskultur ist für den Erfolg einer Innovation unvermeidbar. Genauso müssen bei der Positionierung der Botschaften die Monitoring-Ergebnisse aus der Analysephase berücksichtigt werden, um die Anschlussfähigkeit der Innovation an vorhandene Issues zu prüfen. Selbstverständlich hängen all die genannten Aspekte wiederum vom richtigen Timing ab. Eine frühzeitige Planung der Kommunikationsaktivitäten ist dabei stets ein Muss. In der Praxis wird in der Planungsphase der Innovationskommunikation häufig das Campaigning als Kommunikationsstrategie verwendet. Dieses Kommunikationsprogramm baut auf dem Prinzip der integrierten Kommunikation auf, indem es auf eine zeitlich, inhaltlich und dramaturgisch geschlossene Form setzt. Wird dieses Kampagnenkonzept überlegt eingesetzt, hat es das Potenzial, einer Innovation zum Durchbruch verhelfen.

Um Innovationen erfolgreich umsetzen zu können, eignen sich generell alle Kommunikationskanäle. Jedoch hängt der Erfolg der jeweiligen Kommunikationskanäle wiederum von der fokussierten Zielgruppe, den Innovationsmerkmalen bzw. den zu vermittelnden Innovationsthemen und vom richtigen Zeitpunkt ab. Bei der Vermittlung von Innovationen gegenüber Journalisten müssen die strukturellen und prozessualen Bedingungen der Massenmedien (Nachrichtenwerte, mediengerechte Aufbereitung von Inhalten, Visualisierung etc.) berücksichtigt werden. Direkte Kommunikationsinstrumente, insbesondere der direkte persönliche Kontakt und die persönliche Erfahrung mit der Innovation, stellen einen wichtigen Erfolgsfaktor im Kontext der Innovationskommunikation dar und eignen sich generell für alle Stakeholdergruppen eines Unternehmens. Auch der Einsatz von indirekten Kommunikationsinstrumenten scheint generell sinnvoll. Werden Dritte als Alpha-Kommunikatoren planvoll eingesetzt, um den Erfolg einer Innovation voranzutreiben, kann die Innovation stark an Bedeutung gewinnen.

Schließlich stellt auch eine ausführliche Evaluation der Innovationskommunikation ein Erfolgsfaktor dar. Die Innovationskommunikation muss wie die allgemeine Unternehmenskommunikation einen messbaren Wertbeitrag zum Erfolg des Unternehmens leisten. Daher müssen bereits bei der Zielformulierung in der Planungsphase quantifizierbare Erfolgskriterien definiert werden, die im Anschluss oder auch bereits während des Prozesses evaluiert werden können. Somit haben Kommunikationsverantwortliche gegenüber Unternehmensführung sowie weiteren relevanten Stakeholdern nachvollziehbares Beweismaterial für die Effektivität und die Effizienz der Kommunikationsarbeit im Innovationskontext zur Hand.

4 Konzeptualisierung: Erfolgsfaktoren für das Innovationslobbying

Nachdem nun die allgemeinen Erfolgsfaktoren für die Innovationskommunikation bestimmt worden sind, soll nun im nächsten Schritt die Konzeptualisierung spezifischer Erfolgsfaktoren für die Kommunikation von radikalen Innovationen mit politischen Stakeholdern erfolgen und somit die zweite Forschungsfrage (*„Welche zentralen Erfolgsfaktoren können für die systematisch geplante, durchgeführte und evaluierte Kommunikation von radikalen Innovationen mit politischen Stakeholdern konzeptualisiert werden?"*) in den Fokus rücken. Ziel dieses Kapitels ist es, die bisher in der allgemeinen Innovationskommunikation vorhandene Forschungslücke auf dem Gebiet der politischen Kommunikation mittels eines interdisziplinären Konzepts zu schließen.

Abbildung 36: Kommunikationsfeld des Innovationslobbyings

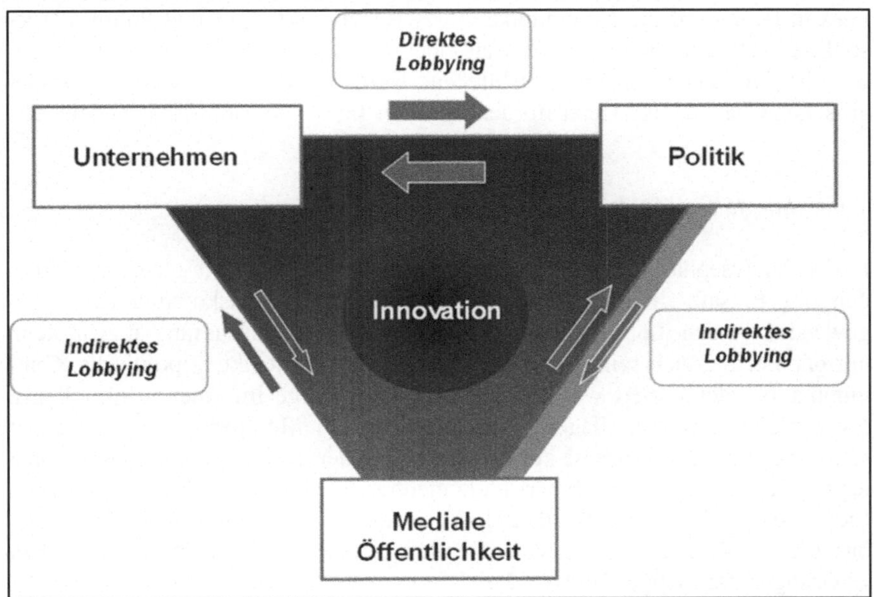

Die abgeleiteten allgemeinen Erfolgsfaktoren für die Innovationskommunikation aus Kapitel 3 sollen nachfolgend als Ausgangspunkt genommen werden und mit den wissenschaftlichen Kenntnissen aus dem Bereich Public Affairs bzw. Lobbying verknüpft werden. Abbildung 36 veranschaulicht das Kommunikationsfeld zwischen Unternehmen und Politik und zeigt die Interaktionen auf, die sowohl direkt zwischen den beiden Systemen als auch indirekt über die (mediale) Öffentlichkeit stattfinden können.

4.1 Analysephase des Innovationslobbyings

Jeglichen systematisch geplanten Lobbyingaktivitäten vorangeschaltet ist der gesamte Bereich der Informationssammlung, -auswertung und -weitergabe (vgl. Wehrmann 2007: 46; Leif/Speth 2006: 24): *„Die Beschaffung und Aufbereitung exakter Daten in der Analyse- und Planungsphase des Lobbying [sic!] ist Grundlage, um die Erwartungen zu erfüllen, die Entscheidungsträger an Lobbyisten richten"* (Köppl 2008: 203). Daher soll analog zum Aufbau des Kapitels 3 bei der Konzeptualisierung spezifischer Erfolgsfaktoren für das Innovationslobbying erneut eine detaillierte Situationsanalyse durchgeführt werden, bei der der Fokus jedoch explizit auf die politische Themenagenda und auf die relevanten politischen Stakeholder gesetzt wird. Es werden Best Practices bzw. Worst Practices in Bezug auf die Kommunikation zwischen Wirtschaft und Politik dargestellt, die Orientierung beim Aufbau einer späteren Strategie für das Innovationslobbying geben können. Abschließend werden in der Analysephase die spezifischen Chancen und Herausforderungen des Innovationslobbyings abgeleitet.

4.1.1 Sorgfältige Analyse der politischen Themenagenda

In der Analysephase des Lobbyings kommen überwiegend die gleichen Methoden zum Einsatz, die auch bei der allgemeinen Innovationskommunikation angewendet werden. Lobbying, das auf eine konkrete Beeinflussung abzielt, kann nur dann erfolgreich sein, wenn relevante Issues für die aktive politische Kommunikation identifiziert worden sind und zuverlässige Informationsgrundlagen für Entscheidungen vorliegen. Mittels politischen Monitorings werden daher relevante politische Prozesse auf lokaler, regionaler, nationaler und internationaler Ebene beobachtet, verifiziert, dokumentiert, aufbereitet und analysiert (vgl. Lies 2008: 390; Vondenhoff/Busch-Janser 2009: 34; Köppl 2008: 209; Wiebusch 2003: 4). Ziel ist es, genaue Kenntnisse über den politischen Sachverhalt zu erlangen (vgl. Köppl 2008: 203).

Bei Innovationen bietet es sich an, ein Monitoring-Konzept zu entwickeln, das prüft, inwieweit bestimmte politische Issues für die jeweilige Neuheit von Relevanz sind. Dabei müssen auch geeignete Informationsquellen zur Verfügung stehen. Neben allgemeinen Quellen wie dem Pressespiegel des Unternehmens greifen Lobbyisten beim politischen Monitoring in der Regel auch auf Pressemeldungen politischer Stakeholder, Drucksachen, Websites politischer Institutionen, nicht allgemeine Quellen wie Non-Papers (Referentenentwürfe, Strategiepapiere) oder auf mündliche Meldungen ihrer politischen Kontakte zurück (vgl. Vondenhoff/Busch-Janser 2009: 38; Merkle 2003: 23). Wie bei der allgemeinen Innovationskommunikation ist sorgfältiges Monitoring auch bei der Lobbyarbeit die Grundlage für ein funktionierendes Issues Management. Im politischen Kontext verfolgt Issues Management insbesondere das Ziel, die gesellschaftspolitische Akzeptanz von Innovationen zu steigern und *„proaktiv politische bzw. gesellschaftliche Diskussionen über Innovationen zu steuern, um im Idealfall Regulierungen überflüssig zu machen"* (Vondenhoff/Busch-Janser 2009: 43).

4.1.2 Detaillierte Stakeholderanalyse des Innovationslobbyings

Ein weiterer zentraler Punkt in der Analysephase des Innovationslobbyings ist die Betrachtung von relevanten politischen Stakeholdern, die an jenen Entscheidungen mitwirken, die den Erfolg einer Innovation beeinflussen können: *„Auch das Gegenüber muss miteinbezogen werden. Denn der Erfolg des Lobbying [sic!] hängt wesentlich davon ab, wie die politische Entscheidungsebene strukturiert ist und wie Politik und Bürokratie auf lobbyistische Annäherungen reagieren"* (Leif/Speth 2003: 25). Nachfolgend sollen daher relevante politische Stakeholder und deren Informations- und Einflussquellen identifiziert und das Beeinflussungspotenzial der jeweiligen politischen Akteure klassifiziert werden.

4.1.2.1 Identifizierung der relevanten politischen Stakeholder und ihrer Informations- und Einflussquellen

Identifizierung der relevanten politischen Stakeholder:
Adressaten der Lobbyisten sind zunächst alle Stakeholder, die auf legislativer, exekutiver und verwaltungstechnischer Ebene Entscheidungen treffen oder an diesen aktiv mitwirken (siehe Kapitel 2.4.2). Dies gilt selbstverständlich auch für Entscheidungen, die Einfluss auf den Erfolg einer Innovation haben. An

erster Stelle müssen daher in Deutschland die Bundesregierung und der Bundestag betrachtet werden (vgl. Alemann/Eckert 2006).

Da die meisten Gesetzesentwürfe von der Bundesregierung eingebracht werden, gehören die Vertreter der Regierung zwangsläufig zu den wichtigsten Ansprechpartnern des Innovationslobbyings (vgl. Leif/Speth 2006: 22; Wehrmann 2007: 43; Alemann/Eckert 2006). Dabei muss bei radikalen Innovationen sowohl die Leitungsebene als auch die Arbeitsebene kontaktiert werden. Die Leitungsebene (Bundeskanzler, Bundesminister, Staatssekretäre etc.) ist in der Lage, grundsätzliche strategische Stoßrichtungen bei einer Innovation vorzugeben. Mit ihren Beschlüssen kann die Regierung somit innovationsfördernde, unter Umständen aber auch innovationshemmende Rahmenbedingungen schaffen. Der Kontakt zu den hochrangigen Regierungsvertretern ist in der Regel der Unternehmens- oder Verbandsspitze vorbehalten. Aufgabe des Lobbyisten ist es hierbei, den Termin vorzubereiten und zu koordinieren (vgl. Leif/Speth 2006: 22). Neben der Leitungsebene muss auch die Arbeitsebene der Bundesregierung hinzugezogen werden. Für einen Lobbyisten ist es äußerst wichtig, einen kontinuierlichen Kontakt mit den Beamten in der Ministerialbürokratie (z. B. Ministerialdirektor, Ministerialdirigent, Referatsleiter und deren Mitarbeiterinnen und Mitarbeiter) zu pflegen. Diese sind für die inhaltliche Arbeit zuständig und beschäftigen sich mit speziellen Themen (z. B. Innovationen) oder Problemlösungen (vgl. Siegele 2007: 20).

Ein weiterer einflussreicher politischer Adressat ist der Deutsche Bundestag bzw. auf Landesebene der Landtag (vgl. Lies 2008: 391). Um sich über eine Innovation auszutauschen, sollten Lobbyisten vor allem die Vorsitzenden und Mitglieder aus den relevanten Fachausschüssen kontaktieren. Fachausschüsse im Parlament haben die Aufgabe, sich mit speziellen Fachgebieten und somit auch mit Innovationen intensiv zu beschäftigen. Gesetzesentwürfe, die das Zukunftspotenzial einer Innovation betreffen können, werden hier umfassend beraten und geprüft (vgl. Lies 2008: 391; Leif/Speth 2006: 22; Bundestag 2006: 1). Ausschüsse des Bundestages oder der Landtage haben darüber hinaus das Recht, sich von der Regierung oder von Sachverständigen z. B. aus der Wirtschaft über eine Innovation informieren zu lassen (vgl. Bundestag 2006: 1; Buse/Nelles 1978: 90). Dabei sind alle Interessenvertreter, die zu den offiziellen Anhörungen eingeladen werden, auf der „Lobbyliste" des Deutschen Bundestages aufgelistet. Die Liste macht transparent, welche Verbände und Interessengruppen versuchen, auf den parlamentarischen Entscheidungsprozess Einfluss zu nehmen (vgl. Alemann/Eckert 2006).

Ein Lobbyist muss daher herausfinden, welcher Ausschuss verantwortlich für die jeweilige Innovation ist. Gleiches gilt für die Arbeitskreise und Arbeitsgruppen der einzelnen Fraktionen (vgl. Alemann/Eckert 2006). Diese beschäftigen sich ebenfalls mit unterschiedlichen thematischen Schwerpunkten und sind somit eine wichtige Zielgruppe im Innovationslobbying. Analog zu der Ministerialverwaltung dürfen auch die Fachreferenten der Abgeordneten von Lobbyisten nicht vergessen werden, da diese Experten für einzelne Themengebiete sind und in der Regel die Vorlagen für Entscheidungen formulieren.

Abgeordnete der Regierungsfraktionen werden von den Lobbyisten generell als wichtiger eingestuft als Abgeordnete der Opposition, da sie wegen der Mehrheitsverhältnisse mehr Gestaltungsmacht aufweisen (vgl. Sebaldt 2002: 289; Wehrmann 2007: 43). Jedoch sollten auch die Kontakte mit der Opposition nicht vernachlässigt werden, da seriöse Lobbyisten auf parteipolitische Neutralität achten und bei einem Regierungswechsel die Lobbyisten von den bereits bestehenden Kontakten schneller profitieren (vgl. Vondenhoff/Busch-Janser 2008: 87, 89). Darüber hinaus ist die Kontaktaufnahme mit der Opposition auch dann geeignet, wenn bestimmte Forderungen auf die politische Agenda gesetzt werden sollen (vgl. Bender/Reulecke 2003: 55; Wehrmann 2007: 43; Busch-Janser 2004: 63). Hier verfügt die Opposition über bestimmte Minderheitenrechte, die auch für den Lobbyisten nützlich sind. So könnten bestimmte Themen und Prozesse, die eine Innovation betreffen, in der „Aktuellen Stunde" oder in „Kleinen" bzw. „Großen Anfragen" auf die politische Agenda gesetzt werden. In öffentlichen Anhörungen kann jede Fraktion einen Sachverständigen benennen, so dass ein Lobbyist auch von der Opposition als Experte benannte werden kann (vgl. Vondenhoff/Busch-Janser 2009: 91). Erfolgversprechend ist das Agenda-Setting durch die Opposition jedoch nur, wenn sich für die Opposition Möglichkeiten ergeben, sich durch das Thema in der Öffentlichkeit zu profilieren (vgl. Busch-Janser 2004: 63 f).

Auch der Bundesrat ist als wichtiger Ansprechpartner zu nennen. Standortfaktoren oder in diesem Kontext auch die Steigerung bzw. der Erhalt der Innovationsfähigkeit können durchaus zu den Interessen eines Bundeslandes gehören, die die jeweilige Landesregierung über den Bundesrat auf Bundesebene vertritt (vgl. Busch-Janser 2004: 64; Wehrmann 2007: 43). Schließlich müssen an dieser Stelle auch die Regionen und Kommunen genannt werden, die Gesetze von Bund und Land umsetzen. Oberbürgermeister, Bürgermeister, Gemeinderäte oder auch Regionalverbände, Wirtschaftsförderer oder Landräte sind wichtige Ansprechpartner der Lobbyisten am Unternehmensstandort und haben somit auch Einfluss auf die konkrete Realisierung einer radikalen Innovation, die Auswirkungen auf das Umfeld vor Ort hat (vgl. Siegele 2007). Sie können auch innerhalb von Parteien für die Meinungsbildung sehr wichtig sein.

Informations- und Einflussquellen der relevanten politischen Stakeholder:
Neben den politischen Entscheidungsträgern und ihren Mitarbeitern muss auch die Umgebung dieser Zielgruppe betrachtet werden. Im Mittelpunkt steht die Frage, wer oder was den politischen Meinungsbildungsprozess bzw. die sich daran anschließenden politischen Handlungen beeinflusst (vgl. Hogrefe 2009: 91). Politische Stakeholder denken in Beziehungsgeflechten und Netzwerken und sind darüber hinaus gefangen von Einzelinteressen unterschiedlicher Interessengruppen (siehe Abbildung 37). Erfolgreiche Lobbyisten kennen daher auch das Umfeld der politischen Stakeholder (Köppl 2000: 123).

Abbildung 37: Einflussfaktoren auf die politische Meinungsbildung

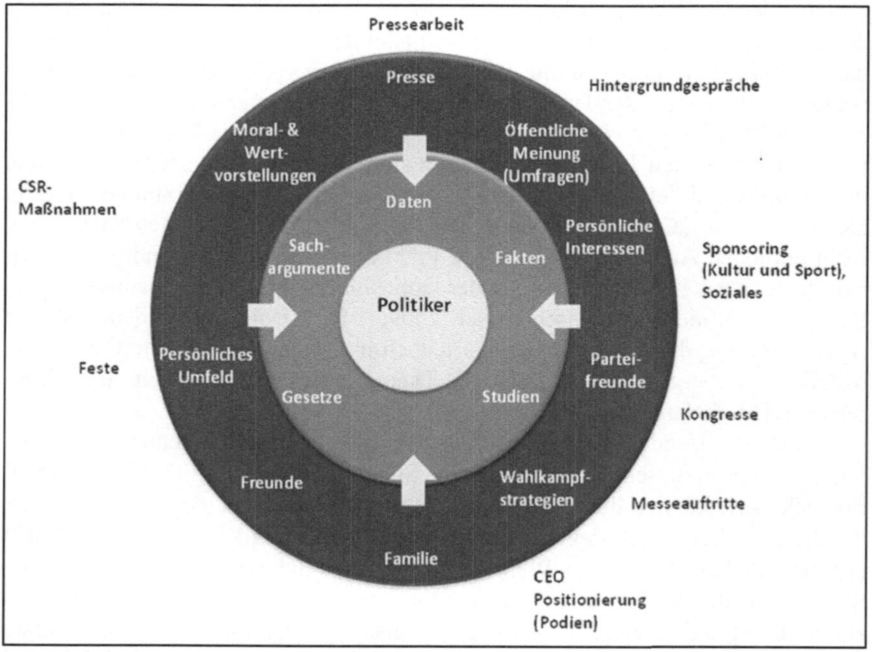

Pressearbeit
Presse
Hintergrundgespräche
Moral- & Wertvorstellungen
Öffentliche Meinung (Umfragen)
CSR-Maßnahmen
Daten
Persönliche Interessen
Sponsoring (Kultur und Sport), Soziales
Sach-argumente
Fakten
Politiker
Feste
Persönliches Umfeld
Partei-freunde
Gesetze
Studien
Kongresse
Freunde
Wahlkampf-strategien
Messeauftritte
Familie
CEO Positionierung (Podien)

Quelle: Freie Universität Berlin 2008, abgebildet in Hogrefe 2009: 91

Ein politischer Entscheidungsträger bildet sich eine Meinung aufgrund unterschiedlichster Informationsgrundlagen (Daten, Fakten, Studien, Gesetze, Sachargumente), die er von verschiedenen Quellen erhält. So haben einerseits seine individuellen Moral- und Wertvorstellungen Einfluss auf sein Handeln, andererseits auch sein persönliches Umfeld (Mitarbeiter, Berater etc.). Auch die Einstellungen und Meinungen von Familienangehörigen und Freunden dürfen in diesem Zusammenhang nicht als Einflussquelle unterschätzt werden (vgl. Hogrefe 2009: 91). Da politische Entscheidungsträger sich im Dauerwahlkampf befinden, wird ihr Verhalten auch durch Wahlkampfstrategien geprägt bzw. von den Interessen ihrer Wählerinnen und Wähler im Wahlkreis. Gleichzeitig sind sie von den Interessen der Partei abhängig. Will ein Politiker aufsteigen, dann muss er bei der Führungsriege auffallen. Gleichzeitig muss er Mehrheiten erlangen (Organisation von Gefolgschaft, Werbung für eigene Initiativen), um seine Ideen voranbringen zu können (vgl. Vondenhoff/Busch-Janser 2009: 82; Hogrefe 2009: 91). Selbstverständlich spielen auch persönliche Interessen (Hobbys, Engagement im sozialen Bereich, Mitgliedschafen in Vereinen, Stiftungen und Verbänden) eine Rolle. Die Presse oder Medien allgemein verfügen ebenfalls über ein erhebliches Einflusspotenzial. Darüber hinaus kann die öffentliche Meinung, die unter anderem von Nicht-Regierungsorganisationen (NGOs)[53], Verbraucherverbänden, Wissenschaft oder kirchlichen Institutionen geprägt wird, eine Informations- und Einflussquelle für einen politischen Entscheidungsträger darstellen.

Abbildung 37 macht zudem deutlich, dass Lobbying nicht isoliert betrieben werden sollte, sondern in enger Verbindung mit den anderen Public Affairs-Aktivitäten durchgeführt werden muss. Durch konzerneigene Pressearbeit, Hintergrundgespräche mit Meinungsführern, Unternehmensauftritte auf Messen und Kongressen, CSR-Maßnahmen und Sponsoring-Aktivitäten an Unternehmensstandorten können Sympathien indirekt über das Umfeld des politischen Stakeholders entstehen und Unternehmensinteressen eher durchgesetzt werden (vgl. Hogrefe 2009: 91).

4.1.2.2 Klassifizierung des Beeinflussungspotenzials politischer Stakeholder

Nachdem die relevanten politischen Stakeholder und deren Informations- und Einflussquellen identifiziert worden sind, muss im zweiten Schritt untersucht werden, welche Haltung die relevanten politischen Stakeholder gegenüber einer bestimmten Innovation einnehmen und wie hoch ihr Unterstützungs- oder Bedrohungspotenzial in diesem Fall ist. Für die Klassifizierung des Beeinflussungspotenzials politischer Stakeholder eignen sich die allgemeinen Analyseschemata von Mitchel/Agle/Wood (1997), Müller-Stevens/Lechner (2005), Grö-

---

53 Vor allem die Umweltverbände wie NABU, BUND, die Deutsche Umweltstiftung und Greenpeace sind aus der politischen Landschaft nicht mehr wegzudenken und haben erheblichen Einfluss (vgl. Vondenhoff/Busch-Janser 2009: 107).

ner/Zapf (1998) oder Savage et al. (1991), die bereits im Kapitel 3 im Kontext der allgemeinen Innovationskommunikation genannt worden sind.

Analog zum Vorgehen in Kapitel 3 soll an dieser Stelle ebenfalls die Vierer-Matrix des Stakeholder-Mappings nach Savage et al. (siehe Abbildung 38) fokussiert werden, weil dieses bereits in der politischen Kommunikation angewendet worden ist (vgl. Schlicht 2005).

Abbildung 38:   Stakeholder-Mapping in der politischen Kommunikation

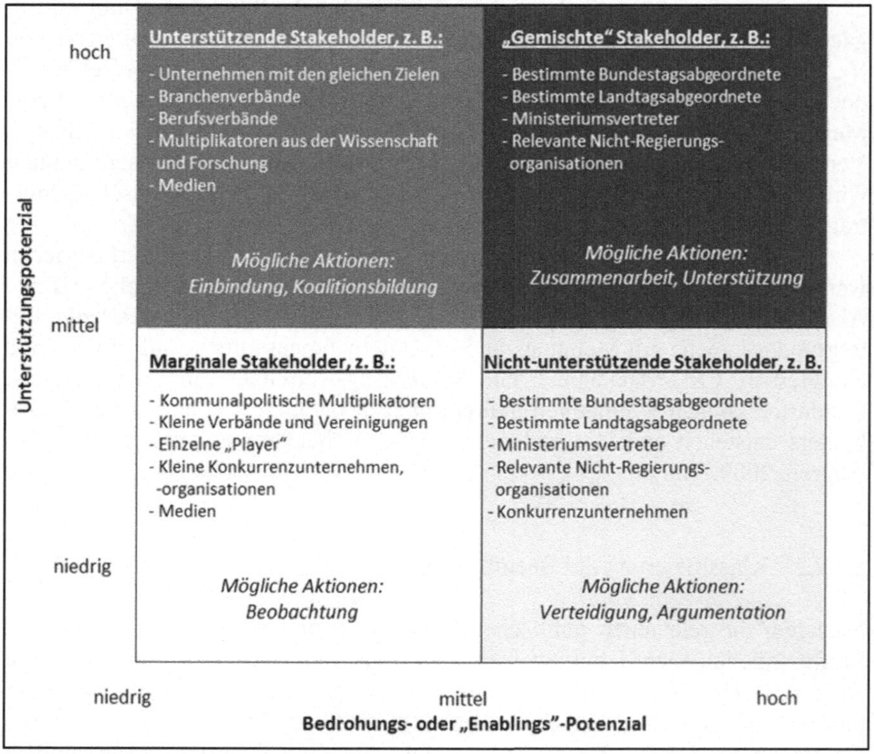

Quelle: Schlicht 2005

Bei den unterstützenden Stakeholdern (z. B. Unternehmen mit gleichen Zielen, Berufsverbände, Medien, Multiplikatoren aus der Wissenschaft) bieten sich gemeinsame Initiativen oder Allianzen an. Bei nicht-unterstützenden politischen Anspruchsgruppen (z. B. bestimmte Minister, Abgeordnete, NGOs, Konkurrenten) muss die Innovation aus Unternehmenssicht mittels überzeugender Argumente verteidigt werden. Marginale politische Stakeholder (z. B. kleinere Verbände, Vereinigung oder kommunalpolitische Multiplikatoren) gilt es zu beobachten, da sich die politische Situation (z. B. Regierungswechsel, Ernennungen, Verabschiedungen) ändern kann. Vor allem die gemischten politischen Stakeholder (z. B. bestimmte Minister, Abgeordnete, NGOs), die sich noch keine feste Meinung in Bezug auf eine bestimmte Innovation gebildet haben, müssen am intensivsten betreut werden (vgl. hierzu Savage et al. 1991: 61 ff). Diese Gruppe weist nämlich sowohl ein hohes Unterstützungspotenzial, aber auch ein hohes Bedrohungspotenzial für die Innovation auf.

Grundsätzlich muss darauf hingewiesen werden, dass die dargestellten politischen Anspruchsgruppen nur einen Teil der Möglichkeiten wiedergeben und von Unternehmen zu Unternehmen und auch von Innovation zu Innovation variieren (vgl. Schlicht 2005). Besondere Sorgfalt verlangt vor allem der Einordnungsprozess, da Mitglieder gleicher Gruppen (z. B. Bundestagsabgeordnete) unterschiedliche Beeinflussungspotenziale aufweisen können. Ausschlaggebend für eine bestimmte Einstellung können – neben der Position – beispielsweise die Variablen Parteizugehörigkeit, regionale Herkunft oder auch persönlicher Hintergrund sein (vgl. Schlicht 2005). Schließlich darf die Klassifizierung auch nicht als starr und endgültig betrachtet werden. Personelle Wechsel sowie Meinungsveränderungen von politischen Stakeholdern müssen ebenfalls beim Stakeholder-Mapping berücksichtigt werden. Die Datenbank eines Lobbyisten muss daher kontinuierlich überprüft und aktualisiert werden, um ein systematisches Innovationslobbying betreiben zu können.

4.1.3 Best Practices bzw. Worst Practices als Orientierungsstütze

Erfolgreiche Musterbeispiele, die sich ausführlich mit der spezifischen Kommunikation von radikalen Innovationen mit politischen Stakeholdern beschäftigen, sind in der Literatur selten anzutreffen. Zwar lassen sich in der Literatur Best Practices zu Public Affairs finden (vgl. die Fallbeispiele von Köppl 2003), jedoch findet keine Spezialisierung auf Innovationen statt. Zu einer ähnlichen Schlussfolgerung kommt auch Stäudner: *„Projekte [...] in denen Staat und Wirtschaft zusammenarbeiten sind auch weltweit nicht häufig anzutreffen. Gelungene Beispiele noch seltener"* (Stäudner 2008). Nachfolgend sollen neben

Best Practices auch Worst Practices vorgestellt werden. Dabei soll erläutert werden, welche Fehler man beim Innovationslobbying vermeiden sollte.

4.1.3.1　Die Magnetschwebebahn Transrapid

Ein negatives Beispiel für die Einführung einer Innovation ist die Magnetschwebebahn Transrapid. Fast 1,5 Milliarden Euro investierten Bund und Länder seit dem Jahr 1969 für die Entwicklung der Magnetschwebebahn Transrapid und für diverse Planfeststellungsverfahren, die später wieder gestoppt wurden (vgl. Machnig/Mikfeld 2003: 15; Deckstein et al. 2008: 22). Die beteiligten Unternehmen wie ThyssenKrupp oder Siemens investierten ca. 300 Millionen Euro in diese Technologie, alleine 50 Millionen Euro fielen bei Siemens für Ingenieurkosten an. Nachdem die Industrie das Prestigeprojekt in München erstmals realistisch kalkuliert hatte, kam man 2008 zu dem Entschluss, dass die 40 Kilometer lange Magnetbahnstrecke, die zwischen der Münchner Innenstadt und dem Flughafen verlaufen sollte, nicht finanzierbar sei (vgl. Deckstein et al. 2008: 21; Krummheuer 2011). Nach den Konzepten in Berlin/Hamburg und im Ruhrgebiet stand nun das nächste Transrapid-Projekt in Deutschland vor dem Aus (vgl. Kaden 2007). Schließlich wurde die Förderung der Teststrecke im Emsland durch den Bund 2011 endgültig eingestellt. Das Scheitern dieser Innovationseinführung bedeutete nicht nur eine Niederlage für die beteiligten Konzerne, sondern auch für das Image des Industrie- und Technologiestandortes Deutschland (vgl. Deckstein et al. 2008: 21).

Die Ursachen für das Scheitern solcher gemeinsamer Megaprojekte von Politik und Wirtschaft in Deutschland liegen zum einen darin, dass die Politik Innovationsvorhaben mit bestimmten Auflagen sowie Vorgaben versieht, um sie auf politischer Ebene durchsetzen zu können. Vice versa akzeptieren Unternehmen auch unsinnige Pläne, um sich den öffentlichen Auftrag zu sichern. Die Folge ist, dass die Kosten bei der Einführung einer Innovation eklatant in die Höhe steigen. Auch beim Transrapid-Projekt war dies der Fall. Darüber hinaus warnten bereits Experten, dass ein Magnetzug in einem solch dicht besiedelten Land mit einem ausgedehnten Straßen- und Schienennetz wie Deutschland zahlreiche Vorteile einbüßt und sich somit als unwirtschaftlich erweist. Die Marktlücke fehlte und das passende Zeitfenster wurde verpasst, da Fliegen immer billiger und die Bahn immer schneller wurde (vgl. Deckstein et al. 2008: 22; Balzter 2010; Krummheuer 2011).

Der damalige Ministerpräsident von Bayern, Edmund Stoiber, schaffte es dennoch, von Bund und Industrie die Zusage zu bekommen, die Kosten des Projektes in München auf gut 1,8 Milliarden Euro zu begrenzen, obwohl sich damals bereits herauskristallisierte, dass diese Vorgaben nicht zu halten waren. Die Kosten basierten auf einem Streckenplan, der mehrere Jahre alt war, keine Schutzmaßnahmen beinhaltete und auch die steigenden Bau- und Rohstoffpreise ignorierte (vgl. Ilgmann/Polatschek 2006: 1 f). Edmund Stoiber wollte jedoch allen Widerständen zum Trotz *„sich einmal mehr als Captain Future der bayerischen Politik beweisen"* (Deckstein et al. 2008: 22). Die Interessen der Politik zielten einseitig auf den nächsten anstehenden Wahltermin, die Industrie hatte hauptsächlich den nächsten Geschäftsabschluss im Blick. Beide Seiten – Politik und Wirtschaft – gingen davon aus, dass der andere zum Schluss die restlichen Kosten übernehmen würde. Diese mangelnde Abstimmung führte schließlich zum endgültigen Abbruch des Projektes in Deutschland. Analog zu Kapitel 3 ist es auch an dieser Stelle sinnvoll, den Blick auf die Innovationsmerkmale (siehe Kapitel 2.2.3) zu richten, um die Ursachen für das Scheitern der Innovation besser nachvollziehen zu können.

Abbildung 39: Übertragung der Innovationsmerkmale auf die Magnetschwebebahn Transrapid

Komplexität	Die Magnetschwebebahn ist komplex. Nicht nur der Zug an sich wird als „Wunderwerk" beschrieben, sondern auch dessen Bedienung stellt hohe Anforderungen.
Neuartigkeit	Im Jahr 2007 wurde ein Besucher bei einer Testfahrt getötet. Die Gefahren dieser Neuheit rückten in den Vordergrund und verdrängten positive Reaktionen. Eine hohe psychologische Barriere stellte darüber hinaus die führerlose Kabine dar, die ebenfalls Ängste bei den Stakeholdern schürte.
Abstraktionsgrad	Die wenigsten potenziellen Kunden konnten die Magnetschwebebahn einfach testen. Die Vorteile waren nur einem kleinen Fachpublikum sichtbar.
Anschlussfähigkeit	Der Transrapid erforderte speziell geformte Trassen, die psychologisch ein hohes Hindernis darstellten. Wenige Menschen in Deutschland konnten sich vorstellen, massive Betonstelzen mitten in der Stadt zu sehen.
Veränderungspotenzial für die Organisation	Durch das sich ankündigende Scheitern der Innovation in Deutschland fehlten die Motivation sowie die Einsatzbereitschaft der Mitarbeiter für die Technologie. Ankündigungen des Managements, die Blaupausen zu verkaufen und damit dieses Kapitel zu beenden, erschwerten die Situation. Die Zahl der Mitarbeiter bei der ThyssenKrupp Transrapid GmbH in Kassel wurde im Jahr 2010 ebenfalls reduziert, zum Jahresende 2010 wurde der Standort ganz aufgegeben.
Unsicherheit	Das grundsätzliche Vertrauen in die Innovation durch den mehrmaligen Abbruch des Projektes in Deutschland fehlte und hemmte den weiteren Erfolg dieser Innovation. Vollmundige Ankündigungen der Politik und der Wirtschaft ließen sich in der Vergangenheit nicht halten. Die Kosten-Nutzen-Rechnung für den Steuerzahler stimmte nicht und auch die erhoffte Wertschöpfung für Unternehmen wie Siemens und ThyssenKrupp blieb aus. Der Nutzen für Kunden, den der Transrapid in den bisher öffentlich betrachteten Rechenbeispielen hatte, war gering. Im Münchner Fall war von einigen Minuten Zeitvorteil die Rede.

Quellen: inhaltlich orientiert an Stäudner 2008; Deckstein et al. 2008: 20-22; Hartmann/Seidlitz 2010

4.1.3.2 Das satellitengestützte Lkw-Mautsystem (Toll Collect) in Deutschland

Auch bei der Einführung der Lkw-Maut kam es anfangs zu erheblichen Abstimmungsschwierigkeiten zwischen der deutschen Industrie und der Politik. Gemeinsames Ziel war es, ein erstes satellitengestütztes System zu etablieren, das Straßennutzungsgebühren erfasst und abrechnet. Darüber hinaus war es der Wunsch der Politik, mittels dieses Systems den Verkehr zu steuern, indem die Preise für stark befahrene Autobahnen erhöht und für wenig stark frequentierte gesenkt werden. Im Vergleich zu den Maut-Systemen in Italien und Frankreich schien diese Technik um ein Vielfaches effizienter und moderner. Dennoch kam es zu eklatanten Startschwierigkeiten. Der Starttermin musste mehrmals verschoben werden, dem Bund entgingen Einnahmen in Milliardenhöhe und die erhoffte Bewunderung sowie mögliche Anschlussaufträge im Ausland blieben zunächst aus (vgl. Deckstein et al. 2008: 22 f).

Wie beim Transrapid hatten Politiker und Manager unterschiedliche Motivationen sowie Ziele. Visierten die Politiker vor allem die Einnahmen der Gebühren an, wollten das Betreiberkonsortium DaimlerChrysler Financial Services, Telekom und Cofiroute ihren Kunden vorrangig Dienstleistungen verkaufen. Die Technik war äußerst komplex und der vorgesehene Zeitplan bis zur Einführung dieser Innovation konnte nicht eingehalten werden (vgl. Dohmen/Wüst 2004; Deckstein et al. 2008: 22 f). Da jedoch der damalige Verkehrsminister Bodewig das Projekt unbedingt vor der Bundestagswahl 2002 festzurren wollte, kamen ihm die Industriekonzerne entgegen.

> „Die Minister waren geblendet von der Aussicht auf die Maut-Milliarden und auf politisches Prestige. Im Endspurt des Bundestagswahlkampfs wollten sie noch schnell einen Erfolg erzielen, finanziell und technologisch. Ein Vorbild für eine geglückte Public-Private-Partnership, wie die Zusammenarbeit von Staat und Privatwirtschaft neudeutsch heißt, wollten sie nebenbei auch noch liefern. So wurden sie zu den Architekten ihrer eigenen Niederlage. Die Industrie versprach alles – und lieferte nichts" (Bornhoeft et al. 2004).

Die Innovation wurde vom privaten Unternehmen Toll Collect[54] im Auftrag des Bundesamtes für Güterverkehr eingeführt, jedoch mit erheblichen technischen Mängeln. Die ersten Bordcomputer funktionierten nicht, dem Staat entgingen die bereits fest eingeplanten Mauteinnahmen. Der Bund ging gerichtlich gegen die Konzerne vor und forderte Schadenersatz (vgl. Dohmen/Wüst 2004). Zwar

---

54 Joint Venture der Deutschen Telekom, Daimler AG und der französischen Cofiroute.

funktioniert das Mautsystem mittlerweile, jedoch wurde das System bisher nicht in anderen Ländern übernommen (vgl. Deckstein et al. 2008: 22 f).

Abbildung 40: Übertragung der Innovationsmerkmale auf das satellitengestützte Lkw-Mautsystem

Komplexität	Die Technologie ist äußerst komplex. Technische Schwierigkeiten und Mängel konnten beim Markteintritt nicht rechtzeitig behoben werden, was einen erheblichen Image-Schaden der Technologie zur Folge hatte.
Neuartigkeit	Die Neuartigkeit der Technologie ist begrenzt, da Mautsysteme Kunden generell bekannt sind. Ängste vor der Technologie sind nicht zu erwarten.
Abstraktionsgrad	Der Abstraktionsgrad ist gering. Der Nutzen dieser Technologie ist für die Zielgruppe Politik sofort ersichtlich. Die durch das Satellitensystem unnötige Mautinfrastruktur und die Einnahmen stellen eindeutige finanzielle Vorteile dar. Für die Nutzer des Systems, Logistikfirmen und deren Lkw-Fahrer, ergeben sich durch diese Technologie jedoch ausschließlich Kostennachteile. Folglich muss mit einer ablehnenden Haltung der Nutzer gerechnet werden.
Anschlussfähigkeit	Die Anschlussfähigkeit der Technologie ist hoch. Mautsysteme existieren bereits in den Nachbarländern. Neu ist lediglich die Art der Gebühreneinzahlung (vollautomatische Abrechnung durch den Einbau von On-Board-Units in Lkws, Buchung der Strecke via Internet oder Bezahlung der Maut an Mautstellen-Terminals).
Veränderungspotenzial für die Organisation	Für die Betreiber und für die Politik stellt die Technologie grundsätzlich eine zusätzliche Chance auf finanzielle Einnahmen dar. Durch das gegründete Joint Venture Toll Collect wurden neue Arbeitsplätze geschaffen.
Unsicherheit	Zeitliche Verzögerungen bei der Einführung sowie die fehlerhafte Technik führten zu Glaubwürdigkeitsverlusten. Juristische Prozesse zwischen Bund und Betreiber wurden eingeleitet. Die mangelhafte Technologie schreckte darüber hinaus andere Länder ab, das System zu kaufen.

4.1.3.3 Die Ostsee-Pipeline-Anbindungsleitung (OPAL)

Es gibt jedoch auch Fälle, bei denen die Kommunikation zwischen Wirtschaft und Politik in Bezug auf die Einführung von Innovationen erfolgreich verlaufen ist. Ein Musterbeispiel stellt die Ostsee-Pipeline-Anbindungsleitung (OPAL) dar, die Deutschland und Europa über die Nord-Stream-Pipeline mit den Erdgasvorkommen in Sibirien verbindet und so Versorgungssicherheit schafft (vgl. OPAL 2012).[55] In diesem Zusammenhang verlegte der Erdgaslieferant WINGAS auch in Mecklenburg-Vorpommern, Brandenburg und Sachsen neue Leitungen, was politisch sowie aus Gründen des Umweltschutzes umstritten war.

Ziel der Kommunikation von WINGAS war es, eine öffentliche Akzeptanz für das Projekt zu generieren, um einen reibungslosen Bauablauf durch 14

---

55 Zwei der befragten Experten verwiesen innerhalb der qualitativen Interviews ebenfalls auf dieses Projekt und betrachteten es als Musterbeispiel für eine gelungene Kommunikation zwischen Wirtschaft und Politik bei innovativen Großprojekten (vgl. Experte VERBAND1 2011: #01:11:00-9#; Experte VERBAND2 2011: #00:41:28-4#).

Landkreise mit 2.500 Bauarbeitern sicherzustellen sowie die termingerechte Fertigstellung der Pipeline bis zum Jahr 2011 zu gewährleisten (vgl. PR Report Awards 2012). Daher wurden zum einen Vertreter der Genehmigungsbehörden, Bundes- und Landespolitiker, die Kreise und Kommunen frühzeitig angesprochen, zum anderen jedoch auch die Naturschutzverbände, Landwirte und Bürgerinitiativen sowie Anwohner, Kirchen und Vereine in das Projekt einbezogen. Neben Medienvertretern wurden auch die Bauleiter und Bauarbeiter des Projektes geschult, damit sie die notwendigen Kompetenzen für den Umgang mit der ständigen Pressepräsenz aufweisen konnten. Oberste Maxime war, alle Zielgruppen ernst zu nehmen und mit persönlicher, sofortiger und ehrlicher Information zu versorgen. Daher wurden Bürgerhotlines eingerichtet, Informationsveranstaltungen in jeder Gemeinde abgehalten und Trassenbesichtigungen sowie Busreisen zu ähnlichen Anlagen angeboten. Geplante Trassen wurden aus Gründen des Umwelt- oder Denkmalschutzes verlegt. Es entstanden Kooperationen mit den Universitäten in der Region sowie mit relevanten Vereinen. Gleichzeitig wurde bei den Bauarbeiten ein Breitbandanschluss in den Gemeinden verlegt, um schnelles Internet zu ermöglichen (vgl. PR Report Awards 2012).

Abbildung 41: Übertragung der Innovationsmerkmale auf die Gas-Pipeline

Komplexität	Die bei diesem Projekt vorhandene Komplexität wurde durch die kontinuierliche Informationsübermittlung und die Ansprache aller relevanten Zielgruppen reduziert. Problemfelder wurden so früh erkannt und mit den betroffenen Stakeholdern gemeinsam gelöst.
Neuartigkeit	Die Angst der Bevölkerung vor dem Neuen bzw. vor dem Nicht-Gehört-Werden wurde durch die Einrichtung von Bürgerhotlines, durch Informationsveranstaltungen, bei denen betroffene Stakeholder ihre Ängste und Sorgen mitteilen konnten, sowie durch die Berücksichtigung von Natur- und Umweltschutzbelangen minimiert. Der parallele Aufbau des Breitbandanschlusses war darüber hinaus ein Pluspunkt und sorgte für positive Reaktionen.
Abstraktionsgrad	Der hohe Abstraktionsgrad wurde durch die öffentlichen Besichtigungen der Trasse sowie Busfahrten zu ähnlichen Anlagen minimiert.
Anschlussfähigkeit	Durch das Vorhandensein anderer Anlagen und das Angebot, ähnliche Anlagen zu besichtigen, wurde die Anschlussfähigkeit der Innovation an bisherige Strukturen erreicht.
Veränderungspotenzial für die Organisation	Bei diesem Projekt gab es keinerlei negative strukturelle oder organisatorische Veränderungen innerhalb des Unternehmens WINGAS. Vielmehr versprach dieses Projekt höhere Gewinne und mehr Arbeitsplätze. Die am Projekt beteiligten Mitarbeiterinnen und Mitarbeiter des Unternehmens wurden darüber hinaus geschult, um Medien und Bürgerinitiativen sachlich und professionell begegnen zu können.
Unsicherheit	Die Unsicherheit war aufgrund existierender funktionierender Anlagen gering. Das grundsätzliche Vertrauen in die Technologie war somit gegeben.

Dieses Beispiel zeigt sehr deutlich auf, dass bei Projekten, in denen Politik und Wirtschaft beteiligt sind, auf einen frühzeitigen, kontinuierlichen, ehrlichen und dialogorientieren Informationsaustausch Wert gelegt werden muss und neben dem direkten Innovationslobbying mit Politikern auch das indirekte Lobbying, ergo die Einbeziehung von gesellschaftspolitischen Meinungsführern (wie z. B. Medien, NGOs etc.) und Bürgerinnen und Bürgern, eine erhebliche Rolle spielt. Darüber hinaus wurde anhand dieses Beispiels ersichtlich, wie durch eine genaue Analyse der Innovationsmerkmale im Vorfeld die Herausforderungen der Innovationskommunikation überwunden werden konnten.

4.1.3.4 Weitere Beispiele

Eine ähnliche dialogorientierte und transparente Herangehensweise wie bei der Verlegung der Gas-Pipeline findet man bei der Realisierung des neu geplanten Daimler Technologie- und Prüfzentrums für alternative Antriebe und Sicherheitstechnologien in Immendingen. Im Rahmen der Bundeswehrreform wurde der Standort Immendingen vom Verteidigungsministerium aufgelöst und der Daimler AG als Konversionsfläche zur Verfügung gestellt (vgl. Daimler AG 2011a). Im engen Dialog mit Kommune, Landes- und Bundespolitik (Verteidigungsministerium) sowie mit Bürgerinnen und Bürgern wird das Projekt momentan gemeinsam realisiert (vgl. Daimler AG 2011b: 2). Diese offene Informationskultur wird sowohl von der Bevölkerung als auch von der Politik grundlegend begrüßt. So konstatierte auch Franz Untersteller, Umweltminister von Baden-Württemberg: *„Dass man eine große Infrastrukturmaßnahme so angehen kann, hat Mustercharakter"* (zitiert in: Südkurier 2011).

Beispiele für fehlerhafte Kommunikation zwischen Politik und Wirtschaft lassen sich – wie bereits erläutert – auch leicht finden. Die Einführung der elektronischen Gesundheitskarte (vgl. Deckstein et al. 2008), das Bahnprojekt Stuttgart 21 (vgl. Harnischfeger 2010) oder auch die Einführung des hochumstrittenen Ottokraftstoffs E 10, bei dem Politik und Mineralölindustrie sich gegenseitiges Versagen vorwarfen (vgl. Frankfurter Allgemeine Zeitung 2011), sind nur einige, die an dieser Stelle erwähnt werden sollen.

4.1.4 Chancen und Herausforderungen des Innovationslobbyings

Aufbauend auf den Erkenntnissen des allgemeinen Lobbyings können – wie bei der Betrachtung der Innovationskommunikation – ebenfalls Chancen und Herausforderungen identifiziert werden, die bei der Einführung von Innovationen auf politischer Ebene auftreten. Nachfolgend sollen die positiven und negativen Aspekte, die vor allem im Lobbying-Kontext genannt werden, auf radikale Innovationen übertragen werden (siehe Abbildung 42). Die Chancen und Herausforderungen werden beim späteren Aufbau der Innovationslobbying-Strategie Berücksichtigung erfahren.

Durch Innovationslobbying können für Unternehmen erhebliche Vorteile im weltweit zunehmenden Wettbewerb entstehen (vgl. Siegele 2007: 138), da der Handlungsraum durch geeignete politische Rahmenbedingungen (z. B. Förderungen der Innovationen oder Einführung von Standards und Normen) erweitert wird (vgl. Köppl 2008: 204 f). Durch die direkte Kommunikation mit politischen Stakeholdern kann darüber hinaus der Vorteil bzw. der Nutzen einer Innovation für ein Unternehmen, für eine Branche oder bei radikalen Innovationen für eine gesamte Volkswirtschaft herausgestellt werden und somit politische Entscheidungen positiv beeinflusst werden (vgl. Siegele 2007: 138 f). Es entsteht die Chance, im politischen Bereich aktiv mitzuwirken, indem Fachwissen über die radikale Innovation bei Gesetzesentwürfen, Regelungsverfahren oder auch bei Regierungsprogrammen eingebracht wird (vgl. Leif/Speth 2006: 22 f). Durch Innovationslobbying bietet sich auch die Gelegenheit, Politiker als Multiplikatoren zu gewinnen, die in der Öffentlichkeit für die Innovation werben (Köppl 2001: 222; Merkle 2003: 140).

Abbildung 42: Mögliche Chancen und Herausforderungen des Innovationslobbyings

Chancen	Herausforderungen
Wettbewerbsvorteile: Schaffung eines Innovationsvorsprungs durch Lobbying (adäquate politische Rahmenbedingungen).	**Parteilichkeit:** Einseitige Kommunikation riskiert den langfristigen Erfolg einer Innovation.
Positive Beeinflussung von politischen Entscheidungen: Schnelle, verständliche und sachorientierte Informations- und Wissensvermittlung über den Nutzen der Innovation.	**Vertrauensverlust:** Gefährdung des Arbeitsverhältnisses zu politischen Stakeholdern (und somit auch des Erfolgs einer Innovation) durch unvollständige oder falsche Informationen über eine Innovation.
Mitwirkung im politischen Bereich: Einbringen von Fachwissen bei Gesetzesentwürfen, Regelungsverfahren, Regierungsprogrammen etc., die den Erfolg einer Innovation begünstigen.	**Korruption:** Durch das Agieren abseits der Öffentlichkeit Gefahr der Missachtung von rechtlichen Vorschriften sowie moralisch-ethischen Grundsätzen, öffentlicher Vorwurf der Intransparenz.
Gewinnung der politischen Stakeholder als Multiplikator: Positives Bewusstsein in der Öffentlichkeit erzeugen, Neugierde für Innovationen wecken.	**Komplexer Aufmerksamkeitswettbewerb:** Zunehmende Informationsüberflutung und die Medienabhängigkeit der politischen Stakeholder erschweren die langfristige Fokussierung auf eine bestimmte Innovation.

Quellen: eigene Darstellung, inhaltlich orientiert an den in diesem Kapitel genannten Literaturquellen

Voraussetzung ist natürlich stets, dass die Kommunikation so gestaltet wird, dass die politischen Stakeholder möglichst rechtzeitig informiert werden und komplexe Technologien so aufbereitet werden, dass die politischen Stakeholder diese auch verstehen. Dies ist vor allem vor dem Hintergrund des zunehmenden Aufmerksamkeitswettbewerbs notwendig. Durch die steigende Informationsüberflutung steigt die Gefahr, bestimmte Themen nur kurz anzureißen und zum nächsten Punkt auf der politischen bzw. medialen Agenda überzugehen (vgl. Merkle 2003: 73; Vondenhoff/Busch-Janser 2009: 115).

Weitere Risiken beim Innovationslobbying sind vor allem in der Korruption bzw. im Überschreiten bestimmter Gesetze und Regeln zu sehen (vgl. Siegele 2007: 138 f). Da sich Lobbying vor allem im öffentlichkeitsfernen Raum vollzieht, ist die Gefahr zu unlauteren Mitteln zu greifen erheblich größer als unter der öffentlichen medialen Kontrolle (vgl. Leif/Speth 2006: 16; Hogrefe 2009: 87; Alemann/Eckert 2006; Wehrmann 2007: 39; Kleinfeld/Zimmer/Willems 2007: 10; Rieksmeier 2007: 10; Lösche 2006: 53). Gleichzeitig betrachtet die Öffentlichkeit auch Projekte, in denen Politik und Wirtschaft gleichermaßen involviert sind und die mit hohen Kosten für den Steuerzahler einhergehen, äußerst kritisch. Schnell kann hierbei der Vorwurf laut werden, intransparent zu agieren bzw. die Öffentlichkeit zu täuschen (siehe Stuttgart 21).

In diesem Zusammenhang muss auch das vertrauensvolle Verhältnis zwischen politischen Stakeholdern und Lobbyisten Erwähnung finden. Unvollständige oder falsche Angaben werden auf lange Sicht die Kontakte zu politischen Stakeholdern gefährden (vgl. Althaus 2007: 810). Gleichzeitig riskiert man den Erfolg einer Innovation auch dadurch, dass man sich zu sehr auf eine politische Partei fokussiert und bei einem Regierungswechsel keine Unterstützung mehr für die Innovation vorfindet (vgl. Vondenhoff/Busch-Janser 2009: 68).

4.2 Planungsphase des Innovationslobbyings

Nach der Situationsanalyse erfolgt nun die Planung des Innovationslobbyings. Dabei werden zuerst die Ziele des Innovationslobbyings identifiziert und ausgearbeitet. Im zweiten Schritt soll untersucht werden, welche spezifischen Kompetenzen Lobbyisten an der Schnittstelle zwischen Politik und Wirtschaft aufweisen müssen und welche organisatorischen Voraussetzungen für ein erfolgreiches Innovationslobbying geschaffen werden müssen. Auch sollen politische Schwerpunktthemen bestimmt und das richtige Timing für Innovationslobbying vorgestellt werden. Abschließend wird die Frage erörtert, inwiefern das öffentlichkeitswirksame Campaigning bei der Kommunikation zwischen Politik und Wirtschaft eine Rolle spielt.

4.2.1 Identifizierung und Ausarbeitung von Zielen des Innovationslobbyings

Welche Ziele stehen nun bei der Kommunikation von Innovationen mit politischen Stakeholdern im Vordergrund? Während es in der allgemeinen PR – wie bereits erwähnt – darum geht, Verständnis und Vertrauen für die Innovation zu schaffen, das Unternehmen als Innovator zu positionieren und Partner als Verbündete zu finden, fokussiert Public Affairs als Sonderform von Public Relations eine aktive und bewusst gewollte Involvierung eines Unternehmens in politische Prozesse, Themen und Strukturen (siehe Kapitel 2.3.1). Lobbyingaktivitäten greifen auch und gerade bei Innovationen direkt in die politischen Entscheidungsprozesse ein und versuchen diese in eine bestimmte Richtung zu lenken. Im Kern beabsichtigt Lobbying, einen Sachverhalt bei den politischen Entscheidungsträgern und Entscheidungsprozessen im nicht-öffentlichen Raum zu artikulieren bzw. durchzusetzen: *„Überzeugung durch direkten Dialog"* (Hogrefe 2009: 86) steht im Zentrum (zur genauen Definition von Lobbying siehe Kapitel 2.3.3).

Übergeordnetes Ziel des Innovationslobbyings ist es, mögliche negative Auswirkungen auf den Erfolg einer Innovation zu begrenzen oder potenzielle Vorteile in Bezug auf eine erfolgreiche Einführung und Durchdringung einer Innovation zu vergrößern (vgl. Radunski 2006: 315; Köppl 2008: 205). Dabei soll auf politische Stakeholder so eingewirkt werden, dass attraktive Rahmenbedingungen und bestmögliche Voraussetzungen für Innovationen geschaffen werden. Orientiert am allgemeinen Lobbying können auch beim Innovationslobbying Zieldimensionen festgemacht werden (vgl. hierzu Köppl 2008: 205; Lianos/Hetzel 2003: 15). Anhand von konkreten Beispielen, die den Innovationskontext betreffen, sollen fünf Zieldimensionen veranschaulicht werden, deren Erreichung später auch in der Evaluation überprüft werden kann (siehe Kapitel 4.4).

1. Eine Entscheidung mittels Innovationslobbying verhindern: Mittels Innovationslobbying kann z. B. bei einem neu entwickelten Produkt der Konkurrenz, das die Markterfolge der eigenen Produkte behindert, der politische Rückhalt beendet werden (vgl. Köppl 2008: 205; Lianos/Hetzel 2003: 15).
2. Eine Entscheidung durch Innovationslobbying verzögern bzw. beschleunigen: Aus taktischen Gründen wird versucht, die relevante Entscheidung im Parlament, die Einfluss auf den Erfolg einer Innovation haben kann, zeitlich nach vorne bzw. nach hinten zu verschieben (vgl. Köppl 2008: 205; Lianos/Hetzel 2003: 15).
3. Eine Entscheidung inhaltlich zugunsten der Innovation abändern: Um eine neu entwickelte Innovation auf den Markt zu bringen, müssen mittels Lob-

bying gesetzliche Regelungen geändert werden. Auch kann der Fall eintreten, dass bei der Vergabe von Förderungen oder Subventionen der politische Kriterienkatalog so aktualisiert werden muss, dass Innovationen berücksichtigt oder sogar bevorzugt gefördert werden (vgl. Köppl 2008: 205).

4. Ein innovationsrelevantes Thema auf die politische Agenda bringen: Da Innovationen Veränderungen mit sich bringen und somit viele Fragen aufwerfen, müssen die zuständigen politischen Instanzen (Ministerien, Parlamente etc.) sich dieser Fragen aktiv annehmen (vgl. Köppl 2008: 205; Lianos/Hetzel 2003: 15). Durch eine frühzeitige Kontaktaufnahme und Informationsvermittlung kann mittels Lobbying an der Formulierung von politischen Zielen in Bezug auf bestimmte Innovationen mitgewirkt werden.

5. Politische Bedenken rechtzeitig erkennen und entkräften: Je radikaler die Innovation, desto stärker sind z. B. auch Auswirkungen auf Arbeitsplätze und Unternehmensstandorte. Innovationen können zu Standortverlagerungen, -schließungen und -öffnungen führen. Aufgabe des Lobbyings hierbei ist es folglich, auf die politischen Stakeholder zuzugehen und sie über Hintergründe, Ausgleichsmaßnahmen etc. aufzuklären, damit diese sich nicht gänzlich von Innovationen distanzieren (vgl. Köppl 2008: 205).

4.2.2 Persönliche und fachliche Kompetenzen der Lobbyisten

Welche Kompetenzen muss ein Lobbyist bei der erfolgreichen Vermittlung von Innovationen aufweisen? Die Qualifikationsanforderungen, die an Lobbyisten gestellt werden, sind äußerst komplex. Unter anderem wird von einem Lobbyisten ein gutes Personen- und Allgemeingedächtnis, politisches Urteilsvermögen, Verhandlungsgeschick und die Fähigkeit, Politikern auf gleicher Augenhöhe zu begegnen, gefordert (vgl. Althaus 2007: 804; Siegele 2007: 85). Eigenschaften wie Vertrauenswürdigkeit, Loyalität, Integrität, Diskretion sowie Einfühlungsvermögen werden ebenfalls häufig in der Fachliteratur genannt (vgl. Vondenhoff/Busch-Janser 2009: 73; Liehr-Gobbers 2006: 248).

Einigkeit herrscht auch darüber, dass Lobbyisten über eine ausgesprochene Kommunikationsfähigkeit verfügen müssen und somit ebenfalls die Rolle des Kommunikationspromotors innehaben. So muss man als Lobbyist z. B. in der Lage sein, bei den politischen Entscheidungsträgern Innovationen und damit verbundene Interessen des Unternehmens verständlich zu artikulieren. Gleichzeitig muss er den jeweiligen unternehmensinternen Bereichen wie der Forschungs- und Entwicklungsabteilung (Fachpromotoren), dem Innovationsmanagement (Prozesspromotoren) oder auch dem oberen Management (Machtpromotoren) politische Entscheidungen, die Einfluss auch eine Innovation haben, erklären und Empfehlungen für das weitere Vorgehen geben (vgl. Althaus 2007: 804; Merkle 2003: 28; Althaus 2007: 804). Neben seiner Rolle als Kommunikationspromotor agiert der Lobbyist ebenso als Beziehungspromotor, indem er die Personen miteinander in Kontakt bringt, die Innovationen voranbringen können. Als guter Netzwerker sucht der Lobbyist den Umgang mit Menschen und ist aufgeschlossen für Neues. Er beherrscht die Fähigkeit zwischen Geben und Nehmen und setzt beim Netzwerken auf kooperatives Handeln: *„Ich gebe eine Information und erhalte dafür eine andere. Ich stelle einen Kontakt her und erhalte dafür eine Information oder einen anderen Kontakt"* (Vondenhoff/Busch-Janser 2009: 73). Voraussetzung ist dabei natürlich stets, dass die demokratischen Spielregeln eines jeden Staates berücksichtigt werden (vgl. Siegele 2007: 85). Einen guten Überblick über die fachlichen und persönlichen Kompetenzen eines Lobbyisten gibt Broichhausen, der bereits 1982 grundsätzliche Spielregeln aufstellte.

4.2.3 Adäquate strukturelle und organisatorische Voraussetzungen

Entsprechend der Vorgehensweise in Kapitel 3 sollen nun auch bei der Fokussierung der Kommunikation mit politischen Stakeholdern die geeigneten strukturellen und organisatorischen Voraussetzungen für Innovationslobbying ermittelt werden. Dabei rücken sowohl die unternehmensinternen Strukturen in den Vordergrund als auch die Schnittstellenfunktion als Mittler und Übersetzer zwischen Politik und Wirtschaft. Abhängig von der Innovation gilt es auch, die passende Organisationsform von Lobbying (Lobbying über Verbände, Interessenkoalitionen, unternehmensinterne Vertreter etc.) auszuwählen. Auf die einzelnen Aspekte soll nachfolgend eingegangen werden.

4.2.3.1 Kontinuierliche und rasche Rückkopplung mit den unternehmensinternen Fachbereichen

Egal ob der Lobbying-Bereich – je nach Unternehmensstruktur – zur Unternehmenskommunikation[56], zum Planungsstab, zur Abteilung für Grundsatzangelegenheiten, zum allgemeinen Vorstandsbüro oder zur Rechtsabteilung subsumiert wird (vgl. Althaus 2007: 800f), Lobbyisten müssen in allen Phasen des Innova-

---

56 Vor dem Hintergrund der engen Kooperation zwischen Lobbyisten und Kommunikationsmanagern bietet sich die in dieser Untersuchung festgelegte Eingliederung des Lobbyings in den Public Relations-Bereich an, der wiederum zur Unternehmenskommunikation subsumiert wird.

tionsprozesses (angefangen bei der Ideengenerierung in der Forschungs- und Entwicklungsphase bis hin zum Recycling der Innovationen) integriert werden. Nur unter diesen Umständen ist es möglich, Politikern richtige Informationen über die Innovation zu übermitteln. Der Lobbyist kann mit seinen Netzwerken und seiner Expertise für den richtigen politischen Ansprechpartner das Vorantreiben einer Innovation unterstützen, politische Stimmungen hinsichtlich bestimmter Innovationen sondieren und gegebenenfalls einen Dialog zwischen Politik und den unternehmensinternen Fachbereichen oder sonstige Maßnahmen initiieren (vgl. Köppl 2000: 30). Eine kontinuierliche, wechselseitige Feedback-Schleife zwischen strategischen Entscheidungsprozessen des Unternehmens und der Lobbying-Planung muss gerade bei Innovationen gewährleistet sein (Köppl 2008: 207).

Wie sich bereits in Kapitel 3.2.3 herauskristallisiert hat, ist eine enge Kooperation zwischen Kommunikationsmanagern und Innovationsmanagern ein Faktor für die erfolgreiche Vermittlung von Innovationen. Selbstverständlich müssen hier die Lobbyisten ebenfalls berücksichtigt werden, damit sie ihrer politischen Arbeit wirkungsvoll nachgehen können. Die Arbeit von Innovationsmanagern, Kommunikationsmanagern und Lobbyisten lässt sich sinnvoll zusammenführen und für Synergien erschließen (vgl. Vondenhoff/Busch-Janser 2009: 56).

Gerade zu den anderen Kommunikationsmanagern, die verantwortlich sind für PR, interne Kommunikation oder externe Kommunikation, muss ein kontinuierlicher Informationsaustausch gewährleistet werden. Politische Themen können schnell zu gesellschaftlichen bzw. öffentlichen Themen werden und vice versa. Darüber hinaus pflegt der Lobbyist am Hauptstadtstandort Berlin Kontakte zu anderen Interessengruppen wie Gewerkschaften, Verbraucherschutzverbänden, Medien und Künstlern, die auch Zielgruppen der Unternehmenskommunikation sind (vgl. Vondenhoff/Busch-Janser 2009: 57). Umgekehrt ist der Kommunikationsmanager durch das Betreiben eines intensiven Reputationsmanagements über die Medien in der Lage, das Interesse der Politik stärker auf die Innovationen eines Unternehmens zu lenken und somit das Verhalten der Politiker richtungweisend zu stimulieren[57]: *„Ein Unternehmen, das in seiner Rolle als Bürger glaubwürdig ist, erleichtert die Kommunikation mit politischen Stakeholdern und hilft so ein Klima für Kooperationen und Entgegenkommen zu schaffen"* (Vondenhoff/Busch-Janser 2009: 56 f).

---

[57] So hat sich beispielsweise der ehemalige Bundeskanzler Gerhard Schröder selbst als „Autokanzler" bezeichnet und sich mit dem positiven Bild der deutschen Automobilunternehmen geschmückt (vgl. Vondenhoff/Busch-Janser 2009: 56).

Auch im Rahmen des Issues Managements (siehe Kapitel 3.1.1 und Kapitel 4.1.1) wirken Lobbyisten und Kommunikationsmanager eines Unternehmens eng zusammen. Beim Aufspüren von unternehmensrelevanten Issues werden häufig auch Lobbyisten hinzugezogen, um Issues aus politischem Blickwinkel zu bewerten. Darüber hinaus kann der Lobbyist bei diesen Gesprächen auch selbst die Initiative ergreifen und Agenda-Setting betreiben. So kann er innovationsrelevante Themen, die auf der politischen Agenda stehen und bislang vom Unternehmen ignoriert wurden, zum Issue machen (vgl. Vondenhoff/Busch-Janser 2009: 49).

Eine weitere Herausforderung für das Zusammenspiel von Lobbyisten und den anderen Kommunikationsmanagern stellt das Krisenmanagement dar. Innovationen sind, wie bereits erläutert, oft auch mit einem hohen Risikopotenzial verbunden und können Ängste bei den Stakeholdern erzeugen. Auch ein gutes Gesetzgebungsmonitoring sowie ein funktionierendes Issues Management können teilweise scheitern, da es Situationen gibt, die nicht präventiv beherrschbar sind. Eskaliert also die Situation und wird dadurch die Einführung einer Innovation gefährdet, sind neben dem Innovationsmanagement das Kommunikationsmanagement und der Lobbying-Bereich gleichermaßen gefordert. Ein zeitnaher Informationsaustausch, ein abgestimmtes Verhalten und eine klare Rollenverteilung bzw. Zuständigkeitsdefinition stellen wesentliche Bedingungen für ein erfolgreiches Zusammenwirken dar. Während der Kommunikationsmanager die Öffentlichkeit bzw. die Medien informiert, stellt der Lobbyist den relevanten politischen Ansprechpartnern Informationen zur Verfügung (vgl. Vondenhoff/Busch-Janser 2009: 58 f).

4.2.3.2 Mittler- und Übersetzungsfunktion an der Schnittstelle zwischen Politik und Wirtschaft

Lobbyisten bewegen sich an der Schnittstelle zwischen Politik und Wirtschaft in gänzlich unterschiedlichen Beziehungsgeflechten. Zum einen agieren Lobbyisten im internen Unternehmensumfeld, das von betriebswirtschaftlichen Determinanten und vom Wettbewerb bestimmt wird, zum anderen sind sie auch im politischen Umfeld aktiv, das durch Gesellschaftsziele und parteipolitische Programme gekennzeichnet ist. Beide Bereiche haben ihre eigenen Handlungslogiken, Wertvorstellungen, Darstellungsmuster, Instrumente und sind durch einen anderen Rhythmus und durch ein anderes Tempo bestimmt (vgl. Köppl 2003: 25; Speth 2006: 25; Strauch 1993: 116). Während die politische Struktur von Legislaturperioden und Wahlkämpfen geprägt ist, sind in Unternehmen Produktzyklen, Fertigungsprozesse oder Absatzmärkte der Innovationen relevant (vgl. Vondenhoff/Busch-Janser 2009: 17).

Der Lobbyist muss sich daher so an der Schnittstelle Politik/Wirtschaft positionieren, dass er seiner Hauptfunktion als Mittler und Übersetzer zwischen den beiden Systemen nachkommen kann (vgl. Priddat/Speth 2007; Speth 2006: 229). Seine Aufgabe ist es, die unterschiedlichen Motivationen zu verstehen, aufzubereiten und eine möglichst große Schnittmenge der Interessenlagen zu finden (vgl. Siegele 2007: 90). Informationen, die er der Politik vermittelt, müssen mit den unternehmensinternen Bereichen im Vorfeld abgestimmt sein (siehe Kapitel 4.2.3.1). Rückmeldungen von relevanten politischen Stakeholdern, die Einfluss auf den Erfolg einer Innovation haben könnten, muss er wiederum nach innen tragen. Darüber hinaus gibt er beispielsweise unternehmensintern eine Empfehlung ab, wie mit den politischen Entscheidungsträgern umzugehen ist oder vermittelt zwischen Unternehmensmanagement und Politik Kontakte (vgl. Speth 2006: 24 f; Vondenhoff/Busch-Janser 2009: 17).

4.2.3.3 Passende Organisationsform der Lobbyingaktivitäten

Neben der kontinuierlichen Rückkopplung mit den internen Fachabteilungen eines Unternehmens und der Berücksichtigung der Schnittstellenfunktion zwischen dem politischen und dem wirtschaftlichen System muss der Fokus auch auf die Organisationsform des Lobbyings per se gerichtet werden. Je nach Innovation muss am Anfang jedes Planungsprozesses die Frage gestellt werden, in welcher Form ein Unternehmen seine Interessen gegenüber der Politik am effektivsten durchsetzen kann (vgl. Fischer 1997: 109). Die Entscheidung für eine Organisationsform ist dabei nicht exklusiv. In der Regel werden meist mehrere Wege beschritten, was als sogenannte Multi-Voice-Strategie bezeichnet wird (vgl. Busch-Janser 2004: 100). Nachfolgend sollen die gängigen Organisationsformen des Lobbyings vorgestellt und der Innovationsbezug hergestellt werden.

Verbände: Die klassische Form des Lobbyings:
Bei Innovationen, die Einfluss auf eine gesamte Branche haben, greifen Unternehmen des Öfteren auf die Verbandsform als klassische Form des Lobbyings zurück (vgl. Köppl 2003: 15; Fischer 1997: 109; Alemann/Eckert 2006).[58] Die zentrale Funktion der Verbände besteht darin, Interessen zu aggregieren und zu

---

58 In der Forschungsliteratur wird beim Lobbying über Verbände auch des Öfteren von Cross Lobbying gesprochen (siehe z. B. Köppl 2003: 114 f). Mit dem Verbandswesen hat sich insbesondere Alemann (1989; 2000) beschäftigt.

artikulieren, um effektivere Ziele zu erreichen (vgl. Witt et al. 2006: 155; Streeck 1994: 8; Straßner 2006). Ein wesentlicher Vorteil dieser institutionalisierten Form der Beteiligung ist darin zu sehen, dass Verbände in politischen Verfahren nicht nur Privilegien genießen, sondern auch eine höhere Legitimität besitzen (vgl. Busch-Janser 2004: 79; Althaus 2007: 801). Verbände haben eine stetige personelle und organisatorische Infrastruktur. Arbeitsteilung und Spezialisierung auf bestimmte Themen – wie dies vor allem auch bei Innovationen notwendig ist – sind in einem Verband in einem stärkeren Maße möglich als in einem Unternehmen. Durch die Mitarbeit von Unternehmen in Arbeitskreisen können Fachthemen sowie Strategien vorbereitet und ausgeführt werden (vgl. Althaus 2007: 801). Durch die Übernahme bestimmter Funktionen wie beispielsweise die des Verbandsvorstands besteht darüber hinaus für Unternehmensvertreter die Möglichkeit, die Politik des Verbandes aktiv mitzugestalten (vgl. Köppl 2003: 115).

Verstärkt wird das politische Gewicht der Verbände, wenn sich die Branchenverbände und regionalen Kammern in Dachverbänden wie zum Beispiel im Bundesverband der deutschen Industrie (BDI)[59] zusammenschließen (vgl. Busch-Janser 2004: 101; Alemann/Eckert 2006; Bührer 2006). Nicht zu vergessen ist in diesem Zusammenhang, dass viele Abgeordnete, die neben ihrem Parlamentsmandat auch für Interessengruppen arbeiten, in verschiedenen Verbänden tätig sind. In diesem Fall entsteht für Unternehmenslobbyisten sehr früh die Möglichkeit, Politiker auf Innovationen anzusprechen und diese als Unterstützer zu gewinnen (vgl. Speth 2006: 23; Köppl 2000: 123). Der Nachteil dieser Lobbyingform ist, dass Verbände darauf angewiesen sind, gemeinsame Positionen zu finden. Diese gehen häufig nicht über den kleinsten gemeinsamen Nenner hinaus (vgl. Köppl 2008: 214), da im gleichen Verband häufig sogar entgegengesetzte Interessenlagen vorzufinden und Abstimmungsprozesse oft langwierig sind (vgl. Wehrmann 2007: 41; Speth 2010). Da Unternehmen sich jedoch durch ein direktes und schnelleres Einwirken auf die politischen Stakeholder mehr Erfolg versprechen und die Politik zunehmend nach Expertise durch Unterneh-

---

59 Der Bundesverband der deutschen Industrie (BDI) transportiert seit dem Jahre 1949 die wirtschaftspolitischen Interessen und Anliegen der Industrie an die politisch Verantwortlichen und gehört zu den sogenannten Spitzenverbänden in Deutschland. Der BDI als Spitzenverband der deutschen Industrie und der industrienahen Dienstleister in Deutschland spricht für 37 Branchenverbände. Er repräsentiert die politischen Interessen von über 100 000 Unternehmen mit gut acht Millionen Beschäftigten gegenüber Politik und Öffentlichkeit (vgl. Bundesverband der deutschen Industrie BDI 2011).

men fragt, büßen Verbände an Einfluss ein (vgl. Speth 2006: 45; Wehrmann 2007: 58; Priddat/Speth 2007: 7; Alemann/Eckert 2006).[60]

Lobbying über „Inhouse-Lobbyisten":
Viele Unternehmen agieren zunehmend selbst als politische Akteure und eröffnen Unternehmensrepräsentanzen (vgl. Wehrmann 2007: 41; Speth 2006: 45; Busch-Janser 2004: 81; Winter 2003: 39; Alemann/Eckert 2006). Parallel und ergänzend zur allgemeinen Interessenvertretung in Verbänden können so Partikularinteressen gezielt artikuliert und eigene Strategien verfolgt werden. Im Gegensatz zu Verbänden können Unternehmenslobbyisten flexibler auftreten und den gestiegenen Anforderungen im schnellen und internationalen Wettbewerb besser gerecht werden (vgl. Merkle 2003: 28). Dies ist gerade bei Innovationen, bei denen jedes Unternehmen Markt- und Technologieführer sein möchte, der Fall. Ein weiterer Pluspunkt der „Inhouse-Lobbyisten" kann auch in der starken Identifizierung der Lobbyisten mit dem Unternehmen gesehen werden. Als *„company believer"* (Busch-Janser 2004: 100) sind sie vom Unternehmen und dessen Philosophie und Arbeitsweise geprägt, so dass sie im politisch-gesellschaftlichen Raum eine besondere Glaubwürdigkeit und Authentizität genießen (vgl. Busch-Janser 2004: 100f). Durch die direkte Einbindung des Vorstandsvorsitzenden können darüber hinaus Entscheidungen gegenüber politischen Entscheidungsträgern schneller und mit mehr Nachdruck umgesetzt werden (vgl. Lianos/Hetzel 2003: 15; Wehrmann 2007: 42; Vondenhoff/Busch-Janser 2009: 19). Inhouse-Lobbying eignet sich vor allem dann, wenn neue Technologien das Potenzial haben, zum Alleinstellungsmerkmal eines Unternehmens zu werden bzw. neue Technologien anderer Unternehmen die Markterfolge der eigenen Produkte oder Technologien gefährden (vgl. Köppl 2008: 206).

Lobbying über externe Dienstleister:
Neben den Konzernrepräsentanzen hat sich in den letzten Jahren auch eine schwer überschaubare Anzahl an Lobbying-Dienstleistern herausgebildet. Dazu zählen Agenturen, Public Affairs-Firmen, Unternehmensberatungen, selbstständige Consultants, Anwaltsfirmen oder auch Think Tanks, die im Bereich Lobbying aktiv sind (vgl. Althaus 2007: 803; Speth 2010; Wehrmann 2007: 42; Alemann/Eckert 2006): *„Als sogenannte ‚Schnellboote' zwischen den großen Verbänden, die sie als ‚Tanker' bezeichnen, wollen die Consultants in einem*

---

60 Zur Wirkung und zum Einfluss von Verbänden siehe z. B. die empirische DIPA-Verbände-Studie von Althaus/Rawe (2005).

Geschäft, das gerade in Berlin hohe Zuwachsraten verspricht, mitmischen" (Vondenhoff/Busch-Janser 2009: 19).

Vorteil der Agenturen ist, dass sie sich nicht nur an die Politik richten, sondern auch an die Führungsspitze eines Unternehmens. So sind sie beispielsweise beratend beim Aufbau von Lobbying-Abteilungen tätig, übernehmen das Monitoring einer Innovation oder bieten spezielle Kommunikationsdienstleistungen wie Campaigning an, die flankierend zum Lobbying eingesetzt werden können (vgl. Speth 2010; Busch-Janser 2004: 104; Lianos/Kahler 2006: 290). Je nach Art und Grad der Innovation können unterschiedliche, auf bestimmte Themenbereiche spezialisierte Dienstleister von den jeweiligen Unternehmen herangezogen werden. Somit kann ein Unternehmen externe Dienstleister befristet oder dauerhaft unter Vertrag nehmen und – ohne Vorarbeit bzw. auf ein Innovationsprojekt begrenzt – auf professionelles Wissen zugreifen. Unternehmen profitieren bei diesem *„contract lobbying"* (Köppl 2000: 120; Köppl 2003: 217 f) von einem großen Kontaktnetzwerk oder auch von der Vernetzung vieler Agenturen (vgl. Busch-Janser 2004: 105; Köppl 2000: 120; Speth 2006: 47; Wallrabenstein 2003: 430).

Lobbying über Interessenkoalitionen „Issue Coalition":
Wenn die Bedeutung eines Projektes für das Geschäft eines Unternehmens exorbitant hoch ist und die Interessengegensätze innerhalb eines Verbandes zu groß sind, kann auch auf eine Interessenkoalition (Issue Coalition) zurückgegriffen werden (vgl. Merkle 2003: 53). Diese Form eignet sich insbesondere bei radikalen Innovationen, die nicht nur einen starken Wandel hinsichtlich Markt, Technologie und Organisation beinhalten, sondern auch das Umfeld verändern (siehe Kapitel 2.1.9). Unternehmen brauchen starke Verbündete bzw. Innovationspartner, mittels derer Politik und Öffentlichkeit von der Neuheit überzeugt werden können. Solche punktuellen und auf ein Innovationsprojekt bezogenen Interessenkoalitionen stellen einen wahren Machtfaktor dar, da Kreativität und Wissen durch unterschiedliche Partner (Verbände, Initiativen, Non-Profit-Organisationen, Wissenschaft) multipliziert werden. Selbst wenn an sich keine gemeinsamen Interessen vorliegen, kann bei einem bestimmten Sachverhalt ein gemeinsames Ziel verfolgt werden und somit eine gemeinsame Vorgehensweise sinnvoll sein (vgl. Köppl 2003: 113). Breitere Interessen, mehr Ressourcen und der Überraschungseffekt durch den Zusammenschluss ganz unterschiedlicher Akteure stellen eindeutige Vorteile dar. Gefahren lauern in der Spaltungsgefahr, im Ressourcenaufwand sowie in der Koordination und Kontrolle dieses Netzwerkes (vgl. Köppl 2003: 114; Busch-Janser 2004: 107).

4.2.4 Vermittlung von Inhalten und Botschaften des Innovationslobbyings

Welche Inhalte und Botschaften stehen nun im Vordergrund bei der Vermittlung von Innovationen, welche Themenbereiche sind besonders erfolgsversprechend und wie müssen die Inhalte beim Innovationslobbying vermittelt und aufbereitet werden? Nachfolgend sollen Antworten auf diese Fragen gefunden werden.

4.2.4.1 Aktive Kommunikation von politischen Leitthemen

Politische Stakeholder sind in der Lage, die Einführung von Innovationen am Markt sowohl im negativen als auch im positiven Sinne durch politische Rahmenbedingungen wie beispielsweise gesetzliche Auflagen, Übergangsregelungen, Förderungen von Forschungs- und Entwicklungsprojekten, Aufbau von Netzwerken bzw. Kooperationen zu beeinflussen und somit über die zukünftige Wirtschaftlichkeit sowie Wirtschaftsfähigkeit eines Unternehmens oder einer Branche mitzuentscheiden. Sie können Innovationen aktiv und richtungsweisend begleiten, Anreize schaffen, Hemmnisse abbauen und einen geeigneten Rahmen für Forschungs- und Entwicklungsaktivitäten schaffen (vgl. Gelbmann/Vorbach 2007: 102 ff; Köppl 2008: 204). Interessenorganisationen müssen mit politischen Stakeholdern in Kontakt treten, um ihre Interessen auf politischer Ebene zu artikulieren.

Forschungs- und Innovationspolitik:
Daher muss der Fokus vor allem auf den Themenbereich Forschungs- und Innovationspolitik gerichtet werden. Hierbei können vor allem folgende Unterthemen bei politischen Stakeholdern relevant sein (vgl. Bundesministerium für Bildung und Forschung 2010: 9), wie Abbildung 43 verdeutlicht. Bei der Kommunikation von Innovationen ist es sinnvoll, die hier genannten Themenfelder zu berücksichtigen, um sicherzugehen, dass die mit einer Innovation entstehenden politischen Aufgaben möglichst frühzeitig bei den jeweiligen politischen Ansprechpartnern wahrgenommen, bearbeitet und gelöst werden.

Abbildung 43: Konkrete Themen in der Forschungs- und Innovationspolitik

Gründungsbedingungen: Verbesserung der Rahmenbedingungen für junge Technologieunternehmen, Gründungsausbildung im Bildungssektor verankern

Mittelstand/KMU: Beteiligung von KMU am Forschungs- und Entwicklungsgeschehen, Ausbau der Innovationskompetenz, Stärkung von Beratungs- und Informationsangeboten, Innovationsprogramme für KMU, Vernetzung von mittelständischen Unternehmen untereinander

*Innovationsfinanzierung/Wagniskapital***:** Rahmenbedingungen für einen international wettbewerbsfähigen Wagnis- und Beteiligungskapitalmarkt, Stärkung des Förderinstrumentariums zur Mobilisierung von Wagniskapital

Normung/Standardisierung für Transparenz, Sicherheit, Vergleichbarkeit, Nachhaltigkeit und hohe Sicherheit: aktive Beteiligung an Normungs- und Standardisierungsaktivitäten, stärkere Nutzung der Potenziale von Normung und Standardisierung durch gezielte Integration in die Forschungsförderung)

Innovationsorientierte Beschaffung: Stärkung der innovativen Unternehmen, Erhöhung der Wirtschaftlichkeit der Verwaltung, Einnehmen einer Vorbildfunktion, Innovationen in der Öffentlichkeit erlebbar machen

Qualifizierte Fachkräfte: Festigung der Fachkräftebasis durch Berufsausbildung, berufliche Fort- und Weiterbildung und Studium, Sicherung des Ingenieurnachwuchses

Schutz des geistigen Eigentums: Patentpolitik, Stärkung der Unterstützungsleistungen für KMU bei der Anmeldung von Patenten und Gebrauchsmustern, Erleichterung des Zugangs für gewerbliche Schutzrechte

Bürokratieabbau: Reduzierung unnötiger Formalien, Abbau von Innovationshemmnissen vor allem im Zusammenhang mit innovativen Gründungen und der Innovationsfinanzierung

Verzahnung von Wissenschaft und Wirtschaft: Förderung des Austausches zwischen Hochschulen, außeruniversitärer Forschung und Unternehmen, schnellere Überführung von Innovationen am Markt und in die Gesellschaft, Aufbau von Innovationsallianzen, Förderung von Spitzenclustern

Internationale Innovationsprogramme: Gestaltung von gemeinsamen kohärenten innovationspolitischen Ansätzen auf europäischer/globaler Ebene, Orientierung an globalen Herausforderungen, internationale Wissens- und Innovationsgemeinschaften, Bildung von strategischen Partnerschaften

Bürgerdialoge: Dialogplattformen für Bürgerinnen und Bürger, Diskussionen über gesellschaftlich kontroverse Zukunftstechnologien, Aufbau von Toleranz, Informationen über Chancen und Risiken

Quelle: angelehnt an Bundesministerium für Bildung und Forschung 2010: 9 ff

Umwelt- und Verbraucherschutzpolitik sowie gesellschaftliche Verantwortung: Neben den innovationspolitischen Themen muss bei der inhaltlichen Auswahl ebenfalls beachtet werden, dass Politiker gesellschaftliche, ökologische und ethische Auswirkungen einer Innovation betrachten (vgl. Althaus 2007: 810, 812). Politiker müssen bei der Begründung einer politischen Entscheidung eine Verbindung zwischen Sachfrage, Parteiinteressen, Erwartungen der Wähler und den gesellschaftlichen Wertvorstellungen herstellen (vgl. Merkle 2003: 25). Abgeordnete sind *„Vertreter des ganzen Volkes, an Aufträge und Weisungen nicht gebunden und nur ihrem Gewissen unterworfen"* (Artikel 38, Absatz 1, Grundgesetz). Darüber hinaus sind Beamte und Mitarbeiter des öffentlichen

Dienstes den klassischen Werten der Verwaltung wie Amtsverschwiegenheit, Neutralität und Gesetzestreue verpflichtet. Sie dienen im Gegensatz zu Abgeordneten keiner Partei, sondern vielmehr dem ganzen Volk. Ihre Pflicht ist es, Aufgaben unparteiisch, gerecht und zum Wohle der Allgemeinheit zu erfüllen (vgl. Merkle 2003: 74 f). Neben den wirtschafts- und konjunkturpolitischen Themen, die eine Innovation betreffen, nehmen darüber hinaus drei Querschnittsgebiete des Lobbyings eine hervorgehobene Stellung ein:

> „Umweltpolitik, Verbraucherschutzpolitik und die außerökonomische Verantwortung von Unternehmen. In den drei Arbeitsgebieten gibt es sowohl ein feinmaschiges Netz an staatlichen Vorschriften als auch den politischen Willen, das Reglement weiter auszubauen, und eine für gute wie schlechte Nachrichten empfängliche Öffentlichkeit" (Althaus 2007: 809).

Der schonende Umgang mit Ressourcen stellt ein wichtiges Thema für die Politik bei der Einführung von Innovationen dar (vgl. Siegele 2007: 125; Bundesministerium für Bildung und Forschung 2010: 12 f). Welche Auswirkungen hat die Innovation auf die Umwelt? Inwiefern berühren Emissions- und Immisionsbeschränkungen die Innovation (vgl. Köppl 2000: 53)? Erfüllt die Innovation die Umweltstandards bzw. wie umweltfreundlich ist die Wertschöpfungskette bei neuen Produktinnovationen, angefangen über eine ökologische Entwicklung und Produktion bis hin zu nachhaltigen Recycling-Programmen (vgl. Althaus 2007: 810; Köppl 2000: 53)? Politische Stakeholder, insbesondere die Behörden, verfügen in diesem Bereich über ein engmaschiges Netz der Regulierung. So können sie einerseits Geldbußen verhängen, Informationen über die Umweltstandards eines Unternehmens publizieren, die Staatsanwaltschaft einsetzen oder das Verwaltungs- und Zivilrecht bemühen. Andererseits sind sie in der Lage, ökonomische Anreize zu schaffen: Vom Steuermalus (wie z. B. die Ökosteuer) oder Steuervergünstigungen über Investitionszuschüsse (für umweltfreundliche Technologien) bis hin zu Tauschsystemen (z. B. Emissionshandel von Kohlendioxid an der Börse). Unternehmen sollten daher bei der Einführung von Innovationen den frühzeitigen Dialog mit Umweltpolitikern und Umweltgruppen suchen, um bestehende Vorschriften zu identifizieren und auf Vorschriftsänderungen rechtzeitig reagieren zu können (vgl. Althaus 2007: 810).

Bei der Verbraucherschutzpolitik rücken Fragen der Haftung und der Sicherheit von Innovationen in den Vordergrund: z. B. Schutz gegen die Vermarktung von gefährlichen Produkten, Prozessen oder Dienstleistungen, Schutz gegen irreführende Informationen oder auch datenschutzrechtliche Fragen (vgl. Althaus 2007: 811; Köppl 2000: 52; Siegele 2007: 125). Die politischen Stakeholder können hier mittels einer Reihe von Regulierungsbehörden und zahlreichen Vorschriften reagieren. Aufgabe des Innovationslobbyings muss es sein, die Unternehmensstrategie politisch abzusichern, indem das Verbrauchervertrauen erhalten und der Absatzmarkt geschützt wird (vgl. Althaus 2007: 811).

Politische Stakeholder können Unternehmen auch bei der Einführung von radikalen Innovationen nach außerökonomischen Faktoren wie z. B. nach der unternehmerischen Verantwortung eines Unternehmens (Corporate Citizenship, Corporate Social Responsibility) bewerten (vgl. Althaus 2007: 812; Köppl 2000: 52; Siegele 2007: 15). Die Politik kann in diesen Themenbereichen zusätzliche Regeln schaffen, anstehende Entscheidungen anders gewichten (Vergabe von öffentlichen Aufträgen, Mitwirkung an Branchengesetzen etc.) und durch Angriffe in der (medialen) Öffentlichkeit Normen auf indirektem Wege schaffen. Somit wird der Druck auf Unternehmen erhöht (vgl. Althaus 2007: 812).

Innovationslobbying greift die gesellschaftlichen Erwartungen an eine radikale Innovation als Thema auf und positioniert Botschaften, inwieweit ein Unternehmen Verantwortung übernimmt (siehe Abbildung 44).

Abbildung 44: Gesellschaftliche Erwartungen an radikale Innovationen

Erwartung an eine radikale Innovation	Verantwortung übernehmen durch
Wirtschaftswachstum und Effizienz	- Steigerung der Produktivität - Kooperation mit Regierungsinstitutionen und Know-how-Transfer
Ausbildung	- Schaffung von Lehr- und Ausbildungsstellen - Unterstützung von Schulen und Universitäten
Beschäftigung und Weiterbildung	- Betriebliche Weiterbildung - Umschulungen bei Entlassungen wegen Rationalisierung
Arbeitsplatz und Menschenrechte	- Sicherung der Arbeitsplätze an deutschen Standorten - Gleichberechtigungsprogramme - Schulungen - Gute Arbeitsplatzbedingungen - Vorbildliche Mitarbeiterrechte
Verbesserung der Infrastruktur/Stadtentwicklung (lokales Engagement der Unternehmen)	- Ansiedelungspolitik - Steuern und Abgaben
Schonung der Umwelt	- Emissions- und Imissionsbeschränkungen - Recycling-Programme - Tier- und Artenschutz - Wiederaufforstungen
Kunst und Kultur	- Unterstützung und Förderung von Kunst- und Kultureinrichtungen
Wirtschaftsethik	- Unternehmensstil, Unternehmensklima, Wohltätigkeit, Dialogorientierung

Quellen: orientiert an Köppl 2000: 53; Althaus 2007: 812

Selbstverständlich hängt die Relevanz des jeweiligen Aspektes auch stets von der Art der Innovation ab. Die jeweiligen Themenbereiche müssen daher im konkreten Einzelfall in der Planungsphase der Kommunikation identifiziert werden.

4.2.4.2   Politischer und sachlicher Argumentationsaufbau

Welche Kriterien werden bei der inhaltlichen Aufbereitung von Innovationen in der Kommunikation mit politischen Stakeholdern in der bestehenden Forschungsliteratur als erfolgsversprechend gewertet?

Wie bereits im Kapitel 3.2.4 erwähnt wurde, muss sich die Innovationskommunikation an den Bedürfnissen und Interessen der Stakeholder orientieren. Zudem muss der Nutzen der Innovation für die jeweilige Zielgruppe herausgearbeitet werden. Neben der Artikulation der Unternehmensinteressen (inhaltliche Argumentation) müssen auch die Argumente herausgearbeitet werden, die zeigen, weshalb es für politische Stakeholder sinnvoll ist, eine Innovation im Sinne des Unternehmensvorschlags zu unterstützen (politische Argumentation) (vgl. Köppl 2008: 209; Vondenhoff/Busch-Janser 2009: 85; Siegele 2007: 125). Die Aufbereitung der Inhalte sollte so gestaltet sein, dass der politische Entscheidungsträger *„die Argumentation als Teil seines persönlichen Denkens über das Problem übernimmt. Im günstigsten Fall sollte der Entscheidungsträger der Meinung sein, er wäre selbst auf diese Lösung gekommen"* (Köppl 2003: 110). Dies gilt selbstverständlich auch im Innovationskontext, bei dem es darum geht, die Vorteile der Neuheit zusammenfassend und verständlich für die politischen Stakeholder aufzubereiten und Handlungsempfehlungen abzuliefern:

> „Gehen Sie daher auf die Bedürfnisse der Politiker ein und suchen Sie stets nach der Verbindung zwischen Ihrem Lobbying-Ziel und dem öffentlichen Interesse. Eigeninteresse und Gemeinwohl brauchen sich nicht auszuschließen" (Merkle 2003: 25).

Dabei sind politische Stakeholder in ihrer Arbeit auf solide Informationen angewiesen. *„Der ausschlaggebende Aspekt des Lobbyings ist die sachliche Information"* (Köppl 2000: 126). Information wird als die Währung betrachtet, mit der Einfluss erworben werden kann (vgl. Vondenhoff/Busch-Janser 2009: 109). Aufgrund der heutigen Komplexität ihrer Handlungsanforderungen können Politiker die Bewertung von Sachverhalten nicht mehr allein vollziehen. Um jedoch realisierbare politische Entscheidungen fällen zu können, brauchen sie das Wissen von Experten, die eine klare Analyse und Bewertung des aktuellen Standes und die zu erwartenden Entwicklungen im Hinblick auf eine Innovation vollziehen. Durch Offenheit und aktives Anbieten von Informationen können Unternehmensinteressen eher erfolgreich durchgesetzt werden als mit abwartender Zurückhaltung (vgl. Köppl 2001: 221; Vondenhoff/Busch-Janser 2009: 109). An dieser Stelle soll nochmals betont werden, dass im Sinne des demokratiefördernden Prinzips, Informationsquellen stets offen und transparent dargelegt werden müssen (siehe Kapitel 2.3.5). Dabei erweist sich auch die Schaffung von

Gemeinsamkeiten bzw. das Anbieten von Kooperationen als sinnvoll. Anstelle eines scharfen Ordnungsrechts schlägt der Lobbyist beispielsweise Selbstverpflichtungen und freiwilliges Handeln vor. Drohungen wie Abbau von Stellen oder Auswanderung ins wettbewerbsfreundlichere Ausland sollten mit Vorsicht genossen werden, da sich diese Argumente durch wiederholten Gebrauch verbrauchen und bei politischen Stakeholdern erst recht negative Reaktionen hervorrufen können. Gleiches gilt für den Rechtsweg. Dieser sollte nur als letzter Ausweg gewählt werden (vgl. Vondenhoff/Busch-Janser 2009: 27).

Im Gegensatz zu der medialen Vermittlung von Innovationen stehen beim direkten Innovationslobbying keine Emotionen im Vordergrund (vgl. Merkle 2003: 81), sondern ein überzeugender stringenter sachlicher Argumentationskatalog, der dem politischen Entscheidungsträger und dem Unternehmen hilft (vgl. Köppl 2008: 209). Lobbyisten setzen bei der Aufbereitung von Informationen vor allem auf überzeugende Argumente und präzise Informationen hinsichtlich Innovationen, um ein höchstmögliches Maß an Glaubwürdigkeit und Akzeptanz gegenüber politischen Stakeholdern zu erlangen (vgl. Leif/Speth 2006: 25; Köppl 2008: 209). Ein Faktenblatt mit allen wichtigen Daten, Zahlen und Fakten sowie dem konkreten Anliegen und den Kontaktdaten für Rückfragen wird von Lobbyisten bevorzugt eingesetzt (vgl. Köppl 2003: 108). Auch Gutachten und wissenschaftliche Studien können eingesetzt werden, um die Vorteile einer Innovation glaubhaft zu unterstreichen (vgl. Wehrmann 2007: 47).

Darüber hinaus ist es essenziell, dass Informationen für Politiker richtig sind. Die Verbreitung von falschen Daten und Fakten schädigt nicht nur den Ruf des Unternehmens, sondern auch den des Politikers, was fatale Konsequenzen für beide Seiten nach sich zieht:

> „Ein Lobbyist muss daher zur Kenntnis nehmen, dass die Schuld, wenn er einen Politiker oder politischen Funktionär allenfalls blamiert, weil er im Vorfeld Informationen nur mangelhaft, ungenau oder gar falsch weitergeleitet hat, nicht nur auf ihn selbst fällt, sondern der betroffene Politiker von jeglichen weiteren Agitationen und Kontakten zu ihm Abstand nimmt und somit oftmals bedeutende Netzwerkketten nicht nur unterbrochen, sondern sofort zerstört sind" (Siegele 2007: 97).

Daher bedarf es zuverlässiger Informationsquellen und eines genauen Faktenchecks mit den fachlichen Experten einer Innovation (vgl. Merkle 2003: 24; Köppl 2003: 101). Je seriöser, glaubwürdiger und transparenter die Kommunikation von Innovationen verläuft, desto größer ist die Wahrscheinlichkeit, dass sich der politische Stakeholder der vorgebrachten Meinung anschließt und zugunsten des Lobbyisten eine Entscheidung fällt (vgl. Köppl 2001: 221; Siegele 2007: 97, 112, 121).

Ein weiterer wichtiger Erfolgsfaktor stellen zielgerichtete und verständliche Informationen dar (vgl. Siegele 2007: 96; Vondenhoff/Busch-Janser 2009: 115; Merkle 2003: 65). Insbesondere Abgeordnete stehen aufgrund ihrer zahlreichen Verpflichtungen unter permanentem Zeitdruck (vgl. Merkle 2003: 73; Vondenhoff/Busch-Janser 2009: 115). Neben detaillierten Hintergrundinformationen ist es folglich sinnvoll, eine kurze Zusammenfassung vorzubereiten, in der die wichtigsten Punkte notiert und auch das Anliegen des Unternehmens nochmals wiedergegeben wird (vgl. Köppl 2003: 101). Die Aufbereitung von Inhalten sollte möglichst so gestaltet sein, dass der politische Entscheidungsträger das Papier als eigene Gesprächsvorlage und Argumentationshilfe nutzen kann (vgl. Vondenhoff/Busch-Janser 2009: 115).

4.2.5 Richtiges Timing für Innovationslobbying

Für eine erfolgreiche Vermittlung einer Innovation gegenüber politischen Stakeholdern bedarf es auch des richtigen Timings. Eine unabdingbare Voraussetzung für erfolgreiches Lobbying ist die zeitliche Anpassung der Lobbyingaktivitäten an den Ablauf des politischen Gesetzgebungs- und Verwaltungsverfahrens, die kontinuierliche Beachtung des Wahlkalenders sowie die zeitliche Abstimmung von unternehmerischen und politischen Prozessen.

4.2.5.1 Effektives Zeitmanagement im Gesetzgebungsprozess

Um eine bestmögliche Unterstützung von politischen Stakeholdern bei der Einführung von Innovationen zu erlangen, bedarf es eines profunden Wissens, wann politische Entscheidungsprozesse stattfinden:

> „Beim Lobbying kommt es auf das richtige Timing an. Ohne Zeitmanagement ist eine zielführende und erfolgreiche Lobbyarbeit kaum zu bewerkstelligen. Der Lobbyist muss wissen, zu welchem Zeitpunkt des Gesetzgebungsverfahrens Gespräche mit welchen Entscheidungsträgern und ihren Beratern notwendig sind. Er muss wissen, welche Zielgruppen er ansprechen muss und wann er sich zu positionieren hat" (Vondenhoff/Busch-Janser 2008: 119).

Lobbyisten sollten vor allem in der Entwicklungsphase von Gesetzen aktiv werden (vgl. Bender/Reulecke 2003: 92; Merkle 2003: 181). Je früher der Lobbyist aktiv wird, desto größer ist auch dessen Einfluss (vgl. Leif/Speth 2003: 25; Bender/Reulecke 2003: 50; Strauch 1993: 115). Professionelles Innovationslobbying erkennt Themen, die Einfluss auf den Erfolg haben könnten, frühzeitig und geht proaktiv vor. Es steuert die Diskussion und verhindert weit im Voraus ungünstige Regulierungen. So konstatieren auch Vondenhoff und Busch-Janser:

> „Hier gilt der Grundsatz ‚Wer zuerst kommt, mahlt zuerst'. Bedenken Sie, dass Sie sich als Lobbyist in einer Wettbewerbssituation befinden. Andere werden versuchen auf demselben Terrain wie sie [sic!] Einfluss durch die Weitergabe von Informationen geltend zu machen. Schnelligkeit ist bei diesem Beratungsgeschäft ebenso wie ein beständiges Nachfassen gefragt" (Vondenhoff/Busch-Janser 2009: 112).

Daher spielen – wie bereits erwähnt – Kontakte auf der Arbeitsebene eine ausschlaggebende Rolle. Es rücken die Referenten in der Ministerialverwaltung sowohl auf Bundes- als auch auf Landesebene in den Vordergrund, auf die ein Lobbyist bei der Ausarbeitung von Gesetzesvorlagen, die eine Innovation betreffen, durch Beratung einwirken kann (vgl. Busch-Janser 2004: 61). Lobbyisten können gerade bei der politischen Unterstützung neuer Innovationen einen Schritt früher anfangen, indem sie die Eigeninitiative ergreifen und Ideen zu einem Gesetz initiieren (vgl. Busch-Janser 2004: 61). Dies kann so weit gehen, dass „*Lobbyorganisationen komplette Referentenentwürfe für bestimmte Gesetzgebungen erstellen und an die relevanten Abteilungen weiterleiten*" (Leif/Speth 2006: 24). Auch sind gute Kontakte mit Fraktionsabgeordneten aus den relevanten Arbeitskreisen oder Ausschüssen, in denen Gesetzesvorlagen für bestimmte Entscheidungen formuliert und geprüft werden, hilfreich (vgl. Speth 2006: 22; Köppl 2008: 208; Vondenhoff/Busch-Janser 2008: 73). Hier hat der Lobbyist die Möglichkeit, Positionspapiere, Argumentationshilfen etc. zu übermitteln oder auch in der Beschlussphase als externer Redner Ausschusssitzungen beizuwohnen, um eine Stellungnahme abzugeben (vgl. Leif/Speth 2006: 22 f).

Sobald ein Gesetz jedoch durch die formale Gesetzesinitiative in den Bundestag eingebracht wird, können Unternehmen nur noch reaktiv tätig werden. Sie können dann entweder Chancen, die das neue Gesetz nach sich zieht, fördern oder legislative Gefahren mindern (vgl. Busch-Janser 2004: 54). Ansprechpartner sind dann vor allem die Beamten des Bundesrates und die Fachreferenten in den Landesvertretungen (vgl. Vondenhoff/Busch-Janser 2008: 37). Sollte der Bundesrat einem Zustimmungsgesetz nicht zugestimmt haben, werden die Mitglieder des Vermittlungsausschusses für den Lobbyisten zu wichtigen Ansprechpartnern.

Je nach Innovation dauern Lobbying-Projekte unterschiedlich lange und können bei größerem politischen Aufwand nicht innerhalb einiger Monate abgeschlossen werden. Folglich müssen Lobbyisten stets am Ball bleiben, um Änderungen im Ablauf des Gesetzgebungsverfahrens zu verfolgen. Die politische Lage kann sich innerhalb kurzer Zeit ändern, so dass Lobbyisten anpassungsfähig und flexibel sein müssen (vgl. Merkle 2003: 64).

4.2.5.2 Berücksichtigung des politischen Kalenders bzw. der Legislaturperiode

Neben dem Gesetzgebungsverfahren muss hinsichtlich des richtigen Zeitpunktes für das Lobbying auch der politische Kalender der relevanten politischen Stakeholder beachtet werden. Am Ende der Plenarwoche sind Abgeordnete in ihren Wahlkreisen anzutreffen. Am Wochenende und in den Nichtsitzungswochen findet das Programm im Wahlkreis statt, da Abgeordnete von den Wählern in ihren Wahlkreisen abhängig sind (vgl. Vondenhoff/Busch-Janser 2009: 84). Unternehmen, die im Wahlkreis des Abgeordneten ihren Sitz haben und an der Entwicklung des lokalen Umfeldes mitwirken, genießen hierbei hohe Priorität. Gerade für persönliche Gespräche und Unternehmensbesuche, in denen sich politische Stakeholder über Innovationen informieren, bieten sich die Nichtsitzungswochen an (vgl. Vondenhoff/Busch-Janser 2009: 85). Vor allem zu den Standortabgeordneten und den regionalen sowie lokalen Politiker vor Ort gilt es, möglichst frühzeitig den Kontakt zu suchen. Die Unternehmen wissen um den Einfluss der politischen Stakeholder vor Ort. Kontakte sind auch sinnvoll, wenn kein konkreter Anlass besteht (vgl. Köppl 2003: 100; Vondenhoff/Busch-Janser 2009: 85), da ein stabiles Vertrauensverhältnis von unschätzbarem Wert bei eventuell später anfallenden kritischen Themen ist.

Darüber hinaus muss auch der politische Wahlkalender bei der Vermittlung von Innovationen berücksichtigt werden. Politische Stakeholder wollen gewählt bzw. wiedergewählt werden. Sie stehen in einem ständigen, öffentlichen Wettbewerb (vgl. Merkle 2003: 72). Im Gegensatz zu Unternehmen ist das politische System durch Legislaturperioden und Wahlkämpfe geprägt (vgl. Vondenhoff/Busch-Janser 2009: 16). Als Lobbyist sollte man stets abwägen, ob eine Innovation einem politischen Stakeholder hilft, einen Schritt in Richtung Machtgewinn oder Wiederwahl zu tun. Mittels guter Ideen, Fakten und Argumente können Lobbyisten Abgeordneten helfen, sich zu profilieren (vgl. Merkle 2003: 74).

Jedoch muss auch an dieser Stelle gesagt werden, dass bei Innovationen, die vor allem negative Auswirkungen vor Ort (z. B. Standortschließung, Verringerung der Beschäftigtenanzahl) nach sich ziehen, der Zeitpunkt der Veröffentlichung behutsam gewählt werden muss und nicht in die heiße Wahlkampfphase fallen sollte, in der manche Politiker gerne die Unternehmen als Wahlkampfforum missbrauchen. Es ist für Unternehmen daher ratsam, gerade in der Phase vor den Wahlen ihre parteipolitische Neutralität zu unterstreichen (vgl. Wolf 2011). In der Praxis ist es nicht unüblich, dass Unternehmen eine Kontaktsperre verhängen und keine öffentlichkeitswirksamen Termine mit Politikern wahrnehmen, um die Gefahr von einseitigen parteipolitischen Aktivitäten bzw. ruf-schädigenden Konsequenzen zu vermeiden.[61] Lobbyisten sollten daher neutral agieren und einen ausgewogenen Kontakt zu allen politischen Fraktionen her-stellen, um den Erfolg einer Innovation nicht abhängig von einem politischen Lager bzw. von der Legislaturperiode einer bestimmten Regierung zu machen (vgl. Vondenhoff/Busch-Janser 2009: 68).

4.2.5.3　Zeitliche Synchronisation von politischen und unternehmerischen Innovationsprozessen

Neben der Fokussierung auf das politische System mit seinen spezifischen Strukturen und Prozessen müssen selbstverständlich auch die unternehmerischen Abläufe betrachtet werden. Das unternehmerische Handeln ist von Produktzyk-len, Fertigungsprozessen und Absatzmärkten gekennzeichnet und weist ganz andere zeitliche Abfolgen auf als das politische Umfeld. Aufgabe des Lobbyis-ten ist es, die unterschiedlichen zeitlichen Prozesse aufeinander abzustimmen (vgl. Vondenhoff/Busch-Janser 2009: 17).

Wie in Kapitel 2.1.4 bereits erläutert wurde, müssen von Unternehmenssei-te Erwartungen des Marktes und Erwartungen des (gesellschafts-)politischen Umfeldes beobachtet und zeitnah in das Unternehmen hineingetragen werden. Technologien, die von der Politik besonders stark gefördert werden, sind derzeit in den Bereichen Klima/Energie, Gesundheit/Ernährung, Mobilität, Sicherheit und Kommunikation zu finden (vgl. Bundesministerium für Bildung und For-schung 2010: 12-18). In diesen Bereichen sind Unternehmen verstärkt im Zug-zwang, zeitnah Innovationen hervorzubringen, um bevorstehende Regelungen sowie Gesetze einzuhalten bzw. sich nicht dem Vorwurf auszusetzen, man hätte einen Trend verschlafen. Im Umkehrschluss muss bei Innovationen, die von Unternehmen ausgehen, das politische Umfeld rechtzeitig vorbereitet werden und die Notwendigkeit der Förderung klar herausgestellt werden. Eine Innovati-on wird schließlich bei der Einführung am Markt nur dann von der Politik unter-stützt und gefördert werden, wenn diese einen Nutzen aufweist sowie sicher und verbraucherfreundlich ist (siehe Kapitel 4.2.4.1).

Darüber hinaus muss der Lobbyist frühzeitig den Grad der Innovation und damit einhergehende Konsequenzen vorhersehen. Bei radikalen Innovationen, die auch mit Veränderungen in Politik und Gesellschaft einhergehen, müssen Lobbyisten die Politik möglichst frühzeitig sensibilisieren und einbeziehen. So

---

61 Dies schließt selbstverständlich nicht aus, dass ein Kontakt zur Politik ohne Medi-en/Öffentlichkeit stattfindet.

vergrößern sich die Chancen auf Förderung bzw. verringern sich die Risiken bei der späteren Markteinführung. Ein Lobbyist muss folglich die innerbetrieblichen zeitlichen Prozesse der Innovation, Abläufe auf dem Markt bzw. bei den Wettbewerbern sowie politische Rahmenbedingungen kennen und für möglichst große Schnittmengen sorgen, indem er beispielsweise als Mittler oder Türöffner zu Fachbereichen fungiert, Kompromisse oder Ausnahmeregelungen für eine bestimmte Zeit initiiert, um die Durchführung einer Innovation zu beschleunigen oder zu verzögern (vgl. Vondenhoff/Busch-Janser 2009: 16; Köppl 2008: 205).

Schließlich spielen auch die Reife der Innovation, die Geschwindigkeit der technischen Entwicklung und der zeitliche Abstand zum technischen Durchbruch eine Rolle (vgl. Hauschildt/Salomo 2011: 42).

4.2.6 Ergänzung des stillen Lobbyings durch öffentlichkeitswirksames Campaigning

Auch wenn das Innovationslobbying in dieser Untersuchung im Mittelpunkt steht, soll die Verbindung zu den anderen Public Affairs-Maßnahmen nicht gänzlich außer Acht gelassen werden, da sich die einzelnen Maßnahmen gegenseitig ergänzen und nur in ihrer Gesamtheit ihre volle Wirkungskraft entfalten können (vgl. Busch-Janser 2004: 87). Daher kann auch das öffentlichkeitswirksame Campaigning, das in der Innovationskommunikation sehr oft zum Einsatz kommt, für das Innovationslobbying bedeutsam sein:

> „Immer mehr ist zu beobachten, wie Lobbying und Campaigning aufeinander abgestimmt verwendet werden. Das ‚leise' verhandelnde und kooperative Lobbying wird ergänzt bzw. abgelöst durch das ‚laute' und konfrontative Campaigning" (Speth 2010).

Campaigning nutzt gezielt die Massenmedien, um ein innovationsrelevantes Thema in der Mediengesellschaft zu besetzen (siehe Kapitel 3.2.6):

> „Mit gezielten Public-Relations-Aktivitäten werden die öffentliche Meinung und die Medienlandschaft beeinflusst. Dies stellt dann kein Problem dar, wenn der Absender der Botschaft klar hervorgeht und wenn in den Medien Werbung und redaktioneller Teil klar getrennt werden" (Alemann/Eckert 2006).

Das Agenda-Setting ist insofern ausschlaggebend, da sich politische Stakeholder auch an den Themen orientieren, die in den Medien diskutiert werden. So erkundigen sich Politiker ebenfalls nach Mehrheitsmeinungen, die über die Massenmedien verbreitet werden. Über Kampagnen kann um breite Zustimmung für eine Innovation geworben und politische Entscheidungen zu den Gunsten eines Unternehmens erwirkt werden. Jedoch muss an dieser Stelle darauf hingewiesen werden, dass sich nicht alle Themen für eine massenmediale Unterstützung eignen. So sind beispielsweise die Chemikalien-Verordnung REACH oder das CO_2-Regime so komplex, dass bereits jahrelang Lobbyingmaßnahmen abseits der Öffentlichkeit durchgeführt werden und sie erst in der Endphase mediale Aufmerksamkeit erregen (vgl. Speth 2010). Folglich gilt es bei jeder Innovation vorab zu prüfen, inwieweit und wann im Innovationsprozess der Einsatz von Kampagnen sinnvoll ist.

Auch an dieser Stelle wird wiederum deutlich, dass eine enge Absprache mit dem verantwortlichen Kommunikationsbereich, der die Kampagnen plant und durchführt, unabdingbar ist. Gemäß dem Prinzip der integrierten Kommunikation muss sichergestellt werden, dass beim Einsatz von Campaigning, das einer nichtlinearen Logik folgt, auch die durch die politische Analyse gewonnenen Informationen ununterbrochen berücksichtigt werden (vgl. Busch-Janser 2004: S. 87).

4.3 Umsetzungsphase des Innovationslobbyings

Auf die Planungsphase folgt die Umsetzung des Innovationslobbyings. Lobbyinginstrumente sind zwar Kommunikationsinstrumente, jedoch rücken im Gegensatz zur allgemeinen Innovationskommunikation nicht die massenmedialen Kanäle in den Vordergrund, sondern vor allem die direkte und persönliche Kommunikation.

4.3.1 *Stabile Kontaktnetzwerke durch direkte Kommunikation*

Das effizienteste direkte Lobbyinginstrument ist das persönliche Gespräch, gefolgt von Telefongesprächen sowie schriftlichen Korrespondenzen zwischen Lobbyisten und politischen Stakeholdern (vgl. Wehrmann 2007: 46; Lies 2008: 391; Leif/Speth 2003: 22). Dies entspricht auch der Media-Richness-Theorie, die besagt, dass bei komplexen Sachverhalten oder angespannten Situationen die leistungsstarken Kommunikationskanäle gefordert sind. Die persönliche Kommunikation ist der aufwendigste, jedoch in vielen Situationen unverzichtbare Kommunikationskanal (vgl. Mast 2006: 185; Merkle 2003: 69).

Stabile Kontaktnetzwerke, die durch die direkte Kommunikation entstehen können, stellen einen erheblichen Erfolgsfaktor für das Lobbying dar. Telefonate, in denen der Lobbyist politische Entscheidungsträger zu einer Handlung aktivieren möchte, lassen sich nur dann erfolgreich führen, wenn bereits ein persönlicher Kontakt auf der Arbeitsebene mit den Fachreferenten (z. B. Automobil, Pharma, Chemie, Energie) besteht. Lobbyisten wissen um die Wichtigkeit der persönlichen, direkten Kommunikation, sei es in Form eines Essens, eines Vier-Augen-Gesprächs oder eines sonstigen Treffens, und pflegen daher solche Kontakte sorgsam. Ein gutes Netzwerk ist die Basis für erfolgreiches Lobbying. Nur wer über ein umfangreiches Netzwerk verfügt, kann rechtzeitig auf aktuelle politische Entwicklungen eingehen. Netzwerke dienen der Informationsgewinnung, zur Einspeisung von Informationen sowie zur Unterstützung, indem man Verbündete gewinnt (vgl. Vondenhoff/Busch-Janser 2009: 64):

> „Persönliche Kontakte zu allen wesentlichen politischen Entscheidungsträgern in Parlament, Regierung, Parteien und Medien sind für die Lobbyisten legitim und notwendig. […]Auch wenn dadurch Beziehungsnetzwerke – wir kennen uns, wir helfen uns – entstehen, sind diese keineswegs per se verwerflich. Es ist nur allzu menschlich, auf Bekannte, die man einschätzen kann, auf die man sich verlassen kann, zurückzugreifen. Vertrauen ist in der Tat ein Kapital, dass bei jeglichen menschlichen Beziehungen eine tragende Rolle spielt, so auch in der Politik" (Alemann/Eckert 2006).

In Bezug auf Innovationen bieten sich vor allem auch Unternehmensbesuche an, bei denen die politischen Stakeholder vor Ort die Neuheiten vorgeführt bekommen. Vorurteile und Ängste vor der Innovation können so abgebaut werden. Auch die verschiedenen Lobbykreise, die Politiker und Ministerialbeamte zu Gesprächen über aktuelle politische Issues einladen, sind nützliche Kommunikationskanäle, um Einfluss zu nehmen (vgl. Leif/Speth 2006: 25; Wehrmann 2007: 46). Darüber hinaus eignen sich parlamentarische Abende, Podiumsdiskussionen oder Veranstaltungen des Politikbetriebs[62] zur Kontaktaufnahme oder Kontaktpflege (vgl. Wehrmann 2007: 46; Lianos/Hetzel 2003: 15; Vondenhoff/Busch-Janser 2009: 71 f; Busch-Janser 2004: 96; Alemann/Eckert 2006). Auch wenn die schriftliche Korrespondenz in der Praxis nicht den Stellenwert genießt wie die persönliche Kommunikation, bietet diese Form unter bestimmten Bedingungen auch Vorteile. Gerade Mailings und Newsletter stellen wertvolle Hilfsinstrumente dar, wenn Informationen zeitnah und schnell an möglichst viele politi-

---

62 Hierzu können die Veranstaltungen und Empfänge von Unternehmensrepräsentanzen (wie z. B. Bertelsmann-Party, Post-Fest, Focus-Fest), die Feste der politischen Institutionen (beispielsweise das Sommerfest des Bundespräsidenten, die Stallwächterparty der Landesvertretungen in Berlin) und auch parteipolitische Veranstaltungen (z. B. das Hoffest der SPD-Bundestagsfraktion oder die CDU-Media-Night) subsumiert werden (vgl. Vondenhoff/Busch-Janser 2009: 71 f).

sche Stakeholder übermittelt werden müssen (vgl. Vondenhoff/Busch-Janser 2009: 113; Busch-Janser 2004: 96).

Das entscheidende Charakteristikum des direkten Lobbyings ist, dass der Informationsaustausch zwischen Interessenvertretern und politischen Entscheidungsträgern ohne Zwischenstufe stattfindet (vgl. Althaus 2007: 798):

> „Solange die Interessenvertretung punktuell und informell ist, also abseits der Medien, nicht öffentlich und in persönlichen Gesprächen, kleinen Gremiensitzungen und mit Bezug auf nur unter Experten verbreiteter Papiere stattfindet, spricht man von (direktem) Lobbying" (Althaus 2007: 798).

4.3.2 Aktivierung von Meinungsführern als Multiplikatoren

Auch wenn der direkte Kontakt mit politischen Stakeholdern einen höheren Stellenwert unter Lobbyisten genießt (vgl. Wehrmann 2007: 45), soll an dieser Stelle auch das indirekte Lobbying erläutert werden, das als Unterstützung des direkten Lobbyings eingesetzt wird oder wenn das direkte Lobbying nicht zum Ziel führt (vgl. Köppl 2003: 111).

> „In der Informations- und Interessenvermittlung zwischen Interessent und Adressat wird zumindest eine weitere, vermittelnde Stufe eingeführt. Indirektes Lobbying basiert im Wesentlichen auf dem Konzept der Meinungsführer" (Köppl 2001: 222).

Als Meinungsführer werden neben Politikern auch Wissenschaftler und Journalisten aufgefasst, zu denen die politischen Stakeholder ein inhaltliches oder ein persönliches Nahverhältnis haben (vgl. Köppl 2001: 222). Neben diesen können auch NGOs oder Gewerkschaften eine wichtige Rolle spielen.

Indirektes Lobbying wird vor allem dann angewendet, wenn die politischen Entscheidungsträger nicht bekannt sind, das Ausüben von Druck auf politische Entscheidungsträger intendiert wird oder Lobbyisten im persönlichen Kontakt auf zu wenig Akzeptanz stoßen. Darüber hinaus ist indirektes Lobbying auch hilfreich, wenn eine breitere Öffentlichkeit für ein Anliegen wie z. B. für die Einführung einer Innovation mobilisiert werden soll (vgl. Siegele 2007: 14; Köppl 2003: 111; Merkle 2003: 139). Vor allem den Medien kommt hier eine entscheidende Rolle als Multiplikator zu:

> „Schließlich sind noch Medien und die Öffentlichkeit als wichtige Adressaten für Lob-byisten zu nennen. Dies geschieht einerseits durch eigene Publikationen, andererseits durch medienzentrierte Öffentlichkeitsarbeit" (Alemann/Eckert 2006).

Die in der Öffentlichkeit vorherrschende Meinung gegenüber einer Innovation beeinflusst auch wesentlich die Meinung der politischen Stakeholder. Lobbyisten wissen dies und nutzen daher auch den Weg über die Medien, indem sie entweder selbst publizieren oder mit den Medienverantwortlichen im Unternehmen kooperieren. Autorenbeiträge, Pressemitteilungen, Pressekonferenzen, Hintergrundgespräche, Instrumente der klassischen Werbung sowie das bereits beschriebene Campaigning bieten sich in diesem Zusammenhang an (vgl. Busch-Janser 2004: 97; Alemann/Eckert 2006).

In der Forschungsliteratur werden beim indirekten Lobbying auch Interessenkoalitionen oder das Lobbying über Verbände als Instrumente hervorgehoben (vgl. Köppl 2003; Köppl 2001; Köppl 2000). Diese wurden bereits in Kapitel 4.2.3.3 im Kontext der passenden Organisationsform von Lobbying behandelt. Auch politische Inserate, bei denen Politiker direkt über den öffentlichen Weg angesprochen werden, sind ein Instrument des indirekten Lobbyings. Jedoch ist von solchen Aktionen bei der Einführung von Innovationen kritisch zu betrachten, da diese erheblichen Druck auf politische Stakeholder ausüben und leicht als Angriff gewertet werden (vgl. Alemann/Eckert 2006).

Als weiteres Instrument wird die finanzielle oder organisatorische Unterstützung von Wahlkämpfen oder Parteien betrachtet. Diese Strategie wird fernab der Öffentlichkeit verfolgt. Unternehmen unterstützen Parteien direkt oder über zwischengeschaltete Vereine, Komitees oder Verbände. Bei Wahlkämpfen können beispielsweise Autos oder Flugzeuge Politikern bereitgestellt, Büroräume zur Verfügung gestellt oder Internetseiten von Politikern von Unternehmen gesponsert werden (vgl. Köppl 2003: 119 f). Auch eine finanzielle Spende an die Parteien ist in Deutschland nicht unüblich (vgl. Leif/Speth 2006: 26; Lies 2008: 392; Alemann/Eckert 2006).

Die gerade aufgeführten Umsetzungsformen des Lobbyings werden in der Forschungsliteratur unterschiedlich bewertet. Während in den anwendungsorientierten Lobbyingratgebern vorrangig auf die Vorteile der Lobbyingmaßnahmen hingewiesen wird und Lobbying relativ unkritisch als legitimes Mittel des Informationsaustausches betrachtet wird (vgl. z. B. Köppl 2008: 210), reflektieren Politikwissenschaftler wie z. B. Alemann und Eckert (2006) oder Leif und Speth (2006: 26) sowohl die Chancen als auch die Gefahren des direkten oder indirekten Lobbyings. Am Ende dieses Kapitels sei darauf hingewiesen, dass insbesondere die Aktionsformen *„die Achillesferse des Lobbyismus"* (Alemann/Eckert 2006) darstellen und somit gerade in der Durchführungsphase des Innovationslobbyings Vorsicht angebracht ist. Viele der oben dargestellten Lobbyingmaßnahmen bewegen sich in einer Grauzone, in der nicht immer klar ist, was die Gesellschaft als akzeptabel oder unakzeptabel bewertet (siehe zur kritischen Reflexion Kapitel 2.3.5). Gesellschaftliche Bewertungsmaßstäbe ändern sich in

Zeit und Raum (vgl. Alemann/Eckert 2006). Einige Unternehmen haben daher – um sich vor gesellschaftlichen Vorwürfen zu schützen und um transparent zu agieren – klare Richtlinien für den Lobbyingbereich entwickelt (vgl. Leif/Speth 2003: 22).

4.4 Evaluationsphase des Innovationslobbyings

Analog zur Vorgehensweise bei der allgemeinen Innovationskommunikation muss auch beim Innovationslobbying – getreu dem Managementprinzip – nach Überprüfbarkeit und Messbarkeit gefragt werden: *„Die Effizienz des Lobbyismus und seiner Organisationsformen gilt es immer neu zu überprüfen"* (Alemann 2000). Dies soll nachfolgend in der Evaluationsphase des Innovationslobbyings geschehen.

Der politische Markt ist gekennzeichnet von Unsicherheiten, teilweise irrationalen Verläufen, unvorhersehbaren gesellschaftlichen Entwicklungen sowie dem Wettbewerb von Lobbyisten. Daher fällt es schwer, den Aufwand für das Lobbying in exakten monetären Größen auszudrücken (vgl. Merkle 2003: 67 f). So sind Erfolge in der politischen Kommunikation nur selten messbar und sicher:

> „Die größten Erfolge erreichen erfahrungsgemäß jene Lobbyingprojekte, von denen in der Umsetzungsphase extern gar nicht gesprochen wurde und der Gegenstand des Lobbyings daher in der Öffentlichkeit nicht bekannt war" (Siegele 2007: 140).

Da jedoch in vielen Unternehmen Public Affairs-Abteilungen ihr Budget rechtfertigen müssen und ihren Beitrag zum Erfolg einer Innovation quantifizieren müssen, entwickelt sich ein zunehmender Bedarf nach differenzierten Evaluationsmöglichkeiten (vgl. Köppl 2008: 217). Neue empirische Studien fokussieren sich auf die Evaluationslücke bei der Interessenvertretung und stellen wichtige Anhaltspunkte für die Evaluation des Innovationslobbyings dar (vgl. Aufricht 2012). Aufbauend auf dem in dieser Untersuchung definierten Ziel des Innovationslobbyings, bei dem Lobbying negative Auswirkungen begrenzen oder potenzielle Vorteile in Bezug auf eine erfolgreiche Einführung einer Innovation vergrößern soll (siehe Kapitel 4.2.1), kann *„die direkt bewertbare wirtschaftliche Auswirkung eines Schadens oder eines Erfolges für das Unternehmen herangezogen werden, um den Wertbeitrag von Lobbying-Maßnahmen zu bestimmen"* (Köppl 2008: 217). Durch die Formulierung von messbaren Unterzielen können bestimmte Lobbyingtätigkeiten im Nachhinein (summativ) oder während des Prozesses (formativ) evaluiert werden. Im Rahmen einer summativen Evaluation lässt sich bei vielen Lobbyingaktivitäten zeigen, dass zum Beispiel ein durch

Innovationslobbying erhaltener Auftrag aus einer öffentlichen Ausschreibung einen messbaren Wert darstellt. Jedoch liegt bei dieser Evaluationsmethode das Problem vor, dass – je weiter die Zielsetzung des Innovationslobbyings in den allgemeinen politischen Raum hineingeht und je weiter man sich vom regulativen bzw. gesetzgeberischen Bereich entfernt – die Messbarkeit in monetären Größen zunehmend schwieriger bzw. ungenauer wird (vgl. Köppl 2008: 217).

Anders verhält es sich bei der formativen Evaluation. Hier liefern die Controlling-Instrumente des Projektmanagements Messkriterien. So kann beispielsweise die Zielerreichung von Milestones und konkreten Projektzielen überprüft werden. Wurde als Ziel des Innovationslobbyings z. B. der Aufbau von vertrauensvollen Arbeitsbeziehungen zu politischen Stakeholdern mit hohem Beeinflussungspotenzial formuliert, so kann eine Intensivierung des Kontakts oder eine Veränderung der Ausgangslage quantitativ oder qualitativ gemessen werden (vgl. Köppl 2008: 217). Die von der Gesellschaft aktuell verstärkte Forderung nach Transparenz im Lobbying und somit auch im Innovationslobbying ermöglicht Chancen für eine Erfolgsmessung: *„Dabei bedeutet Transparenz nicht nur die Vermeidung von unsauberen Geschäftspraktiken, sondern ermöglicht auch die konkrete Definition von Erfolgsfaktoren im Lobbying sowie die Überprüfung ihrer Wirkung. Denn wer sauber arbeitet, kann auch nachvollziehbar bewertet werden"* (Aufricht 2012: 42). Nachfolgend sollen ausgehend von den Zieldimensionen in der Abbildung 45 einige Beispiele genannt werden, deren Erfolg grundsätzlich gemessen werden kann und die im Innovationskontext zur Orientierung dienen können.

Abbildung 45: Evaluation des Innovationslobbyings

Mögliche bewertbare Ziele
Politische Entscheidungen, die einen Einfluss auf den Erfolg einer Innovation haben, werden verhindert, verzögert, beschleunigt, inhaltlich abgeändert oder gestrichen.
Innovationsrelevante Themen werden auf die politische Agenda gesetzt.
Fakten und Argumente des Unternehmens werden übernommen bzw. berücksichtigt.
Vertrauensvolle Kontakte/Arbeitsbeziehungen zu politischen Entscheidungsträgern, die Einfluss auf den Erfolg einer Innovation haben können, werden hergestellt.
Ein durch Innovationslobbying unterstützter Auftrag aus einer öffentlichen Ausschreibung, bei der Innovationen zum Einsatz kommen, wird erhalten[63].
Zusätzliche finanzielle Ausgaben für eine Innovation werden mittels Innovationslobbying verhindert.

Quellen: orientiert an Merkle 2003: 69; Köppl 2008: 217

---

63 Bei Innovationen kann natürlich der Fall eintreten, dass in der Anfangsphase keine Wettbewerber vorhanden sind oder die angebotene Innovation teurer ist als ähnliche Produkte/Dienstleistungen etc. Mittels Innovationslobbying können den politischen Stakeholdern die Vorteile der Innovation deutlich gemacht werden und bei einer öffentlichen Ausschreibung somit bestimmte Aspekte aufgenommen werden, die den höheren Preis rechtfertigen.

4.5 Zwischenfazit: Erfolgsfaktoren für das Innovationslobbying

„Die wichtigste Information zur richtigen Zeit am richtigen Ort und über die entsprechenden zuständigen Personen vermittelt, ist das erfolgreichste Rezept für eine aktive und erfolgreiche Einflussnahme" (Siegele 2007: 112). Getreu dieser Devise sollen nachfolgend die spezifischen Erfolgsfaktoren für ein systematisch geplantes, durchgeführtes und evaluiertes Innovationslobbying miteinander verknüpft und somit der konzeptuelle Rahmen für Innovationslobbying nochmals summarisch dargestellt werden. Anhand eines visuellen Modells werden die Zusammenhänge der Erfolgsfaktoren dargestellt (siehe Abbildung 46).

Angelehnt an die Vorgehensweise der allgemeinen Innovationskommunikation sollte im Innovationslobbying in der Analysephase der Fokus auf ein sorgfältiges Monitoring der politischen Agenda gesetzt werden. Dabei stellen insbesondere spezifische politische Informationsquellen wie z. B. persönliche Kontakte zu politischen Stakeholdern oder nicht allgemein-zugängliche Quellen wie Non-Papers Erfolgsfaktoren dar, da politische Entwicklungen frühzeitig identifiziert werden und somit eine solide Grundlage für ein darauf aufbauendes Issues Management geschaffen wird. Ein weiteres Erfolgskriterium ist die Identifizierung der relevanten politischen Stakeholder, die an jener Entscheidung mitwirken, die für das Unternehmen im Hinblick auf die jeweilige Innovation belangvoll ist. Somit sollten sowohl politische Akteure der Exekutive als auch Akteure der Legislative auf allen relevanten Ebenen berücksichtigt und der Kontakt sowohl zur Regierung als auch zur Opposition gehalten werden. Laut Fachliteratur ist in diesem Zusammenhang ein Stakeholder-Mapping erfolgversprechend, bei dem Stakeholder aufgelistet und nach ihrem Beeinflussungspotenzial strukturiert werden. Des Weiteren empfiehlt es sich für Lobbyisten, ähnliche Innovationsprojekte aus der Vergangenheit – in denen Wirtschaft und Politik beteiligt waren – bei der Planung zu berücksichtigen, um häufig gemachte Fehler beim Innovationslobbying zu vermeiden bzw. bewährte Kommunikationsstrategien/-methoden zu übernehmen. Auch sollte genau analysiert werden, welche Chancen das Innovationslobbying bietet und welche Herausforderungen oder auch Gefahren durch Innovationslobbying entstehen.

Im Rahmen der Planungsphase kristallisierte sich heraus, dass bei den Zielen des Innovationslobbyings aus Unternehmenssicht vor allem die richtigen politischen Rahmenbedingungen und somit die Aktivierung der politischen Handlungen im Vordergrund stehen. Es empfiehlt sich ein Zielkatalog mit Maßnahmen, der die konkreten politische Handlungen der zuständigen politischen Akteure auf Basis der vorangegangenen Analyseprozesse identifiziert sowie mögliche Zielkonflikte zwischen Wirtschaft und Politik berücksichtigt

Abbildung 46: Integriertes Modell des Innovationslobbyings

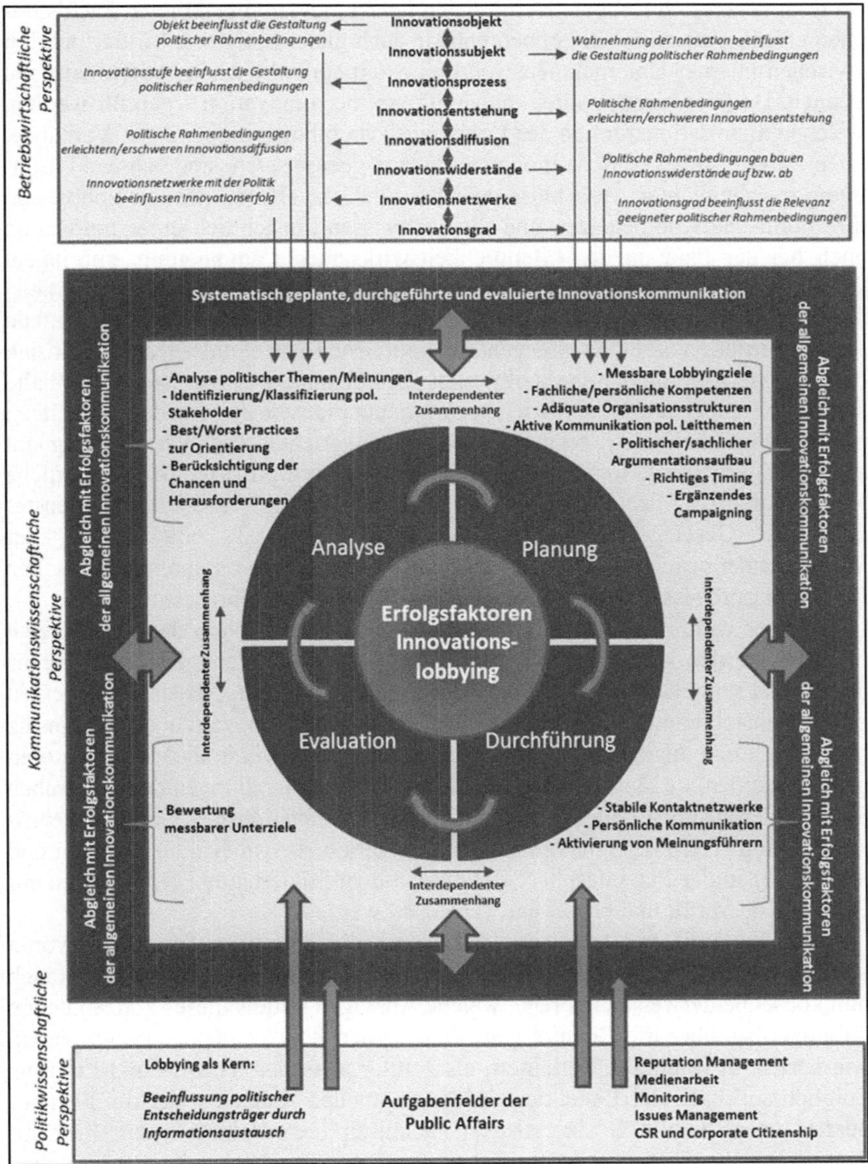

Gleichzeitig sind effiziente interne Unternehmensstrukturen ausschlaggebend, in denen sich Lobbyisten mit den an der Innovation beteiligten Fachbereichen effizient austauschen können und sie auch gleichzeitig ihre Mittlerfunktion zwischen interner Unternehmenswelt und externem politischen Umfeld ausüben können. Darüber hinaus sollte – abhängig von der Innovation – geprüft werden, welche Organisationsformen des Lobbyings (via Inhouse-Lobbyisten, Verbände, Dienstleister, Interessenkoalitionen etc.) am geeignetsten sind. Obwohl Lobbying meistens unter Ausschluss der Öffentlichkeit erfolgt, können Lobbyisten ihre politische Kompetenzen und ihr Fachwissen hinsichtlich einer Innovation auch bei der Planung des öffentlichkeitswirksamen Campaigning einbringen, sofern sie mit den relevanten Fachbereichen (Unternehmenskommunikation) eng verzahnt sind und ein stabiles politisches Netzwerk aufweisen. Betrachtet man die Vermittlung von Inhalten gegenüber politischen Stakeholdern, empfiehlt sich eine aktive Kommunikation politischer Leitthemen. Der Aufbau der Inhalte sollte sich dabei an der politischen Argumentationsweise und den jeweiligen politischen Stakeholdern orientieren sowie zielgerichtet, sachlich und prägnant sein. Ein weiteres Erfolgskriterium für den Lobbying-Erfolg ist die zeitliche Koordination. Bei der Ansprache der relevanten Politiker muss das Zeitfenster politischer Gesetzgebungs- bzw. Verwaltungsverfahren berücksichtigt, der Wahlkalender beachtet sowie eine zeitliche Abstimmung von unternehmerischen Innovationsprozessen und politischen Prozessen durchgeführt werden.

Ferner wurde klar, dass Lobbyingmaßnahmen vor allem dann erfolgreich realisiert werden können, wenn ein Lobbyist die Kompetenz des Netzwerkens besitzt und seine Kontakte zur Politik kontinuierlich pflegt. Neben dem direkten Innovationslobbying empfiehlt sich auch – je nach Innovation – der Einsatz indirekter Lobbyingkanäle. Meinungsführer sollten bewusst als Multiplikatoren genutzt werden, da diese wiederum Einfluss auf die Handlungen der politischen Stakeholder ausüben können. Schließlich muss Innovationslobbying als spezifischer Unterbereich der Innovationskommunikation ebenso evaluiert werden und anhand der in der Planungsphase definierten quantifizierbaren Messkriterien auf Effizienz überprüft und prozessual verbessert werden.

Am Ende dieses Kapitels, in dem die zweite Forschungsfrage beantwortet und ein spezifisches Konzept für Innovationslobbying erstellt wurde, stellt sich nun konsequenterweise die Frage, welche Aussagen mittels dieses konzeptuellen Grundgerüsts über die Realität getroffen werden können. Konzepte fungieren, wie bereits in Kapitel 2.7 erläutert, als Mittler zwischen Theorie und Empirie. Folglich soll nach der Erstellung des konzeptuellen Rahmens, der die Komponenten unterschiedlicher theoretischer Fachdisziplinen verknüpft, der Blick auf das empirische Feld gerichtet werden. Im Sinne des anwendungsorientierten Wissenschaftsverständnisses soll das erstellte Konzept auf einen konkreten Fall in der Realität – bzw. in diesem Kontext auf eine konkrete Innovation – angewendet werden. Wie bereits zu Beginn dieser Untersuchung erläutert, wird die Elektromobilität, die als Musterbeispiel für eine radikale Innovation dient, für die empirische Analyse eingesetzt, da bisher keine wissenschaftlichen Aussagen über das kommunikative Beziehungsgefüge zwischen Unternehmen und Politik bei dieser Innovation vorliegen und die Forschungsrelevanz bei dieser Innovation sehr hoch ist. Nachfolgend muss also geklärt werden, welche methodische Vorgehensweise sich eignet, um in diesem relativ neuen Problemfeld empirische Daten zu gewinnen. Das nachfolgende Kapitel, mit dem der Übergang vom theoretischen bzw. konzeptionellen Teil in den empirischen Teil dieser Untersuchung vollzogen wird, widmet sich diesem Aspekt.

5 Empirische Analyse: Methodisches Vorgehen

„Empirische Sozialforschung ist im Regelfall dadurch charakterisiert, dass es Patentrezepte, die für alle Fälle gültig sind, nicht gibt" (Kromrey 2009: 65). Daher soll im empirischen Teil dieser Untersuchung, der auf der dritten Forschungsfrage („Welche konkreten Erfolgsfaktoren lassen sich für die systematisch geplante, durchgeführte und evaluierte Kommunikation der radikalen Innovation Elektromobilität mit politischen Stakeholdern bestimmen?") aufbaut, zunächst ein geeignetes empirisches Untersuchungsdesign entworfen werden. Es gilt abzuwägen, welche grundlegende empirische Forschungsmethodik zur dargestellten Forschungsfrage passt und zum Erkenntnisgewinn führt (vgl. Brosius/Koschel/Haas 2005: 19 f; Mayring 2001). Nachfolgend soll erläutert werden, warum in dieser Untersuchung auf die Triangulation gesetzt worden ist und sowohl qualitative Experteninterviews als auch eine quantitative Online-Umfrage als geeignete Datenerhebungsmethoden ausgewählt worden sind.

5.1 Triangulationsstudie

Wie bereits in Kapitel 1.2.1 erläutert, wurden politische Stakeholder als spezifische Anspruchsgruppe der Kommunikation von Innovationen weitgehend außen vor gelassen und Innovationslobbying bis zum heutigen Zeitpunkt kaum wissenschaftlich analysiert. Dies gilt insbesondere auch für den empirischen Teil dieser Untersuchung, die die Elektromobilität als konkretes Anschauungsbeispiel für eine radikale Innovation in den Mittelpunkt stellt. Folglich sollen in diesem Teil der Arbeit, gemäß dem Prinzip der anwendungsorientierten Forschung, nicht abstrakte Zusammenhänge im Vordergrund stehen, sondern *„die Anwendbarkeit der Befunde auf einen aktuellen Fall"* (Kromrey 2009: 11). Außerdem soll ein Beitrag zur Schließung der identifizierten Forschungslücke auf diesem Gebiet geleistet und wissenschaftliche Aussagen über die Gestaltung der Kommunikation einer konkreten Innovation (Elektromobilität) getätigt werden.

Ziel ist es, Innovationslobbying am Beispiel der Elektromobilität explorativ zu untersuchen und möglichst umfassend zu analysieren. Dabei rückt unmittelbar die qualitative Sozialforschung in den Mittelpunkt: *„In der Kommunikationswissenschaft, aber auch in den Sozialwissenschaften ganz allgemein, verwendet man* *häufig qualitative Methoden, wenn ein Gegenstandsbereich bislang relativ wenig erforscht ist"* (Brosius/Koschel/Haas 2005: 20). Ziel ist es, Einstellungen bzw. Meinungen von ungewöhnlichen Personen vielmehr in ihrer Komplexität darzustellen: *„Gegenstände werden dabei nicht in einzelne Variablen zerlegt, sondern in ihrer Komplexität und Ganzheit in ihrem alltäglichen Kontext untersucht"* (Flick 2005: 17).

Die Wahl einer Methodik zur Exploration des skizzierten Forschungsfeldes impliziert jedoch nicht eine methodische Immunisierung gegen einen darüber hinausgehenden Methodeneinsatz. Charakterisierend für die qualitative Forschungspraxis ist, dass es nicht die eine richtige Methode gibt, sondern ein *„methodisches Spektrum unterschiedlicher Ansätze, die je nach Fragestellung und Forschungstradition ausgewählt werden können"* (Flick 2008a: 22). Anstelle einer starren Fixierung auf immer dieselben qualitativen oder quantitativen Vorgehensweisen sollte eher eine gegenstandsadäquate Methodik entwickelt werden und geprüft werden, welche Methoden für welches Erkenntnisinteresse und welchen Untersuchungsgegenstand geeignet sind (vgl. Mayring 2001). Dies ist vor allem vor dem Hintergrund sinnvoll, da die oft strengen und leidenschaftlichen Abgrenzungen in der Theorie der Praxis nicht gerecht werden und bisher keine klare definitorische Abgrenzung vollzogen werden konnte, da Qualität und Quantität eine Einheit bilden (vgl. Mayring 2001; Gläser/Laudel 2009: 25; Häder 2006: 66).[64]

Solche theoretisch-methodologische Gedanken lassen es als sinnvoll erscheinen, qualitative und quantitative Methoden nicht als grundlegend inkompatible Paradigmen zu verstehen, sondern im Sinne der Triangulation nach Integrations- bzw. Kombinationsmöglichkeiten zu suchen (vgl. Mayring 2001; Kelle/Erzensberger 2008: 299 f; Flick 2008a: 309; Flick 2008b: 79 f; Lamnek 2005: 274): *„Triangulation meint immer, dass man versucht, für die Fragestellung unterschiedliche Lösungswege zu finden und die Ergebnisse zu vergleichen"* (Mayring 2002: 147). Es können also verschiedene Datenquellen, unterschiedliche Autoren, Methoden oder Theorieansätze zum Einsatz kommen, um zu möglichen Lösungen zu gelangen. Dabei geht es nicht um die Übereinstimmung, sondern die Möglichkeit, Stärken und Schwächen der jeweiligen Analysewege aufzuzeigen. Die Resultate der unterschiedlichen Vorgehensweisen sollen sich gegenseitig unterstützen und absichern (vgl. Mayring 2002: 147; Mayring 2001;

---

64 So existieren in der Praxis beispielsweise keine quantitativen Methoden, die nicht mit einer Interpretation verbunden sind. Vice versa kann es auch der Fall sein, dass qualitative Studien mit Zahlen oder Mengenangaben arbeiten (vgl. Gläser/Laudel 2009: 25). Ebenso gibt es quantitative Studien, die keine Hypothesen testen oder qualitative Studien, die genau dieses anstreben (vgl. Meinefeld 2008: 274; Gläser/Laudel 2009: 25).

Lamnek 2005: 283; Kelle 2008: 282). Summa summarum wird die Triangulation wie folgt definiert:

> „Triangulation als kumulative Validierung von Forschungsergebnissen und Triangulation als Ergänzung von Perspektiven, die eine umfassendere Erfassung, Beschreibung und Erklärung eines Gegenstandsbereiches ermöglichen" (Kelle/Erzensberger 1999: 516).

Für diese Untersuchung wurde daher das teilstandardisierte Leitfadeninterview mit Experten aus Politik und Wirtschaft (siehe Kapitel 5.2) als qualitative Datenerhebungsmethode ausgewählt und eine quantitative Online-Umfrage mit politischen Entscheidungsträgern (siehe Kapitel 5.3) durchgeführt.

5.2 Qualitative Experteninterviews

Mittels qualitativer Interviews können Einblicke in die Meinungen, Einstellungen und Erwartungen von politischen Stakeholdern und Wirtschaftsvertretern in der Diskussion um das Thema Elektromobilität besonders umfassend und tiefgründig erhoben werden. Experteninterviews bieten sich vor allem an, wenn der Zugang zum sozialen Feld schwierig ist (bezüglich Experteninterviews vgl. hierzu auch Bogner/Menz 2009: 7). Als Experten werden in dieser Untersuchung *„FunktionsträgerInnen innerhalb eines organisatorischen oder institutionellen Kontextes"* betrachtet, die *„Problemlösungen und Entscheidungsstrukturen (re)präsentieren"* (Meuser/Nagel 2005: 74). Im Gegensatz zu quantitativen Datenerhebungsmethoden, bei denen die statistische Repräsentativität angestrebt wird, geht es bei qualitativen Untersuchungen darum, den untersuchten Gegenstand inhaltlich zu repräsentieren: *„Es muss gesichert werden, dass der Fall facettenreich erfasst wird"* (Merkens 2008: 291). Daher bietet sich auch die bewusste Auswahlmethode bei der Stichprobenziehung an. Es werden Kennzeichen festgelegt, die begründbar und intersubjektiv nachvollziehbar sind (vgl. Kromrey 2009: 266; Friedrichs 1990: 130f; Jacob et al. 2011: 88 f).

Nachfolgend sollen die Kriterien für die Auswahl der befragten Experten aus den Bereichen Politik und Wirtschaft dargestellt werden, die besonders typisch bzw. *„charakteristisch für alle Merkmalsträger in der Grundgesamtheit"* (Brosius/Koschel 2005: 81) sind und die für die spätere Stichprobe herangezogen wurden. Ziel war es, ein möglichst breites Spektrum an politischen Stakeholdern sowie Vertretern aus der Wirtschaft abzudecken (siehe Abbildung 47).

Abbildung 47: Kriterienkatalog für die Stichprobe

Auswahl politischer Stakeholder

• Regierungsvertreter oder Mitglieder der Ausschüsse/Arbeitskreise/Kommissionen/ des Parlamentarischen Beirates mit Themenschwerpunkten, die einen Bezug zur radikalen Innovation Elektromobilität haben: Folglich wurden die Vertreter aus den politischen Fachbereichen
  - Wirtschaft
  - Technologie
  - Umwelt
  - Wissenschaft
  - Forschung
  - Verkehr
  - Nachhaltigkeit
 ausgewählt.
 (Thematische Ausgewogenheit)

• Eine ausgewogene Berücksichtigung der im Deutschen Bundestag, in den Landtagen sowie in den Regionen und Kommunen vertretenen politischen Parteien (Opposition und Regierung) *(Horizontale Ausgewogenheit)*
• Eine angemessene Berücksichtigung der politischen Repräsentanten auf Bundes-/Landes-/Regional- und Kommunalebene *(Vertikale Ausgewogenheit)*
• Ansprache der Vertreter auf der Arbeitsebene (Mitarbeiter eines politischen Entscheidungsträgers und Vertreter aus der Ministerialverwaltung) und auf der Entscheidungsebene (z. B. MdBs, MdLs, Oberbürgermeister oder Bürgermeister) *(Hierarchische Ausgewogenheit)*

Auswahl der Experten aus der Wirtschaft (Lobbyisten bzw. Interessenvertreter)
• Als Experten aus der Wirtschaft werden in dieser Arbeit Personen bezeichnet, deren Aufgabengebiet die Kommunikation mit politischen Stakeholdern darstellt und die die Interessen eines Unternehmens oder einer Organisation vertreten. Diese Schwerpunktsetzung ist durch die festgelegte Forschungsfrage dieser Untersuchung begründet. Die Arbeit verfolgt das Ziel, aus der Perspektive der Wirtschaft die Erfolgsfaktoren für die Kommunikation von Innovationen mit politischen Stakeholdern zu bestimmen.
• In Betracht kommen Unternehmenslobbyisten aus dem deutschen automobilen Sektor (Automobilhersteller, Automobilzulieferer), Elektrochemieunternehmen, die sich auf die Entwicklung von Batterien für Elektrofahrzeuge spezialisieren, sowie Energieunternehmen, die für die Herstellung und die Verwendung von Strom für Elektrofahrzeuge verantwortlich sind.
• Da Unternehmen bei ihrer Arbeit mit Politikern über unterschiedliche Formen versuchen, positiv auf politische Entscheidungsprozesse einzuwirken, müssen auch Verbände und somit Verbandslobbyisten aus der Industrie berücksichtigt werden.
• Auch die Gewerkschaften als Interessenvertreter der Arbeitnehmer in einem Unternehmen spielen eine erhebliche Rolle und werden daher ebenfalls in die Stichprobe integriert.

Insgesamt wurden anhand dieses Kriterienkatalogs 27 Experten ausgewählt, davon 15 Vertreter aus der Politik und 12 Vertreter aus der Wirtschaft. Die Dauer der Interviews belief sich durchschnittlich auf ca. eine Stunde.[65]

---

65 25 Experteninterviews wurden persönlich mittels eines digitalen Aufnahmegerätes durchgeführt. Ein Experteninterview wurde aus Zeitgründen und aufgrund der großen örtlichen Distanz via Telefon erhoben. Bei einem Interviewpartner wurden die Fragen des Gesprächsleitfadens aus Zeitgründen leider nur schriftlich beantwortet. Die Interviews wurden im Zeitraum vom 11. Oktober 2011 bis zum

Abbildung 48: Stichprobe: Gesprächspartner der qualitativen Experteninterviews aus Politik und Wirtschaft

Nr.	Tätigkeitsbereich	Ansprechpartner	Code:	Datum
1	Bundestag	Abgeordneter (CDU)	MdB_CDU1	15.10.2011
2	Bundestag	Abgeordneter (CDU)	MdB_CDU2	17.11.2011
3	Bundestag	Abgeordnete (SPD)	MdB_SPD	02.11.2011
4	Bundestag	Abgeordneter (FDP)	MdB_FDP	04.11.2011
5	Landtag	Abgeordneter (CDU)	MdL_CDU	03.11.2011
6	Landtag	Abgeordneter (SPD)	MdL_SPD	19.10.2011
7	Landtag	Abgeordneter (BÜNDNIS 90/DIE GRÜNEN)	MdL_GRÜNE	06.12.2011
8	Ministerium	Ministerialdirigent Leiter Abteilung Wirtschaft/Wissenschaft/Bildung/Umwelt	MIN1abc*	13.10.2011
9	Ministerium	Ministerialdirigent Leiter Abteilung Innovation/Technologie	MIN2	21.11.2011
10	Ministerium	Abteilung Innovation/Technologie Referat Fahrzeugbau	MIN3	01.12.2011
11	Ministerium	Ministerialdirigent Leiter Abteilung Verkehr	MIN4	29.11.2011
12	Ministerium	Ministerialdirektor	MIN5	15.12.2011
13	Staatliche Koordinations-stelle für Elektromobilität	Geschäftsführer	STAATL. KOORD.	18.11.2011
14	Regionalverband	Leiter Standortentwicklung	REG. VERB.	25.11.2011
15	Rathaus	Stabstellenleiter des Oberbürgermeisters	KOMab*	15.10.2011

Nr.	Tätigkeitsbereich	Ansprechpartner	Code:	Datum
1	Automobilhersteller	Direktor des Bereiches Politik	OEM1	11.10.2011
2	Automobilhersteller	Leiter des Bereiches Politik	OEM2ab*	08.11.2011
3	Automobilhersteller	Leiter des Bereiches Politik	OEM3	09.11.2011
4	Automobilhersteller	Beauftragter für Elektromobilität im Bereich Politik	OEM4	07.12.2011
5	Automobilhersteller	Leiter Zukunftstechnologien im Bereich Politik	OEM5	07.02.2012
6	Automobilzulieferer	Stellvertretender Leiter des Bereiches Politik	ZULI1	23.11.2011
7	Automobilzulieferer	Senior Manager im Bereich Politik	ZULI2	23.11.2011
8	Automobilzulieferer	Leiter der Konzernrepräsentanz	ZULI3	23.11.2011
9	Energieunternehmen	Leiter der Konzernrepräsentanz	ENERGIE	11.11.2011
10	Wirtschaftsverband	Geschäftsführer	VERBAND1	15.11.2011
11	Wirtschaftsverband	Leiter der Kommunikation	VERBAND2	22.11.2011
12	Gewerkschaft	Geschäftsführer	GEWERK-SCHAFT	14.11.2011

** Der originär angefragte Experte a hat die Fragen gemeinsam mit weiteren Mitarbeitern/Kollegen (b und c.) beantwortet.*

07. Februar 2012 durchgeführt. Die vollständigen Transkriptionen der Interviews befinden sich im Anhang.

Abbildung 48 zeigt die Gesprächspartner der explorativen Experteninterviews in einer anonymisierten Liste auf.

Aufgrund der umfangreichen Ergebnisse stellen die Experteninterviews, die aufgrund ihrer Tiefe und Dauer auch als Intensivinterviews bezeichnet werden können (vgl. Atteslander 2010: 141 f), das Grundgerüst der empirischen Untersuchung dar. Die daran anschließende quantitative Online-Umfrage diente zur Validierung und Fundierung der Ergebnisse (siehe Kapitel 5.3).

Bei den durchgeführten Gesprächen handelte es sich um teilstrukturierte Interviews, die mittels eines Befragungsleitfadens durchgeführt wurden (zu Befragungen mit unterschiedlichem Grad an Strukturiertheit vgl. Häder 2006: 190):

> „Hierbei hat der Interviewer zwar die Möglichkeit, die Abfolge der Fragen je nach Verlauf des Gesprächs selbst festzulegen, ist jedoch gehalten, vorgegebene Frageformulierungen zu benutzen und den gesamten vorgegebenen Fragenkatalog innerhalb der Befragung ‚abzuarbeiten'" (Schnell/Hill/Esser 2008: 322).

Der Umfang der zu befragenden Erkenntnisbereiche war entscheidend für ein teilstrukturiertes Interview mit offenen[66] und geschlossenen[67] Fragen (vgl. Atteslander 2010: 146).

Um die dritte Forschungsfrage („Welche konkreten Erfolgsfaktoren lassen sich für die systematisch geplante, durchgeführte und evaluierte Kommunikation der radikalen Innovation Elektromobilität mit politischen Stakeholdern bestimmen?") beantworten zu können, musste sie im nächsten Schritt operationalisiert werden. Im Falle der hier ausgewählten Methode, der qualitativen Experteninterviews, bedeutete dies die Überführung in die den Interviewpartnern konkret vorgelegten Fragen (vgl. hinsichtlich Operationalisierung auch Brosius/Koschel/Haas 2008: 131). In dieser Untersuchung wurden insgesamt 44 Fragen aus der Forschungsfrage abgeleitet. Dabei wurde stets darauf geachtet, dass die formulierten Fragen die inhaltlichen Dimensionen des theoretischen Konzepts sowie die inhaltlichen Dimensionen des theoretischen Kapitels zur Elekt-

---

66 „Die offene Frage enthält keine festen Antwortkategorien. Die befragte Person kann ihre Antwort völlig selbstständig formulieren, und der Interviewer hat die Aufgabe, die Äußerungen der Auskunftsperson so genau wie möglich zu notieren; diese werden erst später bei der Auswertung bestimmten Kategorien zugeordnet" (Atteslander 2010: 146).

67 „Bei der geschlossenen Frage werden dem Befragten zugleich auch alle möglichen oder zumindest alle relevanten Antworten – nach Kategorien geordnet – vorgelegt. Die Aufgabe besteht lediglich darin, dass er aus diesen Antwortmöglichkeiten ‚seine' Antwort auswählt" (Atteslander: 2010: 146). Bei den geschlossenen Fragen wurde überwiegend auf ein ordinales Skalenniveau in Anlehnung an die Antwortvorgaben einer fünfstufigen Likert-Skala zurückgegriffen, um so die Einstellungen der User quantitativ zu erfassen (vgl. vertiefend zur Likert-Skala Friedrichs 1990: 175).

romobilität (Kapitel 2.6) in Bezug auf Erfolgsfaktoren für das Innovationslobbying abdecken.

Auch wenn der Gesprächsverlauf je nach Interviewpartner unterschiedlich war, wurde der Gesprächsleitfaden zu Beginn in sechs Themenblöcke unterteilt, die eine realistische Konversation ermöglichen sollten. Block I diente mit seinen allgemeinen Fragen zur Elektromobilität als Einstieg in die Thematik. So wurden unter anderem Fragen nach der aktuellen und zukünftigen Relevanz der Innovation gestellt und Stärken und Schwächen bzw. Chancen und Risiken der Innovation in den Vordergrund gerückt, um eine genaue Situationsanalyse zu ermöglichen. In Block II wurde die im theoretischen Teil ebenfalls behandelte Planungsphase untersucht, indem beispielsweise Ziele bzw. Zielkonflikte behandelt, zentrale Themen in der Diskussion über Elektromobilität erfragt sowie die inhaltliche Aufbereitung des Themas erörtert wurden. Block III deckte die kommunikative Durchführungsphase ab, indem auf die unterschiedlichen Kommunikationsinstrumente eingegangen wurde. Block IV wurde am Ende des Interviews gestellt und ließ Raum für Ergänzungen zum Thema Elektromobilität bzw. leitete auf die allgemeine Kommunikation von Innovationen als Schlussfrage über. Die Fragen aus Block V wurden lediglich den Vertretern der Wirtschaft gestellt. Im Vordergrund standen hier unter anderem das Rollenbild von Lobbyisten, ihre Informationsquellen sowie die Evaluationsmöglichkeiten von Lobbyingaktivitäten. Block VI richtete sich ausschließlich an Unternehmenslobbyisten. Es wurde untersucht, in welchem Unternehmensbereich Lobbyisten vorzufinden sind, wie relevant die Rückkopplung mit den internen Fachbereichen ist, welche Organisationsformen von Lobbying angewendet werden oder auch in welchen Phasen des Innovationsprozesses der Unternehmenslobbyist tätig wird. Der vollständige Gesprächsleitfaden ist im Anhang dokumentiert.

Alle aufgezeichneten Interviews wurden vollständig transkribiert, um eine fundierte und intersubjektiv nachvollziehbare Grundlage für die Kategorienbildung zu haben. So argumentiert auch King: *„Difficult and time-consuming though transcription is, there really is no satisfactory alternative to recording and fully transcribing qualitative research interviews"* (King 1994: 25). Als Protokolltechnik wurde die Übertragung in normales Schriftdeutsch (vgl. Mayring 2002: 91) angewendet. Dabei wurden Satzbaufehler behoben und der sprachliche Stil geglättet, so dass der Text einfacher zu lesen war und der Fokus auf die inhaltlich-thematische Ebene gesetzt wurde. Gleichzeitig wurden in der Transkription persönliche Angaben wie Name, Firma etc. anonymisiert und mit einem Code versehen, um eine Identifizierung oder Rückschlüsse auf Personen sowie Organisationen oder Institutionen auszuschließen.

Die transkribierten Protokolle wurden im Anschluss mittels der zusammenfassenden qualitativen Inhaltsanalyse ausgewertet (vgl. Mayring: 2002). Im ersten Schritt wurden Hauptkategorien gebildet, die die Erkenntnisbereiche des Befragungsleitfadens abdecken. Zur weiteren Differenzierung wurden Unterkategorien gebildet. Während des Codierungsprozesses wurden Hauptkategorien und dazugehörige Unterkategorien in Auseinandersetzung mit dem Textmaterial weiter ausdifferenziert oder zusammengefasst. Ziel war es, in einer systematischen Reduzierung das Allgemeinheitsniveau zu vereinheitlichen und dann den Abstraktionsgrad schrittweise anzuheben (vgl. Mayring 2002: 96).

Zum Schluss soll an dieser Stelle auch eine kritische Reflexion der Datenerhebungsmethode erfolgen. Generell wird in der Forschungsliteratur auf die auftretenden Schwachstellen von teilstandardisierten Experteninterviews hingewiesen. So besteht unter anderem die Gefahr, dass Zustimmungstendenzen (Zustimmung zu Fragen unabhängig vom Inhalt), Interviewereffekte (Reaktionen auf Merkmale des Interviewers), Frageeffekte (Reaktionen auf formale Aspekte von Fragen) oder auch Positionseffekte (Reaktionen auf Abfolge von Fragen) auftreten (vgl. Schnell/Hill/Esser 2008: 353 ff). Vor allem bei den durchgeführten Interviews mit den Experten aus Politik und Wirtschaft wurde folgende Problematik sichtbar, wie sie auch in der existierenden Forschungsliteratur beschrieben wird:

> „Im ExpertInnen-Interview […] sind die Befragten in einer dreifachen Rolle präsent – als Personen, als Repräsentanten und als Strategen: Es wird eine einzelne Person interviewt, die ferner eine Institution oder Organisation repräsentiert und schließlich als kollektiver, strategischer Akteur (z. B. Partei, Verband, Ministerium) in der politischen Öffentlichkeit agiert" (Abels/Behrens 2009: 161).

So können die Informationen der befragten Vertreter der Politik sowie der befragten Interessenvertreter der Wirtschaft die persönliche Einstellung widerspiegeln, die offizielle Position der Partei bzw. des Arbeitgebers darstellen oder auch einen instrumentellen strategischen Charakter besitzen. Auch gewisse Sponsoring-Effekte wurden bei dieser Untersuchung ersichtlich, da in einigen Interviews Reaktionen auf den Praxispartner der Studie geäußert wurden. Folglich gilt es, dieses Problematiken ebenfalls in Bezug auf die methodologischen Gütekriterien wie Validität, Reliabilität und Generalisierbarkeit kritisch zu reflektieren.

5.3 Quantitative Online-Befragung

In Ergänzung zu den qualitativen Intensivinterviews wurde eine schriftliche Befragung mit den politischen Stakeholdern angestrebt, um die erlangten Erkenntnisse im Sinne der Triangulation mit Hilfe quantitativer Forschungsmethoden abzusichern bzw. zu fundieren.

Die schriftliche Befragung als quantitative Datenerhebungsmethode eignet sich besonders, um eine geografisch stark verstreute Adressatengruppe – was bei politischen Stakeholdern der Fall ist – zu erreichen (vgl. Friedrichs 1990: 237). Darüber hinaus können aufgrund der Distanz zum Forscher eventuelle Interviewerfehler aus den qualitativen Experteninterviews kompensiert und die Antworten aufgrund der längeren Beantwortungszeit überlegter gegeben werden (vgl. Diekmann 2007: 514; Friedrichs 1990: 237; Atteslander 2010: 157). Die schriftliche Befragung wurde als Online-Umfrage aufgesetzt, da neben dem geringen Zeit- und Kostenaufwand auch die Programmierung die Möglichkeit bietet, durch eine Filterführung der Fragen Fragereiheneffekte zu kontrollieren bzw. Fehler beim Ausfüllen generell zu korrigieren (vgl. Diekmann 2007: 522; Pürer 2003: 544; Brosius/Koschel/Haas 2005: 122 ff).[68]

Der Aufbau der Online-Umfrage entspricht der Struktur des Gesprächsleitfadens aus den qualitativen Interviews, stellt jedoch eine komprimierte und – aufgrund der eingearbeiteten Rückmeldungen bzw. Änderungsvorschläge aus den Experteninterviews – optimierte Fassung dar. Es wurde hauptsächlich auf die geschlossenen, standardisierten Fragen aus den Experteninterviews zurückgegriffen, um die Einstellung der politischen Entscheidungsträger auch auf einer zahlenmäßig breiten Basis anhand zählbarer Eigenschaften und Merkmale zu ermitteln (vgl. Brosius/Koschel/Haas 2005: 19) und einen möglichst hohen Grad an Reliabilität und Objektivität zu gewährleisten (vgl. Diekmann 2007: 437).[69]

---

68 Für die Erstellung des Online-Fragebogens wurde auf die Software „Interview?!" zurückgegriffen. „Interview?!" ist ein Produkt der französischen Firma Interview SA, das Unternehmen und Organisationen bei der elektronischen Erstellung, Verteilung, Nachverfolgung und Ausführung von Befragungs-Daten unterstützt. Das System basiert auf Lotus Notes. Per Mail wird die URL des Fragebogens verschickt. Die Umfrage ist auf einem firmeninternen Server gespeichert und kann durch den in der Mail eingefügten Link von den Teilnehmern aufgerufen werden (mehr Informationen unter http://www.123interview.com).

69 Die wissenschaftlichen Gütekriterien Objektivität und Reliabilität werden dadurch erreicht, dass bei standardisierter Vorgehensweise die Befragten die gleichen Fragen in der gleichen Reihenfolge und bei geschlossenen Fragen darüber hinaus die jeweils gleichen Antwortkategorien vorgelegt bekommen. Im Idealfall sollten bei wiederholter Messung des Objektes die gleichen Werte geliefert werden und damit die Ergebnisse unabhängig von der forschenden Person sein (vgl. Schnell/Hill/Esser 2008: 151).

Im Gegensatz zur qualitativen Datenerhebungsmethode, bei der sowohl die politische Entscheidungsebene als auch die Arbeitsebene berücksichtigt worden ist, fokussierte sich die Online-Umfrage auf die politische Entscheidungsebene. Gründe liegen darin, dass die Anzahl der politischen Entscheidungsträger überschaubar ist und die Kontaktdaten in der Regel der Öffentlichkeit zur Verfügung gestellt werden. Darüber hinaus stellen die politischen Entscheidungsträger wichtige strategische Weichen für die Einführung der Elektromobilität.

Die Auswahl der politischen Entscheidungsträger auf quantitativer Ebene erfolgte wie bei der qualitativen Methode bewusst (zur bewussten Auswahl siehe Kromrey 2009: 265 f). Ziel war es, relevante politische Entscheidungsträger auf Bundes-, Landes- und Kommunalebene zu erreichen, die sich in ihrer Amtsfunktion mit dem Thema Elektromobilität befassen. Der Fokus wurde auf Bundes- und Landesebene ausschließlich auf Vertreter der Legislative gerichtet, da bei den Vertretern der Exekutive (Bundesregierung, Landesregierungen) aufgrund ihres hohen Amtes und der damit einhergehenden fehlenden Kapazitäten für wissenschaftliche Umfragen keine Rückmeldung erwartet werden kann. Das Parlament spielt jedoch als politische Entscheidungsinstanz eine gleichsam bedeutende Rolle, wie aus den qualitativen Experteninterviews ersichtlich wurde. So antwortete ein Vertreter des Ministeriums auf die Frage, an welche politischen Akteure man in der Politik herantreten muss, um die Einführung der Elektromobilität erfolgreich zu unterstützen, folgendermaßen:

> „Aus meiner Sicht ganz eindeutig an die politischen Mandatsträger, sprich also an die Leute, die in den Bundes- und Landtag gewählt worden sind. Ich halte es nicht für zielführend, dass man diese Aufgabe ausschließlich oder überwiegend den Ministerien und der Administration überbürdet, sondern das muss eindeutig aus den gewählten Volksvertretern herauskommen" (Experte MIN4 2011: #00:13:01-2#).

Betrachtet wurden daher Abgeordnete aller Parteien, die als ordentliche Mitglieder in den Ausschüssen Wirtschaft/Industrie, Umwelt/Klima/Naturschutz, Wissenschaft/Forschung, Verkehr, Energie, und Haushalt[70] tätig sind oder im Parlamentarischen Beirat sowie Kommissionen mit Bezug zur Elektromobilität sitzen. Diese thematischen Fachbereiche sind laut der Experten aus den qualitativen Interviews verantwortlich für das Thema Elektromobilität. Neben den relevanten Ausschüssen des Bundestages wurden auch die relevanten Landtagsausschüsse

---

70 Der Haushaltsausschuss wurde deswegen berücksichtigt, da in den Experteninterviews darauf hingewiesen wurde, dass der Haushaltsplan der Regierung, in dem auch die staatliche Förderung der Elektromobilität geregelt wird, vom Parlament kontrolliert und genehmigt werden muss (vgl. Experte MdB_SPD 2011: #00:51:50-0#).

aus Bundesländern mit einer starken Automobilindustrie[71] als Elemente der Grundgesamtheit definiert. Auf der kommunalen Ebene wurden sowohl die Oberbürgermeister als auch die Gemeinde- bzw. Stadträte aus Automobilstandorten in Deutschland in der Auswahl berücksichtigt. Da bei den Experteninterviews immer wieder auf den Einfluss der EU hingewiesen wurde, sind bei der Online-Umfrage die deutschen Mitglieder des Europäischen Parlaments aus den relevanten Ausschüssen ebenfalls berücksichtigt worden. Damit ist auch weiterhin die in dieser Untersuchung anfangs festgelegte Perspektive auf den Wirtschaftsstandort Deutschland gewährleistet. Schließlich wurden auch alle Fraktionsvorsitzenden auf EU-, Bundes- und Landtagsebene berücksichtigt, da diese in ihrer Fraktion wesentliche Leitlinien bezüglich der Förderung der Elektromobilität vorgeben. Abbildung 49 enthält die Kriterien für die Auswahl der politischen Entscheidungsträger.

Bei der durchgeführten Online-Umfrage kann von einer Vollerhebung gesprochen werden, da die Daten aller Elemente einer Grundgesamtheit erhoben wurden (vgl. Schnell/Hill/Esser 2008: 267; Brosius/Koschel/Haas 2005: 70f). Alle politischen Stakeholder, die die hier definierten Kriterien erfüllten und eine öffentlich zugängliche E-Mail-Adresse aufwiesen, erhielten eine E-Mail mit einem Hyperlink zur Online-Umfrage. Insgesamt wurden 832 Fragebögen verschickt[72]. Von den verteilten Fragebögen wurden 205 Fragebögen beantwortet. Dies entspricht einer Rücklaufquote von 25 Prozent. Vergleicht man den Gesamtrücklauf dieser Befragung mit den in der sozialwissenschaftlichen Literatur angegebenen Erfahrungswerten für Rücklaufquoten – insbesondere bei Umfragen mit politischen Entscheidungsträgern –, so kann der Rücklauf hier im oberen Bereich eingeordnet werden (vgl. zu Rücklaufquoten Friedrichs 1990: 237). Darüber hinaus zeigt der starke Rücklauf auch, dass die relevanten politischen

---

71 Als Bundesländer mit einer starken Automobilindustrie werden in dieser Untersuchung Baden-Württemberg, Bayern, Niedersachsen und Hessen verstanden, da dort deutsche Automobilhersteller ihren Hauptsitz haben. Nordrhein-Westfalen wird aufgrund des großen Ford-Werkes in Köln berücksichtigt. Bremen wird aufgrund des Mercedes-Werkes Bremen (größter Arbeitgeber in Bremen) untersucht.

72 Die E-Mail als Anschreiben informierte über das Thema der Umfrage und verwies darüber hinaus auf die Bearbeitungsdauer des Fragebogens und die Zusicherung der Anonymität sowie Vertraulichkeit der Daten (vgl. hinsichtlich Anschreiben auch vertiefend Schnell/Hill/Esser 2008: 362; Atteslander 2010: 158). Um die Ergebnisse nicht zu verfälschen, wurden wiederholte Beantwortungen durch bestimmte technische Einstellungen am System ausgeschlossen. Jeder Teilnehmer konnte den Fragebogen also nur einmal beantworten. Darüber hinaus konnte mit Hilfe des Systems nachvollzogen werden, welche Personen den Fragebogen nicht oder nur teilweise beantwortet hatten. Der Fragebogen war vom 08. Februar 2012 bis 28. März 2012 online. Ein Erinnerungsschreiben wurde am 28. Februar 2012 verschickt.

Amtsträger Interesse an weiteren Erkenntnissen zum Thema Elektromobilität haben.

Abbildung 49: Elemente der Vollerhebung

Politische Entscheidungsträger	
Bundestag	Ausschuss Wirtschaft und Technologie
	Ausschuss Wissenschaft und Forschung
	Ausschuss Umwelt, Naturschutz und Reaktorsicherheit
	Ausschuss Verkehr, Bau und Stadtentwicklung
	Ausschuss Haushalt
	Parlamentarischer Beirat für Nachhaltige Entwicklung
Landtag: Baden-Württemberg **(Daimler, Porsche, AUDI)**	Ausschuss Finanzen und Wirtschaft
	Ausschuss Wissenschaft, Forschung und Kunst
	Ausschuss Umwelt, Klima und Energiewirtschaft
	Ausschuss Verkehr und Infrastruktur
Landtag: Bayern **(AUDI, BMW)**	Ausschuss Wirtschaft, Infrastruktur, Verkehr und Technologie
	Ausschuss Hochschule, Forschung und Kultur
	Ausschuss Umwelt und Gesundheit
	Ausschuss Energiekommission
	Ausschuss Staatshaushalt und Finanzen
Landtag: Niedersachsen **(Volkswagen)**	Ausschuss Wissenschaft und Kultur
	Ausschuss Wirtschaft, Arbeit und Verkehr
	Ausschuss für Umwelt und Klimaschutz
	Ausschuss für Haushalt und Finanzen
Landtag: Nordrhein-Westfalen **(Ford-Werke GmbH)**	Ausschuss für Bauen, Wohnen und Verkehr
	Ausschuss für Innovation, Wissenschaft, Forschung und Technologie
	Ausschuss für Klimaschutz, Umwelt, Naturschutz, Landwirtschaft und Verbraucherschutz
	Ausschuss für Wirtschaft, Mittelstand und Energie
	Haushalts- und Finanzausschuss
Landtag: Hessen **(Opel)**	Haushaltsausschuss
	Ausschuss für Umwelt, Energie, Landwirtschaft und Verbraucherschutz
	Ausschuss für Wirtschaft und Verkehr
	Ausschuss für Wissenschaft und Kunst
Bremische Bürgerschaft (Land und Stadt) **(Mercedes-Werk Bremen)**	Haushalts- und Finanzausschuss
	Ausschuss für Wissenschaft, Medien, Datenschutz und Informationsfreiheit
Stadt Stuttgart **(Daimler, Porsche)**	Oberbürgermeister, Bürgermeister und Stadtrat
Stadt München **(BMW)**	Oberbürgermeister, Bürgermeister und Stadtrat
Stadt Ingolstadt **(AUDI)**	Oberbürgermeister, Bürgermeister und Stadtrat
Stadt Wolfsburg **(VW)**	Oberbürgermeister, Bürgermeister und Stadtrat
Stadt Köln **(Ford-Werke GmbH)**	Oberbürgermeister, Bürgermeister und Stadtrat
Stadt Rüsselsheim **(Opel)**	Oberbürgermeister, Bürgermeister und Stadtrat
Europäisches Parlament	Ausschuss für Industrie, Forschung, Energie
	Ausschuss für Verkehr und Fremdenverkehr
	Ausschuss für Umweltfragen, Volksgesundheit und Lebensmittelsicherheit
Fraktionsvorsitzende aller Parteien auf EU-/Bundes-/Landes- und Kommunalebene	

Die Auswertung der Untersuchungsergebnisse wurde mit Hilfe des Statistikprogramms Sphinx Eureka[73] sowie Microsoft Excel durchgeführt. Da die systematische Beschreibung der Einstellungen der politischen Stakeholder im Vordergrund stand, erfolgte die Auswertung deskriptiv, meistens in Form von Prozentanteilen, Mittelwerten und relativen Häufigkeitsverteilungen[74] (vgl. zur deskriptiven Forschung Brosius/Koschel/Haas 2005: 21). Um die politischen Entscheidungsträger zu differenzieren und eine Grundlage für spätere Subgruppenanalysen zu schaffen, wurde die politische Ebene sowie die Parteizugehörigkeit der Teilnehmer erfasst.[75]

Abbildung 50: Differenzierung der Teilnehmer nach politischer Ebene

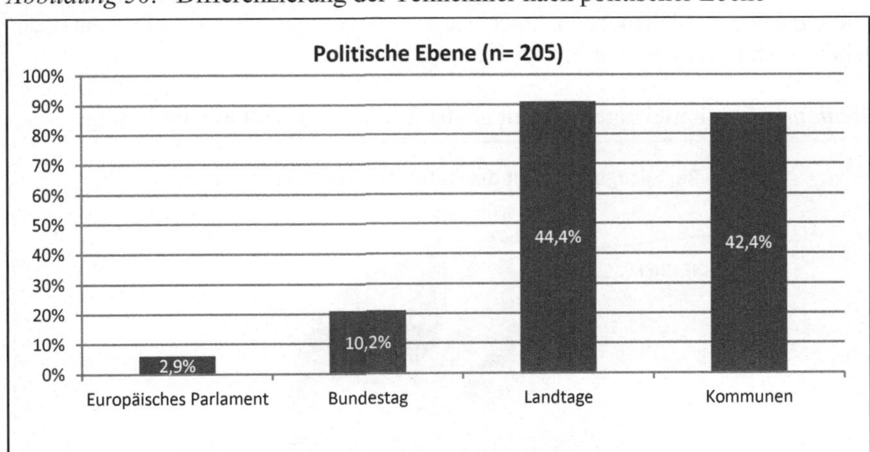

Anhand Abbildung 50 wird deutlich, dass 44,4 Prozent der Umfrageteilnehmer Landtagsabgeordnete sind, 42,4 Prozent der Teilnehmer ein kommunalpolitisches Amt bekleiden, 10,2 Prozent der Teilnehmer im Bundestag arbeiten sowie 2,9 Prozent der Teilnehmer Abgeordnete des Europäischen Parlaments sind. Die hohe Anzahl von Landtagsabgeordneten und kommunalen Entscheidungsträgern ergibt sich aus der Tatsache, dass im Vergleich zum Bundestag auf Landes- und

---

73 Sphinx Eureka ist eine Software für Kunden- und Mitarbeiterumfragen. Mittels dieses Programms können Daten analysiert, ausgewertet und präsentiert werden. (mehr Informationen unter http://www.sphinx-survey.de).
74 Bei der relativen Häufigkeitsverteilung wird die Auswertung stets auf diejenigen Personen bezogen, bei der gültige Werte bei der jeweiligen Frage vorliegen.
75 Diese Grunddaten waren jedoch nicht Teil des Fragebogens, sondern wurden bereits im Vorfeld ermittelt.

Kommunalebene mehrere Landtagsparlamente sowie Städte befragt worden sind. Die niedrige Anzahl der an der Umfrage teilgenommenen Europaabgeordneten ist der Tatsache geschuldet, dass die Gesamtzahl der angeschriebenen Mitglieder des Europäischen Parlaments (n=23) wesentlich kleiner war als die Zahl der in Deutschland kontaktierten Politiker auf Bundes- (n=189), Landes- (n=379) oder Kommunalebene (n=241).

Die Parteizugehörigkeit der politischen Entscheidungsträger entspricht in etwa der in Deutschland gängigen Sitzverteilung der Parteien in den Parlamenten. Wie Abbildung 51 zeigt, gehören 32,2 Prozent der Politiker der CDU/CSU an, 29,3 Prozent der SPD, 18,5 Prozent BÜNDNIS 90/DIE GRÜNEN, 9,8 Prozent der FDP, 3,4 Prozent der Partei DIE LINKE und 3,4 Prozent den Freien Wählern. Die restlichen Teilnehmer waren entweder parteilos (2,0 Prozent) oder gehörten einer anderen Partei (1,5 Prozent) an.

Abbildung 51: Parteizugehörigkeit an der Teilnehmer der Online-Umfrage

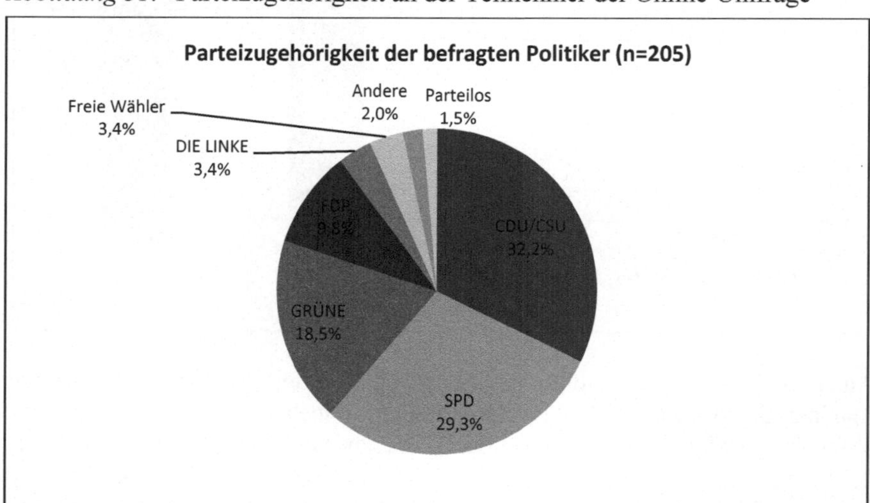

Da keine Stichprobe bei dieser durchgeführten Online-Umfrage gezogen wurde, sondern es sich hier um eine Vollerhebung handelt, spielen Repräsentativität sowie Signifikanzen in dieser Arbeit keine Rolle.

Schließlich soll auch an dieser Stelle auf die allgemeinen Schwachpunkte der schriftlichen Online-Befragung hingewiesen werden (vgl. hierzu auch Friedrichs 1990: 237). So wird bei Online-Umfragen des Öfteren der Mangel an PC- bzw. Internetkenntnissen der Befragten angeführt (vgl. Brosius/Koschel/Haas 2005: 122 ff), der eine geringe Rücklaufquote oder Ergebnisverzerrungen zur

Folge haben kann. Jedoch muss an dieser Stelle gesagt werden, dass es sich bei den politischen Stakeholdern um eine Zielgruppe handelt, die in der Regel die Koordination bzw. Organisation ihrer Arbeit mittels digitaler Medien erledigen. Als weitere Schwäche wird unter anderem angeführt, dass es keine Möglichkeit gibt, die Situation des Ausfüllens zu kontrollieren (vgl. Friedrich 1990: 237). Es kann also nicht sichergestellt werden, dass der Fragebogen auch von den politischen Entscheidungsträgern persönlich ausgefüllt worden ist. Dieses Problem besteht in der Tat und sollte bei der Ergebnisauswertung in Kapitel 6 bedacht werden.

Nachdem nun die empirisch-methodische Vorgehensweise detailliert erläutert wurde, indem die Triangulation sowie die ausgewählten Datenerhebungs- sowie Datenauswertungsmethoden dargestellt worden sind, ist nun die Grundlage für die intersubjektive Nachvollziehbarkeit der empirischen Ergebnisse, die nun in Kapitel 6 dargestellt werden, geschaffen.

6 Anwendung des Innovationslobbying-Konzepts auf die Elektromobilität

Nach der Erarbeitung des Konzepts für das Innovationslobbying in Kapitel 4 und der Erörterung der geeigneten methodischen Vorgehensweise in Kapitel 5 soll nun die Anwendung dieses konzeptionellen Rahmens auf die Elektromobilität erfolgen. Somit wird der letzten Forschungsfrage (*„Welche konkreten Erfolgsfaktoren lassen sich für die systematisch geplante, durchgeführte und evaluierte Kommunikation der radikalen Innovation Elektromobilität mit politischen Stakeholdern bestimmen?"*), die anhand empirischer Erkenntnisse beantwortet wird, Rechnung getragen. Nachfolgend sollen die Ergebnisse aus den qualitativen Leitfadeninterviews mit Experten aus Politik und Wirtschaft (n=27) sowie die Ergebnisse der quantitativen Online-Umfrage mit politischen Entscheidungsträgern (n=205) in einer gemeinsamen Zusammenschau präsentiert werden. Die Phasen des Managementkreislaufes dienen wiederum als strukturelles Grundgerüst.

6.1 Analysephase: Lobbying für Elektromobilität

Nachfolgend soll die Elektromobilität als radikale Innovation detailliert analysiert werden, indem die Meinungen der befragten Akteure aus Politik und Wirtschaft vorgestellt werden. Dabei werden der Begriff Elektromobilität untersucht, die Bewertung der Technologie in der Politik vorgestellt, die grundlegenden Merkmale dieser Innovation dargestellt und die Hauptbeweggründe für die Einführung der Elektromobilität auf dem Massenmarkt aufgeführt. In diesem Zusammenhang wird auch die Rolle des Wirtschaftsstandortes Deutschland untersucht und die Elektromobilität im Anschluss einer genauen SWOT-Analyse unterzogen. Ebenso werden die Informationsquellen, die bei der Analyse der Elektromobilität aus Sicht der Lobbyisten am geeignetsten erscheinen, dargestellt. Neben der genauen Analyse des Themas werden die Stakeholder und deren Informations- und Einflussquellen untersucht, die von den Interviewpartnern aufgeführten allgemeinen Handlungsempfehlungen für die Kommunikation von radikalen Innovationen mit politischen Stakeholdern abgeleitet und die Chancen bzw. Herausforderungen einer engen Kommunikation zwischen Politik und Wirtschaft in Bezug auf die Elektromobilität skizziert.

6.1.1 Sorgfältige Analyse der Elektromobilität

6.1.1.1 Der Begriff Elektromobilität

Um ein gemeinsames Verständnis des Begriffes Elektromobilität zu gewährleisten, wurde in der empirischen Untersuchung in den qualitativen Experteninterviews im ersten Schritt der Frage nachgegangen, was genau unter dem Begriff Elektromobilität subsumiert wird (siehe Abbildung 52).

Abbildung 52: Qualitative Experteninterviews – Definition des Begriffes Elektromobilität

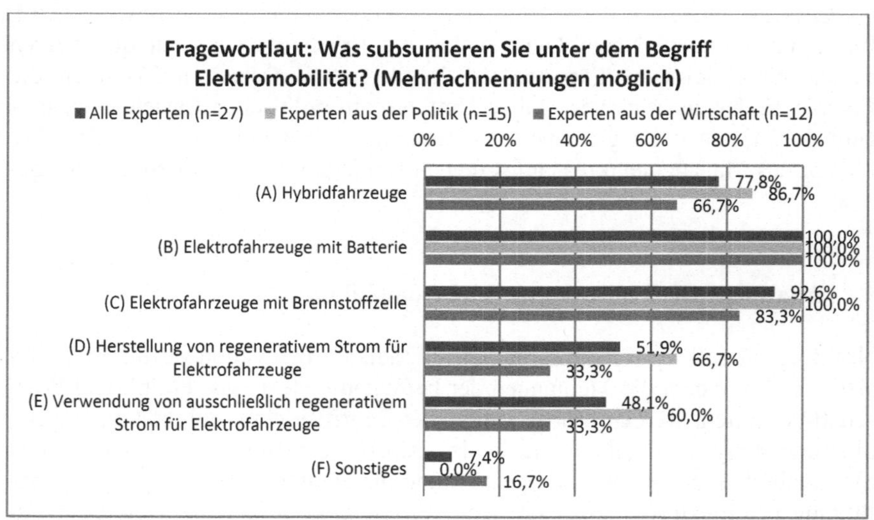

Sowohl die befragten Experten aus der Politik als auch die befragten Experten aus der Wirtschaft sind sich zu 100 Prozent einig, dass unter dem Begriff Elektromobilität in erster Linie Elektrofahrzeuge mit Batterie subsumiert werden. 92,6 Prozent der Experten betrachten auch Elektrofahrzeuge mit Brennstoffzelle als Teil der Elektromobilität. Im Vergleich dazu ordnen nur 77,8 Prozent der befragten Experten die Hybridfahrzeuge unter den Begriff Elektromobilität. Als Grund wird unter anderem angegeben, dass nicht alle Stufen der Hybridisierung zur Elektromobilität gezählt werden können und es daher einer genaueren Differenzierung der Hybridformen bedarf. So verweisen einige Experten auf die von der Nationalen Plattform für Elektromobilität vorgegebene Definition, laut der Elektrofahrzeuge mit Batterie, aber auch Plug-in-Hybride und Range Extender zur Elektromobilität subsumiert werden. Überlegenswert scheint es für einen Experten aus der Politik, den Begriff Elektromobilität durch alternative Antriebe zu ersetzen, da so Verwirrungen um den Begriff in der Öffentlichkeit vermieden werden könnten und Laien eher die Hybridformen als Teil der neuen Mobilität berücksichtigen würden. Gleichzeitig weist ein Experte aus dem Automobilzuliefererbereich bei dieser Frage darauf hin, dass zwar seiner Meinung nach alle Antwortmöglichkeiten richtig sind, jedoch in der Politik momentan eine stärkere Fokussierung auf das rein emissionsfreie Fahren mit der Batterie stattfindet.

Interessanterweise integrieren mehr politische Akteure als Wirtschaftsexperten die Hybridfahrzeuge unter den Begriff Elektromobilität. 86,7 Prozent der politischen Akteure sehen Hybridfahrzeuge als Teil der Elektromobilität an. Lediglich 66,7 Prozent der Akteure aus der Wirtschaft ordnen den Hybridantrieb unter die Elektromobilität. Ein ähnliches Bild zeigt sich beim Brennstoffzellenantrieb. Während alle befragten Experten aus dem Bereich Politik auch die Brennstoffzelle als Bestandteil der Elektromobilität betrachten, subsumieren lediglich 83,3 Prozent der Wirtschaftsakteure diesen Antrieb unter den Begriff Elektromobilität. Dies könnte daran liegen, dass die überwiegende Anzahl der befragten Lobbyisten für Unternehmen arbeitet, die keine Brennstoffzellenfahrzeuge anbieten.

Da im Kontext der Elektromobilität stets auf die Notwendigkeit des Einsatzes von regenerativ erzeugtem Strom hingewiesen wird, wurden sowohl die Herstellung als auch die Verwendung von regenerativem Strom für Elektrofahrzeuge als Antwortvorschläge integriert. Circa jeder zweite Experte betrachtet die Herstellung (51,9 Prozent) und auch die Verwendung (48,1 Prozent) von regenerativ erzeugtem Strom als wichtige Elemente des Terminus Elektromobilität. Auch hier plädieren mehr Akteure aus der Politik (Herstellung von regenerativem Strom: 66,7 Prozent; Verwendung von regenerativem Strom: 60,0 Prozent) als Akteure aus der Wirtschaft (Herstellung von regenerativem Strom: 33,3 Prozent; Verwendung von regenerativem Strom: 33,3 Prozent) für eine erweiterte Definition der Elektromobilität. Gründe könnten darin zu sehen sein, dass Politiker im Gegensatz zu wirtschaftlichen Interessenvertretern das Thema Elektromobilität gemeinwohlorientiert betrachten müssen und somit das Thema aus einer ganzheitlichen Perspektive wahrnehmen.

Ein Experte eines Automobilunternehmens sieht zwar die Verwendung als notwendigen Bestandteil der Elektromobilität an, jedoch nicht die Herstellung:

„Wo der Strom herkommt, das hat mit der Elektromobilität direkt aus unserer Sicht nichts zu tun, denn dieser Strom wird ja für verschiedene Zwecke verwendet. Da geht ein Teil in die Mobilität, der andere geht in Fabriken oder Haushalte" (Experte OEM2a 2011: #00:01:37-5#).

Diese Ansicht teilt auch der Experte aus der staatlichen Koordinationsstelle für Elektromobilität und fügt hinzu:

„Wenn der Energietechniker die ganzen Windkraftanlagen, Solaranlagen und modernen Kraftwerke baut und die Verkehrsleute bauen die neue Art des Verkehrs auf, dann vernetzt sich das nachher wieder. Es sind aber trotzdem zwei Gruppen in manchmal unterschiedlichen Unternehmen. Deswegen trennen wir das an dieser Stelle. Das heißt nicht, dass das weniger notwendig ist, nur dass das nicht in unser Portfolio fällt" (Experte STAATL. KOORD. 2011: #00:01:35-4#).

Gleichzeitig zeigt sich im Hinblick auf die Verwendung von regenerativ erzeugtem Strom, dass die Experten den Stand der technologischen Entwicklung unterschiedlich bewerten. Dies geht von Aussagen wie *„Die ausschließliche Verwendung würde ich noch nicht darunter subsumieren. Soweit sind wir ja noch nicht"* (Experte MdL_GRÜNE 2011: #00:00:53-1#), bis hin zu *„Die Verwendung von ausschließlich regenerativem Strom für Elektrofahrzeuge ist mittlerweile auch Standard"* (Experte REG. VERB. 2011: #00:00:52-9#).

Um die Erkenntnisse mit Hilfe quantitativer Forschungsmethoden abzusichern bzw. zu fundieren, wurde der Begriff der Elektromobilität auch auf quantitativer Ebene analysiert (siehe Abbildung 53). Dabei wurden die aus den qualitativen Experteninterviews gewonnenen Erfahrungen sowie die Verbesserungsvorschläge und Ergänzungen der Experten in Bezug auf die Antwortkategorien eingebaut. Es zeigte sich, dass die prozentualen Werte der jeweiligen Antworten auf quantitativer Ebene schwächer ausfielen als bei der qualitativen Befragung. 90,2 Prozent der befragten politischen Entscheidungsträger ordnen Elektrofahrzeuge mit Batterie unter den Begriff Elektromobilität und relativieren somit den absoluten Wert (100 Prozent) der qualitativen Befragung. Lediglich 57,6 Prozent der befragten Politiker sehen auf quantitativer Ebene die Brennstoffzelle als Bestandteil der Elektromobilität und nur 35,6 Prozent der Politiker betrachten Plug-In-Hybrid/Range Extender[76] als Element der Elektromobilität.

---

76 Da in den qualitativen Experteninterviews eine genauere Differenzierung bei den Hybridformen gewünscht wurde, wurden in der quantitativen Online-Umfrage lediglich Plug-In-Hybrid-Fahrzeuge (PHEV) sowie Elektrofahrzeuge mit Range Extender (REEV) zur Elektromobilität subsumiert. Dies entspricht der Vorgehensweise der Bundesregierung, die Mild-Hybride und Full-Hybride ebenfalls

Steckt man den Definitionsbereich weiter ab und integriert die Einbindung der Elektrofahrzeuge in Energiesysteme (z. B. Herstellung und Verwendung von regenerativ erzeugtem Strom, aber auch Nutzung der Elektrofahrzeuge als Zwischenspeicher für überschüssigen regenerativ erzeugten Strom), so ist ca. jeder zweite Politiker (51,2 Prozent) der Ansicht, dass dieser Aspekt in der Diskussion über Elektromobilität auch Beachtung finden muss. Etwa zwei Drittel der befragten Politiker (63,9 Prozent) empfehlen darüber hinaus, sich im Kontext der Elektromobilität mit der Einbindung der Elektrofahrzeuge in Verkehrssysteme (Elektrofahrzeuge als Baustein des intermodalen Verkehrs) zu beschäftigen.

Abbildung 53: Quantitative Online-Umfrage mit politischen Entscheidungsträgern – Definition des Begriffes Elektromobilität

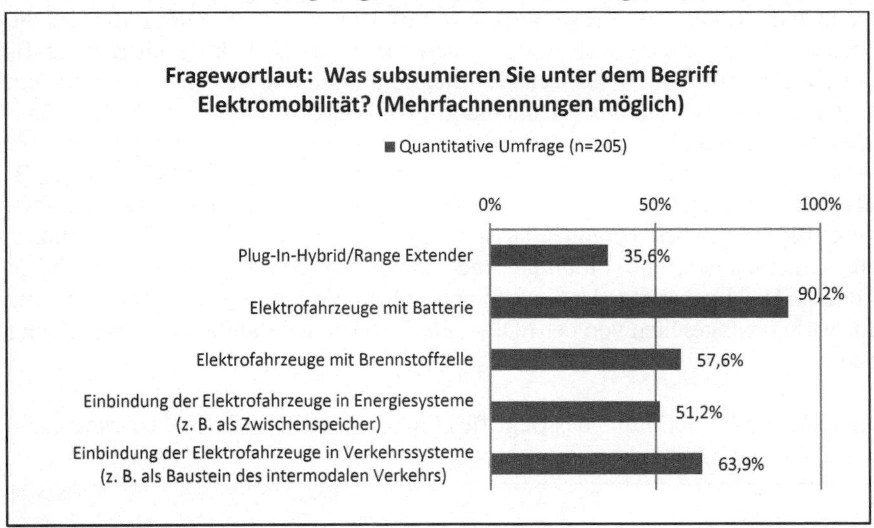

Insgesamt zeigen die Ergebnisse, dass vor allem bei den Hybridfahrzeugen und bei den Brennstoffzellenfahrzeugen in der Politik Informationsbedarf besteht, wenn man als Lobbyist diese Technologien stärker im Kontext der Elektromobilität verorten möchte. Auch ist es ratsam, die zukünftige Entwicklung im Bereich Energie sowie intelligente Verkehrssysteme zu beobachten und evtl. aktiv mitzugestalten, da ein politisches Interesse – wie sich hier gezeigt hat – in diesen

bei der Definition von Elektromobilität außen vor lässt (zur genauen Differenzierung der jeweiligen Hybridformen siehe Kapitel 2.6.1).

beiden Bereichen überwiegend vorhanden ist und somit mit strukturellen Veränderungen sowie politischen Neuregelungen zu rechnen ist.

Geht man ins Detail und überprüft, ob zwischen den Parteien unterschiedliche Auffassungen hinsichtlich der Definition der Elektromobilität existieren, bietet sich eine Subgruppenanalyse an. Es wird sichtbar, dass insbesondere SPD-Politiker (43,3 Prozent) und Freie Wähler (42,9 Prozent) die Hybridformen als Teil der Elektromobilität betrachten. CDU-Politiker (31,8 Prozent), Politiker von BÜNDNIS 90/DIE GRÜNEN (31,6 Prozent) und Politiker der FDP (30,0 Prozent) zeigen sich zurückhaltender bei dieser Antriebsform. Ein Unternehmen, das folglich Range-Extender oder Plug-in-Hybride in seinem Produktportfolio aufweist, sollte insbesondere Politiker der CDU, FDP und Politiker von BÜNDNIS 90/DIE GRÜNEN über diese Form von Elektromobilität informieren. Interessant ist auch die Erkenntnis, dass Politiker von BÜNDNIS 90/DIE GRÜNEN und die Freien Wähler im Vergleich zu den anderen Parteien das Fahren mit Brennstoffzelle mehrheitlich nicht als Teil der Elektromobilität sehen. Hier ist es für ein Unternehmen, das Brennstoffzellenfahrzeuge anbietet, ratsam, nach den Ursachen zu fragen und mögliche Bedenken dieser Politiker aus dem Weg zu räumen. Analysiert man die Einbindung der Elektrofahrzeuge in Energiesysteme (z. B. als Zwischenspeicher) wird deutlich, dass sich insbesondere die SPD (63,3 Prozent) für ein solches Vorgehen ausspricht und somit als politischer Unterstützer für Unternehmen, die Mobilität und Energie verbinden möchten, in Frage kommt. Die Integration der Elektromobilität in Verkehrssysteme hingegen befürworten – abgesehen von der FDP – alle Parteien mehrheitlich (vgl. Abbildung 54).

Abbildung 54: Definition des Begriffes Elektromobilität – Differenzierung nach Partei

	Quantitative Online-Umfrage (n=205)					
	CDU (n=66)	SPD (n=60)	GRÜNE (n=38)	FDP (n=20)	LINKE (n=7)	FW (n=7)
Plug-in-Hybrid/Range Extender	31,8%	43,3%	31,6%	30,0%	14,3%	42,9%
Elektrofahrzeuge mit Batterie	90,9%	90,0%	84,2%	95,0%	85,7%	100,0%
Elektrofahrzeuge mit Brennstoffzelle	66,7%	56,7%	39,5%	70,0%	71,4%	42,9%
Einbindung in Energiesysteme	43,9%	63,3%	55,3%	35,0%	42,9%	42,9%
Einbindung in Verkehrssysteme	59,1%	63,3%	78,9%	45,0%	85,7%	42,9%

Die Differenzierung nach politischer Ebene zeigt insbesondere, dass die befragten Europaabgeordneten im Vergleich zu den anderen Politikern den Begriff

Elektromobilität sehr eng definieren. So betrachtet keiner der EU-Abgeordneten die Plug-in-Hybride/Range Extender als Teil der Elektromobilität. Darüber hinaus ist nur jeder dritte Europaabgeordnete der Meinung, dass die Elektromobilität in Energiesysteme oder in Verkehrssysteme eingeordnet werden sollte. Da die Anzahl der befragten Politiker auf Europäischer Ebene (n=6) bei der Online-Umfrage relativ gering ist, sollten weitere EU-Abgeordnete dazu befragt werden. So ließe sich feststellen, ob es sich hierbei um eine grundsätzliche Meinung handelt oder ob die Einstellungen der hier befragten Politiker als Ausnahmen gewertet werden müssen. Auch Kommunal-, Regional- und Landespolitiker sehen mehrheitlich die Hybridformen nicht als Teil der Elektromobilität an. Hier empfiehlt sich ebenfalls ein verstärkter Dialog zwischen den Unternehmen und den jeweiligen politischen Gruppen, um die von der Bundesregierung festgelegte Definition von Elektromobilität, die Plug-in-Hybride/Range Extender als Teil der Elektromobilität betrachtet, zu verbreiten. Insbesondere Politiker auf Landesebene, regionaler und kommunaler Ebene fordern stärker die Einbindung in Verkehrssysteme als Bundes- oder Europapolitiker. Dies könnte eventuell daran liegen, dass die unteren politischen Ebenen sich stärker mit der konkreten Verkehrsplanung beschäftigen und die Verkehrsthematik insbesondere für diese politischen Gruppen sehr brisant ist. Die übrigen Werte, die bei der Analyse der politischen Ebene (siehe Abbildung 55) zum Vorschein kommen, weisen keine nennenswerten Abweichungen zur allgemeinen Häufigkeitsverteilung (siehe Abbildung 53) auf.

Abbildung 55: Definition des Begriffes Elektromobilität – Differenzierung nach politischer Ebene

	Quantitative Online-Umfrage (n=205)			
	MdEPs (n=6)	*MdBs (n=21)*	*MdLs (n=90)*	*Regional- und Kommunalpol. (n=87)*
Plug-in-Hybrid/Range Extender	0,0%	61,9%	28,6%	39,1%
Elektrofahrzeuge mit Batterie	100,0%	90,5%	84,6%	95,4%
Elektrofahrzeuge mit Brennstoffzelle	83,3%	66,7%	52,7%	58,6%
Einbindung in Energiesysteme	33,3%	52,4%	52,7%	50,6%
Einbindung in Verkehrssysteme	33,3%	42,9%	65,9%	69,0%

6.1.1.2 Bewertung des Themas Elektromobilität in der Politik

Um einschätzen zu können, wie politische Stakeholder dem Thema Elektromobilität gegenüberstehen, ist es für ein erfolgreiches Lobbying sinnvoll, den aktuellen Stellenwert der Technologie auf der allgemeinen politischen Agenda zu untersuchen, die bisherige Handhabung des Themas Elektromobilität in Deutschland zu analysieren sowie das Zukunftspotenzial der Elektromobilität detailliert zu beleuchten. Auch die persönliche Erfahrung der politischen Stakeholder spielt eine wichtige Rolle bei der Bewertung der Technologie und soll untersucht werden.

Aktuelle Relevanz des Themas in der Politik:
Nach Ansicht der Experten aus den qualitativen Interviews ist das Thema Elektromobilität auf der generellen politischen Agenda im Durchschnitt wichtig bis sehr wichtig (m=1,5).

Abbildung 56: Aktuelle Bedeutung des Themas Elektromobilität in der Politik

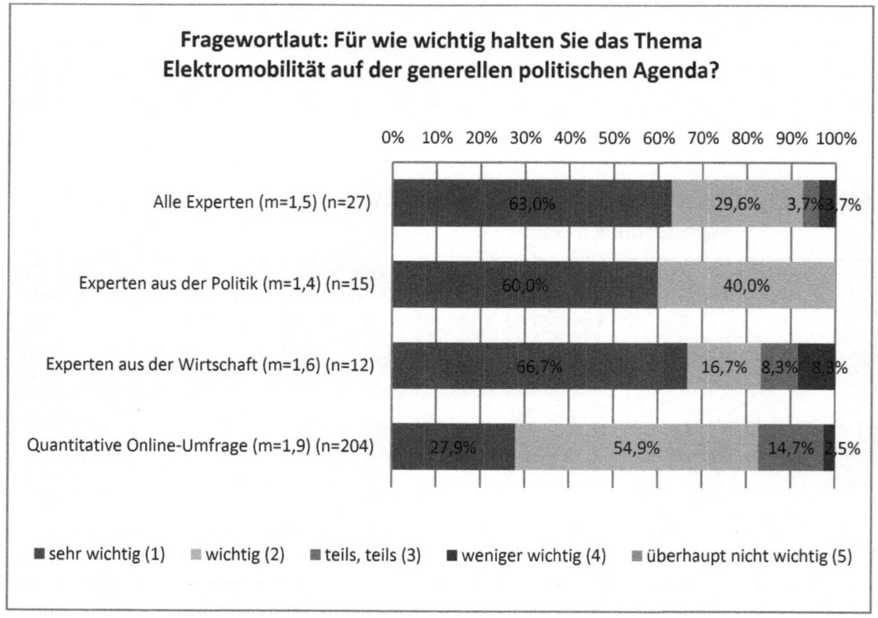

Dabei bewerten die im Rahmen der qualitativen Interviews befragten Experten aus der Politik das Thema im Durchschnitt sogar um Nuancen wichtiger (m=1,4) als die befragten Experten aus der Wirtschaft (m=1,6). Da die Interviews in die Zeit der politischen Abstimmung über den Euro-Rettungsschirm fielen, betrachtete ein Experte aus der Wirtschaft das Thema zu dieser Zeit als vergleichsweise weniger wichtig, was den etwas schlechteren Mittelwert bei den Experten aus der Wirtschaft erklärt. Insgesamt ist jedoch auch den Experten der Wirtschaft die Wichtigkeit des Themas bewusst:

> „Man hat den Eindruck, als gäbe es nichts Wichtigeres im Moment. Man hat fast die Energie ein bisschen verdrängt, obwohl es ein Ergebnis aus der Energiediskussion ist. Ich persönlich halte es für wichtig. [...] Es ist eine Riesenchance, gemeinschaftlich in der Industrie ein Thema voranzutreiben, bei dem wir als innovativer Standort und eben als innovatives Land eine dominierende Rolle spielen können" (Experte ZULI2 2011: #00:02:32-3#).

Die Online-Umfrage mit politischen Entscheidungsträgern relativiert die Werte aus den qualitativen Interviews, zeigt jedoch auch, dass auf quantitativer Ebene das Thema Elektromobilität ebenfalls als wichtig (m=1,9) betrachtet wird. Dabei gibt es keine wesentlichen Unterschiede zwischen den Parteien und zwischen den politischen Ebenen. Alle Ergebnisse bewegen sich um den Mittelwert 2 („wichtig").

Bisherige Behandlung des Themas in der Wirtschaft:
Nachdem die Relevanz des Themas Elektromobilität in der politischen Landschaft unbestritten ist, soll nun der Frage nachgegangen werden, welche Bedeutung die deutsche Wirtschaft nach Ansicht der Experten diesem Thema bisher beigemessen hat. Dies ist insbesondere vor dem Hintergrund wichtig, weil einige Medien[77] in der Vergangenheit den deutschen Unternehmen des automobilen Sektors vorgeworfen haben, den Trend zur Elektromobilität verschlafen zu haben.

---

77 So fragte beispielsweise Spiegel Online „Andere Länder sind beim Bau von Elektroautos viel weiter als die Bundesrepublik. Verschlafen wir gerade einen Megatrend?" (Spiegel Online 2010). Das Hamburger Abendblatt berichtet in einem Artikel: „Die deutsche Auto-Industrie setzt sich gegen den Vorwurf zur Wehr, die Entwicklung des Elektroautos verschlafen zu haben. Die Chefs der Konzerne Daimler und BMW, Dieter Zetsche und Norbert Reithofer, sagten am Montag im ZDF-Morgenmagazin, die Hersteller hätten die Entwicklung alternativer Antriebe keineswegs schleifen lassen. Es sei mittlerweile eine Art Volkssport, der Autoindustrie ‚Schlafmützigkeit' vorzuwerfen, klagte Zetsche" (Hamburger Abendblatt 2010).

Wie Abbildung 57 zeigt, sind zwar die Experten im Durchschnitt der Meinung, dass die deutschen Unternehmen den Trend zur Elektromobilität überwiegend nicht verschlafen haben (m=3,5), jedoch gehen hier die Meinungen zwischen den Experten aus der Politik und den Experten aus der Wirtschaft bei den qualitativen Interviews deutlich auseinander. Die Experten aus der Wirtschaft (m=4,1) sind im Durchschnitt der Ansicht, dass die deutschen Unternehmen den Trend der Elektromobilität überwiegend nicht verschlafen haben:

„Die Industrie hat schon seit Jahrzehnten an dem Thema gearbeitet, jetzt fehlt nur noch die Infrastruktur. Jetzt ist auch der politische Wille da, weil die Politik entsprechende CO_2-Regulierungen verabschiedet hat oder verabschieden wird" (Experte OEM2a 2011: 00:07:03-8#).

Die Experten der Politik (m=3,1) äußern sich in den Interviews kritischer. So sind 40 Prozent der befragten politischen Experten der Meinung, dass die Unternehmen überwiegend den Trend zur Elektromobilität verschlafen haben, 26,7 Prozent weichen auf die Mittelkategorie „teils, teils" aus und 33,3 Prozent stimmen einen versöhnlichen Ton an (20,0 Prozent: „überwiegend nicht"; 13,3 Prozent: „überhaupt nicht"):

„Man muss fairerweise sagen, dass Daimler sehr früh mit der Brennstoffzelle angefangen hat. Zu einer Zeit, wo niemand daran gedacht hat, also insofern hat dieses Unternehmen schon früher was gemacht. Was kein deutscher Hersteller gemacht hat, war der Hybridantrieb, da hat man irgendwie nicht darauf gesetzt, da hat man immer gedacht: entweder optimierter Verbenner oder Tagträumer! Auch bei der Batterie ist man nicht soweit, wie man will. Manche Hersteller haben gar nichts gemacht, muss man ehrlicherweise auch sagen" (Experte MIN1a 2011: #3:15#).

Die kritische politische Betrachtung dieses Punktes spiegelt sich auch in der Online-Umfrage wider (m=2,7). So sind 45,7 Prozent der Politiker der Ansicht, dass die Unternehmen den Trend zur Elektromobilität „ja überwiegend" (34,3 Prozent) bzw. „ja vollständig" (11,4 Prozent) verschlafen haben, 22,4 Prozent teilen diese Meinung nicht (15,9 Prozent: „überwiegend nicht"; 6,5 Prozent: „nein überhaupt nicht"), während 31,8 Prozent auf die Antwort „teils, teils" ausweichen (siehe Abbildung 57). Die Ergebnisse zeigen, dass für Lobbyisten aktiver Handlungsbedarf besteht, wenn die politische Meinung korrigiert werden möchte. In diesem Zusammenhang könnte sich beispielsweise eine zielgerichtete Darstellung der in der Vergangenheit durchgeführten Entwicklungstätigkeiten deutscher Unternehmen im Bereich der Elektromobilität anbieten sowie eine Gegenüberstellung der am Markt vorhandenen deutschen Produkte mit den verfügbaren Produkten internationaler Hersteller, um Hintergründe zu erläutern und das politische Meinungsbild zu korrigieren.

Abbildung 57: Bisherige Behandlung des Themas Elektromobilität in der Wirtschaft

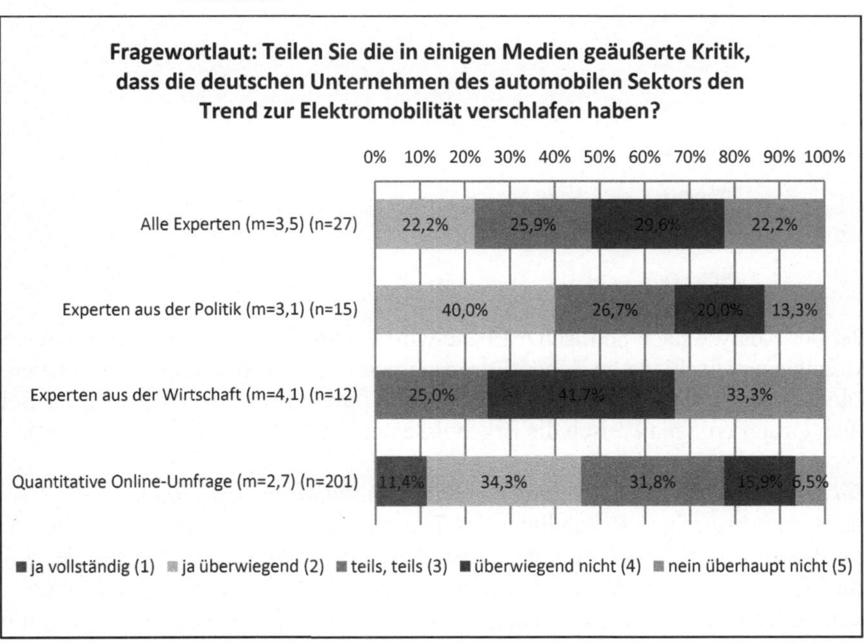

Unterscheidet man in der Online-Umfrage nach Partei, so erhält man folgendes Ergebnis: Im Vergleich zu Politikern der CDU (m=3,2), der SPD (m=2,6), der FDP (m=3,3) und den Freien Wählern (m=2,7), die die Frage im Durchschnitt mit „teils, teils" beantworten, finden insbesondere die Abgeordneten von BÜNDNIS 90/DIE GRÜNEN (m=2,0) und die Politiker der Partei DIE LINKE (m=2,1), dass die deutschen Unternehmen des automobilen Sektors den Trend zur Elektromobilität überwiegend verschlafen haben (vgl. Abbildung 58). Folglich sollten Unternehmen mit allen Parteien, insbesondere aber mit Politikern der Partei BÜNDNIS 90/DIE GRÜNEN und mit Politikern der Partei DIE LINKE nochmals Gespräche führen, um Hintergründe zu erläutern.

Abbildung 58: Bisherige Behandlung des Themas Elektromobilität in der Wirtschaft – Differenzierung nach Partei

Quantitative Online-Umfrage (n=201)	
Mittelwerte Bewertung der Ränge von (1) „ja vollständig" bis (5) „nein überhaupt nicht"	
1 GRÜNE (n=38)	(2,0)
2 Die LINKE (n=7)	(2,1)
3 SPD (n=60)	(2,6)
4 FW (n=7)	(2,7)
5 CDU (n=62)	(3,2)
6 FDP (n=20)	(3,3)

Bei der Analyse nach politischer Ebene wird deutlich, dass keine nennenswerten Meinungsunterschiede zwischen Europaabgeordneten, Bundestagsabgeordneten, Landtagsabgeordneten sowie Regional- und Kommunalpolitikern existieren. Bei allen Gruppierungen kreisen die Ergebnisse um den Mittelwert 3 („teils, teils").

Zukunftsszenario: Die Bedeutung der Elektromobilität im Jahr 2030:
Neben der bisherigen Behandlung des Themas ist es auch wichtig, den Blick in die Zukunft zu richten. Im empirischen Teil dieser Arbeit wurde daher der zukünftige Stellenwert der Elektromobilität untersucht, indem ermittelt wurde, welche Antriebe im Jahr 2030 nach Ansicht der Experten die dominierende Rolle spielen werden.

Im Rahmen der qualitativen Interviews zeigte sich, dass in erster Linie der optimierte Verbrennungsmotor (63,0 Prozent) sowie der Hybrid (63,0 Prozent) als die dominierenden Antriebsarten im Jahr 2030 erwartet werden (siehe Abbildung 59). Mit einigem Abstand folgt mit 37,0 Prozent der Batterieantrieb bzw. mit 29,6 Prozent der Brennstoffzellenantrieb. Dabei variieren die Meinungen zwischen den Vertretern der Politik und der Wirtschaft teilweise stark. Der eklatanteste Unterschied zeigt sich bei der Bewertung des Verbrennungsmotors. So setzen die Vertreter der Wirtschaft (83,3 Prozent) wesentlich stärker auf den Verbrennungsmotor in den nächsten Jahrzehnten als dies die politischen Experten (46,7 Prozent) tun:

„2020 wollen wir eine Million E-Fahrzeuge haben. Heute haben wir 40 Millionen Fahrzeuge auf der Straße. Ich glaube nach wie vor, dass ein optimierter Verbrennungsmotor in 2030 immer noch die dominierende Rolle spielen wird. Ich würde das auch hoffen. Wenn man Herrn Wissmann[78] glauben darf, dann sind da ja immer noch zwanzig bis dreißig Prozent Luft drin, was die Verbesserung des Verbrennungsmotors betrifft. [...] Das Thema Leichtbau ist ja auch unser Thema" (Experte ZULI2 2011: #00:03:49-6#).

Abbildung 59: Qualitative Experteninterviews – Die Bedeutung der Elektromobilität im Jahr 2030

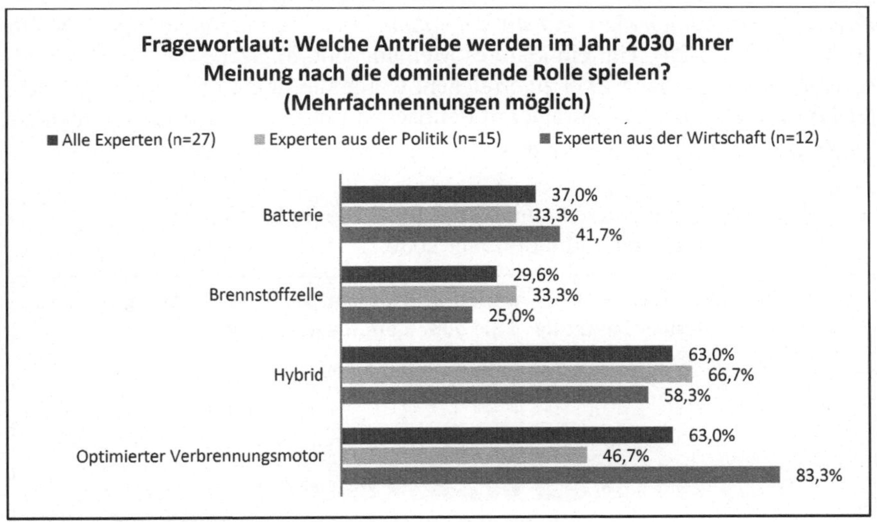

Ein weiterer Experte aus der Wirtschaft macht darauf aufmerksam, dass man zwischen ländlichen und urbanen Regionen differenzieren müsse. So wird laut diesem Experten der Verbrennungsmotor insbesondere in den ländlichen Gegenden im Jahr 2030 die wichtigste Rolle spielen, die Batterie hingegen wird in den Großstädten dominieren, da sie dort eine Lösung für die zunehmenden Feinstaubbelastungen und Geräuschemissionen darstellt und von der Politik besonders gefördert wird: *„Ich würde das Fahren mit Batterie auch ankreuzen, weil ich das als beständigen Anwendungsbereich in Megacities sehe"* (Experte ZULI3 2011: #00:04:45-0#).

Die politischen Experten hingegen messen im Vergleich zu den Experten aus der Wirtschaft dem Hybridantrieb sowie dem Brennstoffzellenantrieb eine etwas höhere Bedeutung zu (Hybrid: 66,7 Prozent; Brennstoffzelle: 33,3 Pro-

---

78 Matthias Wissmann ist der Präsident des Verbandes der Automobilindustrie (Anmerkung des Autors).

zent) als die Experten aus der Wirtschaft (Hybrid: 58,3 Prozent; Brennstoffzelle: 25,0 Prozent) dies tun. Bei der Batterie verhält es sich hingegen vice versa. Während 41,7 Prozent der Wirtschaftsvertreter der Batterie eine dominierende Rolle im Jahr 2030 zusprechen, setzen lediglich 33,3 Prozent der politischen Akteure auf diese Form des Antriebs. Ein Experte aus der Politik begründet seine Meinung wie folgt: *„Ich glaube nicht, dass man bis dahin das Batterieproblem so gelöst haben wird, dass man auch längere Reichweiten hinbekommt, sondern dass dann tatsächlich die Brennstoffzellenfahrzeuge dominieren"* (Experte MIN5 2011: #00:02:04-2#). Um ein klareres Meinungsbild in Bezug auf den dominierenden Antrieb im Jahr 2030 zu erreichen, wurde die Frage in leicht modifizierter Form in der Online-Umfrage mit politischen Entscheidungsträgern nochmals aufgenommen (vgl. Abbildung 60).[79]

Abbildung 60:   Quantitative Online-Umfrage – Die Bedeutung der Elektromobilität im Jahr 2030

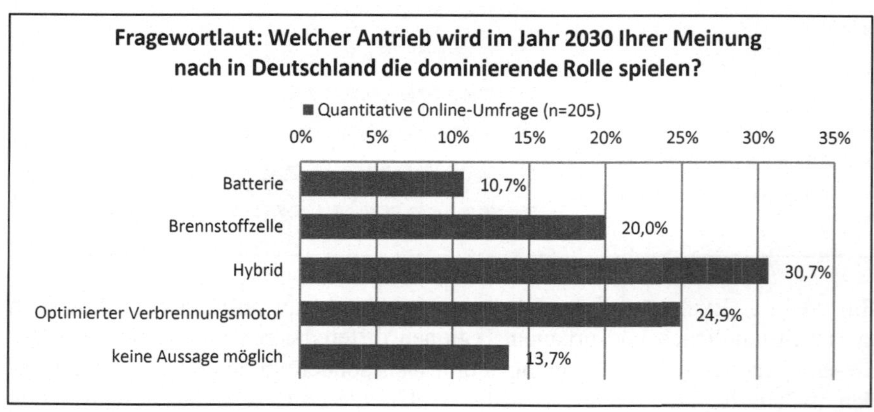

Auf quantitativer Ebene kann die von den politischen Experten aus den qualitativen Interviews angegebene Gewichtungsreihenfolge bestätigt werden. So wird deutlich, dass die politischen Entscheidungsträger im Jahr 2030 in Summe den Hybrid als dominierenden Antrieb (30,7 Prozent) betrachten. An zweiter Stelle folgt mit 24,9 Prozent der optimierte Verbrennungsmotor.

---

79 So konzentrierte sich die Frage in der Online-Umfrage bewusst nur auf einen Antrieb (Singular) und stellte nochmals klar die Fokussierung auf Deutschland in den Vordergrund. Mehrfachnennungen wurden ebenfalls bewusst ausgeschlossen.

Interessant ist auch die Erkenntnis, dass die befragten Politiker dem Brennstoffzellenantrieb im Jahr 2030 eine bedeutendere Rolle zusprechen als dem Batterieantrieb, was die parallel zur Batterie stattfindende Weiterentwicklung des Brennstoffzellenantriebs rechtfertigt. Gleichzeitig wird jedoch auch anhand der hohen Zahl derer, die keine genaue Aussage (13,7 Prozent) treffen konnten, deutlich, dass das Rennen um den dominierenden Antrieb der Zukunft noch offen ist und eine zuverlässige Prognose vielen politischen Stakeholdern momentan äußerst schwer fällt.

Die Differenzierung nach Partei zeigt, dass die befragten Politiker der FDP (40,0 Prozent) im Gegensatz zu allen anderen Parteipolitikern, die den Hybridantrieb im Jahr 2030 klar vorne sehen, nach wie vor auf den optimierten Verbrennungsmotor setzen. Dem Batterieantrieb sprechen die FDP (0 Prozent), die Freien Wähler (0 Prozent) und die LINKEN (0 Prozent) überhaupt keine Führungsrolle im Jahr 2030 bei den Antriebssystemen zu. Die GRÜNEN sehen als einzige Partei in dem Batterieantrieb (18,4 Prozent) mehr Potenzial als in der Brennstoffzelle (13,3 Prozent). Dieses Ergebnis überrascht insofern nicht, da die Mehrheit der grünen Politiker bereits bei der Bestimmung der Definition von Elektromobilität die Brennstoffzellentechnologie mehrheitlich außen vorgelassen hat (siehe Kapitel 6.1.1). Warum die Partei BÜNDNIS 90/DIE GRÜNEN nicht von der Brennstoffzellentechnologie überzeugt ist, ist bisher jedoch noch unklar. Hier bedarf es in Zukunft einer genauen Ursachenforschung. Darüber hinaus wird auch bei der Analyse nach Partei anhand der hohen Prozentzahlen bei der Antwortmöglichkeit („Keine Aussage möglich") sichtbar, dass in jeder Partei eine gewisse Unsicherheit hinsichtlich der dominierenden Antriebsart im Jahr 2030 existiert (vgl. Abbildung 61).

Abbildung 61: Die Bedeutung der Elektromobilität im Jahr 2030 – Differenzierung nach Partei

	Quantitative Online-Umfrage (n=205)					
	CDU (n=66)	SPD (n=60)	GRÜNE (n=38)	FDP (n=20)	LINKE (n=7)	FW (n=7)
Batterie	9,1%	13,3%	18,4%	0%	0%	0%
Brennstoffzelle	22,7%	20,0%	13,3%	15,0%	28,6%	28,6%
Hybrid	33,3%	28,3%	34,2%	30,0%	42,9%	28,6%
Optimierter Verbrennungsmotor	24,2%	26,7%	15,8%	40,0%	14,3%	14,3%
Keine Aussage möglich	10,6%	11,7%	18,4%	15,0%	14,3%	28,6%

Die Unterscheidung nach politischer Ebene zeigt, dass – abgesehen von den Europaabgeordneten – alle Politiker (Bundes-, Landes-, Regional- und Kommunalebene) den Hybrid als dominierenden Antrieb im Jahr 2030 sehen (vgl. Abbildung 62).

Abbildung 62: Die Bedeutung der Elektromobilität im Jahr 2030 – Differenzierung nach politischer Ebene

	Quantitative Online-Umfrage (n=205)			
	MdEP (n=6)	*MdBs (n=21)*	*MdL (n=90)*	*Regional- und Kommunalpol. (n=87)*
Batterie	16,7%	9,5%	11,0%	10,3%
Brennstoffzelle	16,7%	9,5%	18,7%	24,1%
Hybrid	16,7%	38,1%	30,8%	29,9%
Optimierter Verbrennungsmotor	50,0%	23,8%	24,2%	24,1%
Keine Aussage möglich	0,0%	19,0%	15,4%	11,5%

Hervorzuheben ist auch, dass die Brennstoffzellentechnologie bei den Regional- und Kommunalpolitikern einen hohen Stellenwert genießt. So wird der Brennstoffzelle von dieser politischen Gruppe im Jahr 2030 das gleiche Potenzial zugesprochen wie dem optimierten Verbrennungsmotor. Dieses Ergebnis ist auch für die weitere Interaktion zwischen Unternehmen und Regional- und Kommunalpolitikern aufschlussreich. Als Lobbyist ist es sinnvoll, die Offenheit der Städte oder Regionen gegenüber Brennstoffzellenfahrzeugen gewinnbringend zu nutzen. So sollten Unternehmen zukünftig insbesondere mit den Fuhrparkverwaltern einer Kommune oder einer Region Kontakt aufnehmen, um für den verstärkten Einsatz von Brennstoffzellenfahrzeugen als Dienstwagen oder im städtischen Betrieb zu werben.

Persönliche Erfahrung mit Elektrofahrzeugen:
Selbstverständlich hängt die Bewertung des Themas Elektromobilität auch davon ab, ob positive persönliche Erfahrungen mit der Technologie vorliegen (siehe auch das in Kapitel 2.2.3 skizzierte Innovationsmerkmal: hoher Abstraktionsgrad). Im Rahmen der Experteninterviews wurde ersichtlich, dass die überwiegende Mehrheit (81,5 Prozent) der Experten (Experten aus der Politik: 93,3 Prozent; Experten aus der Wirtschaft: 66,7 Prozent) persönlich bereits ein (rein bat-

teriebetriebenes oder brennstoffzellenbetriebenes) Elektrofahrzeug gefahren ist (vgl. Abbildung 63).

Abbildung 63:   Qualitative Experteninterviews – Probefahrt mit einem
            Elektrofahrzeug

Fragewortlaut: Sind Sie persönlich bereits ein Elektroauto (rein batteriebetriebenes oder brennstoffzellenbetriebenes Fahrzeug) gefahren?								
Alle Experten (n=27)			Experten aus der Politik (n=15)			Experten aus der Wirtschaft (n=12)		
1	Ja	81,5%	1	Ja	93,3%	1	Ja	66,7%
2	Nein	18,5%	2	Nein	6,7%	2	Nein	33,3%

Im Durchschnitt empfinden sie das Fahrerlebnis als sehr positiv (m=1,4), wie aus Abbildung 64 hervorgeht. Dabei beurteilen die Experten aus dem Bereich Politik das Fahren mit Batterie bzw. Brennstoffzelle als positiv (m=1,6), während die Vertreter aus der Wirtschaft – wohl auch aus strategischen Gründen – nahezu absolut von ihren eigenen Produkten überzeugt sind und ihre Erfahrungen durchschnittlich als sehr positiv (m=1,3) empfinden.

Abbildung 64:   Qualitative Experteninterviews – Persönliche Erfahrung mit
            Elektrofahrzeugen

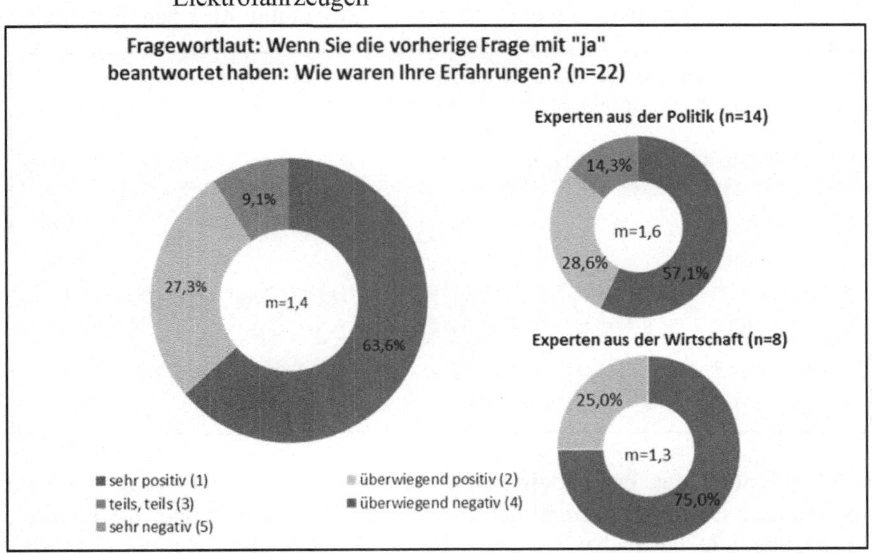

Vor allem im Gespräch mit den politischen Experten wird deutlich, dass das Fahrgefühl bei Elektrofahrzeugen als sehr angenehm empfunden wird, an der Zuverlässigkeit der Autos jedoch noch Optimierungspotenzial vorhanden ist:

> „Vom Fahren her perfekt [...]. Wir haben hier ein Brennstoffzellenfahrzeug, das wir auch entsprechend nutzen. [...] Aber es gibt doch etliche Ausfälle. [...] Das betrifft ja nicht nur das Fahrzeug selbst, sondern teilweise auch die Tankinfrastruktur" (Experte MIN5 2011: #00:05:48-1#). Ein Vertreter eines anderen Ministeriums kommt zu einer ähnlichen Schlussfolgerung: „Wenn es fährt, ist es ein schönes Auto, aber es hat arge Kinderkrankheiten" (Experte MIN1a 2011: #8:46#).

Um herauszufinden, ob neben den einzelnen ausgewählten politischen Experten auch die politischen Entscheidungsträger in Summe einen persönlichen Bezug zur Technologie aufweisen, wurde die Frage in der quantitativen Online-Umfrage ebenfalls gestellt. In diesem Zusammenhang kristallisierte sich heraus, dass im Vergleich zu der qualitativen Befragung auf quantitativer Ebene nur ca. jeder zweite politische Entscheidungsträger (47,5 Prozent) persönlich ein Elektrofahrzeug gefahren ist. Vor allem Regional- und Kommunalpolitiker (32,2 Prozent) haben im Vergleich zu Europa-, (83,3 Prozent) Bundestags- (61,9 Prozent) und Landtagsabgeordneten (56,7 Prozent) bisher noch relativ wenig persönliche Erfahrungen mit Elektrofahrzeugen aufzuweisen, wie Abbildung 65 zeigt.

Abbildung 65: Quantitative Online-Umfrage – Probefahrt mit einem E-Fahrzeug

Fragewortlaut: Sind Sie persönlich bereits ein Elektroauto (rein batteriebetriebenes oder brennstoffzellenbetriebenes Fahrzeug) gefahren?			
Alle politischen Entscheidungsträger der quantitativen Online-Umfrage (n=204)			
1 Nein			52,5%
2 Ja			47,5%
MdEPs (n=6)	*MdBs (n=21)*	*MdLs (n=90)*	*Regional- und Kommunalpol. (n=87)*
1 Ja 83,3%	1 Ja 61,9%	1 Ja 56,7%	1 Nein 67,8%
2 Nein 16,7%	2 Nein 38,1%	2 Nein 43,3%	2 Ja 32,2%

Folglich besteht hier für Lobbyisten noch erheblicher Handlungsbedarf, denn auf kommunaler Ebene entscheidet der Gemeinde- oder Stadtrat über die konkrete Umsetzung wie beispielsweise über die geeignete Platzierung von Ladesäulen/Wasserstofftankstellen oder die Ausweisung spezieller Parkplätze für E-

Fahrzeuge (siehe Kapitel 6.1.2.1). Daher ist es für Unternehmenslobbyisten ratsam, einen intensiven Kontakt mit den Vertretern von Standortkommunen zu pflegen und vermehrt Fahrzeugpräsentationen für Kommunalpolitiker durchzuführen, um die Begeisterung dieser Gruppe für diese Technologie zu wecken. So zeigt sich nämlich auch, dass diejenigen Politiker, die bereits ein Elektrofahrzeug gefahren sind, im Durchschnitt überwiegend positive Erfahrungen mit der Technologie (m=1,8) gemacht haben. Dies gilt für Europaabgeordnete (m=1,6), Bundestagsabgeordnete (m=1,6), Landtagsabgeordnete (m=1,9) und Regional- und Kommunalpolitiker (m=1,7).

6.1.1.3   Anwendung der Innovationsmerkmale auf die Elektromobilität

Die in Kapitel 2.2.3 vorgestellten grundlegenden Innovationsmerkmale wie Komplexität, hoher Abstraktionsgrad, Neuartigkeit, geringe Anschlussfähigkeit, Unsicherheit sowie Veränderungspotenzial für die Organisation, die gleichfalls auch als Herausforderungen der Innovationskommunikation bzw. des Innovationslobbyings betrachtet werden können, wurden im empirischen Teil ebenfalls am Beispiel der Elektromobilität angewendet.

Anhand von Abbildung 66 zeigt sich, dass die Experten aus den qualitativen Interviews die Elektromobilität im Durchschnitt überwiegend als komplexes Thema betrachten (m=1,6), das für einen Laien anfangs schwer verständlich ist. Ein Grund ist nach Ansicht eines Experten darin zu sehen, dass es sich bei der Elektromobilität nicht nur um den Austausch des Antriebsstrangs handelt, sondern um einen kompletten Systemwandel. Fokussiert man den Abstraktionsgrad der Innovation und untersucht, inwieweit der Nutzen der Elektromobilität bei den befragten Interviewpartnern ersichtlich ist, wird deutlich, dass der Nutzen dieser Technologie überwiegend von den Interviewpartnern erkannt wird (m=1,7). In dem Zusammenhang wird von den Experten darauf hingewiesen, dass zwar der Nutzen von den politischen Akteuren erkannt wird, die Öffentlichkeit jedoch nur in Teilen von den Vorteilen der Elektromobilität überzeugt ist: *„Also für mich ist der Nutzen klar, weil ich mich damit beschäftigte. Für den Bürger ist das sehr erklärungsbedürftig"* (Experte STAATL. KOORD. 2011: #00:14:08-9#). Die Neuartigkeit einer Innovation, die sowohl positive (Neugier) als auch negative (Misstrauen) Folgen hervorrufen kann, wird bei der Elektromobilität eindeutig positiv betrachtet (m=1,6). So sind die Experten im Durchschnitt der Meinung, dass die Neugierde gegenüber der Elektromobilität im politischen Bereich stärker ist als das Misstrauen. Dabei ist erwähnenswert, dass kein einziger der befragten Experten bei dieser Aussage auf die Antworten „trifft weniger zu" bzw. „trifft gar nicht zu" setzt.

Abbildung 66: Qualitative Experteninterviews – Charakteristische Merkmale der Elektromobilität

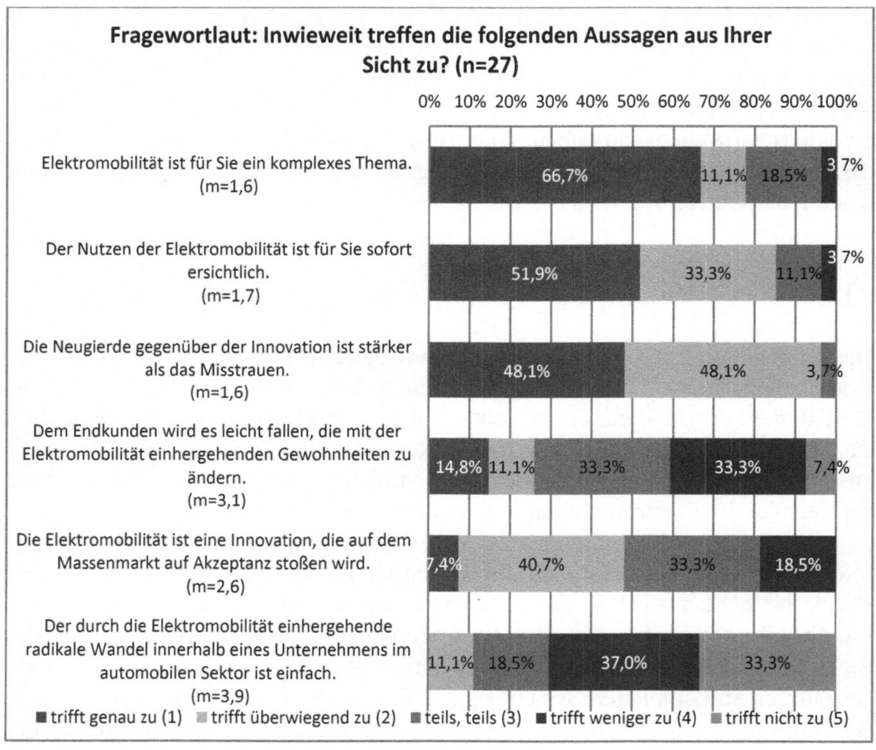

Der Grad der Anschlussfähigkeit der Innovation an bisherige Strukturen und Prozesse als weiteres Innovationsmerkmal wurde mittels der Behauptung getestet, dass es dem Endkunden leicht fallen wird, die mit der Elektromobilität einhergehenden Gewohnheiten zu ändern. Dabei wurde ersichtlich, dass hier die Experten im Durchschnitt unentschlossen sind (m=3,1). Die meisten Nennungen fallen auf die Antwortkategorie „teils, teils" (33,3 Prozent) oder „trifft weniger zu" (33,3 Prozent). Vernachlässigt man die mittlere Antwortkategorie „teils, teils" und fokussiert sich ausschließlich auf die Bejahungen bzw. Verneinungen, so wird deutlich, dass nur 25,5 Prozent der befragten Personen hinter der Aussage stehen (14,8 Prozent: „trifft genau zu"; 11,1 Prozent: „trifft überwiegend zu"). 40,7 Prozent der Experten verneinen die Aussage (33,3 Prozent: „trifft weniger zu"; 7,4 Prozent: „ trifft überhaupt nicht zu"). Als Gründe werden unter anderem die zu lange Dauer des Ladeprozesses bei Elektrofahrzeugen angesprochen oder das unzureichend ausgebaute Netz an öffentlichen Ladesäulen oder H_2-Tankstellen sowie die Trägheit des Menschen, Gewohnheiten zu ändern:

> „Man muss das alles noch benutzerfreundlicher machen. Im Augenblick ist es so, dass Sie einen sehr hohen Komfort im Auto haben und wenn ich jetzt in einem kalten Winter mit Frost und allem Möglichen rechne, dann ist natürlich der heutige Komfort beim Elektroauto sehr eingeschränkt, vor allem was die Reichweite anbelangt. [...] Der Tankprozess dauert viel zu lang. Heute gibt es die Infrastruktur noch nicht. [...] Das sind schon noch etliche Hürden aus meiner Sicht" (Experte MdL_CDU 2011: #00:10:26-0#).

Laut Experten wird es schwierig werden, gewohnte Verhaltensweisen kurzfristig zu ändern. Vielmehr macht es nach Ansicht der Experten Sinn, jüngere Generationen an die Technologie heranzuführen und ihnen ein neues Verständnis von Mobilität zu vermitteln. Darüber hinaus müsse auf technischer Ebene dafür gesorgt werden, dass die neuen Prozesse beim Tanken beispielsweise komfortabler und benutzerfreundlicher gestaltet werden. Nach Meinung eines Experten ließe sich dies technisch z. B. durch das induktive Laden[80] realisieren. Auch kreative neue Geschäftsmodelle im Bereich der Mobilität, die die Neugierde aktivieren und somit alte Gewohnheiten vergessen lassen, wären laut Experten eine Option.

Des Weiteren wurde geprüft, ob diese Innovation am Massenmarkt auf Akzeptanz stoßen wird (Unsicherheit des Erfolgs der Technologie als Innovationsmerkmal). Auch hier wird anhand des Mittelwertes (m=2,6) deutlich, dass keine eindeutige Richtung bei den befragten Experten verzeichnet werden kann. Das Ausblenden der Mittelkategorie „teils, teils" führt jedoch zu der Erkenntnis, dass 48,1 Prozent der Experten sich für den Durchbruch der Elektromobilität auf dem Massenmarkt aussprechen (7,4 Prozent: „trifft genau zu"; 40,7 Prozent: „trifft überwiegend zu"). Lediglich 18,5 Prozent der Experten sprechen sich dagegen aus (18,5 Prozent: „trifft weniger zu"; 0,0 Prozent: „trifft nicht zu"). Als Begründung nennt diese Gruppe die angesprochenen Schwächen wie hohe Kosten oder geringe Reichweiten, die es zu überwinden gilt:

> „Es wird sicherlich ein erhebliches Maß an Neugierde geben, ob das eine dauerhafte Akzeptanz ist, das weiß ich noch nicht. Ich glaube schon, dass die Änderung der Gewohnheiten – also Reichweiten, die nicht so sind wie man sie vom Verbren-

---

80 Als induktives Laden wird das Laden ohne Kabel bezeichnet. Eine im Boden verlegte Spule überträgt drahtlos die Energie in die Batterie des Elektrofahrzeugs. Entsprechend ausgerüstete Stellplätze starten den Ladevorgang selbstständig, sobald sich das Auto über eine ebenfalls drahtlose Verbindung identifiziert hat. Unter optimalen Bedingungen werden bei diesem Ladevorgang nur geringe Mengen an Energie verbraucht (vgl. z. B. EON AG 2012).

nungsmotorkennt – ein erheblicher Widerstandsfaktor sein werden, auch wenn es in der Praxis keine richtige Rolle spielt, weil die meisten Fahrzeuge nicht mehr als sechzig Kilometer am Tag fahren" (Experte MIN5 2011: #00:15:49-8#).

Abschließend wurde auf das letzte Innovationsmerkmal (Veränderungspotenzial der Organisation) eingegangen, indem der durch die Elektromobilität einhergehende radikale Wandel innerhalb eines Unternehmens im automobilen Sektor thematisiert worden ist. Hier zeigt sich deutlich, dass die befragten Experten den Strukturwandel im Durchschnitt überwiegend nicht als einfach betrachten (m=3,9). So geben die Experten unter anderem an, dass vor allem die kleinen und mittleren Unternehmen (Zulieferer) nicht genügend Ressourcen aufweisen, um für einen solchen Wandel vorbereitet zu sein. Auch bei den Automobilherstellern besteht das Problem, dass durch die Zunahme an elektrischen Komponenten sich *„die Wertschöpfungsanteile in der Firma zwischen den Gruppen von Menschen"* verschieben (STAATL. KOORD. 2011: #00:17:22-7#) und somit unterschiedliche Interessen innerhalb einer Organisation zu erheblichen Konflikten zwischen den jeweiligen Fachbereichen führen können. Daher ist es laut Experten umso wichtiger, dass das Management die Mitarbeiterinnen und Mitarbeiter eines Unternehmens frühzeitig und umfassend informiert und darüber hinaus Qualifizierungs- und Weiterbildungsmaßnahmen für die Mitarbeiterinnen und Mitarbeiter anbietet, um deren Angst vor abnehmender Wertschätzung oder Arbeitsplatzverlust entgegenzuwirken. Auch ist es nach Ansicht der Experten ratsam, sowohl von staatlicher Seite als auch seitens Großunternehmen die kleinen und mittleren Unternehmen zu beraten bzw. für diese Thematik zu sensibilisieren, damit sich diese rechtzeitig auf den Strukturwandel einstellen können. Die staatlichen Koordinationsstellen bieten in diesem Zusammenhang bereits schon vereinzelt Beratungsgutscheine für kleinere und mittlere Unternehmen an.

Die durchgeführte Online-Umfrage mit Politikern bestätigt weitgehend die gerade aufgeführten Erkenntnisse. Es wird ebenfalls deutlich, dass Elektromobilität ein überwiegend komplexes Thema (m=2,2) für politische Stakeholder darstellt. Der Nutzen dieser Innovation (m=2,4) wird überwiegend in der politischen Landschaft anerkannt, und auch die Neugierde (m=1,9) gegenüber dieser Innovation überwiegt maßgeblich bei den Politikern. Analog zu der qualitativen Befragung lässt sich bei den beiden Aussagen *„Dem Endkunden wird es leicht fallen, die mit der Elektromobilität einhergehenden Gewohnheiten"* (m=2,7) sowie *„Die Elektromobilität ist eine Innovation, die sich auf dem Massenmarkt durchsetzen wird"* (m=2,7) kein eindeutiges Meinungsbild erkennen. Durch das Ausblenden der Mittelkategorie wird jedoch deutlich, dass in beiden Fällen die Politiker überwiegend den Aussagen zustimmen. Auch der radikale Wandel, der mit der Elektromobilität innerhalb der Unternehmen im automobilen Sektor einhergeht, ist laut den befragten Politikern mit erheblichen Schwierigkeiten verbunden (m=3,6).

Die Differenzierung nach Parteizugehörigkeit auf quantitativer Ebene macht deutlich, dass die meisten Parteien die Elektromobilität im Durchschnitt überwiegend als komplexes Thema betrachten. Allein die FDP (m=2,7) ist zwiegespalten. Der Nutzen der Innovation ist für Politiker von BÜNDNIS 90/DIE GRÜNEN (m=2,0) und für Politiker der Partei DIE LINKE (m=2,2) etwas stärker ersichtlich als für die übrigen Parteien. Bei diesen beiden Parteien könnten vermutlich die umweltfreundlichen Vorteile der Technologie eine stärkere Gewichtung haben als bei den anderen Parteien. Auffällig ist vor allem, dass die Freien Wähler (m=3,7) den Nutzen der Elektromobilität überwiegend nicht erkennen. Hier bedarf es weiterführender Untersuchungen, die die Gründe erläutern. Die Neugierde gegenüber der Innovation ist hingegen bei allen Parteien vorhanden. Während Politiker von BÜNDNIS 90/DIE GRÜNEN (m=2,4) überwiegend der Meinung sind, dass es dem Kunden leicht fallen wird, die mit der Elektromobilität einhergehenden Gewohnheiten (z. B. Tankprozesse) zu ändern, besteht bei den übrigen Parteien diesbezüglich Unsicherheit. Ein möglicher Grund für die Position der Partei BÜNDNIS 90/DIE GRÜNEN wurde während der qualitativen Experteninterviews ermittelt. Im Gespräch mit einem grünen Landtagsabgeordneten kam bei der Beantwortung der gleichen geschlossenen Frage folgende Ergänzung:

> „Also ich bin jetzt vielleicht auch nicht der typische Autofahrer, der jetzt Samstagnachmittag sein Auto wäscht und dann zur Tankstelle fährt und dem das Spaß macht. Ich finde es ist viel reizvoller, ich gehe abends nach Hause und stecke das Ding irgendwo ein" (Experte MdL_GRÜNE 2011: #00:08:54-3#).

Unsicher sind sich alle Parteien bei der Frage, ob die Elektromobilität sich auf dem Massenmarkt durchsetzen wird. Den mit der Elektromobilität einhergehenden Wandel für Unternehmen bewerten alle Parteien als überwiegend nicht einfach.

Bei der Fokussierung auf die jeweiligen politischen Ebenen werden keine gravierenden Meinungsunterschiede zwischen Bundestagsabgeordneten, Landtagsabgeordneten sowie Regional- und Kommunalpolitikern festgestellt. Die Mittelwertergebnisse entsprechen tendenziell den aus der Grundgesamtheit ermittelten Mittelwerten. Die befragten Europaabgeordneten bilden wiederum eine Ausnahme. So sind sie nur teilweise der Meinung, dass die Elektromobilität komplex und der Nutzen der Technologie ersichtlich ist. Auch an dieser Stelle sei der Hinweis angebracht, dass diese Ergebnisse aufgrund der geringen Anzahl von Europaabgeordneten (n=6) mit einer gewissen Vorsicht betrachtet werden müssen.

Summa summarum kann die Elektromobilität als eine Innovation betrachtet werden, die etliche kommunikative Herausforderungen an das Innovationslobbying stellt. Zwar wird an dieser Stelle durchaus deutlich, dass die politischen Stakeholder der Elektromobilität wohlwollend gegenüber stehen, gleichzeitig wird jedoch auch sichtbar, dass einige strukturelle und auch technische Aspekte noch einer grundlegenden Bearbeitung und Verbesserung bedürfen, was vor allem auch in der Kommunikation mit den politischen Stakeholdern nicht vernachlässigt werden darf. Vielmehr bedarf es hier eines engen kommunikativen Austausches zwischen Politik und Wirtschaft in Bezug auf die Problemfelder, um gemeinsam tragbare Lösungen für den Erfolg dieser Technologie zu finden.

6.1.1.4   Hauptbeweggründe für die Einführung der Elektromobilität

Welche Hauptbeweggründe gibt es für die Einführung der Elektromobilität? Laut der befragten Experten ist es in allererster Linie die Reduktion der CO_2-Emissionen. Die EU-Kommission hat sich zum Ziel gesetzt, die Treibhausgasemissionen bis zum Jahre 2050 um 80-95 Prozent gegenüber 1990 zu senken (vgl. Europa – Das Portal der Europäischen Union 2011). Unter der Voraussetzung, dass Elektrofahrzeuge aus regenerativ erzeugtem Strom betrieben werden, leisten sie nach Ansicht der Experten einen wichtigen Beitrag zur Erreichung dieser Ziele und damit zum Klima- und Umweltschutz. Darüber hinaus fahren Elektrofahrzeuge relativ geräuscharm, so dass sie vor allem in urbanen Zentren mit hoher Lärmbelastung zu einer verbesserten Lebensqualität beitragen können.

Neben der Reduktion von Emissionen spielen nach Meinung der Experten auch die Sicherung des Wirtschaftsstandortes Deutschland und in diesem Zusammenhang natürlich auch Arbeitsplätze der Zukunft eine Rolle. Im internationalen Wettbewerb um die neuesten Technologien muss Deutschland mit seiner starken Automobilindustrie alles daran setzen, um seine Vorreiterrolle weiter auszubauen. Daneben kann die Elektromobilität die Abhängigkeit von Ländern, die über fossile Rohstoffe verfügen, minimieren. So meint ein Bundestagsabgeordneter:

> „Wir sind heute abhängig von fossilen Rohstoffen und damit auch von Ländern wie Iran und Russland, die nicht ausschließlich nur auf dem Weg der Nächstenliebe unterwegs sind, sondern handfeste wirtschaftliche Interessen haben. Alles Gebiete, die nicht unbedingt Horte der Stabilität sind" (Experte MdB_CDU1 2011: #7:36#).

Dies ist umso wichtiger, weil der Vorrat an fossilen Brennstoffen begrenzt ist. Das Fahren mit Strom stellt daher eine gute Alternative dar und kann dafür sorgen, Mobilität auch in Zukunft sicherzustellen. Außerdem rechnen die Experten in Zukunft mit einem veränderten Mobilitätsverhalten: *„Durch die geringeren Reichweiten ändert sich auch das Mobilitätsverhalten hin zu einem Verbund"* (Experte MdB_SPD 2011: #3:32#). So könnte sich vor allem bei jüngeren Generationen in urbanen Gebieten ein Trend weg vom eigenen Auto zum kollektiven Verbund etablieren. Gefördert durch neue Kommunikations- und Informationstechnologien, die das Buchen von Fahrten einfacher gestalten, bieten sich Elektrofahrzeuge durch ihre Emissionsfreiheit als Baustein der intermodalen Verkehrskette optimal an und können vor allem bei Carsharing-Konzepten[81] eine wichtige Rolle einnehmen. Einen weiteren Grund für die Einführung der Elektromobilität sehen die Experten in der Möglichkeit, Elektrofahrzeuge in das Energiesystem zu integrieren. So wird im Zusammenhang mit der Energiewende darauf hingewiesen, dass bei alternativen Energiequellen extreme Schwankungen hinsichtlich der Stromproduktion auftreten. Die Elektrofahrzeuge könnten hier eventuell als zusätzliche Energiespeicher genutzt werden und den Strom zu einem späteren Zeitpunkt – bei Bedarf – ins Netz zurückspeisen (zur Einbindung in Energie- und Verkehrssysteme siehe auch Kapitel 2.6.1). An dieser Stelle soll jedoch auch erwähnt werden, dass das Potenzial der netzintegrierten Elektromobilität als unterschiedlich hoch von den Experten eingeschätzt wird.

Schließlich betonten vor allem die Experten aus der Wirtschaft im Rahmen der Interviews immer wieder, dass auch der politische Druck ein starker Treiber für die Einführung der Elektromobilität am Markt ist. Strikte Regulierungen sowie Gesetzgebungen insbesondere hinsichtlich Klima- und Umweltschutz (siehe oben) sorgen dafür, dass die Automobilindustrie nach alternativen emissionsärmeren Lösungen suchen muss, um nicht gegen politische Vorschriften zu verstoße (siehe Abbildung 67).

---

81 Die größten Carsharing-Anbieter in Deutschland sind car2go (DAIMLER), DriveNow (BMW), Flinkster (Bahn), Quicar (VW), Book N Drive, Cambio oder Greenwheels. Einen guten Überblick sowie detaillierte Informationen zu den jeweiligen Angeboten liefert die WirtschaftsWoche Online (vgl. WirtschaftsWoche Online 2012).

Abbildung 67: Hauptbeweggründe für die Einführung der Elektromobilität aus Sicht der Experten

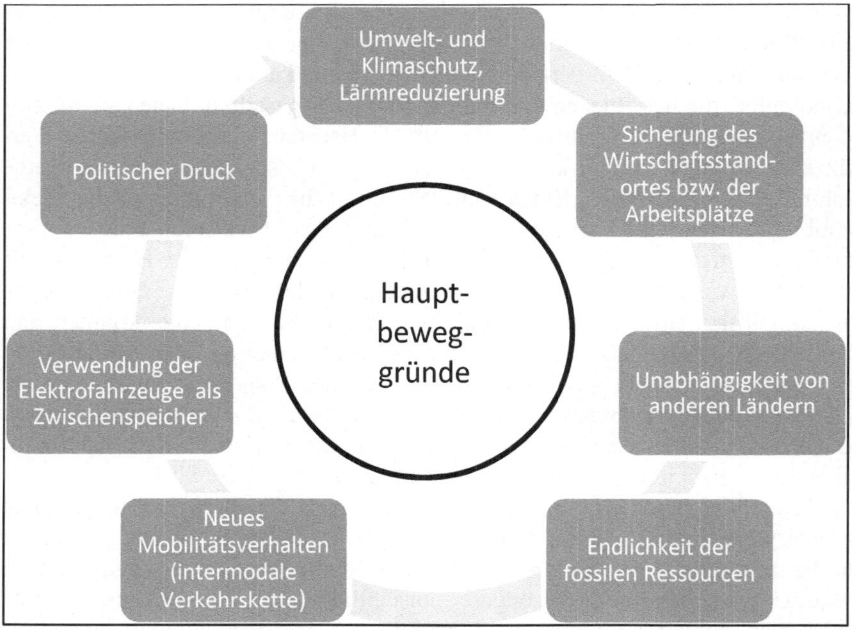

6.1.1.5 Die Bedeutung des Wirtschaftsstandortes Deutschland im internationalen Wettbewerb um die Innovationsführerschaft

Wie bereits in Kapitel 2.6.4 erläutert, hat sich die Bundesregierung im Rahmen des „Nationalen Entwicklungsplans Elektromobilität" folgendes Ziel gesetzt:

> „Um im internationalen Wettbewerb zu bestehen, muss Deutschland zum Leitmarkt Elektromobilität werden und die Führungsrolle der Wissenschaft sowie der Automobil- und Zulieferindustrie behaupten. Die Bundesregierung strebt daher das ambitionierte Ziel an, dass bis 2020 eine Million Elektrofahrzeuge auf Deutschlands Straßen fahren und wichtige Ballungsgebiete über eine flächendeckende Ladeinfrastruktur verfügen" (Bundesregierung 2009: 46).

Im Rahmen der empirischen Untersuchung wurde sowohl auf qualitativer als auch quantitativer Ebene der Frage nachgegangen, wie realistisch das Ziel der Bundesregierung ist (siehe Abbildung 68).

Abbildung 68: Ziel der Bundesregierung: 1 Million Elektrofahrzeuge bis 2020

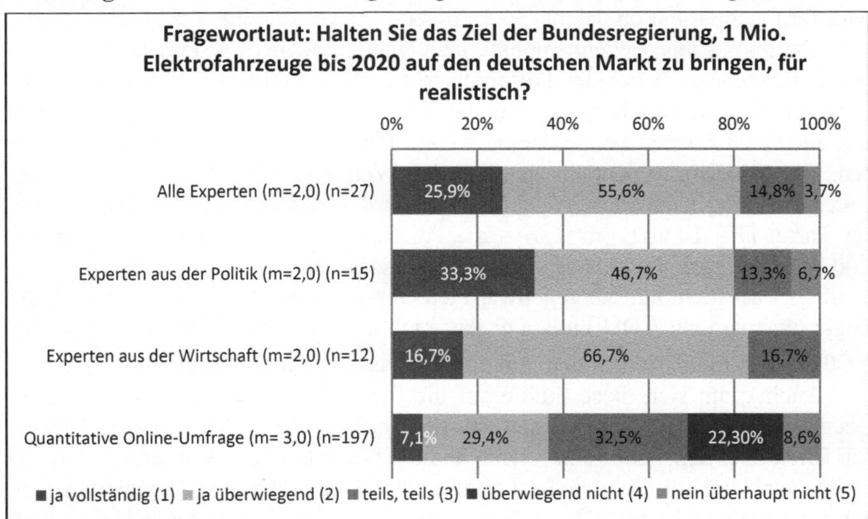

Im Rahmen der Experteninterviews zeigte sich, dass alle Experten (m=2,0) – sowohl die Vertreter der Politik (m=2,0) als auch die Vertreter der Wirtschaft (m=2,0) – im Durchschnitt der Meinung sind, dass das Ziel der Bundesregierung überwiegend als realistisch betrachtet werden kann:

> „Natürlich ist es machbar. Wir müssen es wollen und wir müssen an den richtigen Punkten ansetzen. Ich glaube, wir setzen als Industrie zurzeit zu 80 Prozent an den richtigen Punkten an, bei 20 Prozent eben nicht. Das Thema Marketing, wie dieses ganze Thema verkauft wird, ist falsch. Gleichzeitig haben wir auch die Frage, wie wir mit den Kosten hinkommen" (Experte VERBAND2 2011: #00:07:56-5#).

Die Kostenfrage ist mitunter auch ein Grund, warum der größte Teil der interviewten Experten auf die Mittelkategorie „teils, teils" setzt. Gleichzeitig hängt die Zielerreichung nach Meinung der Experten auch von der genauen Definition von Elektrofahrzeugen ab. So sind sich die Experten uneinig, ob die Bundesregierung auch Elektrofahrräder und brennstoffzellenbetriebene Fahrzeuge als E-Fahrzeuge gelten lässt. Aus diesem Grunde wurde in der quantitativen Online-Umfrage die von der Bundesregierung festgesetzte Definition zum besseren Verständnis als Hinweistext hinter der Frage eingeblendet.

Auf quantitativer Ebene sind die befragten politischen Entscheidungsträger im Durchschnitt ebenfalls unentschlossen (m=3,0). Vernachlässigt man die mittlere Kategorie, überwiegt die Anzahl derer, die die Zielsetzung der Bundesregierung für machbar halten, leicht (36,5 Prozent: „ja vollständig"/„ja überwiegend"; 30,9 Prozent: „überwiegend nicht"/„nein überhaupt nicht"). Das gleiche Meinungsbild zeigt sich bei der Differenzierung nach politischer Ebene (Europäisches Parlament, Bundestag, Landtage, Regionen und Kommunen). Zwischen den einzelnen Ebenen können keine wesentlichen Unterschiede festgestellt werden. Die Mittelwerte pendeln stets um den Wert 3 („teils, teils"). Auch bei der Unterscheidung nach Parteizugehörigkeit, wird sichtbar, dass – abgesehen von der Partei DIE LINKE (m=3,6) – die Parteien im Durchschnitt zwiegespalten sind, was die Machbarkeit des Ziels der Bundesregierung betrifft. Es wird also deutlich, dass nicht nur die gegenwärtigen Oppositionsparteien, sondern auch die Regierungsparteien CDU und FDP das Ziel, eine Million Elektrofahrzeuge bis 2020 auf den Markt zu bringen, mit einer gewissen Skepsis betrachten.[82]

Auch wenn sich diese Studie auf die Entwicklung der Elektromobilität in Deutschland fokussiert, muss man natürlich bei der Betrachtung dieses Themas den Blick über den Tellerrand werfen und die Bedeutung des Wirtschaftsstandortes Deutschland im Vergleich zu anderen Marktwirtschaften, die ebenfalls um die Innovationsführerschaft in diesem Bereich kämpfen, untersuchen. Daher wurde mittels einer geschlossenen Frage im Rahmen der qualitativen Experteninterviews untersucht, welcher Automobilstandort die beste Chance hat, Leitanbieter (Angebot) bzw. Leitmarkt (Nachfrage) von Elektrofahrzeugen zu werden.[83] Als Antwortvorgaben wurden neben Deutschland Frankreich, China und Nordamerika gewählt, da in diesen Ländern die Technologie von staatlicher Seite (u. a. mit Kaufprämien) massiv gefördert wird (vgl. Fraunhofer IAO 2010a: 7). Darüber hinaus wurde Japan aufgrund seiner fortgeschrittenen Entwicklung im Bereich Batteriesysteme als Antwortmöglichkeit vorgegeben (vgl. Fraunhofer IAO 2010a: 22). Indien und Südamerika (insbesondere Brasilien) wurden ebenfalls aufgelistet, da neben China die Automobilnachfrage in den letzten Jahren dort eklatant gestiegen ist und diese Länder attraktive Zukunftsmärkte darstellen (vgl. Verband der deutschen Automobilindustrie 2012).

Im Rahmen der qualitativen Experteninterviews wurde ersichtlich, dass alle Experten (74,1 Prozent) – sowohl die Experten aus der Politik (66,6 Prozent) als auch die Experten aus der Wirtschaft (83,3 Prozent) – eindeutig Deutschland die besten Chancen zusprechen, Leitanbieter von Elektrofahrzeugen zu werden.

---

82 Die genauen Werte sind im Anhang (siehe CD) dargestellt.
83 Der Marktdurchbruch von Elektrofahrzeugen bzw. die Top-Standorte für Elektromobilität werden auch im Rahmen der Studie European Automotive Survey von Ernst&Young intensiv untersucht (vgl. Ernst & Young 2011: 12ff).

„Als das gegenwärtig führende Automobilland müssten wir es eigentlich sein. Ich fürchte nur, dass die Chinesen einen besseren Startpunkt haben, einfach deswegen, weil sie sich mit lästigen demokratischen Dingen nicht aufhalten müssen. Die Chinesen können die Leute zwingen, Elektrofahrzeuge zu kaufen, auch wenn sie schlecht sind. Sie können sich erlauben mit einfachen Schüsseln rumzufahren, die bei uns niemals durchgingen. Sie können sich von Schritt zu Schritt hangeln. Sie können riesige Stückzahlen bauen und können damit Kostendegressionen erreichen" (Experte MIN1a 2011: #6:14#).

Experten aus der Wirtschaft setzen nach Deutschland eher auf Japan (8,3 Prozent). Ein Gesprächspartner aus dem Zuliefererbereich hat die Antwortmöglichkeiten abgewogen und kommt zu folgendem Schluss:

„Deutschland und Japan. Und zwar aufgrund der gemeinsamen Konstellation von potenten Produzenten und Markt. Nordamerika ist einfach zu groß und hat nur bestimmte städtische Zentren, wo sich das in dem Ausmaße dann lohnt. Die werden ihren Pick-up-Wagen immer noch mit einem 5-Liter-Motor fahren. Frankreichs Autoindustrie ist nicht in dem Ausmaße so stark und bei den Chinesen wird es sich um spezifische Angebote für den chinesischen Markt handeln, die nach meiner Ansicht hier in Europa oder Nordamerika nur wenig oder gar nicht verkäuflich sind. Aktuell sind die Japaner weiter als wir" (Experte ZULI3 2011: #00:07:31-9#).

Fokussiert man die Nachfrageseite und untersucht, welches Land die beste Chance hat, Leitmarkt für Elektrofahrzeuge zu werden, ergibt sich ein vollkommen anderes Meinungsbild. So wurde im Gespräch mit den Experten sichtbar, dass China mit 66,7 Prozent (Experten aus der Politik: 66,7 Prozent; Experten aus der Wirtschaft: 66,7 Prozent) eindeutig auf Platz eins rangiert. Deutschland folgt auf dem zweiten Platz mit 18,5 Prozent. Interessanterweise sprechen mehr Experten aus der Politik Deutschland die Chance zu, Leitmarkt zu werden (26,7 Prozent). Die Experten aus der Wirtschaft zeigten sich mit 8,3 Prozent verhaltener.

An dieser Stelle muss jedoch auch erwähnt werden, dass viele der Experten die Beantwortung der beiden Fragen als schwierig empfanden, was unter anderem die jeweils relativ hohen Werte der Antwortkategorie „keine Aussage möglich" erklärt. Dem qualitativen Paradigma folgend, wurde den Experten bei den beiden Fragen daher die Möglichkeit eingeräumt, die Begründung für ihre Wahl offen zu erläutern. Dabei wurde ersichtlich, dass die Experten die Fragen aus völlig unterschiedlicher Perspektive betrachten bzw. häufiger eine genauere Differenzierung wünschen. So weisen einige auf die unterschiedliche Qualität der Produkte und die unterschiedlichen Kundenansprüche in den jeweiligen Ländern hin, die einen Vergleich in ihren Augen unmöglich machen. So meint ein Experte aus einer staatlichen Koordinationsstelle:

„Mit Leitanbieter ist in der Regel gemeint: Derjenige, der mit seiner Technologie leitet. Hier glaub ich hat Deutschland die beste Chance. Wenn es um Stückzahlen geht, ist es China. [...] Und beim Leitmarkt muss man auch differenzieren. Schon heute ist Deutschland der Leitmarkt in der Welt. Alle Autohersteller gehen erst dann mit einem Produkt auf den deutschen Markt, wenn sie sich ganz sicher sind, dass es funktioniert. [...] Das liegt daran, dass der Anspruch des deutschen Kunden an die Perfektion eines Fahrzeugs extrem hoch ist und Fahrzeuge sehr vielfältig und intensiv eingesetzt werden. Mengenmäßig werden die Chinesen mit 1,3 Mrd. Menschen mehr Autos kaufen als 80 Millionen Deutsche. Das liegt auf der Hand" (Experte STAATL. KOORD. 2011: #00:08:06-2#).

Darüber hinaus wurden auch unterschiedliche strukturelle Rahmenbedingungen und politische Vorgaben in den jeweiligen Ländern genannt, die die Beantwortung der Frage zusätzlich erschwerten. Aufgrund dieser komplexen Erläuterungen und Hintergründe wurde auf eine geschlossene Frage in der Form in der anschließend durchgeführten Online-Umfrage bewusst verzichtet.

6.1.1.6 SWOT-Analyse der Elektromobilität

Wie bereits im Theorieteil dieser Untersuchung erläutert wurde, wird in der Analysephase des Öfteren auf die SWOT-Analyse zurückgegriffen, um interne Faktoren (Strenghts/Weaknesses) und externe Faktoren (Opportunities/Threats) zu berücksichtigen. Im Rahmen der qualitativen Experteninterviews wurde daher ebenfalls gefragt, welche Stärken und Schwächen bzw. welche Chancen und Risiken die Elektromobilität in Deutschland aufweist, um bei der späteren Kommunikationsstrategie eine umfassende Informationsbasis über die konkrete Innovation zu haben (vgl. Abbildung 69).

Eine grundlegende Stärke der Elektromobilität ist laut Experten, dass der Begriff überwiegend positiv konnotiert wird und somit sowohl in der Politik als auch in der Gesellschaft auf großes Interesse stößt. Darüber hinaus weist die Technologie an sich grundlegende Vorteile auf. So sind Elektrofahrzeuge sehr leise unterwegs, fahren lokal emissionsfrei und bieten aufgrund ihres Beschleunigungsvermögens und ihrer Dynamik erheblichen Fahrspaß. Auch ist der Elektromotor im Vergleich zum Verbrennungsmotor nicht so komplex aufgebaut.

Nicht zu vergessen ist nach Ansicht der Experten der Aspekt, dass dem Kunden strombetriebene Technologien bereits bekannt sind und so die Angst vor dem Neuen bei der Elektromobilität nicht so drastisch ausgeprägt ist. Eine Anknüpfung an die bereits bestehende Stromtechnologie ist möglich und erleichtert den Marktzutritt. Neben den technischen Vorteilen trifft die Elektromobilität in Deutschland auf geeignete Strukturen. So ist Deutschland in den Bereichen Automobiltechnik, Maschinenbau, Elektrotechnik, IT gut aufgestellt und weist darüber hinaus ein starkes Netzwerk bzw. Cluster aus Automobilunternehmen (OEMs) und Zulieferern auf, die bereits in der Vergangenheit in zahlreichen Kooperationen zusammengearbeitet und geforscht haben. Auch die Forschungsinfrastruktur ist in Deutschland in diesem Bereich stark ausgeprägt. Universitäten sowie wirtschaftsnahe Forschungseinrichtungen oder Institute bieten beste Voraussetzungen, um in diesem Bereich gewinnbringende Erkenntnisse zu liefern. Des Weiteren ist in Deutschland die Wissenschaft mit den großen, aber auch mit den mittelständischen Unternehmen eng verzahnt.

Die größte Schwäche ist laut der befragten Experten die im Vergleich zum Verbrennungsmotor relativ geringe Reichweite, die durch den Betrieb der Elektronik im Auto nochmals zusätzlich eingeschränkt wird. Die Speicherkapazität der Batterie, aber auch die Ladedauer der Batterie müssen folglich in erheblichem Maße verbessert werden. Darüber hinaus fehlen bei der Batterietechnologie laut Experten aus der Politik bisher Lösungen für das Recycling solcher Batterien. Ein großes Manko stellen nach Meinung der Experten auch die hohen Anschaffungskosten dar. Nicht jeder Kunde will oder kann es sich leisten, mehr Geld für ein Elektrofahrzeug auszugeben. Die Schwachstelle der Innovation besteht also darin, dass sich die Elektromobilität gegen ein vorhandenes, gut funktionierendes und preiswertes Mobilitätssystem durchsetzen muss und der Kunde laut Experten den Eindruck gewinnt, dass sich lediglich die Antriebsvariante zu seinem Kostennachteil verändert.

Ein weiteres gravierendes Problem ist die fehlende Infrastruktur und somit die fehlende Sichtbarkeit dieser Technologie. Vor allem im städtischen Umfeld, in dem der Zugriff auf eine Steckdose nicht automatisch gewährleistet ist, bedarf es folglich ausreichend öffentlicher Ladeinfrastrukturen für Strom, um das Problem der kurzen Reichweite adäquat überbrücken zu können. Brennstoffzellenbetriebene Fahrzeuge, die mit Wasserstoff betrieben werden, müssen über ein Wasserstoff-Tankstellennetz verfügen, das zum jetzigen Zeitpunkt jedoch in Deutschland noch nicht ausreichend ausgebaut ist. Neben dem Aufbau einer Strom- und Wasserstoffinfrastruktur darf jedoch nicht vergessen werden, dass Elektrofahrzeuge nicht die Verkehrs- bzw. Stauproblematik lösen. Folglich sind der Ausbau des Straßennetzes sowie intelligente Verkehrssysteme ebenfalls Aspekte, die in der Diskussion über die Sicherstellung zukünftiger Mobilität nicht vernachlässigt werden dürfen. Einige Experten bemängeln darüber hinaus, dass die mit Batterie betriebenen Elektrofahrzeuge zwar eine Lösung für kurze Strecken (städtisches Umfeld) darstellen, aber für ländliche Gegenden aufgrund der geringen Reichweite sowie der mangelnden Infrastruktur nicht geeignet sind. Schließlich nannte ein Experte aus der Wirtschaft auch mangelnde staatliche Incentives. An dieser Stelle soll jedoch betont werden, dass dieser Punkt in der

Wirtschaft und in der Politik kontrovers diskutiert wird und keine einheitliche Meinung hinsichtlich finanzieller staatlicher Förderung vorliegt.

Abbildung 69: SWOT-Analyse der Elektromobilität in Deutschland

Stärken	Schwächen
• Positive Konnotation des Begriffs • Technische Stärken (Geräuscharmut, lokale Emissionsfreiheit, dynamischer Fahrspaß, technische Einfachheit) • Starke Industriestruktur • Ausgeprägte Forschungsinfrastruktur • Enge Kooperationen zwischen Wissenschaft und Wirtschaft • Anknüpfung an bewährte Stromtechnologie (Angst vor Neuem geringer)	• Reichweite/Speicherkapazität der Batterie • Kein etabliertes Recyclingsystem für Batterien • Zu hohe Kosten • Wettbewerb mit funktionierendem Mobilitätsystem • Fehlende Infrastruktur (Strom, Wasserstoff, Straße) • Keine Lösung für Überland- & Fernverkehr • Mangel an staatlichen Incentives
Chancen	Risiken
• Beitrag zum Klima- und Umweltschutz bzw. Reduzierung von Emissionen • Mehr Lebensqualität in der Stadt • Langfristige Sicherung der Mobilität • Unabhängigkeit von fossilen Energieträgern • Sicherung bzw. Weiterentwicklung des Wirtschafts- und Technologiestandortes Deutschland • Neue Geschäftsmodelle für KMUs und Zulieferer • Schub für weitere Forschungs- und Entwicklungsbereiche (z. B. Leichtbau, neue Materialien) • branchenübergreifende Zusammenarbeit mit neuen Akteuren • Schaffung von Arbeitsplätzen der Zukunft • Elektromobilität als Baustein des intermodalen Verkehrs (Mobilität neu denken) • Einsatz regenerativer Energien: • zusätzlicher Schub für den Ausbau regenerativer Energiequellen • Baustein des zukünftigen Energiesystems (als mobiler Zwischenspeicher)	• Verlust von Arbeitsplätzen in bestimmten Branchen • Schnellere Entwicklung der Wettbewerber • Hoher Investitionsbedarf • Gewinnverluste • Akzeptanzprobleme in der Bevölkerung (Kosten, Sicherheit, Reichweite) • Kostendegressionspfad für Elektrofahrzeuge nicht gesichert • Zu große technische Herausforderungen (Reichweite, Kosten) • Versorgungsengpässe bei Rohstoffen • Ausschließliche Verwendung von regenerativen Energiequellen nicht sichergestellt • Zu hohe Erwartungen (Hype) führen zu Enttäuschung

Betrachtet man die Chancen und Risiken, so zeigte sich anhand der qualitativen Experteninterviews, dass die Chancen grundsätzlich überwiegen. Laut Experten stellt die Elektromobilität – sofern der Strom aus regenerativen Energiequellen erzeugt wird – einen wichtigen Beitrag zum Klima- und Umweltschutz dar, da Emissionen reduziert oder gar vermieden werden. Vor allem im städtischen Umfeld kann die Lebensqualität aufgrund der geringeren Emissionen sowie Lärmbelastung deutlich erhöht werden. Indem Elektromobilität eine Alternative zu fossilen Energieträgern darstellt, sorgt sie darüber hinaus dafür, dass Mobilität langfristig gesichert wird.

Aus wirtschaftlicher Perspektive ergeben sich ebenfalls zahlreiche Chancen. Mit der Weiterentwicklung dieser Innovation kann Deutschland im Automobilsektor, in welchem es bereits technologieführend ist, seinen Vorsprung gegenüber anderen Industrienationen weiter ausbauen und somit seinen Stellenwert als Wirtschafts- und Technologiestandort stärken. So werden neue Anreize für weitere Forschungs- und Entwicklungsbereiche wie z. B. die Weiterentwicklung des Leichtbaus, um das schwere Gewicht der Batterien zu kompensieren, sowie der Einsatz von neuen Materialien wie Faserverbundwerkstoffe geschaffen. In diesem Zusammenhang haben auch kleine sowie mittelständische Unternehmen mithilfe neuer Geschäftsideen die Chance, die bisherigen Marktstrukturen zu verändern und sich als neue Partner von Automobilunternehmen zu behaupten. Dies betrifft zum einen den Zuliefererbereich im Automobilsektor, in dem neue Komponenten für Elektromotoren etc. gefordert sind, aber auch andere Branchen wie beispielsweise den Energiesektor oder den Bereich der Informations- und Kommunikationstechnologie. Es entstehen neue Arbeitsplätze der Zukunft, was zur Sicherung des Wohlstandes in Deutschland führt.

Des Weiteren bietet Elektromobilität nach Ansicht der Experten die Aussicht auf einen Paradigmenwechsel in Bezug auf das Mobilitätsverhalten der Menschen. Elektromobilität lässt sich aufgrund seiner technischen Struktur optimal in ein intermodales Verkehrsnetz integrieren. So kann es beispielsweise als Carsharing-Konzept neben dem ÖPNV und weiteren Mobilitätsformen in den Mobilitätsbund eingeflochten sein. Das Prinzip der nachhaltigen Mobilität wird jedoch nur dann sinnvoll gewährleistet, wenn der Strom für E-Fahrzeuge aus regenerativen Energiequellen stammt. Elektromobilität führt laut Experten zu einem zusätzlichen Schub für den Ausbau regenerativer Energiequellen und kann nach Ansicht der Experten ein wichtiger Baustein des zukünftigen Energiesystems sein, indem beispielsweise Elektrofahrzeuge in einem intelligenten Stromnetz als mobile Zwischenspeicher des Stroms fungieren.[84] So meint ein Experte aus der Wirtschaft:

> „Elektromobilität bringt auch die Möglichkeit, Überschussstrom aus Solar und Windenergie zu nutzen, in Batterien oder in Form von Wasserstoff zu speichern und anschließend aus der Batterie wieder ins Netz einzuspeisen oder den Wasserstoff rückzuverstromen. Insofern eine ganze Palette, die für die Zukunft sicherlich wichtig ist" (Experte OEM1 2011: #00:06:54-2#).

Neben den Chancen wurden von den Experten auch Risiken genannt, die im Rahmen der Einführung der Elektromobilität auftreten können. Durch den radikalen Wandel in der Automobilindustrie besteht nach Ansicht der Experten die Gefahr, dass in bestimmten Bereichen Arbeitsplätze verloren gehen, da bestimmte Teile wie Verbrennungsmotor, Getriebe, Katalysatoren etc. obsolet werden oder weil die Gefahr besteht, dass die Produktion der Elektrofahrzeuge ins Ausland verlagert wird. In diesem Zusammenhang sehen Experten auch die Gefahr, dass im internationalen Wettbewerb andere Industrienationen Deutschland übertreffen könnten, wie ein Landtagsabgeordneter verrät:

> „Ist unsere Volkswirtschaft, die Politik, aber auch die gesamte Gesellschaft flexibel und innovativ genug, um schneller zu sein als die Franzosen, die Amerikaner und die Chinesen? Das ist eine ganz entscheidende Frage. Denn das Risiko ist, dass wir 100.000 Arbeitsplätze verlieren, die heute hier sind" (Experte MdL_CDU 2011: #00:08:21-5#).

Unternehmen müssen daher, um im globalen Wettbewerb mithalten zu können, hohe Investitionen wagen und riskieren Gewinnverluste. Zudem besteht laut Experten die Gefahr, dass die Bevölkerung die angebotenen Produkte aufgrund der hohen Kosten und der geringen Reichweite nicht akzeptieren wird. Langfristig könnte sich dadurch die Schwierigkeit ergeben, dass aufgrund der mangelnden Nachfrage kein Massenmarkt bzw. keine Massenproduktion entsteht und somit der Kostendegressionspfad für Elektrofahrzeuge am Markt nicht gesichert ist. Auch die großen technischen Herausforderungen wie die Erhöhung der Reichweite bzw. Speicherkapazität der Batterie sowie mögliche Versorgungsengpässe bei Rohstoffen (wie z. B. seltene Erden), die bei Elektrofahrzeugen eingesetzt werden, dürfen laut der befragten Experten nicht übersehen werden. Zudem ist heutzutage noch nicht sichergestellt, dass Elektrofahrzeuge mit ausschließlich regenerativen Energiequellen betrieben werden. Es ist daher laut der

---

84 Die hier von den Experten genannten Chancen decken sich überwiegend mit den in Kapitel 6.1.1.4 aufgeführten Hauptbeweggründen für die Einführung der Elektromobilität.

befragten Interviewpartner ratsam, die Diskussion über die Elektromobilität ehrlich zu führen und keinen Hype zu initiieren, der aufgrund der übersteigerten Erwartungen logischerweise zu Enttäuschung führen muss.[85]

6.1.1.7 Geeignete Informationsquellen beim Thema Elektromobilität

Um die politischen Prozesse in Bezug auf das Thema Elektromobilität aufbereiten zu können, benötigt ein Lobbyist die geeigneten Informationsquellen. Daher wurde im Rahmen der qualitativen Experteninterviews den Vertretern aus der Wirtschaft die zusätzliche Frage gestellt, auf welche Informationsquellen sie zugreifen, um das Thema Elektromobilität adäquat zu analysieren.

Nach Ansicht der Lobbyisten bedarf es des kompletten Spektrums an zur Verfügung stehenden direkten persönlichen als auch indirekten massenmedialen Informationsquellen. Die befragten Experten nutzen sowohl mediengestützte Informationen als auch direkte persönliche Kontakte als Informationsquellen. Neben den klassischen Print-Medien sowie TV/Radio spielt auch das Internet für die schnelle Recherche zu diesem Thema eine wichtige Rolle. Bei der medialen Berichterstattung geht es jedoch vor allem darum, zu beobachten, wie über bestimmte Themen oder Akteure in den meinungsführenden Medien berichtet wird, um darauf aufbauend die eigene Lobbyarbeit zu gestalten. Die Internetseiten der Ministerien, Parteien, der Landtage und des Bundestages mit ihren Ausschüssen geben nach Meinung der Experten ebenfalls einen guten und zuverlässigen Überblick über die in der Politik stattfindenden Prozesse.

Auch greifen Lobbyisten gerne auf persönliche Kontakte bzw. ihr persönliches Netzwerk zurück. Dabei ist der direkte Kontakt zur Politik, aber auch der Kontakt zu anderen Unternehmen, Verbänden, NGOs oder Wissenschaft für Lobbyisten interessant. Bilaterale Gespräche oder Gespräche in organisierter Form wie Fachvorträge, Workshops, Ausstellungen, Messen, Symposien und sonstige Events werden in diesem Zusammenhang von den befragten Experten bevorzugt wahrgenommen. Darüber hinaus sind auch die schriftlichen Informa-

---

85 Im „Nationalen Entwicklungsplan Elektromobilität" der Bundesregierung Deutschland ist die Elektromobilität ebenfalls einer SWOT-Analyse unterzogen worden. Viele der dort aufgeführten Punkte lassen sich auch in dieser SWOT-Analyse, die auf den Aussagen der befragten Experten aus Politik und Wirtschaft beruht, wiederfinden (vgl. daher ergänzend Bundesregierung 2009: 16 f). Ebenfalls existiert eine SWOT-Studie für die Nutzerakzeptanz der Elektromobilität, die ebenfalls Überschneidungen zu den hier genannten Punkten aufweist (vgl. PricewaterhouseCoopers AG Wirtschaftsprüfungsgesellschaft 2012: 115).

tionsmaterialen (wie Broschüren, Präsentationen oder wissenschaftliche Studien) dieser Kontakte für die tägliche Lobbyingarbeit hilfreich.

Die vom Bund oder auch von den einzelnen Bundesländern eingerichteten Koordinationsstellen, die sich explizit mit dem Thema Elektromobilität beschäftigen, sind auch wertvolle Informationsquellen, da Informationen aus den Bereichen Wirtschaft, Wissenschaft, Politik und Gesellschaft gebündelt angeboten werden. Selbstverständlich dürfen neben den externen Informationsquellen nicht die unternehmensinternen Quellen außer Acht gelassen werden. Die unternehmensinternen Fachbereiche wie Forschung und Entwicklung stellen die Informationsgrundlage der Lobbyisten dar. Auch Kollegen, die Gremiumsmitglieder in der von der Bundesregierung einberufenen „Nationalen Plattform Elektromobilität" sind, werden als geschätzte Gesprächspartner und Informationsquellen von den befragten Experten wahrgenommen.

Nach Ansicht der Experten sind bei diesem Themenfeld der Kommunikation keinerlei Grenzen gesetzt. Vielmehr existiert das Problem, die Quantität an Informationen zu bewältigen und die besonders relevanten Informationen für die eigene Arbeit herauszufiltern.

6.1.2 Detaillierte Stakeholderanalyse

6.1.2.1 Identifizierung der relevanten politischen Stakeholder und ihrer Informations- und Einflussquellen

Identifizierung der relevanten politischen Stakeholder:
Dass es sich bei der Elektromobilität um eine radikale Innovation handelt, die einen grundlegenden Wandel in Wirtschaft, Politik, Wissenschaft und Gesellschaft nach sich zieht, zeigt sich auch in der hohen Anzahl der relevanten politischen Akteure, die sich mit der Schaffung der geeigneten Rahmenbedingungen für eine erfolgreiche Markteinführung der Elektromobilität befassen. Nach Ansicht der Experten muss bei diesem Thema die *„ganze Bandbreite"* (Experte ZULI2 2011: #00:24:11-0#) an politischen Akteuren angesprochen werden, angefangen auf der EU[86]- und Bundesebene über die Landesebene bis hin zur regionalen bzw. kommunalen Ebene (vgl. Abbildung 70):

---

86 Auch wenn in dieser Untersuchung der Fokus auf die Einführung der Elektromobilität in Deutschland gerichtet wird und somit insbesondere die deutschen politischen Akteure in den Vordergrund rücken, soll die EU der Vollständigkeit wegen und aus Gründen der Nachvollziehbarkeit hier ebenfalls erwähnt werden.

Abbildung 70: Politische Ansprechpartner beim Thema Elektromobilität

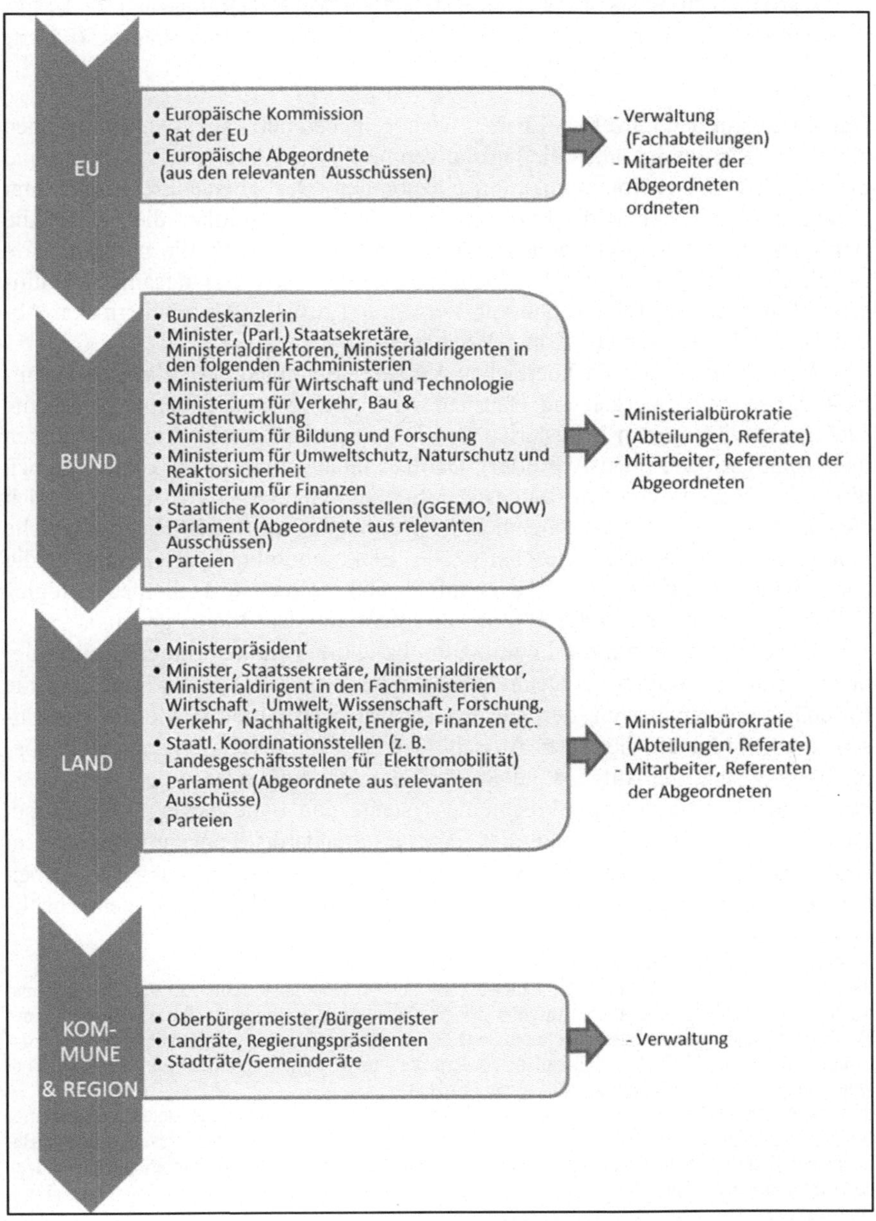

„Am Ende nutzt es nichts, man muss mit allen sprechen. Aber es gibt eine [...] Gewichtungsreihenfolge, die fängt erstmals an bei den Nationalstaaten und bei der EU, und zieht sich dann runter bis zu den kommunalen Verantwortungsträgern" (Experte ZULI3 2011: #00:24:22-2#).

Dabei ist es in den einzelnen Ebenen wichtig, neben den exekutiven politischen Akteuren (Regierung), auch die legislativen politischen Akteure (Parlament) und die Parteien in die Kommunikation einzubinden. Das Thema Elektromobilität beschäftigt laut Meinung der Experten führende Spitzenpolitiker, die sich auf die Leitlinien und strategische Fragestellungen fokussieren, und die nachgelagerte Arbeitsebene, die die konkreten Pläne umsetzt. Es ist daher ratsam, zu politischen Entscheidungsträgern und zur Verwaltung bzw. zu Mitarbeitern von Abgeordneten, Referenten etc. Kontakt zu halten.

Vor allem in den Fachbereichen Verkehr, Stadtplanung, Wirtschaft, Umwelt, Forschung, Energie und Haushalt wird nach Meinung der Experten die Elektromobilität in den Ministerien und in den parlamentarischen Ausschüssen und Kommissionen intensiv erörtert. Darüber hinaus nannten die Experten auch die vom Bund und von den Bundesländern etablierten Geschäftsstellen, die sich ausschließlich des Themas annehmen. So wurden die auf Bundesebene staatliche Koordinationsstelle, die „Geschäftsstelle Elektromobilität" (GGEMO)[87], die „Nationale Organisation Wasserstoff- und Brennstoffzellentechnologie" (NOW)[88] oder die „e-mobil BW"[89] in den Interviews des Öfteren genannt.

Betrachtet man nun die Legitimation bzw. die Verantwortungsbereiche der oben genannten Akteure im Detail, so haben laut Experten auf der EU-Ebene die Europäische Kommission, der Rat der Europäischen Union sowie die europäischen Abgeordneten, die in den Ausschüssen der oben bereits genannten Fachbereiche tätig sind, die Aufgabe, geeignete Rahmenbedingungen (wie z. B. länderübergreifende einheitliche Abrechnungssysteme und Ladestecker) zu schaffen. Hierfür bedarf es nach Meinung der Experten Standardisierungsgremien, die im Notfall per Gesetz einheitliche Systeme in Europa verordnen müssen. Daneben haben EU-Regelungen in Bezug auf Verbrauchswerte oder Emissionen erhebli-

---

87 Zur Aufgabe und Position der GGEMO siehe Kapitel 2.6.4.

88 Die NOW wurde 2008 unter der Federführung des Bundesministeriums für Verkehr, Bau und Stadtplanung ins Leben gerufen. Aufgabe der NOW ist es, das Nationale Innovationsprogramm Wasserstoff- und Brennstoffzellentechnologie (NIP) zu steuern. Darüber hinaus war es für die Organisation des von 2009-2011 laufenden Förderprogramms „Modellregionen Elektromobilität in Deutschland" verantwortlich (vgl. NOW GmbH 2011).

89 Im Rahmen der baden-württembergischen Landesinitiative wurde die „Landesagentur Elektromobilität" gegründet (e-mobil BW), die als zentrale Anlauf-, Beratungs- und Servicestelle für alle Belange der Elektromobilität den Strukturwandel in der Automobilbranche bestmöglich unterstützen soll (vgl. e-mobil BW 2011).

che Auswirkungen auf die deutsche Automobilindustrie bzw. auf die Entwicklung der Elektromobilität. So meint ein Experte aus dem Ministerium:

> „Wenn Brüssel eine Euronorm erhöht und den CO_2-Anteil senkt, bedeutet das für unsere Premiumhersteller, dass sie das nur in der Flotte schaffen. Das heißt, sie brauchen mehr Elektroautos in der Flotte, um dann auch die S-Klasse rechtfertigen zu können. Man darf Europa nicht vernachlässigen" (Experte MIN2 2011: #00:17:58-8#).

Neben der EU verfügt auch der Bund über zahlreiche Möglichkeiten, Rahmenbedingungen zu schaffen. So rücken hier in den Ministerien vor allem strukturelle und finanzielle Maßnahmen zur Förderung von Forschung und Entwicklung sowie zur Umsetzung (Erlassung der Kfz-Steuer, verkehrliche Regelungen sowie weitere Anreizmaßnahmen) in den Vordergrund, um das Ziel der Bundesregierung, 1 Million Elektrofahrzeuge bis 2020 auf die Straße zu bringen, zu erreichen. Gleichzeitig haben Parlamentsabgeordnete die Aufgabe, über Gesetze sowie den Haushalt abzustimmen.

Analog zur Bundesebene haben auch die einzelnen Bundesländer ihre Kompetenzen und Fördermöglichkeiten, die von den jeweiligen Ministerien initiiert werden. Darüber hinaus rücken auf Landes-, Regional- und Kommunalebene die Förderung und der konkrete Aufbau der Infrastruktur in den Vordergrund. Schließlich wird im Gemeinde- oder Stadtrat über die konkrete Umsetzung entschieden, wie beispielsweise über die geeignete Platzierung von Ladesäulen/Wasserstofftankstellen oder die Ausweisung spezieller Parkplätze für E-Fahrzeuge.[90]

Einfluss- und Informationsquellen der politischen Stakeholder:
Nach der Identifizierung der politischen Stakeholder soll an dieser Stelle auf die wichtigsten Einflussquellen dieser Zielgruppe eingegangen werden. Im empirischen Teil dieser Untersuchung wurde daher mittels einer geschlossenen Frage ermittelt, wer die drei wichtigsten Akteure/Einflussquellen sind, auf die sich ein Politiker vorrangig verlässt.

In den qualitativen Experteninterviews stimmten alle Experten (n=27) überein, dass die Wissenschaft der wichtigste Akteur bzw. die wichtigste Einflussquelle der Politik ist. Es folgen die Medien auf Platz zwei und die Unternehmen

---

90 Als weitere politisch relevante Akteure wurden seitens der Experten darüber hinaus NGOs, Verbraucherschutzverbände, Automobilclubs wie der ADAC oder VCD sowie Industrie und Wissenschaft genannt. Aufgrund der in dieser Untersuchung determinierten Definition sowie aus Gründen der Komplexität werden diese Akteure jedoch nicht im Detail beleuchtet, auch wenn diese sicherlich relevant sind.

auf Platz drei (vgl. Abbildung 71). Dabei muss natürlich berücksichtigt werden, dass die Wichtigkeit der Einflussquellen von Politiker zu Politiker unterschiedlich ist, wie ein Experte aus dem Automobilbereich feststellt:

> „Es kommt auf den Politiker an. Auf sein Netzwerk, auf seinen Hintergrund. Wenn er jetzt ein ehemaliger Mitarbeiter von unserem Unternehmen ist, dann wird er den VDA anschreiben. Wenn er jetzt aber ein ehemaliger Mitarbeiter vom BUND ist, dann wissen wir, dass er nicht den VDA anschreiben wird. [...] Der persönliche Hintergrund ist wichtig" (Experte OEM2a 2011: #00:29:14-5#).

Auch die Parteizugehörigkeit spielt nach Ansicht eines Experten eine Rolle. So wird ein Politiker der SPD eher den Kontakt mit den Gewerkschaften suchen, während ein Abgeordneter von BÜNDNIS 90/DIE GRÜNEN einen engeren Kontakt zu NGOs pflegen wird.

Abbildung 71:   Qualitative Experteninterviews – Einflussquellen der politischen Stakeholder

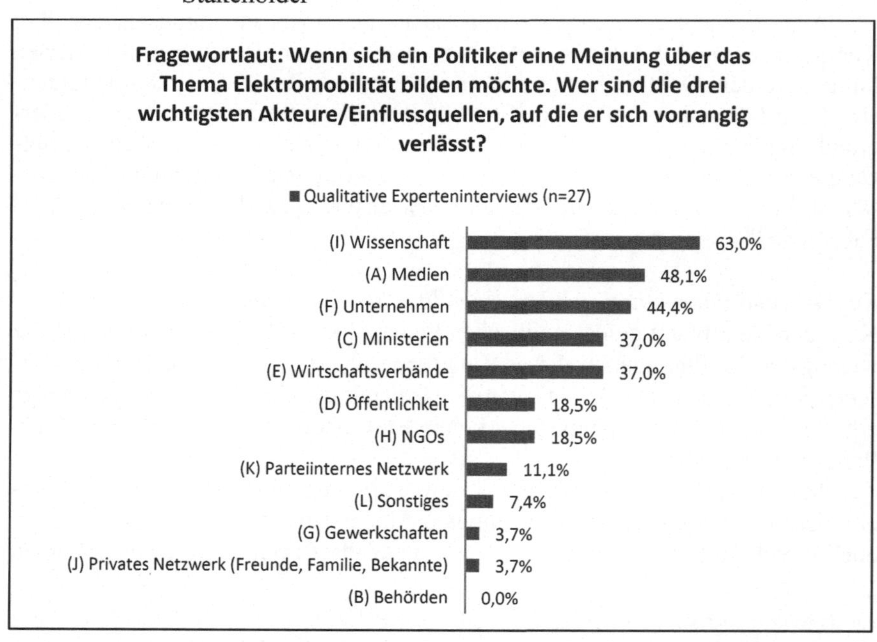

Die befragten Politiker aus der Online-Umfrage (vgl. Abbildung 72) geben ebenfalls die Wissenschaft, Medien und Unternehmen als wichtigste Einflussquellen an. Im Gegensatz zur qualitativen Befragung werden die Unternehmen jedoch vor den Medien auf Platz 2 gewählt.

Abbildung 72: Quantitative Online-Umfrage – Einflussquellen der politischen Stakeholder

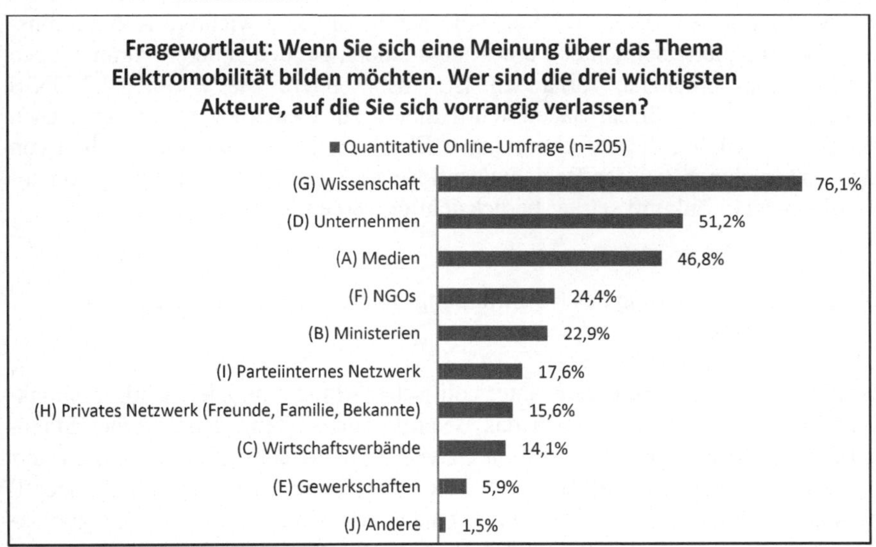

Wie bereits auf qualitativer Ebene durch die zusätzlichen Ergänzungen der Gesprächspartner deutlich wurde, hat die Parteizugehörigkeit eines Politikers Auswirkungen auf seine Informations- bzw. Einflussquellen. Auf quantitativer Ebene bestätigt sich diese Erkenntnis ebenfalls. Vertreter der CDU, SPD und FDP sehen jeweils die gerade genannten Akteure Wissenschaft, Medien und Unternehmen als die wichtigsten Einfluss- und Informationsquellen an. Vertreter der Partei BÜNDNIS 90/DIE GRÜNEN ziehen neben der Wissenschaft und den Medien die NGOs (Greenpeace oder BUND) vorrangig als Informationsquelle hinzu. Die Partei DIE LINKE betrachtet Medien, NGOs und das parteiinterne Netzwerk als wichtigste Informations- und Einflussquelle. Die Freien Wähler beziehen ihre Informationen hingegen vor allem von den Unternehmen und von der Wissenschaft, jedoch auch aus ihrem privaten Netzwerk.

Betrachtet man die einzelnen politischen Ebenen, wird deutlich, dass – abgesehen von den Europaabgeordneten – alle befragten Politiker ebenfalls die

Wissenschaft als wichtigste Informationsquelle betrachten, gefolgt von den Unternehmen auf Platz zwei und den Medien auf Platz drei.

Zusammengefasst kann also konstatiert werden, dass es anhand der gerade dargestellten Erkenntnisse für Unternehmenslobbyisten sinnvoll ist, indirektes Lobbying zu betreiben und insbesondere auch die Wissenschaft, die Medien und die NGOs mit relevanten Informationen über Elektromobilität zu versorgen. Gleichzeitig hat sich an dieser Stelle herauskristallisiert, dass Unternehmen zwar bei Vertretern der CDU, FDP und SPD bereits als eine wichtige Informations- und Einflussquelle betrachtet werden, dass jedoch bei den anderen Parteien noch Verbesserungspotenzial vorhanden ist. Insbesondere die Partei BÜNDNIS 90/DIE GRÜNEN, die in Baden-Württemberg zur Regierung gehört, aber auch die Freien Wähler, die auf kommunaler Ebene stark vertreten sind, sollten von den Unternehmen bei der Beziehungspflege und bei der Übermittlung von Informationen in Zukunft stärker berücksichtigt werden.

6.1.2.2 Klassifizierung des Beeinflussungspotenzials der politischen Stakeholder

Neben der Identifizierung relevanter politischer Akteure und deren Informations- und Einflussquellen muss auch das Beeinflussungspotenzial politischer Stakeholder geklärt werden. Dabei soll im ersten Schritt zunächst grundlegend erörtert werden, wie hoch der Einfluss der Politik beim Thema Elektromobilität generell ist (siehe Abbildung 73), bevor eine genaue Klassifizierung bzw. Kategorisierung der jeweiligen relevanten politischen Akteure in Bezug auf ihr Einflusspotenzial (Bedrohungs- oder „Enablings"-potenzial) erfolgt.

Im Rahmen der Experteninterviews wurde ersichtlich, dass die Gesprächspartner durchschnittlich den Einfluss der Politik als hoch bewerten (m=1,9). Dabei haben die Experten aus der Politik (m=2,1) den Einfluss der Politik im Vergleich zu den befragten Experten aus der Wirtschaft (m=1,8) etwas niedriger eingestuft. Als Grund wurde in den Experteninterviews unter anderem genannt:

> „Die Politik kann Rahmenbedingungen setzen, aber die Produkte muss die Industrie bringen. Wenn die zu einer Akzeptanz führen, wird sich Elektromobilität durchsetzen, wenn dies nicht gelingt, dann wird es auch die Politik nicht schaffen. Also die Politik wird nicht mit Kaufhilfen jahrelang bzw. jahrzehntelang eine bestimmte Technologie subventionieren können" (Experte MIN3 2011: #00:26:23-6#).

In der Online-Umfrage wurde dies ebenfalls deutlich. So betrachten Politiker auf quantitativer Ebene im Durchschnitt den politischen Einfluss lediglich als „mehr oder weniger hoch" (m=2,6). Dabei handelt es sich um einen parteiübergreifenden Konsens. Der Mittelwert bewegt sich bei dieser Frage bei allen Parteien um den Wert 3 („teils, teils"). Das gleiche Bild zeigt sich bei der Analyse nach politischer Ebene. Sowohl Europaabgeordnete, Bundestagsabgeordnete, Landtagsabgeordnete als auch regional- und kommunalpolitische Vertreter sehen den Einfluss als „mehr oder weniger hoch" an. Dies bestätigen die in den qualitativen Experteninterviews gewonnenen Aussagen, dass die Politik nicht alleine für den Erfolg der Technologie verantwortlich gemacht werden kann.

Abbildung 73: Beeinflussungspotenzial der politischen Stakeholder

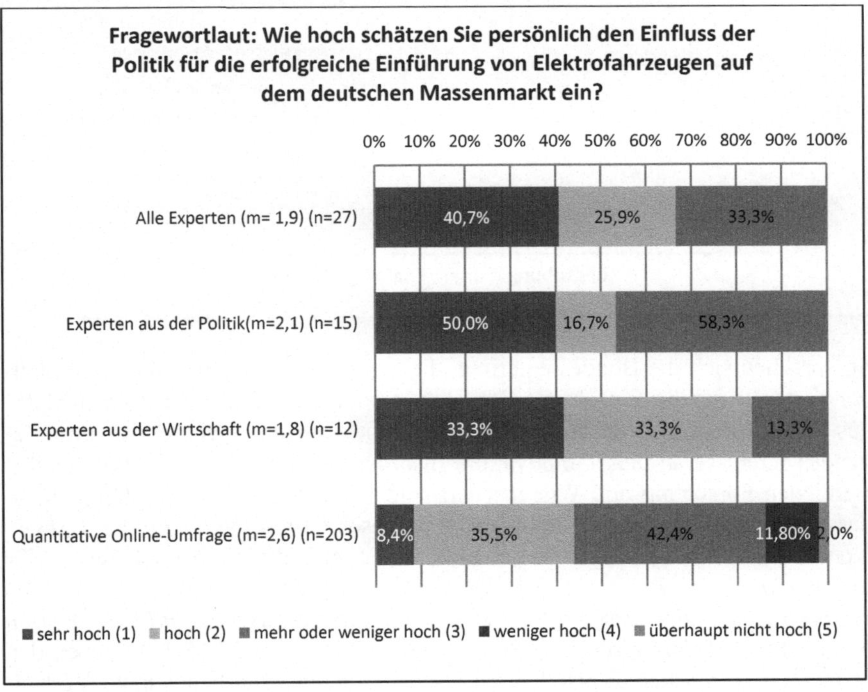

Will man nun als Lobbyist die politischen Stakeholder nach ihrem Unterstützungs- oder Bedrohungspotenzial in Bezug auf die Elektromobilität genauer untersuchen, bietet sich das im konzeptionellen Teil dieser Untersuchung dargestellte Modell von Schlicht zur Klassifizierung an (siehe Kapitel 4.1.2.2). Anhand Abbildung 74, die auf den Aussagen der Experten aus den qualitativen Interviews basiert, sollen daher die unterstützenden Stakeholder, die marginalen Stakeholder, die nicht-unterstützenden Stakeholder und die gemischten Stakeholder dargestellt werden.

Abbildung 74: Klassifizierung des Beeinflussungspotenzials politischer Stakeholder

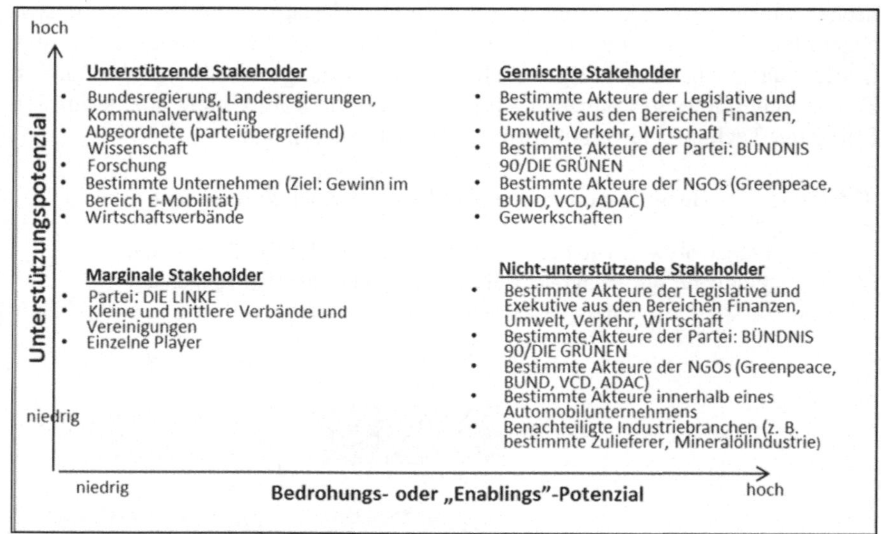

So sprechen sich die Bundesregierung, die Landesregierungen und die Kommunen generell für die Einführung der Elektromobilität auf dem deutschen Markt aus. Auch die Abgeordneten in den Parlamenten äußern mehrheitlich grundlegendes Interesse an dieser Innovation. Insbesondere politische Akteure aus den Bereichen Forschung und Wissenschaft sind für dieses Thema empfänglich, so dass ein Unternehmen gut daran tut, mit dieser Gruppe von Politikern engen Kontakt zu halten. So stellt ein Experte aus dem Zuliefererbereich fest: *„Wir haben eine klare Präferenz bei den politischen Akteuren, die sich um Forschungsthemen kümmern. Für die ist das Neue immer faszinierend und insofern ist die Affinität dort größer"* (Experte ZULI3 2011: #00:27:15-1#). Neben den offiziellen politischen Amtsinhabern inklusive deren Mitarbeiter bzw. Verwaltungsapparat treiben natürlich die Bereiche Wissenschaft und Forschung (Universitäten, Institute, Forschungseinrichtungen) die Innovation wohlwollend voran. Auch andere Unternehmen, die sich im Bereich Elektromobilität Gewinne versprechen und neue Geschäftsmodelle entwickeln, sind hilfreiche Partner, um gemeinsam auf dem politischen Parkett für diese Innovation zu werben. Die Wirtschaftsverbände haben sich ebenfalls zur Elektromobilität bekannt, auch wenn im Rahmen der Experteninterviews vereinzelt Stimmen laut wurden, die die Verbände, wie z. B. den VDA oder auch andere Industrieverbände, als bremsend und zögerlich bei diesem Thema empfunden haben.

Laut Meinung der Experten stehen teilweise die Gewerkschaften der Elektromobilität kritisch gegenüber. Jedoch wurde gleichzeitig von einem Vertreter der Gewerkschaft „IG Metall" betont, dass man die Einführung der Elektromobilität nicht grundsätzlich verhindern möchte (siehe auch Kapitel 6.2.3.2). Es ist daher laut eines befragten Gewerkschaftlers notwendig, zunächst anhand wissenschaftlicher Untersuchungen genau zu überprüfen, welche Auswirkung die Elektromobilität mittelfristig und langfristig auf die Beschäftigungsstruktur hat. Erst dann kann der Meinungsbildungsprozess abgeschlossen sein. Folglich bedarf es bei dieser „gemischten Stakeholdergruppe" eines engen Dialogs und Austausches.

Selbstverständlich gibt es auch bestimmte politische Akteure der Exekutive und Legislative (auf allen Ebenen), die zwar nicht grundsätzlich Zweifel an der Technologie hegen, jedoch Kritik in Bezug auf die Maßnahmen zur Förderung der Elektromobilität üben. Vor allem Politiker aus den Bereichen Finanzen bzw. Haushalt stehen nach Ansicht der Interviewpartner Incentives wie Kaufprämien oder weiteren Vergünstigungen aus finanziellen Gründen skeptisch gegenüber. Auch bestimmte politische Stimmen aus dem Sektor Umwelt sehen die Technologie nur dann als umwelt- und klimafreundlich an, wenn sichergestellt werden kann, dass Elektrofahrzeuge ausschließlich mit Strom aus regenerativen Energiequellen betankt werden. Diese Ansicht vertreten laut Experten nicht nur bestimmte gewählte Politiker aus dem Umweltresort, sondern auch zahlreiche NGOs wie BUND, VCD, ADAC oder Greenpeace. Einige Politiker von BÜNDNIS 90/DIE GRÜNEN sehen darüber hinaus Elektromobilität ausschließlich als Baustein des intermodalen Verkehrs und setzen vielmehr auf die Ausweitung des ÖPNVs, da Elektromobilität ebenfalls nicht Verkehrsengpässe, Staus sowie den knappen Parkraum in Städten beseitigen kann. Im Bereich des Verkehrs finden sich ebenfalls Akteure wie beispielsweise Stadt- oder Verkehrsplaner, die sich stark mit dem jetzigen System identifizieren und somit bestimmte Vorbehalte gegenüber Neuerungen haben, so die Experten. Schließlich gibt es auch Skeptiker im Bereich Wirtschafts-, Ordnungs- und Industriepolitik, die grundsätzlich die Frage nach der Eingriffs- und Regulierungstiefe in den Vordergrund stellen. Bei all diesen gerade genannten Akteuren gilt es für Unternehmenslobbyisten, zu identifizieren, wer von diesen Akteuren weiterhin als konsequenter Kritiker und Gegner auftritt (Einordnung in die Kategorie: nichtunterstützende Stakeholder) und welche Akteure zwar Zweifel hegen, jedoch mittels Argumenten sowie Lösungsvorschlägen überzeugt werden können (Einordnung in die Kategorie: gemischte Stakeholder).

Als nicht-unterstützende Stakeholder werden von den Experten auch benachteiligte Industriebranchen betrachtet, die aufgrund dieser Technologie Schaden erleiden können. An dieser Stelle wurden von den Interviewpartnern unter anderem die Mineralölindustrie genannt sowie Zuliefererunternehmen, die ausschließlich Teile und Komponenten für den Verbrennungsmotor herstellen. Auch innerhalb eines automobilen Unternehmens gilt es Kräfte zu berücksichtigen, die die Einführung der Elektromobilität blockieren könnten. Gegner lassen sich laut Experten möglicherweise in den traditionellen, konservativen Ingenieurbereichen finden, die Angst um ihre persönliche Weiterentwicklung sowie ihren Arbeitsplatz haben (siehe hierzu auch Kapitel 2.1.7 Innovationswiderstände).

Die Partei DIE LINKE spricht sich ebenfalls – laut der interviewten Experten – verstärkt gegen Elektromobilität aus und betrachtet diese Technologie nicht als Lösung für die Gestaltung der zukünftigen Mobilität. Dies wird auch anhand der offiziellen schriftlichen Stellungnahme der Partei deutlich:

> „Batteriebetriebene Fahrzeuge bleiben im privaten Bereich auf absehbare Zeit Nischenprodukte vor allem als Zweitfahrzeug für eine kleine gut betuchte Klientel. Das klassische Erstfahrzeug ersetzen sie aufgrund hoher Preise und kurzer Reichweiten sowie vieler ungeklärter Probleme etwa bei der Ladeinfrastruktur nicht" (DIE LINKE 2012).

Nach Ansicht der befragten Experten sowohl aus Politik und Wirtschaft ist jedoch diese parteipolitische Gruppe nicht erfolgsentscheidend, so dass diese Stakeholder wie andere kleinere Vereinigungen, Verbände sowie einzelne Player als marginal betrachtet werden können. Dennoch sollten aufgrund sich wechselnder politischer Verhältnisse die Meinungen der marginalen Stakeholder nicht ignoriert werden.

6.1.3 Best Practices and Worst Practices: Ableitung allgemeiner Handlungsempfehlungen

Analog zum konzeptionellen Teil, in dem anhand von Musterbeispielen Handlungsempfehlungen für die Kommunikation von Innovationen abgeleitet wurden, wurde auch in der empirischen Untersuchung der Frage nachgegangen, was man aus den in der Vergangenheit eingeführten Innovationen (z. B. Transrapid, Wind- und Solaranlagen, Breitbandanschluss, Lkw-Mautsystem), bei denen Staat und Wirtschaft beteiligt waren, in Bezug auf die Kommunikation übernehmen und was man vermeiden sollte. Ziel war, auch auf empirischer Ebene eine allgemeine Orientierungsstütze für ein Kommunikationskonzept für politische Stakeholder zum Thema Elektromobilität zu erhalten. Gleichzeitig konnte so überprüft werden, ob die im theoretischen Konzept zum Innovationslobbying (bzw. zur Innovationskommunikation) vorgestellten allgemeinen Strategien sowie Maßnahmen mit den Praxiserfahrungen der Experten übereinstimmen. Die nachfolgenden Empfehlungen machen deutlich, dass dies der Fall ist.

Die befragten Gesprächspartner bestätigten, dass insbesondere bei radikalen Innovationen sowohl Politik als auch Wirtschaft bereits in einem frühen Stadium miteinander in Kontakt treten (Kapitel 4.2.5) und gemeinsam Ziele ausarbeiten müssen, die jeder Akteur als Richtschnur nutzen kann. Dabei sollten beide Akteure laut Experten darauf bedacht sein, dass sie von Anfang an ehrlich und offen miteinander reden, um ein realistisches Bild hinsichtlich des Potenzials der Technologie zu gewährleisten und spätere Enttäuschungen bei der Realisierung der Technologie am Markt zu vermeiden (Kapitel 4.2.4.2). So konstatiert ein Abgeordneter: *„Man sollte vermeiden, eine neue Technologie als die alleinseligmachende darzustellen, irgendwelche Verheißungen zu erwecken, die später nicht erfüllt werden können"* (Experte MdB_CDU1 2011: #00:29:31#). Gleichzeitig tragen gegenseitige Schuldzuweisungen laut Experten nicht zum Erfolg der Technologie bei. Eine sachliche, konstruktive und lösungsorientierte Kommunikation zwischen den beiden Akteuren (siehe Kapitel 4.2.4.2) sowie eine langfristige kontinuierliche Kommunikation, um über den aktuellen Entwicklungsstand der Technologie bzw. der politischen Maßnahmen zu informieren, ist daher laut Experten notwendig. So muss nach Ansicht der Experten auch beim Zeitpunkt der Einführung auf dem Massenmarkt sichergestellt werden, dass die Technologie reif genug ist und funktioniert (siehe Kapitel 4.2.5.3).

Ein kontrovers diskutierter Streitpunkt bei radikalen Innovationen, bei denen Staat und Wirtschaft beteiligt sind, ist stets die Art bzw. die Höhe der staatlichen Förderung. Während einige Experten sich – zumindest für einen bestimmten Zeitraum – für staatliche Subventionen von radikalen Innovationen aussprechen, um eine flächendeckende Akzeptanz der Elektromobilität zu erreichen, beurteilen andere Experten staatliche finanzielle Eingriffe als schädigend für *„ein gesamtwirtschaftliches verträgliches Modell"* (Experte ZULI3 2011: #00:58:51-2#).

Darüber hinaus müssen sich nach Ansicht der befragten Experten Wirtschaft und Politik eng miteinander absprechen (Kapitel 4.3.1) und eine einheitliche Sprachregelung gegenüber Dritten wie beispielsweise der Öffentlichkeit entwickeln, um möglichst widersprüchliche Darstellungen und damit Misstrauen in der Bevölkerung zu vermeiden.[91]

---

91 Diese Empfehlung ist auch im zweiten Bericht der „Nationalen Plattform Elektromobilität" zu finden: „Ausschlaggebend für den Erfolg der Kommunikation ist die Übereinstimmung der von den verschiedenen Akteuren vermittelten Botschaften. Nur wenn diese Übereinstimmung dauerhaft sichergestellt werden kann, entsteht ein kohärentes, nachhaltiges Bild von Elektromobilität in und aus Deutschland" (Nationale Plattform Elektromobilität 2011: 59).

Eine stärke Einbeziehung aller beteiligten Akteure seitens Wirtschaft und Politik ist heutzutage laut Ansicht der Experten mehr denn je wichtig, um eskalierende Konflikte, die oftmals zum Scheitern einer Innovation führen, zu vermeiden: *„Was man in den letzten Monaten und Jahren lernen konnte, war, dass man die Menschen frühzeitig einbindet und mitnimmt, bis hin zu echten Partizipationsprozessen"* (Experte REG. VERB 2011: #00:29:50-0#). Dies gilt nach Ansicht der Experten insbesondere auch für die Kommunikation mit kritischen Stakeholdern wie NGOs, Verbänden oder Initiativen (siehe Kapitel 3.1.2; Kapitel 4.1.2).

Da die Anforderungen der Kommunikation komplexer geworden sind und zahlreiche Beteiligte in der Kommunikation involviert sind, müssen nach Ansicht eines Experten heute auch mehr finanzielle Ressourcen für die Kommunikation bereitgestellt werden: *„Man benötigt für jede Innovation in Deutschland einfach mehr Geld für eine positive Kommunikationsbegleitung. Stuttgart 21 ist ein Idealbeispiel, es gilt für viele andere jedoch auch"* (Experte MdL_CDU 2011: #00:35:20-4#).

6.1.4 Chancen und Herausforderungen der Kommunikation in Bezug auf das Thema Elektromobilität

Welche konkreten Chancen bzw. Herausforderungen ergeben sich laut der befragten Experten bei der Kommunikation zwischen Vertretern der Politik und Vertretern der Wirtschaft in Bezug auf die Elektromobilität? Als größte Herausforderung betrachten die Experten aus Politik und Wirtschaft bei der Kommunikation die Funktionsweisen der unterschiedlichen Systeme Wirtschaft und Politik. Betriebswirtschaftliche Konzepte treffen auf politische Konzeptionen, so dass es häufig zu Missverständnissen kommt oder auch falsche Vorstellungen hinsichtlich der Handlungsmöglichkeit der jeweils anderen Seite existieren:

„Das Schwierige dabei ist natürlich der Grundkonflikt, den diese beiden Subsysteme in einer Gesellschaft immer miteinander austragen, nämlich dass die Währung der Politik am Ende Wählerstimmen sind. [...] Die Währung eines Unternehmens ist, am Ende Gewinne zu erzielen. Das ist das Anstrengende unseres Systems für beide Seiten. Die einen können sich nicht dagegen wehren, dass ihnen etwas als Rechtsetzung vor die Nase gesetzt wird [...] und die anderen können sich auch nicht davon befreien, dass es Rückmeldungen aus der Wirklichkeit gibt, die wiederum die Absolutheit ihrer Metaziele in Frage stellt" (Experte ZULI3 2011: #00:33:04-2#).

Da es sich bei der Elektromobilität um ein technisches Thema handelt, herrschen auch öfter unterschiedliche Wissensstände vor. So stellt ein Vertreter aus der

Kommunalpolitik fest: *„Es ist eine Frage der Sprache, der Begrifflichkeit und des Vorwissens"* (Experte KOMb 2011: #00:31:52-5#). Und auch ein Akteur der Wirtschaft vertritt eine ähnliche Meinung:

> „Es ist teilweise die unterschiedliche Sprache, die man spricht. Die Terminologie, die muss man durchaus treffen [...] Wenn man sehr viel Aufklärung leisten muss, braucht man eine gewisse Zeit, bis man sich gegenseitig versteht" (Experte OEM5 2012: #00:10:19-8#).

Eine weitere Schwierigkeit besteht darin, dass zwischen Politik und Wirtschaft ein gewisses Misstrauen vorherrscht. So hinterfragen Akteure aus der Wirtschaft politische Ankündigungen, und vice versa bezweifeln Vertreter der Politik teilweise die Einschätzungen von Wirtschaftsexperten. Zudem meinen die Experten, dass Elektromobilität von beiden Seiten teilweise als Losungswort ohne Inhalt missbraucht wird, um sich möglichst umweltfreundlich darzustellen. Der Hype um das Thema erschwert eine realistische und sachliche Diskussion, welche Auswirkung die Innovation tatsächlich hat.

Aus dem politischen Lager wurden im Rahmen der Experteninterviews schließlich verstärkt Stimmen laut, die die teilweise divergierenden Meinungen innerhalb der Wirtschaft kritisieren. Laut Experten fällt es der Politik äußerst schwer, aus den unterschiedlichen Einzelinteressen fundierte Entscheidungen zu treffen, die zum Wohle aller führen. Auch ein Vertreter des Verbandes sieht diese Schwierigkeit und warnt vor den Konsequenzen: *„Wenn diese undifferenzierte Meinungsbildung ungefiltert in die politische Diskussion gelangt, dann sagt der Politiker am Ende: ‚Divide et impera‘"* (Experte VERBAND1 2011: #00:42:54-4#).

Neben den Schwierigkeiten ergeben sich aus der Kommunikation zwischen Politik und Wirtschaft auch große Chancen. Eine funktionierende Kommunikation zwischen Wirtschaft und Politik eröffnet die Möglichkeit, gemeinsame Ziele zu definieren und Aufgaben zu verteilen. Als Musterbeispiel für eine geeignete Kommunikationsplattform wurde mehrfach von den Experten sowohl aus der Wirtschaft als auch aus der Politik die Etablierung der „Nationalen Plattform Elektromobilität" genannt, da hier unter der Federführung der Bunderegierung alle relevanten Akteure kommunikativ eingebunden wurden, die am Strukturwandel beteiligt sind.

Durch den engen Kontakt ist es darüber hinaus möglich, eine fundierte Vertrauensbasis zu schaffen, Missverständnisse und Verständigungsschwierigkeiten abzubauen sowie gegenseitiges Verständnis für die Funktionsweise des jeweiligen Systems herzustellen. Ziel muss es sein, durch einen engen kommunikativen Abgleich eine *„synchrone Entwicklung der Rahmenbedingungen und der Produkte zu gewährleisten"* (Experte OEM5 2012: #00:11:13-4#). Dies betrifft zum

Beispiel den Aufbau der Infrastruktur, die vorhanden sein muss, damit eine Technologie am Markt bestehen kann. Nur wenn Politik und Wirtschaft hier parallel ihre jeweiligen Aufgabenpakete abarbeiten und sich gegenseitig über den Status Quo regelmäßig informieren, kann der Technologiedurchbruch gelingen.

Mittels einer transparenten und ehrlichen Kommunikation und dem damit einhergehenden Informationsaustausch zwischen Wirtschaft und Politik ist es auch möglich, die Chancen und Risiken der Elektromobilität besser einzuschätzen und bessere politische sowie betriebswirtschaftliche Entscheidungen zu erringen. So stellt ein Experte in Bezug auf die beiden Systeme Politik und Wirtschaft fest:

> „Wenn sie fair miteinander umgehen, haben sie unterschiedliche Kenntnisstände, die in der Kombination einfach für beide Seiten zu einem Mehrwert führen und damit für eine volkswirtschaftliche Entwicklung die günstigeren, abgestimmten Lösungen sind" (Experte STAATL. KOORD. 2011: #00:28:27-2#).

Folglich geht es um das Finden einer Kompromisslinie und die gemeinsame Suche nach Lösungen. Dies ist auch für die glaubwürdige Kommunikation gegenüber Dritten wichtig. Nur wenn Wirtschaft und Politik einheitlich ein Ziel verfolgen und dieses auch gemeinsam kommunizieren, kann die Bevölkerung Vertrauen in die neue Technologie gewinnen.

6.2 Planungsphase: Lobbying für Elektromobilität

Aufbauend auf den in der Analysephase erarbeiteten Erkenntnissen zum Thema Elektromobilität sollen nun in der Planungsphase die Lobbyingziele in Bezug auf die Einführung der Elektromobilität dargestellt werden. Dabei sollen zunächst der von den befragten Teilnehmern aus der Empirie aufgeführte politische Handlungsbedarf aufgezeigt sowie bestehende Zielkonflikte zwischen Wirtschaft und Politik erörtert werden. Im darauffolgenden Schritt werden die wichtigsten Kompetenzen eines Lobbyisten aufgezählt, die bei der erfolgreichen Vermittlung des Themas Elektromobilität laut der befragten Experten notwendig sind. Darüber hinaus werden die von den Unternehmensexperten als wichtig empfundenen strukturellen und organisatorischen Voraussetzungen in den Unternehmen besprochen sowie die Relevanz von Kampagnen-Planungen bei dieser Innovation aus Sicht der Experten diskutiert. Abschließend wird auf die Vermittlung von Inhalten eingegangen, indem die zentralen Hauptthemen für politische Akteure dargestellt werden und eine adäquate Aufbereitung des Themas Elektromobilität für politische Stakeholder vorgestellt wird.

6.2.1 Lobbyingziele beim Thema Elektromobilität

6.2.1.1 Handlungsaktivierung der Politik

Wie im theoretischen Konzept bereits erläutert, verfolgt Innovationslobbying das Ziel, Politiker zu bestimmten Handlungen zu bewegen, die einen positiven Einfluss auf den Erfolg einer Innovation haben. Bei der Einführung der Elektromobilität auf dem deutschen Massenmarkt sind nach Ansicht der Interviewpartner die folgenden politischen Handlungen von hoher Bedeutung für den Erfolg der Innovation und müssen dementsprechend auch bei der Kommunikation zwischen Wirtschaft und Politik intensiv erörtert werden (siehe Abbildung 75).

Abbildung 75: Qualitative Experteninterviews – Die wichtigsten Aufgabenfelder der Politik

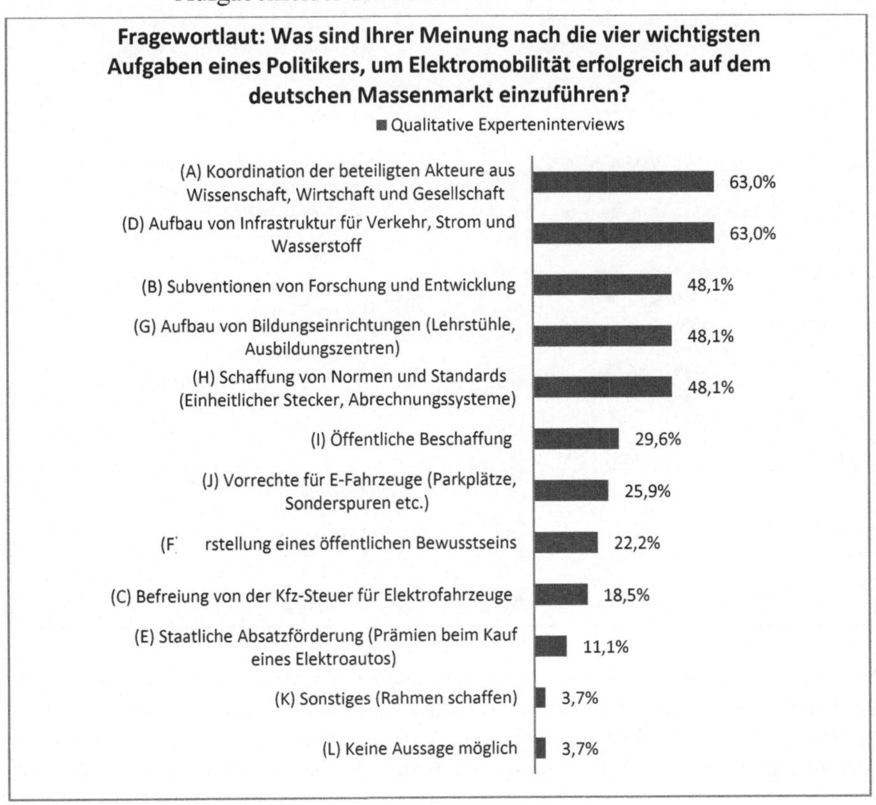

Die Politik sollte nach Ansicht der befragten Experten in erster Linie (63,0 Prozent) für die Koordination der beteiligten Akteure aus Wissenschaft, Wirtschaft und Gesellschaft verantwortlich sein und sich um den Aufbau einer Infrastruktur für Verkehr, Strom und Wasserstoff (63,0 Prozent) kümmern. Danach folgen laut Ansicht der Experten Subventionen für Forschung und Entwicklung, der Aufbau von Bildungseinrichtungen (Lehrstühle, Ausbildungszentren) sowie die Schaffung von Normen und Standards mit jeweils 48,1 Prozent. Die weiteren politischen Aufgabenfelder können anhand von Abbildung 75 nachvollzogen werden.

Differenziert man die unterschiedlichen Systeme Politik und Wirtschaft (siehe Abbildung 76), so ergibt sich folgendes Bild:

Abbildung 76: Qualitative Experteninterviews – Differenzierung nach Subgruppen

	Experten aus der Politik (n=15)			Experten aus der Wirtschaft (n=12)	
1	(A) Koordination der beteiligten Akteure aus Wissenschaft, Wirtschaft und Gesellschaft	60,0%	1	(A) Koordination der beteiligten Akteure aus Wissenschaft, Wirtschaft und Gesellschaft	66,7%
1	(B) Subventionen von Forschung und Entwicklung	60,0%	1	(D) Aufbau von Infrastruktur für Verkehr, Strom und Wasserstoff	66,7%
1	(D) Aufbau von Infrastruktur für Verkehr, Strom und Wasserstoff	60,0%	1	(H) Schaffung von Normen und Standards (Einheitlicher Stecker, Abrechnungssysteme)	66,7%
2	(G) Aufbau von Bildungseinrichtungen (Lehrstühle, Ausbildungszentren)	53,3%	2	(G) Aufbau von Bildungseinrichtungen (Lehrstühle, Ausbildungszentren)	41,7%
3	(I) Öffentliche Beschaffung	40,0%	3	(B) Subventionen von Forschung und Entwicklung	33,3%
4	(H) Schaffung von Normen und Standards (Einheitlicher Stecker, Abrechnungssysteme)	33,3%	3	(F) Herstellung eines öffentlichen Bewusstseins	33,3%
4	(J) Vorrechte für E-Fahrzeuge (Parkplätze, Sonderspuren etc.)	33,3%	4	(C) Befreiung von der Kfz-Steuer für Elektrofahrzeuge (	16,7%
5	(C) Befreiung von der Kfz-Steuer für Elektrofahrzeuge	20,0%	4	(E) Staatliche Absatzförderung (Prämien beim Kauf eines Elektroautos)	16,7%
6	(F) Herstellung eines öffentlichen Bewusstseins	13,3%	4	(I) Öffentliche Beschaffung	16,7%
7	(E) Staatliche Absatzförderung (Prämien beim Kauf eines Elektroautos)	6,7%	4	(J) Vorrechte für E-Fahrzeuge (Parkplätze, Sonderspuren etc.)	16,7%
7	(L) Keine Aussage möglich	6,7%	5	(K) Sonstiges (Rahmen schaffen)	8,3%
8	(K) Sonstiges (Rahmen schaffen)	0,0%	6	(L) Keine Aussage möglich	0%

Sowohl die Experten aus der Politik als auch die Experten aus der Wirtschaft sind sich einig, dass die Koordination der beteiligten Akteure aus Wissenschaft, Wirtschaft und Gesellschaft sowie der Aufbau einer Infrastruktur für Verkehr, Strom und Wasserstoff die beiden wichtigsten Aufgaben der Politik im Kontext der erfolgreichen Einführung der Elektromobilität auf dem Massenmarkt darstellen:

> „Das Allerwichtigste ist die Koordination der beteiligten Akteure. Das ist deswegen wichtig, weil es hier um einen Ausgleich von Interessenlagen geht. Der Politiker muss dafür sorgen, dass ein Mobilitätssystem entsteht, das nachhaltig ist. Nachhaltig bedeutet, dass es sowohl ökonomisch tragfähig, ökologisch tragfähig und eben auch sozial tragfähig ist, so dass Menschen Zugang zu diesem System haben" (Experte STAATL. KOORD. 2011: #00:36:20-0#).

Den Aufbau der Infrastruktur für Strom bzw. Wasserstoff sehen viele Experten als vorrangige Aufgabe der Wirtschaft. Jedoch sind sich die Experten einig, dass zumindest am Anfang eine politische Unterstützung notwendig ist:

> „Also ich finde schon, dass z. B. Wasserstofftankstellen von den großen Tankstellenkonzernen aufgebaut werden sollten, die irgendwann kein Benzin mehr haben, was sie verkaufen können. Das schließt aber nicht aus, dass man am Anfang die Infrastruktur subventioniert" (Experte MIN1a 2011: #29:01#).

Während die politischen Experten mit 60,0 Prozent die Subventionen für Forschung und Entwicklung als am wichtigsten betrachten, setzen die Experten aus der Wirtschaft den Schwerpunkt auf die Schaffung von Normen und Standards (Einheitlicher Stecker, Abrechnungssysteme etc.). Es kristallisiert sich also heraus, dass dieser Punkt aus Sicht der Wirtschaft zukünftig stärker von Lobbyisten bei der Politik thematisiert werden muss, damit er auch von politischen Akteuren eine dementsprechende Gewichtung zugesprochen bekommt. In Bezug auf Platz zwei (Aufbau von Bildungseinrichtungen) sind sich die Vertreter von Politik und Wirtschaft wiederum einig. Erwähnenswert in diesem Zusammenhang ist schließlich die öffentliche Beschaffung: *„Wichtig wäre auch, dass der Staat vorangeht, dass er z. B. städtische Fahrzeuge mit Elektromobilität ausstattet"* (Experte MdB_FDP 2011: #00:18:33-1#). Während Experten aus der Politik dieser Maßnahme eine hohe Bedeutung (40,0 Prozent) zumessen, stufen Experten aus der Wirtschaft den Wert der öffentlichen Beschaffung als politische Maßnahme zur Unterstützung der Einführung der Elektromobilität generell niedriger ein (16,7 Prozent).

Ergänzend zu dieser geschlossenen Frage aus den Experteninterviews wurde in der Online-Umfrage eine ähnliche offene Frage (*„Mit welchen Maßnahmen kann die Politik die Einführung der Elektromobilität unterstützen?"*) gestellt, um die vorgegebenen Antwortmöglichkeiten aus den qualitativen Interviews zu validieren bzw. gegebenenfalls um weitere Kategorien zu erweitern. Es zeigte sich, dass die politischen Mandatsträger in der Online-Umfrage überwiegend auf die gleichen Lösungsvorschläge zurückgriffen und ebenfalls geeignete politische Rahmenbedingungen sowie mögliche Anreizmechanismen in den Vordergrund stellten. So wurden unter anderem Punkte wie Forschungsförderung, Aufbau von Infrastruktur, Vorbildfunktion/öffentliche Beschaffung, Steuerbegünstigungen, Übernahme einer Koordinationsfunktion oder auch Schaffung von Gesetzen und Normen genannt. Darüber hinaus wurde bei dieser offenen Frage wiederum die Diskussion eröffnet, ob staatliche Absatzförderungen zu befürworten oder abzulehnen sind. Gleichzeitig wurde auch hier der Vorschlag angebracht, das Thema Elektromobilität stärker in übergeordnete politische Themengebiete wie Energiepolitik oder Verkehrspolitik einzubinden.

6.2.1.2 Zielkonflikte zwischen Politik und Wirtschaft bei der Einführung der Elektromobilität

Betrachtet man im Zusammenhang der Lobbyingziele mögliche Zielkonflikte, so existieren laut der Experten keine grundsätzlichen Zielkonflikte zwischen Politik und Wirtschaft, was die Einführung der Elektromobilität auf dem deutschen Massenmarkt betrifft. Beide Systeme begrüßen grundsätzlich das Vorankommen der Innovation. Unterschiede kommen lediglich auf der operativen Ebene ans Tageslicht, z. B. beim Einsatz der Methoden, Mittel und Werkzeuge. So konnte anhand der qualitativen Experteninterviews festgestellt werden, dass vor allem die Art der Subventionierung den größten Streitpunkt zwischen Wirtschaft und Politik darstellt. Während andere Länder wie beispielsweise Frankreich mit Kaufprämien erhöhte Kaufanreize beim Kunden schaffen, fokussiert die deutsche Politik u. a. aufgrund von Haushaltskonsolidierungen ausschließlich eine Förderung im Forschungs- und Entwicklungsbereich, auch wenn bestimmte Akteure aus der Wirtschaft die Forderung nach erhöhten Fördergeldern immer wieder auf die politische Themenagenda setzen möchten.[92]

Darüber hinaus führen systembedingte Zielunterschiede zu unterschiedlichen Interessenverfolgungen, da wirtschaftliche Gewinnorientierung und politische Visionen aufeinanderprallen, wie ein Experte aus der Politik konstatiert:

„Die Politik muss unterschiedliche Felder wie Stadtplanung, Verkehrsplanung, Ökologie, Klimaschutz, Wirtschaftsförderung, Arbeitsplätze sehen und zwischen den un-

---

92 So positionierte sich beispielsweise der CEO der Daimler AG, Dr. Dieter Zetsche, eindeutig zu diesem Thema und forderte staatliche Kaufanreize in Form von Kaufprämien, um die Kosten der Fahrzeuge zu decken (vgl. auto-motor-und-sport.de 2011). Andere Vertreter aus der Wirtschaft hingegen lehnen eine solche Förderung ab.

terschiedlichen Bereichen abwägen […] und die Wirtschaft hat ein klares betriebswirtschaftliches Ziel" (Experte MdL_GRÜNE 2011: #00:24:09-3#).

Diese Tatsache impliziert weitere Problematiken, was zum Beispiel den Zeitplan in Bezug auf die Einführung der Elektromobilität auf dem Massenmarkt betrifft. Während die Politik möglichst schnell die Technologie am Markt sehen möchte und ihren Wählern Ergebnisse liefern will, unterliegt die Wirtschaft Entwicklungszyklen, Amortisierungs- und Abschreibungszyklen sowie dem Prinzip der Profitabilität, so dass es zu Uneinigkeit hinsichtlich Stückzahlen, Preis und Zeitachse kommt. Auch verfolgt die Politik das Ziel, Deutschland als Leitanbieter und Leitmarkt für Elektromobilität zu etablieren, wohingegen einem Wirtschaftsunternehmen aus Gründen der Gewinnorientierung in erster Linie daran liegt, Leitanbieter zu werden.

Ein weiteres Problem zeichnet sich beim Verantwortlichkeitsbereich in Bezug auf den Aufbau der öffentlichen Infrastruktur ab. So verweist die Automobilindustrie, was z. B. den Aufbau von Stromladesäulen betrifft, auf Energieunternehmen. Diese wiederum verlangen von der Politik finanzielle Unterstützung, da der Aufbau einer solchen Infrastruktur in den nächsten Jahren nicht gewinnbringend sein wird. Gleichzeitig ist die Politik der Ansicht, dass nicht aus öffentlichen Steuergeldern der Aufbau bezahlt werden kann, da die Infrastruktur für Elektromobilität analog zum Mineralölbereich auf privatwirtschaftlichen, gewinnbringenden Geschäftsmodellen beruhen muss und nicht staatlich subventioniert werden kann.

Schließlich soll an dieser Stelle auch erwähnt werden, dass es bei der Einführung der Elektromobilität nicht nur intersystemische Unterschiede, sondern auch intrasystemische Divergenzen gibt. Sowohl innerhalb der Politik als auch innerhalb der Wirtschaft lässt sich laut Experten kein einheitliches Meinungsbild über die geeigneten Fördermethoden zeichnen.

6.2.2 Kompetenzen der Lobbyisten: Solides Fachwissen und ausgeprägte Kommunikationsfähigkeit

Über welche Kompetenzen müssen Lobbyisten an der Schnittstelle von Politik und Wirtschaft verfügen, wenn sie politische Akteure über Elektromobilität informieren möchten? Es zeigte sich, dass die aus den qualitativen Experteninterviews ermittelten Ergebnisse sich grundlegend mit den in der Theorie (siehe Kapitel 4.2.2) vorhandenen Erkenntnissen decken und sowohl bei den befragten Vertretern der Politik als auch bei den befragten Vertretern der Wirtschaft ähnliche Ansichten hinsichtlich der Kompetenzen vorherrschen.

Bei einem so hochtechnologischen Thema wie der Elektromobilität ist nach Ansicht der Experten ein fundiertes technisches Fachwissen die Grundlage. So müssen Lobbyisten laut eines Experten beispielsweise die Unterschiede zwischen einem Fahrzeug mit Verbrennungsmotor und einem Fahrzeug mit Elektromotor kennen und auch über die dadurch entstehenden Veränderungen in der Wertschöpfungskette informieren. Sie müssen in der Lage sein, Seitenaspekte zu beleuchten, auf Rückfragen adäquat zu reagieren und das Thema gemeinsam mit den Politikern weiterzuentwickeln.

Darüber hinaus sollte ein Lobbyist nach Meinung der Experten zum einen die Unternehmensinteressen bei seinen politischen Kontakten offen und klar vertreten, zum anderen jedoch auch das Thema aus einer ganzheitlichen Perspektive beleuchten und den Nutzen für das Gemeinwohl nicht aus den Augen verlieren. Die Begeisterung für die Technologie sowie persönliches Engagement steigern nach Ansicht der Experten dabei die Glaubwürdigkeit und Authentizität des Lobbyisten.

Neben Sachkenntnissen wurde vor allem die Kommunikations- und Dialogfähigkeit von den meisten Experten als A und O genannt. Ein Lobbyist muss als Übersetzer und Dolmetscher agieren und hochkomplexe technische Sachverhalte verständlich und in der Sprache des Politikers wiedergeben. Auch eine gewisse Priorisierung und Filterung von Themen ist relevant, um Politikern Orientierungshilfe in diesem komplexen Themenfeld zu geben. Darüber hinaus muss er neben unternehmensinternen Vorgängen auch Kenntnisse über politische Themen, Prozesse und Akteure haben, um zu wissen, wann er seine Beratung geltend machen kann. Er muss in der Lage sein, sein politisches Gegenüber und dessen Kenntnisstand bezüglich der Elektromobilität richtig einzuschätzen und differenzierte Informationsangebote auf unterschiedlichem sprachlichen Niveau zu unterbreiten.

6.2.3 Adäquate strukturelle und organisatorische Voraussetzungen

Neben den externen Gegebenheiten in der Politik muss der Fokus in der Planungsphase auch auf unternehmensinterne Strukturen gerichtet werden. In der Empirie wurde daher nach erfolgversprechenden strukturellen und organisatorischen Voraussetzungen gefragt. Dabei rücken die Rücksprachen mit anderen Bereichen, die Rolle von Unternehmenslobbyisten sowie unterschiedliche Organisationsformen von Lobbying in den Mittelpunkt.

6.2.3.1 Kontinuierliche Absprachen mit unternehmensinternen Bereichen

Organisatorischer Aufbau und Absprachen mit relevanten Fachbereichen:
Wie bereits im theoretischen Teil dargestellt, zeigt auch der Blick in die Unternehmenspraxis, dass in den befragten Unternehmen (n=9) der Lobbying-Bereich überwiegend der Geschäftsführung bzw. dem Vorstand untergeordnet ist und somit direkte Rücksprachen mit der Unternehmensleitung stattfinden. Es wurde klar, dass in den befragten Unternehmen der Lobbying-Bereich überwiegend nicht zur Unternehmenskommunikation subsumiert wird, sondern einen eigenständigen Bereich darstellt.[93] Als Grund wurde vor allem die Ansprache ganz und gar unterschiedlicher Zielgruppen angegeben. Politik benötigt im Gegensatz zu Medien anders aufbereitete Informationen, so dass sich die Arbeit von politischen Interessenvertretern und Kommunikatoren ebenfalls unterscheidet. Während es bei der Unternehmenskommunikation im Hinblick auf Elektromobilität um Image und Kaufanregungen geht, werden politischen Stakeholder zusätzliche Themen wie Förderung von Forschung und Entwicklung oder Aufbau einer Infrastruktur nahe gebracht, die eine Handlungsaktivierung bei diesen auslösen sollen, so die Experten.

Für alle befragten Experten aus den Unternehmen ist die kontinuierliche Rückkopplung mit den unternehmensinternen Fachbereichen gerade in Bezug auf das Thema Elektromobilität sehr wichtig. Lobbyisten sind abhängig von den operativen Einheiten, da Interessenvertretung stets auf der Arbeit der Kollegen fußt, die technologisch und produktionsseitig die Grundlage leisten. Bezugnehmend auf die Elektromobilität rückt bei den Automobilherstellern, den Zulieferern und beim Energiebereich der Forschungs- und Entwicklungsbereich in den Mittelpunkt, der neben technologischen Aspekten auch für Forschungsgelder oder die Umsetzung von geförderten Forschungsprojekten zuständig sein kann. Ebenso spielt bei den Automobilherstellern die Zusammenarbeit mit dem Gesamtbereich Fahrzeugentwicklung eine große Rolle, da es sich bei der Elektromobilität nicht allein um einen anderen Antrieb handelt, sondern auch die Integration in den Fahrzeugbereich neu durchdacht werden muss. Dass der Elektromobilität in den deutschen Unternehmen große Beachtung geschenkt wird, zeigt sich auch im Aufbau neuer speziell für diese Technologie entwickelter Unternehmensbereiche. So gaben einige Unternehmensvertreter an, dass neben dem etablierten Forschungs- und Entwicklungsbereich eigenständige Geschäftsbereiche entstehen, die ausschließlich für die Erfindung neuer Produkte und Prozesse in Bezug auf Elektromobilität verantwortlich sind. Auch die Verbin-

---

93 Von den neun befragten Unternehmen gaben sechs an, dass der politische Bereich nicht der Kommunikationsabteilung zugeordnet ist.

dung zum Produktionsbereich bzw. zu den Werken ist laut der Automobilhersteller und Automobilzulieferer, die bereits in der Produktionsphase sind, wichtig, um Politikern zu beweisen, dass Elektromobilität nicht nur Zukunftsmusik ist, sondern die Fahrzeuge bzw. Fahrzeugkomponenten an den Standorten bereits realisiert werden. Neben dem Produktionsbereich wird auch der Vertrieb zu Rate gezogen, da dieser Aussagen über die Marktchancen der Elektromobilität treffen kann.

Darüber hinaus wurde von den Experten auch mehrfach der Strategiebereich genannt. Zum einen existiert ein intensiver Kontakt zur Produktstrategie oder zur allgemeinen Konzernstrategie. Der Strategiebereich kann je nach Unternehmen auch für das Lobbying über Verbände verantwortlich sein und für den Aufbau einer strategischen Argumentation, so dass Absprachen mit dem Lobbying-Bereich unausweichlich sind.

Auch wenn bei der Mehrheit der befragten Unternehmen der Lobbying-Bereich nicht in die Kommunikationsabteilung eingebettet ist, ist der gegenseitige Austausch dennoch essenziell. Es geht darum, einheitliche aufeinander abgestimmte Aussagen zum Thema Elektromobilität nach außen zu tragen und politische Rückfragen mit dem Kommunikationsbereich unternehmensintern zu klären, um gemeinsame Antworten zu formulieren. Neben den Inhalten ist selbstverständlich auch die zeitliche Abstimmung von Relevanz. Bei politischen Prozessen, deren Ausgang offen ist und die Auswirkungen auf die Entwicklung des Unternehmens haben könnten, ist es laut Experten wichtig, dass der Kommunikationsbereich kontinuierlich vom politischen Bereich unterrichtet wird und Kommunikationsmaßnahmen abgestimmt werden.

Aufgaben eines Unternehmenslobbyisten entlang des Innovationsprozesses:
In welcher Phase des Innovationsprozesses werden nun Unternehmenslobbyisten beim Thema Elektromobilität integriert und welche Aufgaben entstehen dabei für diese?[94]
Die befragten Lobbyisten der deutschen Automobilhersteller (n=5) sehen es grundsätzlich als wichtig an, in allen Stufen der Wertschöpfungskette integriert zu werden. Da jedoch der Stand der Entwicklung in den einzelnen Unternehmen variiert, fallen zum jetzigen Zeitpunkt für den Lobbying-Bereich insbesondere

---

94 Diese Frage wurde im Rahmen der qualitativen Experteninterviews den Unternehmenslobbyisten gestellt. Im Gegensatz zu den Automobilzulieferern und dem Energiebereich wurde bei den befragten Original Equipment Manufacturers (OEMs) die Frage nicht offen gestellt, sondern geschlossen. Die Antwortvorgaben (A) Forschung/Entwicklung, (B) Lieferanten, (C) Produktion, (D) Vertrieb, (E) Kfz-Nutzung & Service sowie (F) Recycling, die die typische Wertschöpfungskette der Automobilindustrie abbilden, standen zur Auswahl. Mehrfachnennungen waren möglich.

Aufgaben in der Forschungs- und Entwicklungsphase von Elektrofahrzeugen an. Die nachgelagerten Stufen sind – je nach Automobilunternehmen – unterschiedlich stark ausgeprägt und werden erst mit dem Eintritt der E-Fahrzeuge in den Massenmarkt an Relevanz gewinnen. Nachfolgend sollen dennoch, soweit Informationen vorliegen, die typischen Aufgabenfelder von Lobbyisten dargestellt werden, die im Zusammenhang mit der Einführung von Elektrofahrzeugen auf dem Markt entstehen.

In der Forschungs- und Entwicklungsphase haben Lobbyisten die Aufgabe, die unternehmensinternen Fachbereiche über politische Trends sowie Gesetzgebungen wie z. B. in Bezug auf CO_2-Regulierungen zu informieren und gleichzeitig wiederum die neuesten internen Forschungsergebnisse der Politik zu übermitteln. Sie erklären bzw. zeigen vor Ort Politikern die im Kontext der Elektromobilität entstehenden Produkte, Prozesse oder Dienstleistungen (Fahrzeuge, Fahrzeugkomponenten, Ladesäulen, Tankstellen, Abrechnungssysteme etc.). Ziel ist es, den politischen Akteuren die Vorteile der neuen Technologien aufzuzeigen, Hintergründe und aktuelle Schwierigkeiten zu erläutern sowie Themen wie Förderung von Forschung und Entwicklung, Incentives etc. gegenüber der Politik zu artikulieren. Da sich durch die Elektromobilität für Automobilhersteller auch gravierende Veränderungen im Zuliefererbereich ergeben, wird die Politik auch dieses Thema beleuchten. Hierbei ist es für Automobilhersteller sinnvoll, in der Kommunikation mit der Politik die Chancen aufzuzeigen, die es für neue Zulieferer insbesondere im Mittelstand in diesem Feld gibt. Da sich der Zuliefererbereich in Bezug auf diese neue Technologie komplett neu ordnen muss, entstehen für neue, aber auch traditionelle Unternehmen interessante Geschäftsfelder. Hier bietet es sich z. B. an, zusammen mit den neuen Zulieferern der Politik die neuen Produkte zu zeigen und über neue Ansatzmöglichkeiten zu informieren.

In der Produktionsphase rücken in der Kommunikation mit der Politik vor allem die Arbeitsbedingungen, Arbeitsplätze sowie Fördermöglichkeiten bzw. Rahmenbedingungen für neue Produktionsstandorte in den Vordergrund. Auch Themen wie Aus- und Weiterbildung sind äußerst relevant, um Politikern ein Signal zu geben, dass die Mitarbeiter aus dem Bereich Verbrennungsmotor nicht ihren Arbeitsplatz verlieren, sondern dementsprechend weitergebildet bzw. umgeschult werden. Darüber hinaus sind in dieser Phase Werksbesuche von Politikern essenziell, da in der Produktion die Wertschöpfung entsteht, die für den Politiker sichtbar ist. So meint ein Experte eines Automobilunternehmens:

„In der Phase geht es dann auch um Fahrzeuge, die nachher draußen auf der Straße unterwegs sind. Hier sollte man dem Politiker auf jeden Fall auch die Möglichkeit bieten, die Produktion zu erleben, damit sie eben sehen, dass es aus der Region, aus dem Bundesland oder aus Deutschland kommt" (Experte OEM1 2011: #00:44:38-1#).

In der Vertriebsphase beschäftigt sich der Lobbyist vorrangig mit dem Thema öffentliche Beschaffung. Ziel ist es, Elektrofahrzeuge der Politik zur Verfügung zu stellen (Kauf, Leasing, Miete etc.). Somit kann die Politik gegenüber der Öffentlichkeit ihr Vertrauen in diese Technologie zeigen und dem Thema stärkere Aufmerksamkeit verleihen. Lobbyisten nehmen in dieser Phase vor allem die Rolle des Vermittlers zwischen dem unternehmensinternen Vertrieb und der Politik wahr.

In der Phase der Kfz-Nutzung bzw. des Kfz-Services informiert der Lobbyist den Politiker insbesondere über die Entwicklungen in den Werkstätten. Das Thema Aus- und Weiterbildung spielt ebenfalls eine große Rolle, da mit der Einführung der Elektromobilität auf dem Markt auch die Kfz-Werkstätten über Mitarbeiter verfügen müssen, die Kompetenzen in den Bereichen Batterie oder auch Brennstoffzelle aufweisen und dementsprechend Wartungen am Fahrzeug durchführen können. Ebenfalls ist die letzte Stufe im Wertschöpfungsprozess für die Politik interessant. Unternehmen müssen nach Meinung der Experten klar machen, dass bereits in der Entwicklungsphase eines Fahrzeuges nach Recyclinglösungen gesucht wird. Gerade in Zeiten hoher Rohstoffpreise und der Verknappung von Rohstoffen liegt nach Meinung eines Experten Unternehmen viel an einer nachhaltigen Verwendung von Ressourcen. Dieses Denken muss der Politik vermittelt werden und auch am Fahrzeug konkret gezeigt werden.

Betrachtet man die Automobilzulieferer sowie den Energiebereich, so kommen Lobbyisten auch dort im Forschungs- und Entwicklungsbereich zum Einsatz. Wie bei den Automobilherstellern geht es primär um forschungspolitische Themen wie Förderunterstützungsmöglichkeiten durch die öffentliche Hand. Auch können Zulieferer nicht ohne Vorlieferanten wie beispielsweise Materialhersteller agieren. Folglich geht es um Rücksprachen bzw. Absprachen zwischen den Unternehmen und um eine gemeinsame Formierung und Artikulierung von Gesamtinteressen gegenüber der Politik. In der Produktionsphase rücken schließlich ähnliche Themen wie bei den Automobilherstellern (siehe oben) in den Vordergrund.

6.2.3.2 Selbstverständnis bzw. Rolle der Lobbyisten

Wie ist das Selbstverständnis bzw. wie verstehen die Lobbyisten bzw. Interessenvertreter ihre Rolle in Bezug auf die Einführung der Elektromobilität?[95] Die Unternehmenslobbyisten sehen sich überwiegend selbst als Berater und Informa-

---

95 Diese Frage wurde im Rahmen der qualitativen Experteninterviews den Wirtschaftsexperten (Automobilhersteller, Zulieferer, Verbände, Energieunternehmen und Gewerkschaft) gestellt.

tionsmakler. Sie sind eine Informationsbrücke zwischen Unternehmen und Politik, aber auch ein Bindeglied zwischen unterschiedlichen politischen Institutionen und Akteuren. Da die Politik das Thema Elektromobilität unterstützt und möglichst rasch voranbringen möchte, sehen sich Lobbyisten auch in der Rolle des Vermittlers und Aufklärers. Ziel ist es, ein realistisches Bild zu zeichnen, was in welchem Zeitraum tatsächlich umgesetzt werden kann: So formuliert ein Experte aus dem Automobilbereich: *„Es ist immer ein Finden einer Kompromisslinie zwischen der Politik, die ein idealistisches Ziel vorgibt, und dem was realistisch umsetzbar ist"* (Experte OEM3 2011: #00:33:22-1#).

Außerdem helfen Lobbyisten bei der Suche nach Lösungen und klären zusammen mit anderen Akteuren aus Wirtschaft und Politik die Frage, welche Rahmenbedingungen geschaffen werden müssen, welche Instrumente zur Verfügung stehen und welche Methoden angewendet werden sollten. Da das Zukunftsthema Elektromobilität positiv konnotiert und mit vielen Chancen verbunden ist, fällt es den befragten Unternehmensvertretern leicht, sich für dieses Thema persönlich einzusetzen: *„Ich bin ein großer Befürworter, weil ich erstens selber davon überzeugt bin und zweitens weil ich eine riesen Chance für die Industrie sehe"* (Experte ZULI2 2011: #00:48:48-8#). Auch ein Vertreter eines OEMs meint in diesem Zusammenhang:

> „Das hat eigentlich deutlich weniger Probleme als Chancen, deswegen kann man sich auch mit eigenem positivem Denken dafür einsetzen. [...] Dann kommt es natürlich auch authentischer rüber" (Experte OEM1 2011: #00:56:02-0#).

Dennoch darf in diesem Kontext nach Ansicht der Experten nicht vergessen werden, dass Lobbyarbeit so gestaltet wird, dass sie nicht nur der Elektromobilität, sondern auch und vor allem dem Unternehmen dienlich ist.

Verbandslobbyisten sehen ihre Rolle zunächst in der Organisation der Meinungsbildung innerhalb des Verbandes. Es geht zunächst um *„eine Synchronisierung nach innen"* (Experte VERBAND2 2011: #00:42:12-3#). Der Verbandslobbyist hat die Rolle, divergierende Meinungen unter den Mitgliedern abzumildern und eine gemeinsame Position zu entwickeln bzw. zu formulieren. Nach Abschluss dieses internen Prozesses muss der Verbandslobbyist anschließend die Interessen seiner Mitglieder wirksam gegenüber politischen Entscheidungsträgern vertreten sowie ebenfalls beratend und informierend agieren.

Schließlich soll der Fokus auf die Rolle der Gewerkschaft als Interessenvertreter gerichtet werden. Diese Gruppe sieht sich beim Thema Elektromobilität vor allem als Bewahrer von Arbeitsplätzen am Standort:

> „Wir sind diejenigen, die am stärksten den Blick auf das Thema Industrialisierung in der Region und damit auch Arbeitsplätze haben. Nicht im Sinne einer Verhinderung

von Elektromobilität, sondern um zu schauen, dass mit der Einführung von Elektromobilität unter dem Strich wenigstens nicht weniger qualifizierte Arbeitsplätze in der Region sind als vorher" (Experte GEWERKSCHAFT 2011: #00:31:51-8#).

6.2.3.3 Multi-Voice-Lobbying für die erfolgreiche Einführung der Elektromobilität

Wie in Kapitel 4.2.3.3 bereits besprochen, sind je nach Innovation auch unterschiedliche Organisationsformen von Lobbying zu wählen. Zu den gängigen Organisationsformen gehört das Lobbying über Verbände, das Lobbying über unternehmensinterne Lobbyisten ("Inhouse- Lobbyisten"), Interessenkoalitionen, bei denen sich mehrere, teilweise äußerst unterschiedliche Akteure zusammenschließen, und externe Dienstleister wie Public Affairs-Agenturen. Wie Abbildung 77 veranschaulicht, sehen die befragten Experten der Unternehmen (n=9) das direkte Lobbying über die unternehmensinternen Lobbyisten als die wichtigste Organisationsform von Lobbying im Hinblick auf das Thema Elektromobilität an (m=1,2). Auch die Interessenkoalitionen (m=1,4) und die Verbände (m=1,8) spielen eine sehr wichtige bzw. wichtige Rolle bei dieser Thematik. Im Gegensatz dazu kristallisierte sich mittels der Expertenbefragung jedoch auch deutlich heraus, dass Lobbying über externe Dienstleister beim Thema Elektromobilität als weniger wichtig (m= 3,7) eingestuft wird und somit eine geringe Rolle spielt.

Abbildung 77: Relevanz der einzelnen Organisationsformen von Lobbying bei der Elektromobilität

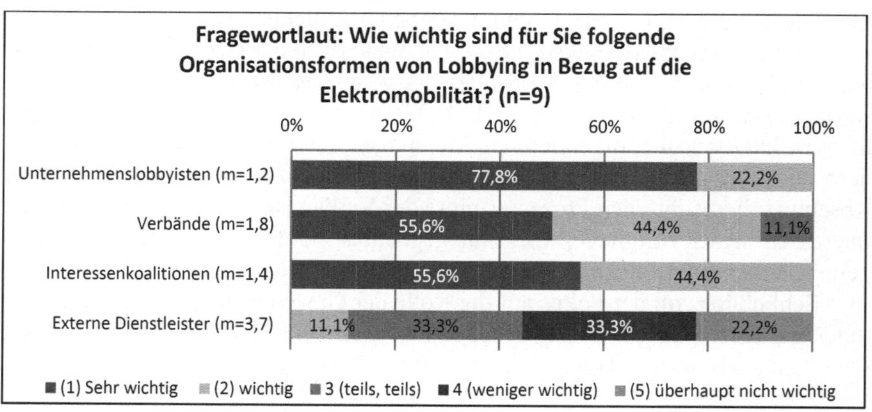

Die genauen Gründe für diese Bewertung konnten mittels der daran anschließenden offenen Frage, die auf die Effizienzunterschiede bei den genannten Organisationsformen einging, ermittelt werden. Dabei zeigte sich, dass der Einsatz von unternehmensinternen Lobbyisten vor allem deswegen so erfolgversprechend ist, weil diese Form von Lobbying das höchste Maß an Authentizität und Glaubwürdigkeit genießt. Darüber hinaus gibt es in einem so komplexen Themenfeld wie der Elektromobilität unterschiedliche Interessen zwischen den einzelnen Unternehmen, so dass bestimmte Sachverhalte nicht via Verbände geklärt werden können. Dies lässt sich zum Beispiel am Thema Wasserstoff sehr gut zeigen, herrschen doch hier zwischen den einzelnen deutschen Automobilherstellern äußerst unterschiedliche Meinungen hinsichtlich der Zukunftsaussichten dieser Technologie vor. Des Weiteren wird laut der befragten Unternehmensexperten seitens der Politik häufig der Wunsch geäußert, direkt mit den Entwicklern und Technikern zu sprechen, da diese am glaubwürdigsten wirken. Folglich ist es für Unternehmenslobbyisten ratsam, bei dieser Thematik nicht allein als Interessenvertreter in der politischen Landschaft zu agieren, sondern die unternehmensinternen Fachbereiche und auch die Führungskräfte bei ihren direkten Kontakten zur Politik hinzuzuziehen. Auch eine gemeinsame Kontaktaufnahme von Unternehmen und Wissenschaft ist sinnvoll, um der Politik die Relevanz dieses Themas nahezubringen.

Neben dem unternehmensinternen Lobbying ist das Lobbying über Verbände ebenfalls sehr wichtig, da somit insgesamt die hohe Relevanz des Themas Elektromobilität besser hervorgehoben wird. Politischen Akteuren kann deutlich gemacht werden, dass dieses Thema nicht nur ein einzelnes Unternehmen betrifft, sondern auch Auswirkungen für eine gesamte Branche bzw. für den Wirtschaftsstandort Deutschland generell hat. Der Einsatz von Verbänden ist vor allem dann sinnvoll, wenn die Politik bestimmte Positionen zu allgemeinen Makrothemen konsolidieren möchte und sie bei bestimmten Themen nicht jedes einzelne Unternehmen befragen möchte. Hier können Verbände besonders gut ihre Bündelungsfunktion ausüben und entsprechende Schwerpunktbildungen schaffen. Über Entscheidungs- und Meinungsbildungsprozesse kann der Verband mit einer abgestimmten und von allen Mitgliedern getragenen Position bzw. einem Kompromiss an die Politik herantreten. Gleichzeitig wurde aber von den Unternehmensvertretern darauf hingewiesen, dass in einem so jungen und dynamischen Feld wie der Elektromobilität, bei dem sich Positionen und Richtungen äußerst schnell ändern können, solche breiten und über einen langen Zeitraum hinweg aufgebauten Verbandspositionen schnell gefährdet sind und somit auch uneffektiv sein können. Daher ist das parallel dazu laufende direkte Lobbying über die Unternehmen unverzichtbar.

Interessenkoalitionen genießen vor allem bei einer Innovation wie der Elektromobilität einen hohen Stellenwert, da über Unternehmensgrenzen und Branchen hinweg ein bestimmtes spezifisches Thema stärker vorangetrieben wird und ein Anliegen, das von mehreren Akteuren an die Politik herangetragen wird, eine höhere Aufmerksamkeit und Unterstützung erfährt: *„Nur wenn man Verbündete hat, wenn man Partner hat, wird man sich auf Dauer durchsetzen können"* (Experte ZULI3 2011: #01:28:35-1#). So sind z. B. Kooperationen zwischen Wirtschaft und Wissenschaft laut eines Experten bei diesem Thema äußerst erstrebenswert: *„Eigentlich ist es sehr viel sinnvoller, wenn sich die Wirtschaft in einer Art Beutegemeinschaft mit der Wissenschaft zusammenschließt"* (Experte MIN2: #00:38:00-1#).[96]

Durch die starke Fokussierung auf ein spezifisches Thema wie beispielsweise Wasserstoff[97], weisen Interessenkoalitionen auch den Vorteil auf, dass Experten und Spezialisten unternehmens- und branchenübergreifend kooperieren und durch dieses gebündelte Expertenwissen und die Betrachtung eines Problems aus unterschiedlichen Sichtweisen einzigartige Lösungen gefunden werden können. Vorteilhafte Alleinstellungsmerkmale können geschaffen werden, die gerade bei der Elektromobilität, bei der noch unklar ist, wer die zukünftige Technologieführerschaft auf dem Markt übernehmen wird, bedeutsam sein können. Vor allem die „Nationale Plattform Elektromobilität", die von Bundeskanzlerin Angela Merkel ins Leben gerufen wurde, mit dem Ziel, Deutschland bis 2020 sowohl zum Leitanbieter als auch zum Leitmarkt für Elektromobilität zu machen, wird von den befragten Experten als eine äußerst sinnvolle Initiative betrachtet. Auch wenn die „Nationale Plattform Elektromobilität" keine klassische Interessenkoalition darstellt, weil es sich um keinen freien Verbund handelt, sondern die Mitglieder unter politischer Aufsicht handeln bzw. als Beratungsgremium der Bundesregierung agieren, werden doch explizit im Hinblick auf das Thema Elektromobilität gemeinsame Ziele und Maßnahmen formuliert (vgl. Bundesregierung 2010). Durch die Zusammenarbeit der relevanten Akteure an einem Tisch ergibt sich für die Politik die Möglichkeit, sich ein realistisches Bild

---

96 So wurde z. B. am Karlsruher Institut für Technologie gemeinsam mit der Daimler AG das „Projekthaus e-drive" ins Leben gerufen, das als Kompetenzbündnis aus Wissenschaft und Wirtschaft gezielt die Marktreife von Elektro- und Hybridfahrzeugen voranbringen soll (vgl. Projekthaus e-drive 2008).

97 2009 wurde von Daimler, EnBW, Linde, OMV, Shell, Total, Vattenfall und der „Nationalen Organisation Wasserstoff- und Brennstoffzellentechnologie" (NOW GmbH) die „H_2-Mobility"-Initiative ins Leben gerufen, in der die Möglichkeiten für den Aufbau einer flächendeckenden Infrastruktur zur Versorgung mit Wasserstoff in Deutschland geprüft werden sollen (vgl. Daimler AG 2009).

über die Chancen und die Risiken dieser Technologie für Deutschland zu verschaffen.

Im Hinblick auf das Thema Elektromobilität wird Lobbying über externe Dienstleister hingegen nach Meinung der Experten keine Bedeutung zugesprochen, da es externen Agenturen bei einem solch tragenden Thema an Glaubwürdigkeit bzw. Authentizität mangelt. Laut der befragten Unternehmensvertreter wäre es zu gefährlich, bei einer solchen radikalen Innovation, Dritten die Kommunikation zu überlassen, die aus monetären Gründen unterschiedliche oder gar gegensätzliche Interessen je nach Kunde vertreten. Externe Dienstleister stellen, wenn eingesetzt, lediglich ein Hilfsmittel dar und werden für spezifische Aufgaben wie beispielsweise professionelle Moderationstechniken, Unterstützung bei der Organisation von Fachveranstaltungen oder Ähnlichem herangezogen.

Insgesamt kann also konstatiert werden, dass in Bezug auf das Thema Elektromobilität eine Multi-Voice-Strategie (siehe Kapitel 4.2.3.3) angewendet werden sollte. Neben Lobbying über Verbände und Lobbying über Interessenkoalitionen hat sich gezeigt, dass insbesondere Lobbying über unternehmensinterne Vertreter bei dieser Innovation erfolgversprechend sind. Unternehmen sind folglich gut beraten, wenn sie hier unternehmensintern dementsprechend Ressourcen zur Verfügung stellen.

6.2.4 *Vermittlung von Inhalten und Botschaften*

6.2.4.1 Zentrale Themen in der Diskussion über Elektromobilität

Analysiert man genauer, welche Themen für einen politischen Akteur zentral in der Diskussion über Elektromobilität sind, so werden zunächst die Themen der Metaebene genannt, die auch bereits im theoretischen Teil dieser Arbeit aufgeführt worden sind. Die Auswirkung der Elektromobilität auf den Wirtschaftsstandort Deutschland und auf die Arbeitsplatzsituation sind Aspekte, die sowohl die Wirtschaft als auch die Politik bewegen. Es geht laut Experten darum, auf internationaler Ebene wettbewerbsfähig zu bleiben, um Deutschland als Entwicklungs- und Produktionsstandort zu erhalten und weiterzuentwickeln. Die Gestaltung des Strukturwandels, mit dem Ziel, Arbeitsplätze in Deutschland zu halten bzw. Wohlstand zu sichern, ist ein zentrales Thema in der aktuellen Debatte über Elektromobilität.

Daneben spielt selbstverständlich auch der Beitrag der Elektromobilität zum Klima- und Umweltschutz eine tragende Rolle. Akteure aus dem politischen Lager sowie Akteure aus der Wirtschaft weisen des Öfteren darauf hin, dass das Thema Elektromobilität in diesem Gesamtkontext eingebettet werden muss. Um eine CO_2-Reduktion zu erzielen, reicht es daher nicht nur aus, lokal emissionsfreie Elektrofahrzeuge zu produzieren. Vielmehr gilt es, diese Fahrzeuge mit Strom aus erneuerbaren Energien fahren zu lassen. Die Stromerzeugung und in diesem Zusammenhang auch die Sicherstellung, dass genügend regenerativ erzeugter Strom für die Elektrofahrzeuge zur Verfügung steht, wird – vor allem vor dem Hintergrund der aktuellen Entwicklungen in der Energiepolitik[98] – heftig diskutiert. Neben Umwelt- und Klimafragen sehen insbesondere Verkehrspolitiker die grundsätzliche Organisation von Mobilität als wichtigen Aspekt an. Elektromobilität wird in diesem Zusammenhang als Baustein des intermodalen Verkehrs gesehen, der in die intelligente Verkehrsplanung von morgen einbezogen werden muss.

Neben diesen Metathemen wie Wirtschaft, Umwelt und Verkehr nennen die befragten Experten auch konkrete Themenfelder, die in der Diskussion über Elektromobilität thematisiert werden müssen. Zum einen muss die Frage beantwortet werden, mit welchen politischen Maßnahmen das Ziel der Bundesregierung, Deutschland bis 2020 zum Leitmarkt und Leitanbieter für Elektrofahrzeuge zu machen, umgesetzt werden kann. So rücken nach Meinung der Experten zu allererst die Möglichkeiten der politischen Unterstützung von Forschung und Entwicklung dieser Technologie und damit auch ausreichende Fördergelder in den Vordergrund. Nach den von der Bundesregierung 2009-2011 mit insgesamt 130 Millionen Euro geförderten Modellregionen, in denen der Ausbau und die Marktvorbereitung der Elektromobilität getestet wurde, werden auch die Schaufensterregionen in Deutschland, in denen die Erkenntnisse und Erfahrungen aus den laborartigen Modellregionen eingeflossen sind und in denen die Elektromobilität nun gebündelt und international sichtbar gemacht werden soll, mit 180 Millionen Euro vom Bund 2012-2015 gefördert (vgl. Bundesministerium für Verkehr, Bau und Stadtentwicklung 2011a). Neben der Förderung der dargestellten Projekte werden auch der Aufbau von Bildungseinrichtungen sowie der Aufbau einer neuen Ausbildungsgeneration als wichtiges Thema betrachtet, bei dem die Politik die notwendigen finanziellen und strukturellen Rahmenbedingungen schaffen muss.

Auch die Frage nach weiteren Rahmenbedingungen wie die Notwendigkeit einer Kaufprämie, die mögliche Benutzung von Busspuren für Elektrofahrzeuge,

---

98 Die Bundesregierung hat im Jahr 2011 den zügigen Ausstieg aus der Kernenergie und den Einstieg in das Zeitalter der erneuerbaren Energien beschlossen. Neben „grünem" Strom für Elektrofahrzeuge werden daher auch andere Bereiche zunehmend aus erneuerbaren Stromquellen versorgt werden müssen. Aufgabe der Politik ist es, eine stabile Versorgungssicherheit zu gewährleisten. Der Ausbau von Wind, Wasserkraft, Photovoltaik, Geothermie und Biomasse sowie die Entwicklung von modernen Energiespeichern muss daher zügig vorangetrieben werden (vgl. Bundesregierung 2011a).

die Befreiung von der Kfz-Steuer sowie Änderungen in der Straßenverkehrsordnung (Beschilderungen, Einrichten von Ladesäulen und Parkplätzen für Elektrofahrzeuge) sind politische Themen, die von Politikern immer wieder angesprochen und diskutiert werden. Hinzu kommt die Frage, ab wann und in welcher Stückzahl Elektrofahrzeuge für die öffentliche Hand und für den Endkunden zur Verfügung stehen. Schließlich spielt bei der politischen Unterstützung auch der Aufbau der Infrastruktur eine herausragende Rolle. So muss zum einen der Aufbau der Wasserstofftankstellen in Deutschland vorangetrieben und zum anderen auch die Infrastruktur für Stromladesäulen etabliert werden.

Neben den politischen Maßnahmen zur Einführung der Elektromobilität wird generell die Technologie an sich bzw. deren Eigenschaften diskutiert. Die Reichweitenproblematik der Batterie, der hohe Preis bzw. die Schließung der Total-Cost-of-Ownership-Lücke (TCO-Lücke) sowie die Sicherheit von Elektrofahrzeugen bei einem Brand oder einem Unfall sind Themen, über die sich politische Akteure nach Ansicht der befragten Interviewpartner häufig informieren.

6.2.4.2 Geeignete inhaltliche Aufbereitung des Themas Elektromobilität

Bei einem so komplexen Thema wie der Elektromobilität ist es laut der Experten äußerst wichtig, Inhalte grundsätzlich verständlich und nachvollziehbar aufzubereiten. Vor allem bei forschungs- und entwicklungspolitischen Anliegen muss bei der Ansprache politischer Entscheidungsträger, die nicht alle einen naturwissenschaftlichen oder ingenieurwissenschaftlichen Hintergrund haben, das technisches Detailwissen auf eine möglichst allgemeinverständliche Ebene heruntergebrochen werden, so dass es auch den Wählerinnen und Wählern weiter übermittelt werden kann.

Darüber hinaus müssen nach Ansicht der Experten insbesondere politische Entscheidungsträger, die unter enormen Zeitdruck stehen und täglich eine unüberschaubare Masse an Informationen erhalten, gebündelte und kompakte Informationen erhalten. Es geht zum einen darum, einen Gesamtüberblick über das Thema zu liefern, gleichzeitig jedoch auch Einschätzungen bzw. Handlungsempfehlungen und Orientierungshilfen zu geben. Dabei müssen nach Ansicht der Experten vor allem die Themen herausgearbeitet werden, die die Politik bearbeiten und entscheiden muss. Neben langfristigen Themen sollten auch konkrete politische Maßnahmen aufgezeigt werden, die in absehbarer Zeit umgesetzt werden können. Ein gewählter Politiker möchte wiedergewählt werden und muss daher auch seinen Wählerinnen und Wähler innerhalb seiner Wahlperiode aufzeigen können, was mittels seiner Initiative bzw. Unterstützung bereits umgesetzt worden ist. Ein Experte aus der Wirtschaft fasst die oben aufgeführten Punkte beispielhaft zusammen:

> „Es ist die Kunst, komplexe Zusammenhänge einfach und verständlich [...] darzustellen, um den Politiker in seiner Vorstellungswelt abholen zu können, und man muss ihm auch gleich zeigen, welche praktischen Auswirkungen das auf sein politisches Handeln haben kann" (Experte ZULI1 2011: #00:29:25-1#).

Auch und gerade bei diesem Thema ist es laut Experten sinnvoll, nicht nur die eigenen Unternehmensinteressen darzustellen, sondern auch die politischen Metaziele wie Klima- und Umweltschutz, Unabhängigkeit von fossilen Rohstoffen etc. in den Argumentationsaufbau zu integrieren.

Darüber hinaus müssen Inhalte für die Arbeitsebene (Ministerialbürokratie, städtische Verwaltung, Fachreferenten der Abgeordneten etc.) anders aufbereitet werden als Inhalte für politische Entscheidungsträger. In der Verwaltungsebene sind ebenfalls Experten mit Ingenieurwissen in den jeweiligen Bereichen vorzufinden, so dass hier ausführliche Hintergrundinformationen sowie technische Details ausgetauscht werden. Vor allem bei der Zusammenarbeit mit Ministerien bzw. den administrativen Bereichen empfiehlt sich nach Ansicht der Experten ein textorientierter Inhalt. So meint ein Experte:

> „Die Industrie transportiert ihre Informationen sehr stark bildgetrieben, was man auch bei Vorträgen in der Industrie sieht. [...] In der Politik ist das anders. In der Politik schreibt man nach wie vor gut beschreibende Prosatexte zur Vermittlung. So funktionieren alle Ministerien in Europa" (Experte STAATL. KOORD. 2011: #00:49:34-0#).

Sowohl von den politischen Entscheidungsträgern als auch von Vertretern der Verwaltung/Arbeitsebene wurde der Wunsch geäußert, klare, ehrliche und transparente Aussagen von der Industrie über den aktuellen Status Quo der Technologie zu erhalten. Dies betrifft beispielsweise die aktuelle Distribution von Elektrofahrzeugen oder auch die Einführung von Carsharing-Konzepten in Städten. Hier mangelte es laut der politischen Experten in der Vergangenheit oft an konkreten und zuverlässigen Aussagen, wie viele Fahrzeuge wann und zu welchem Preis der öffentlichen Seite zur Verfügung stehen können. Bei der Aufbereitung der Inhalte ist ebenfalls wichtig, nicht nur Momentaufnahmen wiederzugeben, sondern auch die Entwicklung der nächsten Jahre einzubeziehen, um den zukünftigen Stellenwert der Elektromobilität zu verdeutlichen. Damit eine Kommunikation erfolgreich gestaltet werden kann und Inhalte auch die relevanten politischen Akteure erreicht, sollte sich daher die Aufbereitung der Inhalte stets an der jeweiligen Arbeitsweise der politischen Zielgruppe orientieren.

6.2.5 Richtiges Timing beim Thema Elektromobilität

6.2.5.1 Frühe und kontinuierliche Kommunikation mit der Legislative und der Exekutive

Wie auch im theoretischen Teil dieser Untersuchung (Kapitel 4.2.5.1) erörtert, sind sich sowohl die Experten aus der Politik als auch die Experten aus der Wirtschaft einig, dass bei einem solchen mittel- und langfristigen Thema wie der Elektromobilität grundsätzlich ein permanenter und kontinuierlicher Dialog zwischen Politik und Wirtschaft wesentlich ist. Da sich die Technik innerhalb kurzer Zeiträume rasant weiterentwickelt, bedarf es enger Absprachen zwischen diesen beiden Systemen, die erhebliche Summen in diese Technologie investieren, damit beide Systeme jeweils über den aktuellen Stand bzw. die neuesten Entwicklungen informiert sind.

Darüber hinaus ist es generell wichtig, möglichst frühzeitig an politische Akteure heranzutreten, wenn sich entsprechende Problemfelder oder Schwierigkeiten abzeichnen. Bei einer Technologie, bei der *„Welten zusammenkommen, die nicht viel miteinander zu tun hatten"* (Experte REG. VERB. 2011: #00:21:53-7#), also neben der Automobilwirtschaft auch die Stromwirtschaft, die Informations- und Kommunikationsbranche oder auch Städte und Kommunen, bedarf es einer Koordination der beteiligten Akteure durch die Politik, um eine erfolgreiche Realisierung Hand in Hand zu ermöglichen und die notwendigen Maßnahmen zeitgerecht einzuleiten.

Insbesondere vor politischen Entscheidungsprozessen, die politische Förderprogramme (Forschung und Entwicklung), den Aufbau von Infrastruktur, die Schaffung von Normen und Standards, Vorrechte für E-Fahrzeuge oder Maßnahmen zur Herstellung eines öffentlichen Bewusstseins betreffen (z. B. Schaufensterprojekte), ist der Dialog besonders wichtig. So gaben die Experten in diesem Kontext an, dass vor allem im Entwicklungsstadium von neuen Gesetzen, vor schriftlichen Anträgen (Drucksachen) im Bundestag oder auch vor parlamentarischen Haushaltsberatungen das Expertenwissen aus der Wirtschaft in der Politik benötigt wird.

Neben der zeitgerechten Ansprache der legislativen Akteure ist auch parallel der Dialog mit den Akteuren der Exekutive zu führen. Insbesondere in der Entwicklungsphase von Regierungsprogrammen wird der Input aus der Wirtschaft benötigt, so die Experten. So hat beispielsweise die „Nationale Plattform Elektromobilität" ihre Stellungnahme abgegeben, bevor das „Regierungsprogramm Elektromobilität" im Mai 2011 von der Bundesregierung veröffentlich worden ist.

6.2.5.2 Berücksichtigung des politischen Kalenders

Abgesehen von zwei Experten, berücksichtigen die Interessenvertreter der Wirtschaft den politischen Kalender bewusst bei ihren Kontakten zur Politik und orientieren ihre Lobbying-aktivitäten gezielt am politischen Rhythmus. So stellt ein Experte aus dem Zuliefererbereich klar:

> „Der politische Kalender gehört zum Gesamtrahmen eines Politikers dazu, wenn man was von ihm will [...], muss man sich an dem orientieren, was er anbietet, und nicht, was man gerne hätte" (Experte ZULI2 2011: 00:53:58-9#).

Vor allem bei Kontakten mit Politikern auf Bundesebene oder auch auf europäischer Ebene muss nach Meinung der befragten Experten der politische Kalender besonders berücksichtigt werden, da diese während Sitzungswochen nicht im Wahlkreis anzutreffen sind und somit keine Termine in Form von Fahrzeugpräsentationen, Werksbesuchen oder Informationsgesprächen wahrnehmen können.

Auch Wahlen und Parteitage spielen bei der Kontaktaufnahme zu Politikern eine wichtige Rolle, so die befragten Wirtschaftsexperten. Im direkten Umfeld solcher Ereignisse wird davon abgeraten, den Politikern das Thema Elektromobilität nahe zu bringen, da sich diese zu diesem Zeitpunkt *„in einem Ausnahmezustand"* (Experte ENERGIE 2011: #00:17:09-0#) befinden. So konstatiert auch ein befragter Experte aus dem Automobilbereich:

> „Elektromobilität ist schon ein wichtiges Thema, aber jetzt nicht ein parteipolitisches Thema, das mir auf dem Wahlparteitag mehr Stimmen bringt, oder das mir bei der Bundestagswahl wiederum mehr Stimmen bringt" (Experte OEM1: #00:58:55-7#).

Nach Meinung der befragten Wirtschaftsexperten müssen Lobbyisten generell wissen, wann Politiker für welche Informationen empfänglich sind. Zwei befragte Unternehmen gaben in diesem Kontext an, grundsätzlich für drei Monate vor Wahlen auf öffentlichkeitswirksame Veranstaltungen mit Politiker zu verzichten, um die parteipolitische Neutralität zu gewährleisten.

Die befragten Experten raten, unabhängig von Wahlen, vielmehr zu einer kontinuierlichen und langfristigen Kommunikation bzw. Zusammenarbeit mit politischen Akteuren in Hinblick auf das Thema Elektromobilität. Dabei ist es relevant, dieses Thema in den Köpfen der politischen Entscheidungsträger zu verankern, um trotz veränderter politischer Regierungskonstellationen dieses Thema auf der politischen Agenda zu behalten bzw. weiter voranzubringen. Gerade nach Wahlen werden aus den werbenden Parteiprogrammen bedeutsame handlungsleitende Regierungsprogramme abgeleitet, die mittels Schaffung geeigneter Rahmenbedingungen auch Einfluss auf den Erfolg dieser Technologie haben können. Neben dem spezifischen Kalender gewählter Politiker sind auch bestimmte Zeitfenster im Verwaltungsapparat der Ministerien von Bedeutung. Dort existieren hinsichtlich der Behandlung oder Vorbereitung von Gesetzesvorgaben ebenfalls Zeitvorgaben. Folglich gibt es von der Politik vorgeschriebene Zeiträume, in denen ein besonders intensiver Austausch zwischen Wirtschaftsexperten und Ministeriumsvertretern stattfinden sollte.

6.2.5.3 Zeitliche Synchronisation von politischen und unternehmerischen Innovationsprozessen

Ein enger zeitlicher Abgleich von politischen und unternehmerischen Innovationsprozessen ist beim Thema Elektromobilität laut Experten unabdingbar. Der Lobbyist hat hier die Aufgabe, die unternehmensinternen Entwicklungen mit der politischen Entwicklung zu verbinden. Dies stellt für die Lobbyisten bei diesem Thema häufig eine große Herausforderung dar, da diese beiden Prozesse nicht immer aufeinander abgestimmt sind.

Folglich ist es laut der Unternehmensexperten ratsam, der Politik – möglichst einige Jahre bevor Elektrofahrzeuge auf öffentlichen Straßen fahren und erwerblich sind – die Technologie und die damit einhergehenden Veränderungen nahezubringen. Ziel muss es sein, einen permanenten Austausch zwischen Unternehmen und Politik zu schaffen, damit beide Seiten über den aktuellen Stand informiert sind. Es muss geklärt werden, was machbar ist, welche Ziele man verfolgt, welche Voraussetzungen gegeben sein müssen, damit jedes System die bei dieser Innovation entstehenden Aufgabenfelder eigenständig weiterentwickeln kann. Während die Unternehmen die Weiterentwicklung der Technologie forcieren müssen, ist es Aufgabe der Politik, parallel die Rahmenbedingungen für die Infrastruktur zu schaffen, die Aus- und Weiterbildung in den Universitäten voranzutreiben sowie im Bundestag und in den Landtagen via Gesetzgebung Entscheidungen in Bezug auf mögliche Unterstützungsmaßnahmen sowohl monetärer als auch nicht-monetärer Art zu treffen. Damit diese parallele Entwicklung gelingt, bedarf es eines engen Kontakts und häufiger Rücksprachen zwischen Politik und Unternehmen, damit beide Seiten auf veränderte Entwicklungen zeitgerecht reagieren können.

Gleichzeitig ist es laut der Experten beim Thema Elektromobilität wichtig, keine überzogenen Erwartungen in der Politik zu wecken und aufrichtig über die zeitlichen Dimensionen des Innovationsprozesses zu informieren, damit sich die Politik ein realistisches Bild machen kann. Vor allem in den letzten Jahren kam es nach Meinung der Experten des Öfteren zu Missverständnissen in der Kommunikation. So wurde gegenüber der Politik häufig der Eindruck vermittelt, dass Elektrofahrzeuge bereits serienreif wären und kurz vor der Einführung in den Massenmarkt stünden. Solche Versprechungen schaden lediglich dem Erfolg der Technologie und sind somit zu vermeiden.

Schließlich muss nach Ansicht der Experten der Lobbyist auch in der Lage sein, auf kurzfristige politische Trends, Erwartungen sowie neue Rahmenbedingungen zu reagieren, denn politische Vorgaben beeinflussen das Verhalten, die technologische Entwicklung eines Unternehmens sowie die betriebswirtschaftliche Endabrechnung. So kann laut eines befragten Experten zum Beispiel die Politik schlagartig um die Beteiligung der Industrie an bestimmten Elektromobilitätsprojekten werben, für die im Unternehmen nach eigentlicher betriebswirtschaftlicher Planung kein Budget vorgesehen ist. Aufgabe des Lobbyisten ist es hierbei, die Anfragen zeitgerecht zu prüfen und bei Befürwortung des Projektes in den unternehmensinternen Fachbereichen dementsprechend zu werben. Es muss unternehmensintern Verständnis für die neue Situation geschaffen, mögliche Konsequenzen aufgezeigt und dafür gesorgt werden, dass genügend Ressourcen zur Verfügung gestellt werden.

6.2.6 Relevanz des Campaignings bei der Elektromobilität

Neben dem direkten Lobbying zwischen Politik und Wirtschaft wird laut der wissenschaftlichen Fachliteratur (siehe Kapitel 4.2.6) auch dem Campaigning als mediales Kommunikationswerkzeug im politischen Kontext eine Bedeutung zugesprochen. So können Kampagnen, die sich an die Öffentlichkeit richten, indirekt wiederum auf die Politik Einfluss nehmen. Im Rahmen der qualitativen Experteninterviews wurde daher der Frage nachgegangen, ob sich Akzeptanz für Elektrofahrzeuge durch Informations- und Werbekampagnen herstellen lässt.

Die Mehrheit der befragten Experten aus den qualitativen Interviews glaubt, dass sich mittels Informations- und Werbekampagnen durchaus eine Akzeptanz für Elektrofahrzeuge herstellen lässt (29,6 Prozent: „ja voll und ganz"; 29,6 Prozent: „eher ja"). Allerdings setzen die Experten aus dem politischen Bereich stärker als die Vertreter der Wirtschaft auf eine Akzeptanzherstellung für Elektrofahrzeuge durch Campaigning. So sprechen sich im politischen Bereich ca. zwei Drittel der Experten (40,0 Prozent: „ja voll und ganz"; 26,7 Prozent: „eher ja") für Informations- und Werbekampagnen aus, im Bereich der Wirtschaft setzt die Hälfte der Experten (16,7 Prozent: „ja voll und ganz"; 33,3 Prozent: „eher ja") auf eine Akzeptanzherstellung von Elektrofahrzeugen durch Campaigning.

Im Rahmen der Interviews wurde jedoch auch deutlich, dass die Experten Schwierigkeiten bei der Beantwortung der Frage hatten. So wurde unter anderem angegeben, dass zwar Informationskampagnen wichtig seien, von Werbekampagnen jedoch abzuraten sei. Darüber hinaus wurde von den Experten mehrfach darauf hingewiesen, dass die Akzeptanz für Elektrofahrzeuge bzw. das Wohlwollen gegenüber der Technologie in der Politik sowie in der Bevölkerung bereits vorhanden ist. Das Problem ist laut der Experten vielmehr darin zu sehen, dass im Moment zu wenige Produkte den Kunden zur Verfügung stehen und es somit für Werbekampagnen zu früh ist. Aus diesen Gründen war es für 11,1 Prozent der Experten (Experten aus der Politik: 6,7 Prozent; Experten aus der Wirtschaft 16,7 Prozent) nicht möglich, eine Aussage zu treffen. Andere wiederum umgingen die Problematik, indem sie auf die mittlere Antwortkategorie „teils, teils" auswichen. Vor diesem komplexen Hintergrund wurde bei der Online-Umfrage auf diese Frage verzichtet.

6.3 Umsetzungsphase der Lobbyingmaßnahmen

Nach der Planungsphase wird nun der Fokus auf die operativen Lobbyingmaßnahmen beim Thema Elektromobilität gerichtet. Dabei werden die wichtigsten Kommunikationsinstrumente, über die ein politischer Stakeholder Informationen zum Thema Elektromobilität erhalten möchte, vorgestellt, und die einflussreichsten Meinungsführer, die in der Diskussion über Elektromobilität eine Rolle spielen, dargestellt.

6.3.1 Stabile Kontakte über persönliche Gespräche und Fahrzeugpräsentationen

Wie wichtig sind stabile Kontaktnetzwerke zwischen Politik und Wirtschaft für die erfolgreiche Einführung der Elektromobilität? Wie bei allen anderen Themen spielt auch bei der Elektromobilität ein stabiles Kontaktnetzwerk eine herausragende Rolle. Wie sich im Rahmen der durchgeführten qualitativen Experteninterviews herauskristallisierte, stufen alle befragten Experten aus der Wirtschaft (n=12) stabile Kontakte zwischen Wirtschaft und Politik als „sehr wichtig" ein. Auch 80 Prozent der politischen Experten (n=15) sehen stabile Kontaktnetzwerke als „sehr wichtig" an. Die übrigen 20 Prozent der befragten politischen Akteure stimmten für „wichtig". Aufgrund dieses so eindeutigen Ergebnisses wurde die Frage in der daran anschließenden Online-Umfrage nicht mehr gestellt. Es wurde mehr als deutlich, dass ein stabiles Kontaktnetzwerk von allen Teilnehmern der Befragung (89,9 Prozent: „sehr wichtig"; 11,1 Prozent: „wichtig") als elementarer Faktor für eine erfolgreiche Kommunikation zwischen Wirtschaft und Politik betrachtet wird.

Daher wurde der Fokus vielmehr auf die daran anschließende Frage gesetzt, welche Kommunikationsinstrumente beim Networking von besonderer Relevanz sind. Wie bereits im theoretischen Teil dieser Untersuchung erwähnt, spielt beim Thema Lobbying der persönliche, direkte Austausch zwischen Akteuren aus der Wirtschaft und Akteuren aus der Politik die wichtigste Rolle. Im Rahmen der qualitativen Experteninterviews wurde diese theoretische Erwartung bestätigt. Das persönliche Gespräch wird von den befragten Experten als wichtigstes Kommunikationsinstrument betrachtet (m=1,2):

> „Einen Politiker kriegen Sie im persönlichen Gespräch. Man muss ihn mal einladen oder zumindest mal am Rande einer Veranstaltung oder bei einem Empfang anspre- chen, sonst wird das alles nichts. Alles andere, was Sie hier auf Ihrer Liste haben, ist deutlich weniger wichtig" (Experte MIN1a 2011:#38:18#).

Fahrzeugpräsentationen (m=1,6), die ja ebenfalls im Rahmen einer direkten, persönlichen Begegnung stattfinden, Messen/Ausstellungen (m=2,2), Unterneh- mensvorträgen (m=2,3), Presseinformationen (m=2,6), Telefonaten (m=2,6) und Informationsmaterialien (Broschüren etc.) (m=2,9) folgen. An letzter Stelle wur- de die Rundmail bzw. der Newsletter genannt (m=3,7). Diese Instrumente wer- den aufgrund des engen Terminkalenders der politischen Akteure laut der Exper- ten häufig nicht gelesen (vgl. Abbildung 78).

Interessanterweise ergab sich bei der Überprüfung der qualitativen Ergeb- nisse mittels der Online-Umfrage mit politischen Mandatsträgern ein etwas ande- res Bild. So wurde zum einen deutlich, dass aus quantitativer Perspektive der prozentuale Wert der jeweiligen Kommunikationsinstrumente im Vergleich zur qualitativen Methode generell niedriger ist. Zum anderen kristallisierte sich her- aus, dass – quantitativ gesehen – Fahrzeugpräsentationen (m=2,2) eine höhere Bedeutung zugesprochen wird als dem reinen persönlichen Gespräch (m=2,3). Es folgen Messen/Ausstellungen (m=2,5), Informationsmaterialien (Broschüren etc.) (m=2,7), die bei der quantitativen Online-Umfrage bessere Werte erzielen, sowie Unternehmensvorträge (m=2,7), Presseinformationen (m=2,8) und Rund- mail/Newsletter (m=3,0). An letzter Stelle wird bei der quantitativen Umfrage das Telefonat genannt (m=3,9) (siehe Abbildung 78).

Abbildung 78: Stellenwert der jeweiligen Kommunikationsinstrumente[99]

Fragewortlaut: Wie wichtig sind für Sie folgende Kommunikationsmaßnahmen?				
Bewertung der Ränge von (1) sehr wichtig bis (5) überhaupt nicht wichtig				
Qualitative Experteninterviews			**Quantitative Online-Umfrage**	
Mittelwerte			*Mittelwerte*	
1	**Persönliches Gespräch**	(1,15)	1 **Fahrzeugpräsentationen**	(2,24)
2	**Fahrzeugpräsentationen**	(1,63)	2 **Persönliches Gespräch**	(2,29)
3	Messen/Ausstellungen	(2,15)	3 Messen/Ausstellungen	(2,54)
4	Fachvorträge	(2,30)	4 Informationsmaterialien (Broschüren etc.)	(2,67)
5	Presseinformationen	(2,56)	5 Fachvorträge	(2,71)
6	**Telefonat**	(2,63)	6 Presseinformationen	(2,79)
7	Informationsmaterialien (Broschüren etc.)	(2,93)	7 Rundmail/Newsletter	(3,00)
8	Rundmail/Newsletter	(3,74)	8 **Telefonat**	(3,94)

Untersucht man im Rahmen der quantitativen Befragung, ob Unterschiede zwischen den einzelnen Parteien vorliegen, setzen die meisten Parteien (CDU, SPD, GRÜNE, FW) ebenfalls auf das persönliche Gespräch und das persönliche Fahrerlebnis. Die Politiker der FDP betrachten insbesondere die Fahrzeugpräsentationen als wichtigste Kommunikationsmaßnahme, um Informationen über die Technologie zu erlangen. Im Gegensatz zu den oben genannten Parteien stufen FDP-Politiker Unternehmensvorträge und Messen/Ausstellungen um Nuancen wichtiger ein als das persönliche Gespräch. Ferner wird deutlich, dass Politiker der Partei BÜNDNIS 90/DIE GRÜNEN und der Partei DIE LINKE im Vergleich zu den restlichen Parteien generell die Bedeutung der jeweiligen Kommunikationskanäle als niedriger einstufen. Politiker von BÜNDNIS 90/DIE GRÜNEN möchten nur teilweise oder überwiegend nicht über die dargestellten Kommunikationskanäle von Unternehmen informiert werden. Ein ähnliches

---

99 Qualitative Experteninterviews (n=27); Quantitative Online-Umfrage (Persönliches Gespräch: n=190; Telefonat: n=189; Rundmail/Newsletter: n=187; Informationsmaterialien (Broschüren etc.): n=189; Unternehmensvorträge: n=190; Presseinformationen: n=188; Fahrzeugpräsentationen: n=189; Messen/Ausstellungen: n=190).

Meinungsbild zeigt sich bei Politikern der LINKEN. Diese geben sogar an, dass sie auf den persönlichen Kontakt mit den Unternehmen überwiegend verzichten können, wie der Mittelwert (m=3,5) deutlich macht. Es scheint, als ob die beiden Parteien eine gewisse Distanz gegenüber Unternehmen einnehmen möchten. Dies müsste jedoch anhand weiterer Analysen genauer bewiesen werden. Insbesondere die Partei BÜNDNIS 90/DIE GRÜNEN, deren Beeinflussungspotenzial von den befragten Experten als hoch eingeschätzt wird (siehe Kapitel 6.1.2.2), muss daher genauer untersucht werden. Die Partei DIE LINKE, die als marginale Stakeholdergruppe identifiziert wurde (siehe Kapitel 6.1.2.2), sollte zumindest von Unternehmen kontinuierlich beobachtet werden.

Auch die Auswertung der jeweiligen politischen Ebenen macht deutlich, dass über alle politischen Ebenen hinweg (Europa, Bund, Land, Region und Kommune) Fahrzeugpräsentationen und persönliche Gespräche von den befragten Politikern als wichtigste Kommunikationsinstrumente betrachtet werden. Die Ergebnisse liegen alle um den Mittelwert zwei („wichtig").

Folglich ist es für einen Lobbyisten empfehlenswert, im Kommunikationsmaßnahmen-Mix den Schwerpunkt vor allem auf das persönliche Erleben der neuen Technologie zu setzen sowie die direkte Kommunikation mit den politischen Akteuren zu forcieren. So bieten sich beispielsweise Tec-Days an, um über die Technologie der elektrischen Fahrzeuge zu informieren und um Probefahrten anzubieten. So können zum einen Ängste oder Vorurteile abgebaut und zum anderen ein vertrauensvoller Kontakt zwischen Politik und Wirtschaft hergestellt werden.

6.3.2 Aktivierung der Massenmedien als Meinungsführer

Da Meinungsführer einen erheblichen Einfluss auf die öffentliche Diskussion haben können, wurde sowohl in den Experteninterviews als auch in der Online-Umfrage auf diese Thematik eingegangen. Mittels der qualitativen Experteninterviews wurde ersichtlich, dass in der Diskussion über die Elektromobilität in erster Linie die Medien die einflussreichsten Meinungsführer sind (m=1,3) und die Öffentlichkeit sehr stark beeinflussen können (siehe Abbildung 79). Danach folgen die Politik (m=1,8) sowie NGOs (m=2,3) und Unternehmen (m=2,3). Wissenschaft (m=2,5), Wirtschaftsverbände (m=2,8) und Gewerkschaften (m=3,3) haben laut der Experten durchschnittlich nur in Teilen Einfluss. Insbesondere die Wissenschaft als Meinungsführer wurde im Rahmen der Gespräche länger erörtert. So kritisiert ein Experte das uneinheitliche Meinungsbild der Wissenschaft in Bezug auf die Elektromobilität:

„Sie finden heute Wissenschaftler, die sagen, die Elektromobilität wird in über-
schaubarer Zukunft der Renner werden und Sie finden genauso Wissenschaftler, die
sagen, dass wir noch in 50 Jahren überwiegend mit Verbrennungsmotoren durch die
Gegend fahren. Also die Wissenschaft hebelt sich teilweise auch selber aus" (Experte MIN1a 2011: #45:53#).

Darüber hinaus sind einige Experten der Ansicht, dass die Wissenschaft sich
schwer damit tut, die Thematik für die Öffentlichkeit verständlich aufzubereiten:
*„Die Wissenschaft könnte es, wenn sie es so machen würde, dass man sie ver-
steht, und da bin ich eher skeptisch"* (Experte REG. VERB. 2011: #00:27:04-
0#). Die Kirche als gesellschaftlicher Akteur (m=3,7) bildet das Schlusslicht und
kann beim Thema Elektromobilität nach Ansicht der Experten vernachlässigt
werden.

Vergleicht man die Ergebnisse der qualitativen Interviews mit der Online-
Umfrage, so zeigt sich anhand Abbildung 79, dass auch die Medien unangefoch-
ten Meinungsführer Nummer 1 sind (m=1,5).

Abbildung 79: Einfluss der Meinungsführer[100]

**Fragewortlaut: Wie stark können Ihrer Meinung nach die folgenden
Meinungsführer die öffentliche Diskussion in Bezug auf die Elektromobilität
beeinflussen?**

Bewertung der Ränge von (1) sehr stark bis (5) überhaupt nicht stark

Qualitative Experteninterviews		Quantitative Online-Umfrage	
Mittelwerte		*Mittelwerte*	
1 Medien	(1,26)	1 Medien	(1,51)
2 **Politik**	(1,78)	2 **Unternehmen**	(2,10)
3 **NGOs**	(2,30)	3 **Wissenschaft**	(2,22)
4 **Unternehmen**	(2,33)	4 **Politik**	(2,26)
5 **Wissenschaft**	(2,51)	5 Wirtschaftsverbände	(2,65)
6 Wirtschaftsverbände	(2,81)	6 **NGOs**	(3,04)
7 Gewerkschaften	(3,33)	7 Gewerkschaften	(3,50)
8 Kirche	(3,74)	8 Kirche	(4,11)

---

100 Qualitative Experteninterviews (n=27); Quantitative Online-Umfrage (Medien: n=188; Unternehmen: n=188); Wissenschaft: n=188), Politik: n=189; Wirtschafsverbände: n=189; NGOs: n=185,
Gewerkschaften: n=185, Kirche: n=183).

Jedoch geben die Teilnehmer der quantitativen Online-Umfrage den Unternehmen (m=2,1) sowie der Wissenschaft (m=2,2) eine höhere Gewichtung. Der Politik (m=2,3) als Meinungsführer wird quantitativ zwar auch eine starke Bedeutung eingeräumt, im Vergleich zu den qualitativen Interviews (m=1,8) fiel der Mittelwert jedoch schlechter aus. Die größte Abweichung ist bei den NGOs festzustellen. Während die Experten aus den qualitativen Interviews den NGOs eine starke Rolle zusprechen (m=2,3), bewertet die Menge den Einfluss der NGOs auf die öffentliche Diskussion im Durchschnitt mit „teils, teils" (m=3,0).

Zusammenfassend lässt sich also festhalten, dass Lobbyisten bei der Elektromobilität auch indirekt über die Medien erheblichen Einfluss auf die Politik ausüben können und somit eine Absprache mit den Kommunikationsverantwortlichen im Unternehmen, die Informationen für die Medien bereitstellen, zwingend notwendig ist. Gleichzeitig wird auch hier wiederum deutlich, dass vor allem aus Sicht der Politik die Unternehmen selbst als einflussreicher Meinungsführer betrachtet werden. Sinnvoll ist es darüber hinaus, die Wissenschaft bei der Kommunikation zu aktivieren und diese als Partner zu gewinnen. Sowohl aus den Experteninterviews als auch aus der Online-Umfrage werden die Akteure aus der Politik als wichtige Meinungsführer betrachtet, was als Argument bzw. Rechtfertigung für die Fragestellung dieser Untersuchung betrachtet werden kann. Schließlich lassen die Ergebnisse erkennen, dass das Einflusspotenzial der NGOs in Zukunft untersucht werden muss, um mehr Klarheit über diese Stakeholder zu erlangen.

Analysiert man die Ergebnisse abhängig von der Parteizugehörigkeit, so werden wiederum die Medien parteiübergreifend als einflussreichster Meinungsführer in der öffentlichen Diskussion in Bezug auf die Elektromobilität gesehen. Politiker der CDU, SPD, FDP weisen den Unternehmen in diesem Zusammenhang den zweiten Platz zu. Insbesondere bei den wirtschaftsnahen Parteien wie der CDU und FDP war dieses Ergebnis zu erwarten. Die GRÜNEN und die Freien Wähler sehen hingegen die Politik an zweiter Stelle, die Politiker der LINKEN wählen die Wissenschaft auf Rang zwei. Die FDP, die sich als liberale Partei grundsätzlich für möglichst geringe Eingriffe in die Wirtschaft ausspricht, räumt der Politik einen geringeren Stellenwert als Meinungsführer in der Diskussion über Elektromobilität ein. Den Wirtschaftsverbänden wird von der FDP, den Freien Wählern, aber auch von den LINKEN ein stärkerer Einfluss als Meinungsführer zugesprochen als von den GRÜNEN, der SPD und der CDU. Wie zu erwarten, sprechen die GRÜNEN den NGOs als Meinungsführer einen höheren Stellenwert zu als die übrigen Parteien. Die Gewerkschaften, die bei allen Parteien auf dem vorletzten Platz rangieren, haben zumindest laut der SPD, den LINKEN und den GRÜNEN, also bei hauptsächlich gewerkschaftsnahen Parteien, noch teilweise Einfluss auf die öffentliche Diskussion.

Die Differenzierung nach politischer Ebene zeigt ebenfalls keine besonderen Auffälligkeiten. Alle Politiker sind der Meinung, dass die Medien am stärksten die Diskussion über die Elektromobilität beeinflussen können. Danach folgen die Unternehmen, die Politik und die Wissenschaft auf Platz zwei. Wirtschaftsverbände können laut den Politikern der Bundesebene und den darunterliegenden politischen Ebenen teilweise als Meinungsführer die öffentliche Diskussion beeinflussen. Europaabgeordnete weisen im Vergleich zu den anderen Politikern diesen Verbänden eine etwas höhere Position als Meinungsführer zu. Einig sind sich auch Politiker aller Ebenen darin, dass NGOs, Gewerkschaften und insbesondere die Kirche in den hinteren Rängen einzuordnen sind.

6.4 Evaluationsphase des Themas Elektromobilität in der Praxis

Der Blick in die Unternehmenspraxis zeigte, dass die befragten Experten aus der Wirtschaft es als schwierig einschätzen, Lobbyingaktivitäten im Hinblick auf das Thema Elektromobilität wissenschaftlich zu evaluieren. Als Grund wurde unter anderem angegeben, dass es sich bei der Elektromobilität um ein sehr junges Thema handelt und bisher nur rudimentäre Evaluierungsansätze vorhanden sind. Darüber hinaus fällt es den Experten, wie bereits im allgemeinen theoretischen Teil (siehe Kapitel 4.4) angeführt, mitunter schwer, messbare Kriterien bzw. Ziele aufzustellen, da im Vergleich zum Vertrieb im Lobbying-Bereich bei diesem Thema keine monetären oder quantitativen Messparameter vorliegen. Dennoch werden möglichst konkrete Ziele in den jeweiligen Lobbyingplänen in Bezug auf das Thema Elektromobilität formuliert, die bis zu einem bestimmten Maß – je nach Unternehmen – evaluiert werden.

Die anvisierten Ziele leiten sich dabei nach Ansicht der Experten zunächst aus den vereinbarten Zielen mit den Vorgesetzten ab, an denen Mitarbeiter oder Führungskräfte gemessen werden. So werden Anfang des Jahres Ziele definiert, die jedoch laut den Experten innerhalb des Jahres eng nachgeführt werden, da aufgrund vieler Imponderabilitäten die Zielerreichung nicht allein in der Hand der Interessenvertreter liegt und unvorhergesehene Ereignisse gerade bei dieser jungen Technologie auftreten können. Nachfolgend sollen die von den Experten genannten bewertbaren Unterziele wiedergegeben werden (siehe Abbildung 80). Diese decken sich vornehmlich mit den identifizierten und ausgearbeiteten Zielen von Kapitel 6.2.1.

Abbildung 80: Messbare Lobbyingziele bei der Elektromobilität

Aufbau und Pflege des Kontaktnetzwerkes durch kontinuierliche Information und Beratung (Einladungen zu Gesprächen, Fahrzeugvorführungen, Übermittlung von Informationsmaterialien)
• Schaffung eines gewissen Bewusstseins für die Elektromobilität in der Politik durch Informationen
• Verankerung des Themas bei den jeweiligen relevanten politischen Akteuren (z. B. BMVBS, BMF, BMU, BMWi sowie im Europäischen Forschungsprogramm)
• Betonung des ganzheitlichen Ansatzes gegenüber der Politik: Elektromobilität ist mehr als Auto (Bereich Chemie, Energie, IT etc.)
• Unterstützung bei der Vergabe von öffentlichen Fördermitteln für Forschung und Entwicklung
• Unterstützung bei der Distribution von Elektrofahrzeugen (Busse/Pkw) an die Politik (Ministerien, Städte etc.)
• Auf- und Ausbau der Infrastruktur (Steigerung der Anzahl von Stromtankstellen/Wasserstofftankstellen)
• Schaffung von Normen und Standards

Voraussetzung ist und bleibt der Aufbau bzw. die kontinuierliche Pflege des Netzwerkes. Folglich ist das elementare Ziel, durch Information und Beratung in Bezug auf das Thema Elektromobilität zu einem gefragten Ansprechpartner der Politik zu werden: Denn nur wenn das Handeln des Lobbyisten und die Produkte entsprechend geschätzt werden, kann es laut Experten zur politischen Unterstützung bzw. zu Schwerpunktbildungen kommen. So sind nach Ansicht der Experten Einladungen zu politischen Veranstaltungen wie beispielsweise öffentliche Anhörungen im Bundestag oder in den jeweiligen Landtagen zum Thema Elektromobilität oder die Einberufungen in das Beratungsgremium der „Nationalen Plattform Elektromobilität" erstrebenswerte Ziele, da solche Anfragen zugleich Indizien für erfolgreiches Handeln darstellen und Wertschätzung ausdrücken.

Daneben ist natürlich auch die Schaffung einer gewissen Aufmerksamkeit bzw. eines gewissen Bewusstseins für die Elektromobilität in der Politik ein Ziel, auch wenn dies laut Experten schwer zu evaluieren ist. Lobbyisten müssen dafür sorgen, dass das Thema Elektromobilität in den relevanten Ministerien, insbesondere im Bundesministerium für Verkehr, Bau und Stadtentwicklung (BMVBS), im Bundesministerium für Finanzen (BMF) und im Bundesministerium für Wirtschaft und Technologie (BMWi), platziert sowie im Europäischen Forschungsprogramm verankert wird. Gleichzeitig ist es von Relevanz, das Interesse der Politik an diesem Thema über einen langen Zeitraum aufrecht zu erhalten, indem über neue Erkenntnisse auf diesem Gebiet zeitgerecht informiert wird. Vor allem Lobbyisten aus dem Zulieferer- und Energiebereich verfolgen einen ganzheitlichen Ansatz. Ziel ist es, der Politik klar zu machen, dass Elektromobilität nicht nur Auto bedeutet, sondern diese komplexe Technologie auch Bereiche wie Chemie, Energie, IT etc. stark berührt.

Weiteres Ziel, das auch messbar ist, ist laut Experten die Unterstützung und Begleitung unternehmensinterner Fachbereiche, sei es bei der Vergabe von öffentlichen Fördermitteln für Forschung und Entwicklung oder auch beim Vertrieb von Elektrofahrzeugen. Durch die Weitergabe von richtigen Themen zur rechten Zeit und am rechten Ort können hier politische Prozesse initiiert werden. Auch das Thema Schaffung von Normen und Standards (einheitliche Abrechnungssysteme oder Stecker) sowie der flächendeckende Auf- und Ausbau von Stromtankstellen bzw. Wasserstofftankstellen stellen nach Ansicht der Experten wichtige messbare Ziele dar.

Verbände haben laut der befragten Verbandsvertreter Schwierigkeiten, Lobbyingaktivitäten zu evaluieren, da sie von den Mitgliedsunternehmen und deren jeweiligen definierten Zielen abhängig sind. Anstelle der Evaluation von Lobbyingaktivitäten wird bei Verbänden daher vorrangig Meinungsforschung betrieben sowie die Medienberichterstattung evaluiert, um für ihre Mitgliedsunternehmen generelle Einstellungen zum Thema Elektromobilität einzuholen.

6.5 Zwischenfazit: Erfolgsfaktoren bezüglich Lobbying für Elektromobilität

Nachfolgend sollen die empirischen Erkenntnisse zum Thema Elektromobilität in einer Gesamtschau zusammenfassend skizziert werden. Dabei soll dargestellt werden, welche konkreten Erfolgsfaktoren sich für die systematisch geplante, durchgeführte und evaluierte Kommunikation der radikalen Innovation Elektromobilität mit politischen Stakeholdern bestimmen lassen.

Da eine fundierte analytische Basis einen wesentlichen Erfolgsfaktor beim Innovationslobbying darstellt, wurde auch die Elektromobilität einer detaillierten Untersuchung unterzogen. Es wurde klar, dass das Thema Elektromobilität eine wichtige Rolle auf der politischen Agenda spielt und in der Vergangenheit laut den politischen Experten nicht immer von den deutschen Unternehmen genügend Berücksichtigung erfahren hat. Sowohl auf qualitativer als auch quantitativer Ebene zeigte sich, dass Elektromobilität nicht nur mit unterschiedlichen Antriebsformen in Verbindung gebracht wird, sondern auch die Einbindung der Elektrofahrzeuge in das Energiesystem sowie die Integration der Elektrofahrzeuge in intelligente Verkehrssysteme eine Rolle bei politischen Akteuren spielt. Vorteile dieser Innovation sind vor allem darin zu sehen, dass sie einen Beitrag zum Klima- und Umweltschutz leistet, gesundheitsschädliche Emissionen reduziert und somit für mehr Lebensqualität in der Stadt sorgt, eine größere Unabhängigkeit von fossilen Energieträgern erzeugt und Deutschland als Wirtschafts- und Technologiestandort positionieren kann. Gleichzeitig müssen jedoch noch etliche Herausforderungen wie geringe Reichweite, hohe Kosten und fehlende Infrastruktur überwunden werden. All diese genannten Aspekte müssen bei der späteren Planung berücksichtigt werden und auch bei der inhaltlichen Vermittlung von Themen sachlich und ehrlich Erwähnung finden.

Gleichzeitig zeigte die empirische Feldbefragung, dass diese Innovation alle politischen Ebenen betrifft und sowohl Politiker auf EU-, Bundes-, Landes- und Kommunalebene angesprochen werden müssen. Die Ergebnisse machten auch deutlich, dass zwischen den politischen Ebenen und auch zwischen den Parteien keine großen Konflikte zu erwarten sind. Politiker jeglicher Parteicouleur und politischer Ebene sehen die Technologie grundsätzlich positiv. Die Abweichungen, die bei einigen Fragen zwischen den Parteien oder Ebenen sichtbar wurden, bieten Anlass zu weiteren persönlichen Gesprächen mit den jeweiligen politischen Gruppierungen. Identifizierte Bedenken der jeweiligen Parteien oder politischen Ebenen sollten berücksichtigt und das grundsätzlich vorhandene Interesse an der Technologie vorteilhaft genutzt werden.

Vor allem in den Fachbereichen Verkehr, Stadtplanung, Wirtschaft, Umwelt, Forschung, Energie und Haushalt wird das Thema Elektromobilität in den Ministerien und in den parlamentarischen Ausschüssen und Kommissionen intensiv erörtert, so dass ein enger und kontinuierlicher Austausch mit diesen Akteuren erfolgversprechend ist. Da Politiker bei ihrer Entscheidungsfindung beim Thema Elektromobilität insbesondere Akteure aus der Wissenschaft hinzuziehen, ist es ratsam, auch die Wissenschaft bei der späteren Kommunikation zu berücksichtigen.

Um Elektromobilität erfolgreich einzuführen, müssen Politiker laut Ansicht der Experten vor allem die Koordination aller beteiligten Akteure aus Wirtschaft, Wissenschaft und Gesellschaft übernehmen. Weitere Handlungsempfehlungen (Lobbyingziele) sind der Aufbau der öffentlichen Infrastruktur für Elektrofahrzeuge, staatliche Subventionen von Forschung und Entwicklung oder auch die Schaffung von rechtlichen Standards und Normen (Abrechnungssysteme oder Steckereinrichtungen). Um erfolgreich agieren zu können, müssen Lobbyisten dabei eng mit dem Forschungs- und Entwicklungsbereich, der Unternehmensleitung und dem Pressebereich eines Unternehmens vernetzt sein. Darüber hinaus müssen sie fundierte Kenntnisse über die Elektromobilität aufweisen und über ein hohes Maß an Kommunikationsfähigkeit verfügen, um diese komplexe Innovation verständlich gegenüber politischen Akteuren zu vermitteln. Da die Elektromobilität kein Thema ist, das über Wahlen entscheidet, sollten Lobbyisten dementsprechend Rücksicht auf den politischen Kalender sowie auf die allgemeine politische Themenagenda nehmen und die Kommunikationsmaßnahmen demensprechend zeitlich anpassen.

Fahrzeugpräsentationen, bei denen die Elektromobilität als Technologie persönlich erlebt und erfahren werden kann, stellen einen wichtigen Erfolgsfaktor für die politische Unterstützung dieser Technologie dar. In diesem Sinne bieten sich „Tec-Days" für politische Akteure sowie das Leasing von Elektrofahrzeugen für den Fuhrpark von Ministerien oder Behörden an. Auch die direkte Kommunikation in Form von bilateralen Gesprächen ist laut Experten sinnvoll, um Fragen sowie aktuelle Probleme oder Herausforderungen intensiv diskutieren zu können und dem politischen Akteur einen Orientierungsrahmen bei seiner politischen Entscheidungsfindung zu bieten. Da das Thema Elektromobilität maßgeblich von den Medien in der öffentlichen Diskussion beeinflusst wird, gilt es ein sorgfältiges Medienmonitoring zu betreiben und aufkommende Issues frühzeitig in der Politik anzusprechen, um entweder negative politische Auswirkungen frühzeitig zu verhindern oder auf positive Entwicklungen verstärkt in der Politik aufmerksam zu machen und somit weitere Fürsprecher für diese Technologie zu gewinnen.

Da die Elektromobilität eine junge Technologie darstellt, wurden laut der befragten Lobbyisten bisher in der Praxis keine systematischen Evaluationen vorgenommen. Dennoch sind die Lobbyisten der Meinung, dass vor allem in Zukunft Lobbying hinsichtlich Effektivität und Effizienz bewertet werden muss. Bewertbare Unterziele können beispielsweise in der erfolgreichen Distribution von Elektrofahrzeugen an die öffentliche Hand durch Lobbying gesehen werden oder auch im Aufbau der Infrastruktur (Stromladesäulen/H_2-Tankstellen).

7 Fazit

Am Ende dieser Untersuchung „Innovationslobbying: Erfolgsfaktoren für die Kommunikation von radikalen Innovationen mit politischen Stakeholdern. Eine empirische Analyse am Beispiel der Elektromobilität" sollen nun die wichtigsten Erkenntnisse zusammenfassend skizziert werden, der Innovationsbeitrag der Untersuchung für Forschung und Praxis explizit aufgezeigt werden und eine kritische Reflexion der Untersuchung erfolgen. Schließlich sollen in einem Ausblick Ansatzpunkte für weiterführende Forschungsaktivitäten diskutiert werden.

7.1 Zusammenfassung der gewonnenen Erkenntnisse

Ausgangspunkt der Arbeit war die Problematik, dass auf dem Gebiet der Innovationskommunikation bisher die politischen Stakeholder und deren mögliches Einflusspotenzial auf den Erfolg eines Unternehmens weitgehend ignoriert worden sind. Im Vordergrund stand also das Ziel, aus Sicht der Wirtschaft Erfolgsfaktoren für die systematisch geplante, durchgeführte und evaluierte Kommunikation von radikalen Innovationen mit politischen Stakeholdern (Innovationslobbying) zu bestimmen, um positiv auf politische Entscheidungsprozesse einzuwirken und somit radikale Innovationen erfolgreich durchzusetzen. Auf Basis des identifizierten Forschungsbedarfs aus der Literatur und aus der Praxis wurde der Untersuchungsgegenstand in der integrierten Unternehmenskommunikation verankert. Die Leitfrage („*Welche zentralen Erfolgsfaktoren lassen sich für die systematisch geplante, durchgeführte und evaluierte Kommunikation von radikalen Innovationen mit politischen Stakeholdern (Innovationslobbying) – am Beispiel der Elektromobilität – bestimmen?* ") wurde in drei zentrale Forschungsfragen überführt. Anschließend wurde die wissenschaftliche Vorgehensweise zum Erkenntnisgewinn auf theoretischer, konzeptioneller und empirischer Ebene aufgezeigt.

7.1.1 Erkenntnisse auf theoretischer Ebene

Da auf dem Gebiet der Innovationsforschung eine in sich geschlossene und fundierte Innovationstheorie fehlt und auch in der bisherigen Forschung der Innovationskommunikation es an fundierten theoretischen Ansätze mangelt, wurde zur Bearbeitung der Forschungsfrage zunächst eine interdisziplinäre Annäherung an den Objektbereich vorgenommen. Ansätze aus der betriebswirtschaftlichen, kommunikationswissenschaftlichen sowie politikwissenschaftlichen Forschung kamen zum Einsatz. So wurde im ersten Schritt die Innovationsforschung betrachtet. Neben einer ausführlichen Definitionsarbeit wurden die grundlegenden Innovationsdimensionen illustriert. Es wurde deutlich, dass es unterschiedliche Innovationsobjekte gibt (Produkte, Prozesse, Dienstleistungen etc.) und dass eine Neuheit erst zur Innovation wird, wenn sie von bestimmten Subjekten (Unternehmen, Nation, Welt) als solche wahrgenommen wird. Innovationen durchlaufen – angefangen von der Ideengenerierung – verschiedene Phasen, bis sie zur Innovation werden. Dabei entstehen Innovationen insbesondere dann, wenn Sensibilität, Offenheit, Wissen und Kreativität im Unternehmen gefördert, interne und externe Innovationswiderstände abgebaut und Innovationsverbündete (Netzwerke) gesucht werden, mit denen man die Diffusion der Innovation auf dem Markt gemeinsam vorantreibt. Diese Aspekte gilt es umso mehr bei radikalen Innovationen zu berücksichtigen, die sowohl auf Markt-, Technologie-, Organisations- und Umfeldebene starke Veränderungen hervorrufen.

Im zweiten Schritt richtete sich der Fokus auf die Innovationskommunikation. Die in dieser Untersuchung gewählte Definition einer systematisch geplanten, durchgeführten und evaluierten Innovationskommunikation orientierte sich an den Phasen des Kommunikationsmanagements. Es kristallisierte sich heraus, dass sich die Einsatzfelder der Innovationskommunikation über den gesamten Innovationsprozess – vom Informations- und Wissensmanagement bei der Generierung von Ideen bis hin zur Kommunikation bei der Diffusion einer Innovation – erstrecken und somit die Kommunikation einen wichtigen Wertbeitrag leisten kann. Auch wurden gängige Innovationsmerkmale wie Komplexität, Unsicherheit, geringe Anschlussfähigkeit etc., die zugleich die Herausforderungen der Innovationskommunikation deutlich machen, identifiziert. Auf diese wurde dann bei der Konzeptualisierung zurückgegriffen.

Aufgrund der in dieser Arbeit fokussierten politischen Zielgruppe wurden die Public Affairs-Aktivitäten betrachtet. Aufgabenfelder wie Reputation Management, Medienarbeit, Corporate Social Responsibility/Corporate Citizenship, Monitoring, Issues Management und Lobbying wurden vorgestellt. Dabei wurde ersichtlich, dass Lobbying, als aktive Einflussnahme auf politische Stakeholder, den Kern von Public Affairs darstellt. Die Verbindung zum Innovationskontext wurde im nächsten Schritt vollzogen, indem der in dieser Untersuchung erstmals aufgeführte Begriff des Innovationslobbyings eingeführt wurde. Dieser begreift Innovationslobbying als ein systematisch geplantes, durchgeführtes und evaluiertes kommunikatives Einwirken von Unternehmen, Verbänden oder Branchen auf politische Entscheidungsträger- und Entscheidungsprozesse durch Informationsaustausch. Ziel ist es, im Dialog mit der Politik geeignete Rahmenbedingungen und einen größeren Handlungsspielraum für innovative Unternehmen zu schaffen, damit radikale Innovationen erfolgreich eingeführt werden können.

Da die zentrale Leitfrage dieser Untersuchung den Stakeholderansatz fokussiert, wurden die gängigen Stakeholder der Innovationskommunikation und darauf aufbauend die politischen Stakeholder als Teil der sekundären Stakeholder, die sich in keiner Marktbeziehung zum Unternehmen befinden, charakterisiert. Um konkrete Handlungsempfehlungen für die Praxis geben zu können, wurde die Erfolgsfaktorenforschung für die Beantwortung der Forschungsfrage herangezogen. Es wurde deutlich, dass für das kommunikative Beziehungsgefüge zwischen Unternehmen und Politik insbesondere spezifische nicht-monetäre, immaterielle Erfolgsfaktoren betrachtet werden müssen.

Im letzten Teil der theoretischen Annäherung an den Untersuchungsgegenstand wurden die bestehenden Erkenntnisse über die Elektromobilität betrachtet. Elektromobilität wurde in dieser Untersuchung als elektrisch angetriebener Individualverkehr verstanden, wobei die Einbindung in Verkehrssysteme bzw. Energiesysteme ebenfalls berücksichtigt wurde. Bei der Einordnung in den Innovationskontext wurde deutlich, dass Elektromobilität mehr als eine Produktinnovation ist. Es zeigte sich, dass das Thema auf der wissenschaftlichen, auf der medialen und auf der politischen Agenda einen wichtigen Stellenwert aufweist und eine empirische Studie zur Elektromobilität als radikale Innovation daher gerechtfertigt ist.

7.1.2 Erkenntnisse auf konzeptioneller Ebene

Über die Ableitung allgemeiner Erfolgsfaktoren für die Innovationskommunikation auf Basis der bisherigen kommunikationswissenschaftlichen Forschungsliteratur konnten wichtige Anhaltspunkte für die darauf aufbauende Konzeptualisierung spezifischer Erfolgsfaktoren für das Innovationslobbying gewonnen werden. So wurde das aufgebaute inhaltliche und strukturelle Gerüst auf den politischen Kontext übertragen und spezifiziert, indem Erkenntnisse aus dem Bereich des Lobbyings mit der Innovationslehre und der Innovationskommunikation verknüpft wurden.

Bei der Konzeptualisierung spezifischer Erfolgsfaktoren für das Innovationslobbying wurde ersichtlich, dass unter anderem eine intensive Analyse der politischen Themenagenda, eine genaue Identifizierung relevanter politischer Stakeholder aus dem Bereich der Exekutive und der Legislative auf den jeweiligen politischen Ebenen Erfolgsfaktoren darstellen.

Genauso ist die Definition von kommunikativen Zielen ein erfolgversprechender Faktor bei den Planungen. Während die Ziele der Innovationskommunikation äußerst breit aufgestellt sind und insbesondere bei der Kommunikation mit externen Stakeholdern die Imageförderung des Unternehmens im Vordergrund steht, geht Innovationslobbying einen Schritt weiter. Ziel ist, auf politische Stakeholder so einzuwirken, dass eine politische Handlungsaktivierung stattfindet und somit die richtigen Rahmenbedingungen für Innovationen geschaffen werden.

Damit dieses Ziel erreicht werden kann, müssen Lobbyisten bestimmte Fähigkeiten und Kompetenzen aufweisen. Sie sollten im Vergleich zu Kommunikationsmanagern neben der Fähigkeit, Inhalte verständlich und zielgruppengerecht zu vermitteln, auch über die ausgeprägte Fähigkeit des Netzwerkens verfügen und die relevanten Akteure aus der Politik mit den richtigen Unternehmensvertretern oder Fachbereichen in Verbindung bringen. Ein Lobbyist kann jedoch nur erfolgreich sein, wenn er auf bestimmte strukturelle Voraussetzungen innerhalb der Organisation trifft. So stellt beim Innovationslobbying – wie bei der allgemeinen Innovationskommunikation – die kontinuierliche Einbindung und die Rückkopplung mit den relevanten internen Fachbereichen ein Erfolgsfaktor dar. Als erfolgreicher Netzwerker und Kommunikator kann der Lobbyist darüber hinaus die von ihm erwartete Mittler- und Übersetzerfunktion zufriedenstellend ausfüllen. Gleichzeitig sollten für ein effizientes Lobbying auch andere Lobbyingformen wie das Lobbying über Verbände, Interessenkoalitionen oder Dienstleister bei der jeweiligen Innovation überprüft und unter Umständen hinzugezogen werden.

Während bei der Innovationskommunikation mit Kunden insbesondere der Nutzen einer Innovation im Vordergrund steht und Inhalte unterhaltend und emotional vermittelt werden, rücken beim Innovationslobbying politische Leitthemen in den Mittelpunkt, die möglichst sachlich und unter Einbeziehung politischer Sichtweisen vermittelt werden sollten.

Ein weiteres Kriterium für erfolgreiches Innovationslobbying ist im richtigen Timing zu sehen. Wurde bei der Ableitung von Erfolgsfaktoren für die Innovationskommunikation eine gesamtheitliche Betrachtungsweise verfolgt, bei der alle Stakeholdergruppen und Kommunikationsinstrumente berücksichtigt wurden, fokussiert sich das Rahmenkonzept für Innovationslobbying auf die zeitlichen Abläufe des politischen Systems. Ein effektives Zeitmanagement im Gesetzgebungsprozess, die Berücksichtigung des politischen Kalenders oder auch die zeitliche Synchronisation von politischen und unternehmerischen Innovationsprozessen gelten laut Fachliteratur als erfolgsversprechend.

Bei der Umsetzung der Lobbyingmaßnahmen kristallisierte sich heraus, dass weniger die massenmedialen Kanäle im Vordergrund stehen, sondern die direkte persönliche Kommunikation sowie das persönliche Erleben der Technologie im Rahmen von Unternehmensbesuchen oder auch Tec-Days. Parallel zum direkten Lobbying muss jedoch auch das indirekte Lobbying berücksichtigt werden. Die Aktivierung von gesellschaftlichen Meinungsführern kann ebenfalls hilfreich bei der Einführung von Innovationen sein. Schließlich darf bei modernen Lobbyingkonzepten auch die Erfolgsmessung nicht vernachlässigt werden. Um den Wertbeitrag des Innovationslobbyings für ein Unternehmen sichtbar zu machen und Lobbyingmaßnahmen effizienter und effektiver zu gestalten, sollten Evaluierungsmethoden eingesetzt werden, die die zu Beginn gesetzten Ziele überprüfen.

7.1.3 Erkenntnisse auf empirischer Ebene

Im empirischen Teil der Arbeit wurde das Innovationslobbying-Konzept auf die Elektromobilität als konkrete Innovation übertragen. Mittels qualitativer Experteninterviews mit Akteuren aus Politik und Wirtschaft (n=27) sowie einer quantitativen Online-Umfrage mit den relevanten politischen Entscheidungsträgern (n=205) konnten wichtige Impulse für das zukünftige Lobbying hinsichtlich der Elektromobilität gewonnen werden. So zeigte sich, dass das Thema Elektromobilität zwar auf der politischen Agenda als wichtig eingestuft wird, in naher Zukunft jedoch Hybridantriebe sowie optimierte Verbrennungsmotoren dominieren werden. Generell wird die Elektromobilität als ein Thema betrachtet, das auf Wohlgefallen bei den relevanten politischen Stakeholdern stößt und das hauptsächlich aus umwelt- und klimapolitischen Gründen vorangetrieben wird. Die Einbettung des Themas in eine intelligente Verkehrspolitik sowie die Verbindung zu regenerativ erzeugtem Strom müssen ebenfalls bei der Kommunikation dieser Innovation berücksichtigt werden.

Darüber hinaus kristallisierte sich heraus, dass sich Lobbyisten von der Politik bei dieser radikalen Innovation insbesondere die Übernahme einer Koordinationsfunktion wünschen. Auch der Aufbau einer geeigneten Infrastruktur, die Einführung von Subventionen für Forschungs- und Entwicklungsaktivitäten, der Aufbau von speziellen Bildungseinrichtungen oder auch die Schaffung von Normen und Standards gehören zu den weiteren politischen Tätigkeitsfeldern. Diese konkreten Maßnahmen müssen neben technischen Aspekten (Kosten,

Reichweite) und Metathemen (umweltpolitische, verkehrspolitische und wirtschaftspolitische Schwerpunkte) auch bei der inhaltlichen Vermittlung der Elektromobilität angesprochen werden. Eine möglichst frühzeitige und kontinuierliche Kommunikation mit der Legislativen und der Exekutiven sowie die Synchronisation von politischen und unternehmerischen Prozessen gelten laut der Befragten als erfolgsversprechend.

Bei der Durchführung von Maßnahmen sollte vor allem auf das persönliche Erleben der neuen Technologie gesetzt sowie die persönliche Kommunikation mit politischen Akteuren forciert werden. Bei der indirekten Kommunikation sind vor allem die Medien Meinungsführer Nummer 1 und haben den stärksten Einfluss, so dass eine enge Verzahnung des Innovationslobbyings mit den Unternehmenspressesprechern zwingend notwendig ist.

7.2 Innovationsbeitrag der Untersuchung

Nach der Zusammenfassung der Ergebnisse soll nachfolgend der Innovationsbeitrag der Untersuchung für Wissenschaft und Praxis herausgestellt werden.

Ein wesentlicher Innovationsbeitrag dieser Arbeit ist in der erstmaligen Differenzierung nach dem Innovationsgrad zu sehen, der in den bisherigen Forschungsarbeiten sowohl in der traditionellen Innovationsforschung als auch auf dem Gebiet der Innovationskommunikation nur rudimentär behandelt wurde. Radikale Innovationen verlangen aufgrund der Komplexität eine andere kommunikative Aufmerksamkeit als inkrementelle Innovationen. Sie stellen Kommunikationsmanager vor größere Herausforderungen, bieten jedoch auch gleichzeitig größere kommunikative Chancen. Des Weiteren ging diese Untersuchung auf die in der Fachliteratur häufig genannte Vernachlässigung von situativen Einflüssen bei der Einführung von radikalen Innovationen ein. Durch die gezielte Fokussierung auf die Kommunikation mit politischen Stakeholdern, zu denen Unternehmen eine Non-Market-Beziehung haben, wurden die Kontextfaktoren einer Innovation erstmals in den Vordergrund gestellt (siehe Kapitel 1.2.1).

Der Innovationskern dieser Untersuchung liegt hauptsächlich im Aufbau eines systematischen Konzepts, das auf einer interdisziplinären Vernetzung unterschiedlicher Forschungsgebiete basiert und sich auf einen Ausschnitt – nämlich auf die Kommunikation mit politischen Stakeholdern – konzentriert. So wurde einerseits durch die Orientierung an den Phasen des Kommunikationsmanagements eine Anbindung des Innovationslobbyings an die systematisch geplante, durchgeführte und evaluierte Innovationskommunikation und an betriebswirtschaftliche Paradigmen gewährleistet. Andererseits wurden mit dem Aufbau des Konzepts für das Innovationslobbying erstmals die allgemeinen Erkenntnisse der

Innovationskommunikation mit Erkenntnissen aus der allgemeinen Lobbying-Literatur sowie der Innovationsforschung verknüpft und somit ein neues Aussagesystem etabliert.

Schließlich weist das erstellte Innovationslobbying-Konzept eine starke Praxisrelevanz auf. So wird mit Hilfe dieses Rahmenkonzepts erstmals Lobbyisten in der Praxis ein spezifischer Leitfaden an die Hand gegeben, um die Herausforderungen, die sich gerade bei der Kommunikation zwischen Politik und Wirtschaft im Hinblick auf radikale Innovationen ergeben, erfolgreich bewältigen zu können. Gerade im Hinblick auf die Elektromobilität, die aktuell stark in der Politik und in der Öffentlichkeit diskutiert wird, leistet die hier durchgeführte empirische Studie einen Beitrag, indem sie für Lobbyisten in der automobilen oder automobilnahmen Branche Orientierung bietet und Handlungsempfehlungen für das Lobbying in Bezug auf diese konkrete Innovation gibt.

7.3 Kritische Reflexion und Limitationen

Der dreigliedrige Aufbau dieser Arbeit (Stufe 1: allgemeine Erfolgsfaktoren für die Innovationskommunikation, Stufe 2: spezifische Erfolgsfaktoren für Innovationslobbying, Stufe 3: konkrete Erfolgsfaktoren für das Lobbying hinsichtlich Elektromobilität) hatte zum Ziel, eine möglichst hohe Leserfreundlichkeit zu gewährleisten, indem Leserinnen und Lesern die Möglichkeit eingeräumt wurde, sich auf ihre jeweiligen Interessengebiete (Innovationskommunikation, Innovationslobbying oder Lobbying für Elektromobilität) in geschlossener Form zu konzentrieren. Gleichzeitig können durch diesen Aufbau Redundanzen nicht vermieden werden, da die jeweiligen Erkenntnisgewinne stets auf den vorherigen Kapiteln aufbauen und für die weitere Spezifizierung sowie Konkretisierung wieder aufgegriffen werden. Nach sorgfältiger Abwägung dieser Problematik wurde dennoch diese Variante gewählt.

Reflektiert man die inhaltliche Bestimmung der spezifischen Erfolgsfaktoren für das Innovationslobbying in dieser Untersuchung, werden ebenfalls Grenzen sichtbar. Die hier definierten Erfolgskriterien basieren auf Erkenntnissen der allgemeinen Lobbyingliteratur in Verknüpfung mit den Erkenntnissen aus der Innovationsforschung und der Innovationskommunikation. Jedoch wurden die hier bestimmten Erfolgsfaktoren nicht in einer weiteren Untersuchung explizit überprüft und bestätigt. Auch besteht bei der gewählten explorativen Vorgehensweise keine Gewähr auf Vollständigkeit.

Gleichzeitig muss das Innovationslobbying als Untersuchungsgegenstand kritisch reflektiert werden. Zum einen ist der Lobbyismus im Rahmen der pluralistischen Gesellschaftstheorie ein notwendiger Bestandteil der Demokratie, da im politischen Entscheidungsprozess die unterschiedlichen Positionen von Interessengruppen eingebracht werden müssen. Zum anderen birgt der Lobbyismus wegen seiner informellen Grundstruktur jedoch die Gefahr, zu illegalen und illegitimen Formen der Interessendurchsetzung zu greifen. Um der Schattenseite des Lobbyismus entgegenzuwirken, sind strengere Kontrollmechanismen und ein stärkeres Transparenzgebot nötig. Diese Punkte gilt es auch beim Innovationslobbying zu beachten.

Würdigt man die empirische Studie zur Elektromobilität als radikale Innovation kritisch und betrachtet das Untersuchungssample genauer, zeigt sich, dass die Einschätzungen der politischen Akteure der legislativen Gewalt auf Bundes-, Landes- und kommunaler Ebene sowohl in den Experteninterviews als auch in der Online-Umfrage starke Berücksichtigung gefunden haben. Die empirische Meinungserhebung der politischen Akteure der exekutiven Gewalt hinkt jedoch im Vergleich dazu hinterher, was auf den schwierigen Zugang zu Spitzenpolitikern der Regierung zurückzuführen ist. Durch die dargestellten Aktivitäten und Programme der Regierungsinstanzen (siehe Kapitel 2.6.4) und durch die Interviews mit hochrangigen Vertretern der Ministerialverwaltung, die direkt and die Regierungsspitze berichten, wurde versucht, diese methodische Schwäche zu kompensieren.

Gleichzeitig verlangt eine so hochaktuelle Innovation wie die Elektromobilität ein kontinuierliches Monitoring, da sich Einschätzungen und Haltungen gegenüber einer Innovation durch nicht vorhergesehene Situationen verändern können. Die empirische Datenerhebung wurde im Winter 2011/2012 durchgeführt, die Medienresonanzanalyse von 2007 bis August 2012. Aktuelle Nachrichten wie beispielsweise die von Audi im November veröffentlichte Mitteilung, die für 2012 geplante Produktion des Elektro-Sportwagens R8 E-Tron in Neckarsulm zu stoppen (vgl. Automobilwoche.de 2012) oder die von Daimler verkündete Verzögerung bei der Einführung von Brennstoffzellenfahrzeugen (vgl. auto-motor-und-sport.de 2012) konnten in dieser Untersuchung nicht mehr berücksichtigt werden. Vermutlich haben jedoch solche negativen Botschaften wiederum Auswirkungen auf die Meinungen oder die Handlungen von politischen Stakeholdern in Bezug auf die weitere Förderung der Elektromobilität, auch wenn der Verband der Deutschen Automobilindustrie im Frühjahr 2013 öffentlich bestätigt hat, dass die deutsche Autoindustrie nach wie vor an ihren ehrgeizigen Zielen für Elektromobilität festhält (vgl. Stuttgarter Zeitung 2013: 11).

Durch die Rückmeldungen aus dem empirischen Feld wurde zudem ersichtlich, dass die Einbeziehung von EU-politischen oder auch internationalen politischen Akteuren bei der Elektromobilität zwingend notwendig ist, da diese politischen Instanzen ebenfalls großen Einfluss auf den Erfolg der Innovation haben können. Zwar wurde aus Gründen der Komplexität ausschließlich die deutsche Politik bei der Konzeptualisierung von Erfolgsfaktoren für die Kommunikation mit politischen Stakeholdern betrachtet, jedoch zeigte sich gerade bei der Elektromobilität auf empirischer Ebene, dass geeignete Rahmenbedingungen für diese Innovation nur geschaffen werden können, wenn auch Standards und Normen vorliegen, die sich nicht von Land zu Land unterscheiden.

7.4 Ausblick: Ansatzpunkte für zukünftige Forschungsfelder

Zu guter Letzt werden weitere Ansatzpunkte für zukünftige Forschungsfelder identifiziert. Zum einen werden Vorschläge für die Optimierung des Innovationslobbying-Konzepts und für die theoretische Weiterentwicklung der Innovationskommunikation präsentiert, zum anderen soll ein Blick über den Tellerrand geworfen werden und beispielhaft weitere radikale Innovationen aus der Praxis diskutiert werden, die aus kommunikationsorientierter Sicht vielversprechende Forschungsfelder für die Zukunft darstellen.

7.4.1 Optimierung des Rahmenkonzepts für Innovationslobbying

Wie sich in Kapitel 7.3 gezeigt hat, kann das hier erstelle Innovationslobbying weiter optimiert werden. So sollten sich zukünftige Studien zu Innovationslobbying entweder mit der Erweiterung des hier illustrierten Rahmenkonzepts um die europäische Ebene beschäftigen oder eine explizite Fokussierung des Innovationslobbyings auf europäischer Ebene vornehmen. Dies ist vor allem vor dem Hintergrund sinnvoll, da die Europäische Kommission als Teil der Strategie Europa 2020 auch die Leitinitiative „Innovationsunion" eingeführt hat, die sich auf Innovationen konzentriert, *„die den wichtigsten sozialen Problemstellungen im Rahmen von Europa 2020 Rechnung tragen"* (Europäische Kommission 2012). Das Programm ist äußerst breit angelegt und bindet alle Interessenvertreter und Regionen ein. Aus kommunikationsorientierter Perspektive entstehen bei der Ausgestaltung dieser politischen Initiative folglich vielfältige kommunikative Herausforderungen, die es mittels Innovationslobbying zu bewältigen gilt.

Auch die Überprüfung der Erfolgsfaktoren stellt einen weiteren Optimierungsschritt des bestehenden Rahmenkonzepts dar. Die bisher definierten Erfolgsfaktoren sollten unter Bezugnahme von Hypothesenformulierungen überprüft werden. Somit wäre beispielsweise die Möglichkeit gegeben, den Stellenwert der einzelnen Erfolgsfaktoren genauer zu prüfen. Darüber hinaus könnten die in dieser Untersuchung nicht berücksichtigten Erfolgsfaktoren für Innovationslobbying in die zukünftige Forschung integriert werden, um die wissenschaftliche Qualität und Validität in diesem Forschungsfeld zu optimieren.

Nach dem Aufbau des Lobbying-Konzepts in dieser Studie muss der nächste Schritt auch darin gesehen werden, den konzeptuellen Rahmen in der Realität am Beispiel der Elektromobilität oder einer anderen radikalen Innovation tatsächlich durchzuführen und zu evaluieren. Eine Fokussierung auf das Kommunikationscontrolling wurde in diesem Themenfeld bisher auch nicht vorgenommen und bietet somit Raum für weitere Forschungsvorhaben. Hier bietet sich beispielsweise die Aktionsforschung an, mittels der in zyklischen Prozessen in Zusammenarbeit mit den Feldsubjekten (Lobbyisten) das Konzept operationalisiert und eine kontinuierliche Rückkopplung zwischen Theorie und Praxis durchgeführt wird. Vor allem der von Kaplan für die Betriebswirtschaft entwickelte Ansatz „Innovation Action Research" könnte sich bei radikalen Innovationen als sinnvoll erweisen. Dieser setzt auf Implementierungsrunden über mehrere Jahre und eine Modifizierung der Handlungsempfehlungen bei unbefriedigendem Resultat in der Praxis (vgl. Kaplan 1998: 97 ff). Gerade bei der Elektromobilität, über deren Erfolg erst mittelfristig entschieden werden kann und somit die Kommunikation in den nächsten Jahrzehnten ein entscheidender Erfolgsfaktor darstellt, ist eine weitere Auseinandersetzung aus kommunikationswissenschaftlicher Perspektive zwingend notwendig.

7.4.2 Theoretische Weiterentwicklung des Forschungsfeldes Innovationskommunikation

Zieht man aus den in dieser Untersuchung gewonnenen Erkenntnissen wiederum Rückschlüsse auf die allgemeine Innovationskommunikation und deren zukünftige Forschungsfelder, lässt sich Folgendes festhalten: Die Beschäftigung mit der ausgewählten Zielgruppe Politik und mit einer konkreten Innovation hat gezeigt, dass – gerade durch den nicht zu unterschätzenden Einfluss der Meinungsführer – auch bei weiteren Stakeholdergruppen zielgruppenadäquate Maßnahmenkataloge entwickelt werden müssen, um als Unternehmen eine insgesamt möglichst starke Kommunikationswirkung bei der Einführung von Innovationen zu erreichen.

Aus der Empirie stammte z. B. auch der Hinweis, den Stellenwert der NGOs als Meinungsführer im Innovationskontext genauer aus kommunikationsorientierter Sicht zu betrachten, da große Uneinigkeit bezüglich des Einflusspotenzials von Nicht-Regierungsorganisationen auf den Erfolg von Innovationen besteht. Hier könnte analog zu der in dieser Untersuchung ausgewählten systematischen Vorgehensweise ein Kommunikationskonzept mit NGOs aufgebaut werden und relevante Akteure und Themen identifiziert sowie geeignete Kommunikationsmaßnahmen vorgeschlagen werden. Auch existieren bei anderen Stakeholdergruppen der Innovationskommunikation erhebliche Forschungslücken. So müsste beispielsweise ein spezifisches Kommunikationskonzept für Stakeholder aus dem wissenschaftlichen Bereich erstellt werden. Ähnlich verhält es sich mit der Gruppe der Zulieferer oder Investoren. Die Entwicklung von stakeholderorientierten Kommunikationsmodellen im Innovationskontext kann dann auch Ausgangspunkt sein, um die zwischen den jeweiligen Stakeholdergruppen existierenden kommunikativen Beziehungen in einem übergeordneten kommunikativen Modell zu verknüpfen und Wechselwirkungen zu analysieren.

Neben der Differenzierung nach Stakeholdern bietet sich auch eine kommunikationsorientierte Beschäftigung mit den einzelnen Innovationsdimensionen an. So unterscheiden sich kommunikationswissenschaftliche Fragestellungen je nach Innovationsobjekt, Innovationssubjekt oder nach dem aktuellen Status Quo im Innovationsprozess. Darüber hinaus könnten sich zukünftige Studien explizit mit dem Wertbeitrag der Kommunikation bei der Innovationsentstehung oder bei der Innovationsdiffusion beschäftigen. Wie muss beispielsweise die Kommunikation im Forschungs- und Entwicklungsbereich eines Unternehmens gestaltet werden, damit eine innovationsfördernde Unternehmenskultur entsteht, in der Interesse, Neugier, Kreativität und Offenheit gefördert wird? Welche Anreize können durch interne Kommunikationsmaßnahmen gesetzt werden? Wie können Innovationen in der Entwicklungsphase oder auch in der Produktionsphase durch innovationsbezogene Führungskommunikation effizienter durchgesetzt werden? Bei diesen Fragestellungen bieten sich beispielsweise theoretische Konzepte aus der Motivationspsychologie in Verbindung mit kommunikationswissenschaftlichen Ansätzen an. Auch die Frage, wie die Kommunikation gestaltet werden muss, um interne oder externe Innovationswiderstände abzubauen bzw. zu verhindern, sollte mittels weiterführender Untersuchungen bearbeitet werden. Ebenso bieten sich Innovationsnetzwerke und die dabei entstehenden kommunikativen Herausforderungen als Untersuchungsfeld an. Wie kann der Informationsfluss zwischen den unterschiedlichen Akteuren aus Wirtschaft, Wissenschaft, Politik und Gesellschaft in den jeweiligen Netzwerken sichergestellt werden, damit Deutschland weiterhin wettbewerbsfähig bleibt? Ein netzwerkanalytischer Ansatz könnte sich hierbei als sinnvoll erweisen.

Auch die in jüngster Zeit in der Öffentlichkeit kontrovers diskutierten industriellen Großprojekte und die in diesem Zusammenhang stärker geforderte Bürgerbeteiligung stellen angrenzende Forschungsfelder dar. In dieser Untersuchung wurden bereits einige Goßprojekte erwähnt, da diese in gewisser Weise auch einen Innovationscharakter besitzen. Der in dieser Untersuchung gewählte Ansatz sollte jedoch noch weiterentwickelt werden und sich auf Erfolgsfaktoren für die Kommunikation im Rahmen von Großprojekten konzentrieren. Erste wissenschaftliche Erkenntnisse zur Kommunikation von Großprojekten liegen bereits vor (vgl. Brettschneider 2011: 40-46) und können für weiterführende Forschungsarbeiten als Ausgangspunkt genutzt werden.

Zukünftig sollten bei kommunikationswissenschaftlichen Forschungsvorhaben auch die Social-Media-Kanäle als Kommunikationsinstrumente im Innovationskontext untersucht werden. Gerade in Zeiten von „Shitstorms" oder „Candystorms" darf die Wirkung dieser Instrumente auf den Erfolg einer Innovation nicht missachtet werden. So können sich beispielsweise kritische Stakeholdergruppen über Social-Media-Kanäle vernetzen und Demonstrationen oder Boykottaufrufe gegen eine Innovation initiieren. Gleichzeitig haben aber auch die Unternehmen über die eigenen Social-Media-Kanäle die Möglichkeit, den Dialog mit den Stakeholdern zu pflegen und auf Rückmeldungen hinsichtlich einer Innovation dementsprechend zu reagieren.

7.4.3 Ein Blick in die Praxis: Untersuchungsbedarf bei weiteren radikalen Innovationen

Neben der Elektromobilität als empirisches Musterbeispiel gibt es weitere radikale Innovationen in der Praxis, die aus kommunikationsorientierter Sicht zukunftsträchtige Forschungsfelder darstellen. Wie zu Beginn dieser Arbeit illustriert, konzentriert sich die Bundesregierung im Rahmen der Hightech-Strategie insbesondere auf fünf Bedarfsfelder, in denen Innovationen notwendig sind: Klima/Energie, Gesundheit/Ernährung, Mobilität, Sicherheit und Kommunikation (vgl. Kapitel 1.2.2). Die in diesen Feldern entstehenden Innovationen bieten beste Voraussetzungen für kommunikationswissenschaftliche Fragestellungen.

Im Bereich Klima/Energie stellen insbesondere die regenerativen Energietechnologien (Windkraftanlagen, Photovoltaik- oder Wasserkraftanlagen) oder auch Innovationen im Bereich Bioenergie (Technologien zur Umwandlung von Biomasse zur energetischen und stofflichen Verwendung) Antworten auf Klimawandel, Rohstoffverknappung und Energiemangel dar (vgl. Bundesregierung 2012a). Auch Umwelttechnologien wie z. B. energieeffiziente Niedrigenergiehäuser leisten einen wichtigen Beitrag zu einem schonenden Umgang mit Ressourcen (vgl. Bundesregierung 2012b). Da die Innovationen auf diesem Gebiet äußerst komplex sind, bedarf es eines engen Dialogs zwischen Politik, Wirtschaft und Gesellschaft. Hier bietet sich die Anwendung des systematischen Rahmenkonzepts für Innovationslobbying oder eine modifizierte Form für andere Stakeholdergruppen ebenfalls an. In diesem Zusammenhang ist es auch ratsam, sich mit den Publikationen der Studie „Energiekommunikation" (vgl.

Mast/Stehle/Krüger 2011; Mast/Stehle/Krüger 2010; Stehle/Krüger 2010) zu beschäftigen, da in dieser bereits Eckpunkte für eine erfolgreiche Energiekommunikation identifiziert wurden und somit fundierte Anschlussmöglichkeiten für weitere Forschungsaktivitäten gegeben sind.

Aktuelle Herausforderungen im Gesundheitsbereich sind unter anderem im demographischen Wandel und in der Verbreitung von Volkskrankheiten zu sehen. Die Alterung der Bevölkerung ist beispielsweise ein Thema unserer Zeit. Sicheres und unabhängiges Wohnen im Seniorenalter kann durch neue Technologien wie beispielsweise durch ein über Sensoren gesteuertes Hausnotrufsystem, das im Fall von Stürzen den Rettungsdienst benachrichtigt, erleichtert werden (vgl. Bundesministerium für Bildung und Forschung 2011: 14). Um die relevanten Zielgruppen erreichen und über neue Möglichkeiten zu informieren, bedarf es geeigneter Kommunikationsstrategien und -maßnahmen. In ländlichen Regionen, in denen Ärztemangel herrscht, stellen telemedizinische Therapieformen eine mögliche Lösung dar (vgl. Bundesregierung 2012c). Hier schicken Patienten, die beispielsweise unter Bluthochdruck leiden, ihre Daten via Telefon/Internet an Ärzte oder Krankenhäuser. In diesem Zusammenhang hat auch das jüngst erfundene „einnehmbare Sensor- und Überwachungssystem" des Pharmaunternehmens Proteus Biomedical große Aufmerksamkeit erfahren: Ein Patient schluckt eine Pille, in der ein Chip eingebaut wurde. Wurde die Tablette geschluckt, wird ein Signal an einen Receiver übermittelt, den der Patient am Körper trägt. Dieses Gerät wiederum schickt die Informationen inklusive Daten wie Herzfrequenz etc. mittels Mobilfunk weiter an den Arzt. Auch wenn dieses Szenario heute noch wie Science-Fiction klingt, kann es morgen evtl. schon Realität sein (vgl. Heeg 2011).

Ein weiteres vielversprechendes Forschungsfeld im Bereich Gesundheit ist die Humangenomforschung, die die Erforschung von Krankheitsursachen in den Mittelpunkt stellt. Die Untersuchungen stellen wichtige Voraussetzungen für neue Produkte, Prozesse oder Dienstleistungen dar, wie das Bundesministerium für Bildung und Forschung festhält:

> „So beginnt die moderne Arzneimittelentwicklung häufig mit der Identifizierung der Gene und Genprodukte, die für die Entstehung und den Verlauf von Krankheiten wichtig sind. Diese molekularen Zielstrukturen bieten Ansatzpunkte für die Entwicklung neuer Wirkstoffe" (Bundesministerium für Bildung und Forschung 2012c).

Gerade das in der Untersuchung illustrierte Beispiel des Klonschafes Dolly (siehe Kapitel 3.1.3.3) macht deutlich, welche öffentliche Debatte die Genforschung hervorrufen kann. Daher ist es zwingend notwendig, die Einführung von neuen

Pharmaka auf diesem Feld frühzeitig kommunikativ zu begleiten, um Ängsten und Vorurteilen bei den Ziel- und Anspruchsgruppen entgegenzuwirken.

Der Sektor Mobilität weist neben der Elektromobilität weitere Innovationen wie Luftfahrttechnologien, maritime Technologien, Verkehrstechnologien oder gar Raumfahrttechnologien auf. Hierzu zählen z. B. eine verbesserte Aerodynamik bei Flugzeugen, Evakuierungs- und Rettungssysteme für Schiffe oder auch Unterwasserfahrzeuge zur Erkundung des Meeresbodens (vgl. Bundesministerium für Bildung und Forschung 2010: 16; Bundesministerium für Wirtschaft und Technologie 2011: 38, 41). Durch die große thematische Nähe kann das hier vorgestellte Innovationslobbying-Konzept eine hilfreiche Orientierung für den Aufbau einer erfolgreichen Kommunikation für Innovationen auf anderen Mobilitätsfeldern bieten.

Im Bereich Sicherheit geht es vorrangig in Zeiten von Globalisierung und Internationalisierung darum, Bürger, Wirtschaft und kritische Infrastrukturen durch Innovationen vor organisierter Kriminalität, terroristischen Anschlägen, Spionage oder auch vor Umwelt- und Naturkatastrophen zu schützen (vgl. Bundesministerium für Bildung und Forschung 2012d: 2). Innovative Technologien wie beispielsweise Detektionssysteme für Gefahrstoffe aller Art oder innovative Frühwarnsysteme, die z. B. vor Erdbeben warnen, stellen vielversprechende Lösungsansätze dar und bieten ebenfalls Raum für kommunikationswissenschaftliche Untersuchungen.

Schließlich gewinnen durch die zunehmende Digitalisierung Informations- und Kommunikationstechnologien immer mehr an Bedeutung. 2011 hat der Telekommunikationshersteller Ericsson beispielsweise auf der Mobilfunkmesse in Barcelona einen „connected tree" vorgestellt. Das Orangenbäumchen wurde mit einer Sensorik, die Änderungen im elektromagnetischen Umfeld erkennt, ausgestattet und wies spezielle kommunikative Fähigkeiten auf. So konnte das Bäumchen per SMS und Twitter seiner Umwelt Botschaften wie *„Fünf freundliche Besucher haben meine Blätter berührt. So langsam mag ich diesen Ort"* mitteilen. Auch wenn es sich bei diesem Beispiel um einen PR-Gag handeln mag, wird vor allem eine Botschaft transportiert: Zukünftig kann wirklich alles auf der Welt vernetzt werden (vgl. Haag 2011). Informations- und Kommunikationstechnologien sind dabei, die Arbeits- und Lebenswelt in sämtlichen Bereichen zu revolutionieren. Das hier dargestellte Beispiel für „das Internet der Dinge", bei dem die Objekte selbst Informationen übermitteln, ist eines. Weitere Technologien wie „Smart Grids", die eine intelligente Energieversorgung zum Ziel haben, oder auch das „Cloud Computing", bei dem digitale Daten nicht mehr lokal, sondern auf einer externen Infrastruktur bearbeitet und gespeichert werden, sind weitere zukunftsträchtige Forschungsfelder, die auch von der Bundesregierung verstärkt gefördert werden (vgl. Bundesministerium für Bildung und Forschung 2010: 18). Eine zielgruppenorientiere Kommunikation ist bei allen Technologien notwendig, denn *„Forschung und Innovationen brauchen den Dialog mit der Gesellschaft und der konkreten Arbeitswelt"* (Bundesministerium für Bildung und Forschung 2010: 11).

Die genannten Beispiele machen deutlich, dass es an kreativen Ideen in Deutschland nicht mangelt. Um jedoch nicht nur ein Land der Ideen zu sein, sondern auch ein Land der Innovationen, müssen Neugierde und Interesse für Technologien stärker gefördert werden. Ziel muss es sein, auf der gesamtgesellschaftlichen Ebene ein positiveres Innovationsklima herzustellen. Denn die beste Idee ist wertlos, wenn sie nicht realisiert wird bzw. nicht professionell kommuniziert wird. So muss bei der gesellschaftsweiten Kommunikation in Zukunft noch stärker hervorgehoben werden, dass Innovationen – unter Berücksichtigung ethischer Aspekte und Aspekte der Nachhaltigkeit – über das Potenzial verfügen, die Zukunft zu verbessern und für Wachstum und Wohlstand zu sorgen. Oder um diese Arbeit mit den Worten des ehemaligen Bundespräsidenten Roman Herzog enden zu lassen.

„Die Fähigkeit zur Innovation entscheidet über unser Schicksal."
Roman Herzog, siebter Bundespräsident der Bundesrepublik Deutschland

Literaturverzeichnis

Abels, Gabriele/Behrens, Maria (2009): ExpertInnen-Interviews in der Politikwissenschaft. Eine sekundär-analytische Reflexion über geschlechtertheoretische und politikfeldanalytische Effekte. In: Bogner, Alexander/Littig, Beate/Menz, Wolfgang (Hrsg.): Das Experteninterview – Theorie, Methode, Anwendung: 2. Auflage. Wiesbaden: VS Verlag für Sozialwissenschaften. S. 159-180.

Abt, Dietmar (1998): Die Erklärung der Technikgenese des Elektromobils. Frankfurt am Main; Berlin; Bern: Lang.

Achleitner, Paul (1985): Sozio-politische Strategien multinationaler Unternehmen. Ein Ansatz gezielten Umweltmanagements. Bern; Stuttgart: Paul Haupt.

Aeschbacher, Roger (2009): Maximale Innovation durch Management by Conversation. Zürich; Chur: Rüegger.

Afuah, Allan (1998): Innovation Management. Strategies, Implementation and Profits: New York: Oxford University Press.

Afuah, Allan/Tucci, Christopher L. (2001): Internet Business Models and Strategies. Text and Cases. Boston: McGraw-Hill.

Alemann, Ulrich von (1989): Organisierte Interessen in der Bundesrepublik. 2. Auflage. Opladen: Leske+Budrich.

Alemann, Ulrich von (2000): Vom Korporatismus zum Lobbyismus? Die Zukunft der Verbände zwischen Globalisierung, Europäisierung und Berlinisierung. In: Aus Politik und Zeitgeschichte. (APuZ 26-27). Abrufbar unter: http://www.bpb.de/apuz/ 25539/vom-korporatismus-zum-lobbyismus?p=0.

Alemann, Ulrich von/Heinze, Rolf (1981): Verbände und Staat. Vom Pluralismus zum Korporatismus. Analysen, Positionen, Dokumente. 2. Auflage. Opladen: Westdeutscher Verlag.

Alemann, Ulrich von/Eckert, Florian (2006): Lobbyismus als Schattenpolitik. In: Aus Politik und Zeitgeschichte. (APuZ 15-16). Abrufbar unter: http://www.bpb.de/ publikationen/AEO0TA,0,Lobbyismus_als_Schattenpolitik.html.

Althaus, Marco (2007): Public Affairs und Lobbying. In: Piwinger, Manfred/Zerfaß, Ansgar (Hrsg.): Handbuch Unternehmenskommunikation. Wiesbaden: Gabler. S. 797-818.

Althaus, Marco/Geffken, Michael/Rawe, Sven (2005): Handlexikon Public Affairs. Münster: LIT.

Althaus, Marco/Rawe, Sven (2005): Einfluss und Erfolgsfaktoren im Lobbying der Wirtschaftsverbände. Ausgewählte Ergebnisse des DIPA-Verbändesurvey. In: Zeitschrift Deutsches Institut für Public Affairs. Berlin. Abrufbar unter: http://www.marco althaus.de/resources/PAM2+DIPA+Verbaendesurvey.pdf.

Arbeitskreise Innovative Verkehrspolitik und Nachhaltige Strukturpolitik der Friedrich-Ebert-Stiftung (2010): Zukunft der deutschen Automobilindustrie: Herausforderungen und Perspektiven für den Strukturwandel im Automobilsektor. Diskussionspapier. Abrufbar unter: http://library.fes.de/pdf-files/wiso/07703.pdf.

Arend, Heike (2005): Neue Aufgaben – neue Informationspolitik: Kommunikationsstrategien im Change Management. In: Mast, Claudia/Zerfaß, Ansgar (Hrsg.): Neue Ideen erfolgreich umsetzen. Das Handbuch der Innovationskommunikation. Frankfurt am Main: F.A.Z.-Buch. S. 169-178.

Arthur D. Little (2006): Innovation Excellence. Erfahrungen im Innovationsmanagement. Abrufbar unter: http://www.adlittle.de/uploads/tx_extthoughtleadership/ADL_Innovation_excellence_erfahrungen_adl.pdf.

Arthur D. Little (2010): Winning on the E-Mobility Playing Field. How to avoid a "red" business case for "green" vehicles. Abrufbar unter: http://www.e-connected.at/userfiles/AMG_2010_Winning_on_the_e-mobility_playing_field_final.pdf.

A.T. Kearney (2009): Energiewirtschaft macht mobil. Elektromobilität bietet europäischen Energieunternehmen Umsatzpotenziale in Milliardenhöhe. Abrufbar unter: http://www.atkearney.de/content/veroeffentlichungen/executivebriefs_detail.php/id/50848/practice/energie.

Atteslander, Peter (2010): Methoden der empirischen Sozialforschung. 13. Auflage. Berlin: Erich Schmidt.

Aufricht, Eric (2012): Lobby nach Maß. In: politik & kommunikation. Abrufbar unter: http://www.zu.de/deutsch/aktuelles_presse/zu_presse/ref/2012_06_25_politikundko mmunikationLobbynachMass.pdf.

Automobilwoche.de (2012): Audi stoppt Elektro-Sportwagen R8 E-Tron. Abrufbar unter: http://www.automobilwoche.de/article/20121109/DPA/311089917

auto-motor-und-sport.de (2011): Zetsche zu Elektroautos. Durchbruch gelingt nur mit Kaufanreizen. Abrufbar unter: http://www.auto-motor-und-sport.de/eco/zetsche-zu-elektroautos-durchbruch-gelingt-nur-mit-kaufanreizen-3337731.html.

auto-motor-und-sport.de (2011): Brennstoffzelle. Allianz von Daimler, Ford und Nissan. Abrufbar unter: http://www.auto-motor-und-sport.de/news/brennstoffzelle-allianz-von-daimler-ford-und-nissan-5820874.html.

Bain & Company (2010): Zum E-Auto gibt es keine Alternative. Abrufbar unter: http://www.e-connected.at/userfiles/Bain%20Brief_Zum%20E-Auto%20gibt%20es %20keine%20Alternative_2010_Final.pdf.

Balzter, Sebastian (2010): Gescheiterte Ingenieursprojekte. Reif für die Tonne. In: Frankfurter Allgemeine Zeitung Online. Abrufbar unter: http://www.faz.net/artikel/C30125/gescheiterte-ingenieursprojekte-reif-fuer-die-tonne-30001935.html.

Bartl, Michael (2008): Open Innovation. In: HYVE – the innovation company. Abrufbar unter: http://hyve.de/cms/upload/f_1599_WhitePaper_OpenInnovation.pdf.

Bartsch, Matthias von/Becker, Sven/Bode, Kim/Friedmann, Jan/Hollersen, Wiebke/Kaiser, Simone/Kurbjuweit, Dirk/Müller, Peter/Popp, Maximilian/Schmid, Barbara (2010): Das Volk der Widerborste. In: Spiegel Online. Abrufbar unter: http://www.spiegel.de/spiegel/print/d-73479952.html.

Bauer, Reinhold (2004a): Scheitern als Regelfall. Kein Bedarf für Plastikräder. In: Der Freitag – Das Meinungsmedium. Aktuelle Artikel, News und Blogbeiträge zu Politik, Kultur, Alltag und vielem mehr. Abrufbar unter: http://www.freitag.de/2004/ 43/04431801.php.

Bauer, Reinhold (2004b): Interview zu Technik-Flops. "Scheitern ist wichtig". In: Spiegel Online. Abrufbar unter: http://www.spiegel.de/netzwelt/tech/0,1518,318203,00. html.

Bauer, Reinhold (2006): Gescheiterte Innovationen: Fehlschläge und technologischer Wandel. Frankfurt am Main. Campus.

Beer, Konrad (2010): Innovation versus Idee: Was trennt und was verbindet? Betrachtungen mit und aus den Augen des Ideenmanagements. In: Ideenmanagement. Zeitschrift für Vorschlagswesen und Verbesserungsprozesse. Heft 1. S. 25-26.

Belitz, Heike/Schrooten, Mechthild (2008): Innovationssysteme – Motor der Wirtschaft. In: Vierteljahrshefte zur Wirtschaftsforschung. Band 77. Heft 2. S. 5-10. Abrufbar unter: http://www.diw.de/documents/publikationen/73/85928/diw_vjh_08-2-1.pdf.

Belz, Christian/Schögel, Marcus/Tomczak, Torsten (2007): Innovation Driven Marketing. In: Belz, Christian/Schögel, Marcus/Tomczak, Torsten (Hrsg.): Innovation Driven Marketing. Vom Trend zur innovativen Marketinglösung. Wiesbaden: Gabler. S. 5-19.

Bender, Gunnar/Reulecke, Lutz (2003): Handbuch des deutschen Lobbyisten. Wie ein modernes und transparentes Politikmanagement funktioniert. Frankfurt am Main: F.A.Z.-Buch.

Bentele, Günter (2003): Kungelei oder legitime Kommunikation? Innen- und Außenwahrnehmung des Lobbyismus. Politikkongress. Berlin. Abrufbar unter: http:// www.politikkongress.de/_files/archiv/vortraege2003/bentele.pdf.

Bentele, Günter (2007): Vorwort: Legitimität der politischen Kommunikation? In: Rieksmeier, Jörg (Hrsg.): Praxisbuch. Politische Interessenvermittlung. Instrumente – Kampagnen – Lobbying. Wiesbaden: VS Verlag für Sozialwissenschaften. S. 13-21.

Bentele, Günter/Fröhlich, Romy/Szyszka, Peter (2008): Handbuch der Public Relations. Wissenschaftliche Grundlagen und berufliches Handeln. Wiesbaden: VS Verlag für Sozialwissenschaften.

Bentele, Günter/Nothhaft, Howard (2007): Konzeption von Kommunikationsprogrammen. In: Piwinger, Manfred/Zerfaß, Ansgar (Hrsg.): Handbuch Unternehmenskommunikation. Wiesbaden: Gabler. S. 357-380.

Berenberg Bank/HWWI Hamburgisches Weltwirtschaftsinstitut (2009): Mobilität. Strategie 2030. Vermögen und Leben in der nächsten Generation. Nr. 10. Abrufbar unter: http://www.hwwi.org/fileadmin/hwwi/Publikationen/Partnerpublikationen/Beren berg/Strategie-2030_Mobilitaet.pdf.

Bergner, Douglas (1989): International Political Affairs. In: Macharzina, Klaus/Welge, Martin K. (Hrsg.): Handwörterbuch Export und Internationale Unternehmung. Stuttgart: Schäffer-Poeschel. Sp. 884-891.

Bessant, John/Tidd, Joe (2007): Innovation und Entrepreneurship. Chichester: John Wiley & Sons.

Better Place (2012): Die Lösung. Abrufbar unter: http://deutschland.betterplace.com/the-solution.

Bienzeisler, Bernd/Ganz, Walter (2006): Dienstleistungsinnovation als Erfolgsfaktor – Erfolgsfaktoren der Dienstleistungsinnovation. Innenansichten der Initiative »Partner für Innovation«. In: Wirtschaftspolitische Blätter. Jg. 53. Heft 3. S. 343-352.

Bihler, Ulrich/Lindberg, Jörg (2005): Innovationskultur als Motor der Wettbewerbsfähigkeit: Cross Media und Events in der internen Kommunikation. In: Mast, Claudia/Zerfaß, Ansgar (Hrsg.): Neue Ideen erfolgreich umsetzen. Das Handbuch der Innovationskommunikation. Frankfurt am Main: F.A.Z.-Buch. S. 179-187.

Binsack, Margit (2003): Akzeptanz neuer Produkte. Vorwissen als Determinante des Innovationserfolgs. Wiesbaden: Gabler.

BITKOM Bundesverband Informationswirtschaft, Telekommunikation und neue Medien e. V. (2010): Studie „Elektromobilität" Abrufbar unter: http://www.bitkom.org/files/documents/BITKOM_Elektromobilitaet_Extranet.pdf.

Blumenfeld, Katharina/Gillenberg, Nicole (2007): Innovationskommunikation als Teil der CEO-Kommunikation: Wie Top-Manager Innovationen kommunizieren. In: Huck, Simone (Hrsg.): Innovationskommunikation. Innovationen verständlich vermitteln: Strategien und Instrumente der Innovationskommunikation. Kommunikation und Analysen. Band 5. Stuttgart: Universität Hohenheim. Lehrstuhl für Kommunikationswissenschaft und Journalistik. S. 9-48. Abrufbar auch unter: http://opus.ub.uni-hohenheim.de/volltexte/2008/266/pdf/Band5_Ausgewaehlte_Instrumente_der_ Innovationskommunikation_final.pdf.

Bogner, Alexander/Menz, Wolfgang (2009): Experteninterviews in der qualitativen Sozialforschung. Zur Einführung in eine sich intensivierende Methodendebatte. In: Bogner, Alexander/Littig, Beate/Menz, Wolfgang (Hrsg.): Experteninterviews – Theorien, Methoden, Anwendungsfelder. 3., grundlegend überarbeitete Auflage. Wiesbaden: VS Verlag für Sozialwissenschaften. S. 7-34.

Borchert, Jan Eric/Goos, Philipp/Hagenhoff, Svenja (2004): Innovationsnetzwerke als Quelle von Wettbewerbsvorteilen. In: Schumann, Matthias (Hrsg.): Arbeitsbericht Nr. 11. Institut für Wirtschaftsinformatik: Universität Göttingen. Abrufbar unter: http://www2.as.wiwi.uni-goettingen.de/getfile?DateiID=519.

Bornhoeft, Petra/Dohmen, Frank/Hawranek, Dietmar/Reiermann, Christian/Reuter, Wolfgang/Steingart, Gabor (2004): Maut. Berliner Toll-Haus. In Spiegel Online: Abrufbar unter: http://www.spiegel.de/spiegel/print/d-30090474.html.

Brecht, Michael (2009): Systematische Kommunikation im Innovationsmanagement – Die Vodafone Future Products Unit. In: Zerfaß, Ansgar/Möslein, Kathrin (Hrsg.): Kommunikation als Erfolgsfaktor im Innovationsmanagement. Strategien im Zeitalter der Open Innovation. Wiesbaden: Gabler. S. 307-320.

Brettschneider, Frank (2011): Kommunikation und Meinungsbildung bei Großprojekten. In: Aus Politik und Zeitgeschichte. Band 61. S. 40-46. Abrufbar unter: http://www.bpb.de/apuz/59726/demokratie-und-beteiligung-pdf.

Brettschneider, Frank/Ostermann, Bernd (2006): Studie: Communication Performance Management. Vom Kommunikationscontrolling zum Communication Performance Management. In: Media Tenor Forschungsbericht. Nr. 155. Quartal 3. S. 80-84. Abrufbar unter: https://komm-con.uni-hohenheim.de/fileadmin/einrichtungen/komm/PDFs/Komm-Con/Brettschneider_Ostermann_2006_CPF.pdf.

Broichhausen, Klaus (1982): Knigge und Kniffe für die Lobby in Bonn. München: Langen-Müller/Herbig.

Brosius, Hans-Bernd/Koschel, Friederike/Haas, Alexander (2005): Methoden der empirischen Kommunikationsforschung. Eine Einführung. 3. Auflage. Wiesbaden; Opladen: VS Verlag für Sozialwissenschaften.

Bruhn, Manfred (2005): Unternehmens- und Marketingkommunikation. Handbuch für ein integriertes Kommunikationsmanagement. München: Vahlen.

Bruhn, Manfred/Esch, Franz-Rudolf/Langner, Tobias (2009): Grundlagen der Kommunikation. Herausforderungen und Ansätze eines systematischen Kommunikationsmanagements. In: Bruhn, Manfred/Esch, Franz-Rudolf/Langner, Tobias (Hrsg.): Handbuch Kommunikation. Grundlagen – innovative Ansätze – praktische Umsetzungen. Wiesbaden: Gabler. S. 3-22.

Bührer, Werner (2006): Unternehmerverbände und Staat in Deutschland. In: Aus Politik und Zeitgeschichte. (APuZ 15-16). Abrufbar unter: http://www.bpb.de/apuz/29801/ unternehmerverbaende-und-staat-in-deutschland.

Bullinger, Hans-Jörg (1996): Erfolgsfaktor Mitarbeiter: Motivation – Kreativität – Innovation. Stuttgart: Teubner.

Bullinger, Hans-Jörg/Engel, Kai (2006): Best Innovator – Erfolgsstrategien von Innovationsführern. Praxisorientierter Leitfaden für Unternehmen zur erfolgreichen Organisation von Innovationsmanagement. 2. Auflage. München: Finanzbuch.

Bund für Umwelt und Naturschutz (2009): Für eine zukunftsfähige Elektromobilität: umweltverträglich, erneuerbar, innovativ. In: BUND. Freunde der Erde. Abrufbar unter:
http://www.bund.net/bundnet/themen_und_projekte/verkehr/autoverkehr/alternative _antriebe/elektromobilitaet/.

Bundesministerium für Bildung und Forschung (2010): Die Hightech-Strategie für Deutschland. Abrufbar unter: http://www.bmbf.de/pubRD/bmbf_hts_lang.pdf.

Bundesministerium für Bildung und Forschung (2011): Das Alter hat Zukunft. Forschungsagenda der Bundesregierung für den demografischen Wandel. Abrufbar unter: http://www.bmbf.de/pub/alter_hat_zukunft.pdf.

Bundesministerium für Bildung und Forschung (2012a): Elektromobilität: Das Auto neu denken. Abrufbar unter: http://www.bmbf.de/de/14706.php/.

Bundesministerium für Bildung und Forschung (2012b): Fünf Wegbereiter für künftigen Wohlstand. Pressemitteilung. Abrufbar unter: http://www.bmbf.de/press/3224.php.

Bundesministerium für Bildung und Forschung (2012c): Medizinische Genomforschung. Abrufbar unter: http://www.bmbf.de/de/1038.php.

Bundesministerium für Bildung und Forschung (2012d): Forschung für die zivile Sicherheit 2012 – 2017. Rahmenprogramm der Bundesregierung. Abrufbar unter: http:// www.bmbf.de/pub/rahmenprogramm_sicherheitsforschung_2012.pdf

Bundesministerium für Wirtschaft und Arbeit (2004): Wirtschaftsbericht 2004. Zukunftsfaktor Innovationen. Abrufbar unter: http://www.bmwi.de/BMWi/Redaktion/PDF/ B/br-wirtschaftsbericht-2004,property=pdf,bereich=bmwi2012,sprache=de,rwb=true .pdf.

Bundesministerium für Wirtschaft und Technologie (2010): Corporate Citizenship. Abrufbar unter: http://www.bmwi.de/BMWi/Navigation/Mittelstand/corporate-citizenship.html.

Bundesministerium für Wirtschaft und Technologie (2011): Maritime Technologien der nächsten Generation. Das Forschungsprogramm für Schiffbau, Schifffahrt und Meerestechnik 2011 – 2015. Abrufbar unter: http://www.ptj.de/lw_resource/datapool/_items/item_2509/programm-schifffahrt_barrierefrei.pdf.

Bundesministerium für Wirtschaft- und Technologie/Bundesministerium für Verkehr, Bau und Stadtentwicklung (2010a): Nationale Plattform Elektromobilität nimmt Arbeit auf. Gemeinsame Pressemitteilung des Bundesministeriums für Wirtschaft und Technologie und des Bundesministeriums für Verkehr, Bau und Stadtentwicklung. Abrufbar unter: http://www.bmwi.de/BMWi/Navigation/wirtschaft,did=344372.html.

Bundesministerium für Wirtschaft- und Technologie/Bundesministerium für Verkehr, Bau und Stadtentwicklung (2010b): Gemeinsame Geschäftsstelle Elektromobilität der Bundesregierung (GGEMO) nimmt Fahrt auf. Abrufbar unter: http://www.bmwi.de/BMWi/Navigation/Presse/pressemitteilungen,did=329290.html.

Bundesministerium für Umwelt, Naturschutz und Reaktorsicherheit (2009a): Fahrzeugkonzept für Elektroautos. Abrufbar unter: http://www.bmu.de/verkehr/elektromobilitaet/doc/45038.php.

Bundesministerium für Umwelt, Naturschutz und Reaktorsicherheit (2009b): Die EU-Verordnung zur Verminderung der CO2-Emissionen von Personenkraftwagen. Abrufbar unter: http://www.bmu.de/files/pdfs/allgemein/application/pdf/eu_verordnung_co2_emissionen_pkw.pdf.

Bundesministerium für Umwelt, Naturschutz und Reaktorsicherheit (2011): Nationale Plattform Elektromobilität. Vorsitz und Mitglieder des Lenkungskreises. Abrufbar unter: http://www.bmu.de/files/pdfs/allgemein/application/pdf/nat_plattform_elektromobilitaet_lenkungskreis_bf.pdf.

Bundesministerium für Umwelt, Naturschutz und Reaktorsicherheit (2012): Erneuerbar mobil. Marktfähige Lösungen für eine klimafreundliche Elektromobilität. Abrufbar unter: http://www.bmu.de/files/pdfs/allgemein/application/pdf/broschuere_emob_bf.pdf.

Bundesministerium für Verkehr, Bau und Stadtentwicklung (2010): Nationales Innovationsprogramm Wasserstoff und Brennstoffzellentechnologie (NIP). Abrufbar unter: http://www.bmvbs.de/-,302.959574/Nationales-Innovationsprogramm.htm.

Bundesministerium für Verkehr, Bau und Stadtentwicklung (2011a): Förderbekanntmachung „Schaufenster Elektromobilität". Abrufbar unter: http://www.bmvbs.de/cae/servlet/contentblob/73086/publicationFile/47047/foerderbekanntmachung-schaufenster-elektromobilitaet.pdf.

Bundesministerium für Verkehr, Bau und Stadtentwicklung (2011b): Ergebnisbericht 2011 der Modellregionen Elektromobilität. Abrufbar unter: http://www.now-gmbh.de/fileadmin/user_upload/RE-Downloads/RE_DL_MR-Ergebnisbericht_2011/RE_DL_NOW_Ergebnisbericht_2011.pdf.

Bundesministerium für Verkehr, Bau und Stadtentwicklung (2012a): Schaufenster Elektromobilität. Abrufbar unter: http://www.bmvbs.de/SharedDocs/DE/Pressemitteilungen/2012/055-schaufenster-emobilitaet.html.

Bundesministerium für Verkehr, Bau und Stadtentwicklung (2012b): Effizienzhaus Plus. Abrufbar unter: http://www.bmvbs.de/DE/EffizienzhausPlus/effizienzhaus-plus_node.html.

Bundesregierung (2009): Nationaler Entwicklungsplan Elektromobilität der Bundesregierung. Abrufbar unter: http://www.bmbf.de/pubRD/nationaler_entwicklungsplan_elektromobilitaet.pdf.

Bundesregierung (2010): Etablierung der Nationalen Plattform Elektromobilität – Gemeinsame Erklärung von Bundesregierung und deutscher Industrie. Abrufbar unter: http://www.bundesregierung.de/Content/DE/Artikel/2010/05/2010-05-03-elektromobilitaet-erklaerung.html.

Bundesregierung (2011a): Energiewende – Die einzelnen Maßnahmen im Überblick. Abrufbar unter: http://www.bundesregierung.de/Content/DE/Artikel/2011/06/2011-06-06-energiewende-kabinett-weitere-informationen.html.

Bundesregierung (2011b): Regierungsprogramm Elektromobilität. Abrufbar unter: http://www.bmbf.de/pubRD/programm_elektromobilitaet.pdf.

Bundesregierung (2012a): Modernste und effiziente Energietechnologien durch Forschung und Innovation. Abrufbar unter: http://www.hightech-strategie.de/de/200.php.

Bundesregierung (2012b): Umwelttechnologien: Nachhaltiges Wirtschaften ist Innovationsmotor. Abrufbar unter: http://www.hightech-strategie.de/de/201.php.

Bundesregierung (2012c): Hightech für Gesundheit und Ernährung. Abrufbar unter: http://www.hightech-strategie.de/de/682.php.

Bundestag (2006): Vom Entwurf zur Verkündung – so entsteht ein Bundesgesetz. Abrufbar unter: http://www.bundestag.de/bundestag/aufgaben/gesetzgebung/kurz.pdf.

Bundesverband der Deutschen Industrie (2011): Der BDI – Spitzenverband der deutschen Wirtschaft. Abrufbar unter: http://www.bdi.eu/540.htm.

Bundesverband der Energie- und Wasserwirtschaft/Verband der Automobilindustrie/Zentralverband Elektrotechnik- und Elektronikindustrie (2009): Gemeinsame Position der Verbände zur Elektromobilität. Abrufbar unter: http://www.zvei-elektro mobilitaet.orggeneralpdfPositionspapier_Elektromobilitaet.pdf.

Bundesverband eMobilität e. V. (2012): Geschichte der eMobilität. 130 Jahre eAuto. Abrufbar unter: http://www.bem-ev.de/neue-mobilitat/geschichte-der-emobilitat/.

Bungart, Stefan/Köhler, Kristin (2009): Innovation durch Kommunikation und Kollaboration – Das Beispiel des IBM InnovationJam. In: Zerfaß, Ansgar/Möslein, Kathrin (Hrsg.): Kommunikation als Erfolgsfaktor im Innovationsmanagement. Strategien im Zeitalter der Open Innovation. Wiesbaden: Gabler. S. 355-366.

Burgmer, Inge Maria (2003): In: Leif, Thomas/Speth, Rudolf (Hrsg.): Die stille Macht. Lobbyismus in Deutschland. Wiesbaden: Westdeutscher Verlag. S. 33-42.

Busch-Janser (2004): Staat und Lobbyismus. Eine Untersuchung der Legitimation und der Instrumente unternehmerischer Einflussnahme. Berlin; München: poli-c books.

Buse, Michael J./Nelles, Wilfried (1978): Formen und Bedingungen der Partizipation im politisch/administrativen Bereich. In: Alemann, Ulrich von (Hrsg.): Partizipation –

Demokratisierung – Mitbestimmung. Problemstellung und Literatur in Politik, Wirtschaft, Bildung und Wissenschaft – Eine Einführung. 2. Auflage. Opladen: Westdeutscher Verlag. S. 41-106.

Carroll, Archie B./Buchholtz, Ann K. (2006): Business and Society: Ethics and Stakeholder Management. 6. Auflage. Ohio: Thomson.

Chesbrough, Henry/Prencipe, Andrea (2008): Networks of innovation and modularity: a dynamic perspective. In: Technology Management. Band 42. Nr. 4. S. 414-425.

Chesbrough, Henry/Vanhaverbeke, Wim/West, Joel (2006): Open Innovation. Researching a New Paradigm. Oxford: Oxford University Press.

Claasen, Jürgen (2005): Innovationen erlebbar machen: Die Initiative „Zukunft Technik entdecken". In: Mast, Claudia/Zerfaß, Ansgar (Hrsg.): Neue Ideen erfolgreich umsetzen. Das Handbuch der Innovationskommunikation. Frankfurt am Main: F.A.Z.-Buch. S. 122-130.

Clausen, Jens/Löw, Thomas (2009): CSR und Innovation: Literaturstudie und Befragung. Abrufbar unter: http://www.4sustainability.de/fileadmin/redakteur/bilder/Publikatio nen/Clausen-Loew_CSR-und-Innovation-LiteraturstudieundBefragung.pdf

Clarkson, Max B. E. (1995): A Stakeholder Framework for Analyzing and Evaluating Corporate Social Performance. In: Academy of Management Review. Band 20. Heft 1. S. 92-117.

Daimler AG (2009): „H_2 Mobility" – Gemeinsame Initiative führender Industrieunternehmen zum Aufbau einer Wasserstoffinfrastruktur in Deutschland. Abrufbar unter: http://media.daimler.com/dcmedia/0-921-656186-49-1236407-1-0-0-0-0-0-11694-614316-0-1-0-0-0-0-0.html.

Daimler AG (2011a): Prüfzentrum Süd. Fokus auf den Standort Immendingen. Abrufbar unter: http://www.daimler.com/dccom/0-5-7153-49-1435621-1-0-0-0-0-0-135-0-0-0-0-0-0-0-0.html.

Daimler AG (2011b): Prüf- und Technologiezentrum Süd am möglichen Standort Immendingen. Flyer. Abrufbar unter: http://www.daimler.com/Projects/c2c/channel/docu ments/2041512_Daimler_AG_Flyer_Pruefzentrum_Sued_30112011_Ansicht.pdf.

De Figueiredo, John M. (2002): Lobbying and Information in Politics. Cambridge: Massachusetts Institute of Technology. Abrufbar unter: http://web.mit.edu/jdefig/www/ papers/lobbying_information.pdf.

Deckstein, Dinah/Neumann, Conny/Hawranek, Dietmar/Sauga, Michael, Schmitt, Jörg (2008): Flops in Serie. In: Spiegel Online: Abrufbar unter: http://wissen.spiegel.de/ wissen/image/show.html?did=56388066&aref=image036/2008/03/29/ROSP200801 400200024.PDF&thumb=false.

Deekeling, Egbert (2009): CEO-Kommunikation in Veränderungsprozessen. In: Deekeling, Egbert/Barghop, Dirk (Hrsg.): Kommunikation im Corporate Change. Maßstäbe für eine neue Managementpraxis. 2., vollständig überarbeitete Auflage. Wiesbaden: Gabler. S. 42-45.

Deekeling, Egbert/Arndt, Olaf (2006): CEO-Kommunikation. Strategien für Spitzenmanager. Frankfurt am Main: Campus.

Delhaes, Daniel (2010): Bund will sich vom Transrapid verabschieden. In: Handelsblatt. Abrufbar unter: http://www.handelsblatt.com/politik/deutschland/bund-will-sich-vom-transrapid-verabschieden/3635580.html.

Detecon (2009): Closed Innovation versus Open Innovation. In: Detecon DMR. The Magazine for Management und Technology. Abrufbar unter: http://www.detecon-dmr.com/popup.php?path=/media.php/Articles/2009/1-2009/Artikel%2002/Gret chenfrage_Abb1_en.jpg.

Die LINKE (2012): Elektroauto/Elektromobilität. Abrufbar unter: http://www.Linksfrak tion.de/themen/elektroauto-elektromobilitaet/.

Die ZEIT ONLINE (2012): Klimaschädliche Elektroautos. Abrufbar unter: http://www. zeit.de/auto/2012-04/china-elektroauto.

Diekmann, Andreas (2007): Empirische Sozialforschung. Grundlagen, Methoden, Anwendungen. 18., vollständig überarbeitete und erweiterte Neuauflage. Reinbek bei Hamburg: Rowohlt Taschenbuch.

Disselkamp, Marcus (2005): Innovationsmanagement. Instrumente und Methoden zur Umsetzung im Unternehmen. Wiesbaden: Gabler.

Dohmen, Frank/Wüst, Christian (2004): HIGHTECH. Mit Rumpeln und Quietschen. In: Spiegel Online. Abrufbar unter: http://www.spiegel.de/spiegel/print/d3872 9268.html.

Dreher, Carsten/Kinkel, Steffen/Eggers, Torsten/Maloca, Spomenka (2006): Gesamtwirtschaftlicher Innovationswettbewerb und betriebliche Innovationsfähigkeit. In: Bullinger, Hans-Jörg (Hrsg.): Fokus Innovation. Kräfte bündeln – Prozesse beschleunigen. München; Wien: Carl Hanser.

Eberl, Ulrich (2005): Das Bild der Welt von morgen: Strategische Kommunikation des „global network of innovation". In: Mast, Claudia/Zerfaß, Ansgar (Hrsg.): Neue Ideen erfolgreich umsetzen. Das Handbuch der Innovationskommunikation. Frankfurt am Main: F.A.Z.-Buch. S. 131-137.

Eberl, Ulrich (2009): Integrierte Innovationskommunikation – Erfolgsrezept der Siemens AG. In: Zerfaß, Ansgar/Möslein, Kathrin (Hrsg.): Kommunikation als Erfolgsfaktor im Innovationsmanagement. Strategien im Zeitalter der Open Innovation. Wiesbaden: Gabler. S. 321-332.

ELAB (2012): Wirkungsanalyse alternativer Antriebskonzepte am Beispiel einer idealtypischen Antriebsstrangproduktion. Düsseldorf: Hans-Böckler-Stiftung.
Electrive.net (2012): Eletrive.net – Das tägliche Update zur E-Mobilität. Abrufbar unter: http://www.electrive.net/.

e-mobil BW GmbH – Landesagentur für Elektromobilität und Brennstoffzellentechnologie (2011a): e-mobil BW. Wir über uns. Ziele und Aufgaben. Abrufbar unter: http://www.e-mobilbw.de/Pages/wir-ueber-uns.php.

e-mobil BW GmbH – Landesagentur für Elektromobilität und Brennstoffzellentechnologie (2011b): Cluster Elektromobilität Süd-West – road to global market. Abrufbar unter: http://www.e-mobilbw.de/Pages/arbeitsfelder/elektromobilitaet.php#.UIwH3 K7ivq4.

e-mobil BW GmbH – Landesagentur für Elektromobilität und Brennstoffzellentechnologie (2012): Leichtbau in Baden-Württemberg. Forschungskompetenz. Abrufbar unter: http://www.e-mobilbw.de/Website-Management/UserData/ModuleContents/ 1045/Downloads/12226_Kompetenz_Atlas_Aktualisierung_v2_150.pdf.

e-mobil BW GmbH – Landesagentur für Elektromobilität und Brennstoffzellentechnologie Baden-Württemberg/Fraunhofer IPA/Universität Stuttgart, Institut für Werkzeugmaschinen/DLR – Institut für Fahrzeugkonzepte (2012): Leichtbau in Mobilität und Fertigung. Chancen für Baden-Württemberg. Abrufbar unter: http://www. e-mobilbw.de/Website-Management/UserData/ModuleContents/1045/Downloads/ Leichtbaustudie_online_klein.pdf.

e-mobil BW GmbH – Landesagentur für Elektromobilität und Brennstoffzellentechnologie/Institut für Angewandte Wirtschaftsforschung e. V. (2011): Neue Wege für Kommunen. Elektromobilität als Baustein zukunftsfähiger kommunaler Entwicklung in Baden-Württemberg. Abrufbar unter: http://www.e-mobilbw.de/Resources/ 0560_Studie_NeueWege_150.pdf.

e-mobil BW GmbH – Landesagentur für Elektromobilität und Brennstoffzellentechnologie Baden-Württemberg/Zentrum für Sonnenenergie- und Wasserstoff-Forschung in Baden-Württemberg, WBZU GmbH/Ministerium für Finanzen und Wirtschaft Baden-Württemberg/Ministerium für Umwelt, Klima und Energiewirtschaft Baden-Württemberg (2012): Energieträger der Zukunft – Potenziale der Wasserstofftechnologie in Baden-Württemberg Abrufbar unter: http://www.e-mobilbw.de/Website-Management/UserData/ModuleContents/1045/Downloads/12054_Studie_Wasser stoff_Innenteil_RZ_NEU_Einzelseiten_72.pdf.

e-tankstellen-finder.com (2012): Das E-Tankstellen Verzeichnis. Abrufbar unter: http://e-tankstellen-finder.com/at/de/catalog.

energate GmbH & Co. KG (2009): Elektromobilität – ein Geschäftsfeld der Zukunft: auch für Energie-versorger? Abrufbar unter: http://www.energate.de/download/Studie_ 09_2_Elektromobilitaet_conenergy.pdf.

Enkel, Ellen (2009): Chancen und Risiken von Open Innovation. In: Zerfaß, Ansgar/Möslein, Kathrin (Hrsg.): Kommunikation als Erfolgsfaktor im Innovationsmanagement. Strategien im Zeitalter der Open Innovation. Wiesbaden: Gabler. S. 177-192.

Enkel, Ellen/Gassmann, Oliver/Chesbrough, Henry (2009): Open R&D and open innovation: exploring the phenomen. In: R&D Management. Band 39. Nr. 4. S. 311-316.

Eon AG (2012): Vom Kabel befreit: induktives Laden. Abrufbar unter: http://www. eon.com/de/geschaeftsfelder/vertrieb/e-mobilitaet/induktives-laden.html.

Erler, Hannes/Rieger, Markus/Füller, Johann (2009): Ideenmanagement und Innovation mit Social Networks – Die Swarowski i-flash Community. In: Zerfaß, Ansgar/Möslein, Kathrin (Hrsg.): Kommunikation als Erfolgsfaktor im Innovationsmanagement. Strategien im Zeitalter der Open Innovation. Wiesbaden: Gabler. S. 403-417.

Ernst, Nadin/Zerfaß, Ansgar (2009): Kommunikation und Innovation in deutschen Unternehmen. Eine empirische Typologie in Zukunftstechnologie-Branchen. In: Zerfaß, Ansgar/Möslein, Kathrin (Hrsg.): Kommunikation als Erfolgsfaktor im Innovationsmanagement. Strategien im Zeitalter der Open Innovation. Wiesbaden: Gabler. S. 57-84.

Ernst & Young (2011): European Automotive Survey. Befragungsergebnisse. Abrufbar unter: http://www.ey.com/Publication/vwLUAssets/European_Automotive_Sur vey_2011/$FILE/European%20Automotive%20Survey%202011.pdf.

Escher, Klaus (2003): Unternehmenslobbying. Studie zur politischen Kommunikation der BASF. In: Leif, Thomas/Speth, Rudolf (Hrsg.): Die stille Macht. Lobbyismus in Deutschland. Wiesbaden: Westdeutscher Verlag. S. 98-114.

Europa – Das Portal der Europäischen Union (2011): Klimawandel: Kommission legt Fahrplan für die Schaffung eines wettbewerbsfähigen CO_2-armen Europa bis 2050 vor. Abrufbar unter: http://europa.eu/rapid/pressReleasesAction.do?refe rence=IP/11/272&format=HTML&aged=0&language=DE&guiLanguage=en.

Europäische Kommission (2001): Grünbuch Europäische Rahmenbedingungen für die soziale Verantwortung der Unternehmen. Brüssel. Abrufbar unter: http://eur-lex.europa.eu/LexUriServ/site/de/com/2001/com2001_0366de01.pdf.

Europäische Kommission (2012): Die EU als „Innovationsunion" – neues Programm im Rahmen der Strategie Europa 2020. Abrufbar unter: http://ec.europa.eu/commiss ion_2010-2014/tajani/hot-topics/innovation-union/index_de.htm.

Farnel, Frank (1994): Am richtigen Hebel. Strategie und Taktik des Lobbying. Landsberg; Lech: Moderne Industrie.

F.A.Z.-Institut für Management, Markt- und Medieninformationen GmbH (2012): Kommunikation als strategische Managementaufgabe. Abrufbar unter: http://www.faz-institut.de/kommunikationsanalysen.

F.A.Z.-Institut für Management, Markt- und Medieninformationen GmbH und PRIME Research (2012): Medienanalysen. Interne Unternehmensquelle.

Fink, Stephan (2007): Wie erreichen Neuheiten ihre Zielgruppen? – Innovationskommunikation als Erfolgsfaktor. In: PRoFile. Informationen zu Medien, PR und Technologiethemen von Fink und Fuchs Public Relations AG. Abrufbar unter: http://www.ffpress.net/2007/04/fokus.php.

Fink, Stephan (2008): Kommunikation als Erfolgsfaktor im Innovationsmanagement. In: PRoFILE. Informationen zu Medien, PR und Technologiethemen von Fink und Fuchs Public Relations AG. Abrufbar unter: http://www.ffpr.de/de/news/profile/2008_03/fokus.html.

Fink, Stephan (2009): Strategische Kommunikation für Technologie und Innovationen. Konzeption und Umsetzung. In: Zerfaß, Ansgar/Möslein, Kathrin (Hrsg.): Kommunikation als Erfolgsfaktor im Innovationsmanagement. Strategien im Zeitalter der Open Innovation. Wiesbaden: Gabler. S. 209-225.

Fischer, Klemens H. (1997): Lobbying und Kommunikation in der Europäischen Union. Berlin: Berliner Wissenschaftsverlag.

Focus Online (2012): Feuer-Risiko Akku. Brandgefährliche Elektromobilität. Abrufbar unter: http://www.handelsblatt.com/politik/deutschland/plattform-elektromobilitaet-deutschland-will-mit-e-auto-an-die-weltspitze/3426386.html.

Foster, Richard/Kaplan, Sarah (2001): Creative Destruction: Why Companies That Are Built to Last Underperform the Market – And How to Successfully Transform Them. New York: Broadway Business.

Flick, Uwe (2005): Qualitative Sozialforschung. Eine Einführung. 3., vollständig überarbeitete und erweiterte Neuauflage. Reinbek bei Hamburg: Rowohlt Taschenbuch.

Flick, Uwe (2008a): Triangulation in der qualitativen Forschung. In: Flick, Uwe/Kardoff, Ernst von/Steinke, Ines (Hrsg.): Qualitative Forschung. Ein Handbuch. 6., durchgesehene und aktualisierte Auflage. Reinbek bei Hamburg: Rowohlt Taschenbuch. S. 309-318.

Flick, Uwe (2008b): Triangulation. Eine Einführung. 2. Auflage. Wiesbaden: Verlag für Sozialwissenschaften.

Fraenkel, Ernst (1957): Pluralismus. In Fraenkel, Ernst/Bracher, Karl Dietrich (Hrsg.): Staat und Politik. Frankfurt am Main: Fischer Taschenbuch. S. 254.

Frankfurter Allgemeine Zeitung (2011): Kraftstoffchaos rund um E10. Politik und Ölfirmen beschuldigen einander. Abrufbar unter: http://www.faz.net/aktuell/wirtschaft/ wirtschaftspolitik/kraftstoffchaos-rund-um-e10-politik-und-oelfirmen-beschuldigen-einander-1609819.html.

Fraunhofer IAO (2010a): Wie Deutschland zum Leitanbieter für Elektromobilität werden kann. Status quo – Herausforderungen – offene Fragen. Abrufbar unter: http://wi ki.iao.fraunhofer.de/images/studien/deutschland-leitanbieter-elektromobilitaet.pdf.

Fraunhofer IAO (2010b): Innovation Mining. Abrufbar unter: http://www.innovation-mining.net/?q=node/33.

Fraunhofer IAO (2011): ROADMAP – ELEKTROMOBILE STADT. Meilensteine auf dem Weg zur nachhaltigen urbanen Mobilität. Abrufbar unter: http://www.forum-elektromobilitaet.de/assets/mime/f677c20d5d7365fbce9a57ef37c4fc78/FhG_IAO_ Roadmap-Elektromobile-Stadt.pdf.

Fraunhofer ISI (2010): Technologie-Roadmap: Lithium-Ionen-Batterien 2030. Abrufbar unter: http://www.forum-elektromobilitaet.de/assets/mime/c6ef10b72e9f2b1588821 ed9baae7ba0/Lib_Road[1].pdf.

Fraunhofer ISI (2011): Gesellschaftspolitische Fragestellungen der Elektromobilität. Abrufbar unter: http://www.isi.fraunhofer.de/isi-medi a/docs/e/de/publikationen/ elektromobilitaet_broschuere.pdf?WSESSIONID=782e851b501c74da3e46a464d02 dc173.

Fraunhofer ISI/IREES (2012): Kaufpotenzial für Elektrofahrzeuge bei sogenannten „Early Adoptern". Endbericht. Abrufbar unter: http://isi.fraunhofer.de/isi-media/docs/e/de/ publikationen/Schlussbericht_Early_Adopter.pdf.

Freeman, R. Edward (1984): Strategic Management. A Stakeholder Approach. Boston: Pitman Publishing Inc..

Freiling, Jörg/Reckenfelderbäumer, Martin (2010): Markt und Unternehmung. Eine marktorientierte Einführung in die Betriebswirtschaftslehre. 3. überarbeitete und erweiterte Auflage. Wiesbaden: Gabler.

Friedrichs, Jürgen (1990): Methoden empirischer Sozialforschung. 14. Auflage. Opladen: Westdeutscher Verlag.

Frontzek, Heinrich (2005): Design als Innovation: Das Beispiel der Automatisierungstechnik. In: Mast, Claudia/Zerfaß, Ansgar (Hrsg.): Neue Ideen erfolgreich umsetzen. Das Handbuch der Innovationskommunikation. Frankfurt am Main: F.A.Z.-Buch. S. 75-81.

Fücks, Ralf (2003): Lobbyismus braucht demokratische Kontrolle. In: Leif, Thomas/Speth, Rudolf (Hrsg.): Die stille Macht. Lobbyismus in Deutschland. Wiesbaden: Westdeutscher Verlag. S. 55-59.

Gabler Wirtschaftslexikon (2010): Stichwort: Reputationsmanagement. Abrufbar unter: http://wirtschaftslexikon.gabler.de/Definition/reputationsmanagement.html.

Galtung, Johan/Ruge, Marie Holmboe (1965): The Structure of Foreign News. The Presentation of the Congo, Cuba and Cyrus Crises in Four Norwegian Newspapers. Oslo. In: Journal of Peace Research 2. S. 64-91.

Garcia, Rosanna/Calantone, Roger (2002): A critical look at technological innovation typology and innovativeness terminology: a literature review. In: The Journal of Product Innovation Management. Band 19. S 110-132.

Gassmann, Oliver/Enkel, Ellen: (2006): Open Innovation. Die Öffnung des Innovationsprozesses erhöht das Innovationspotenzial. In: zfo Wissen. 75. Jg. Heft 3. Abrufbar auch unter: http://www.bgw-sg.com/doc/open%20innovation%20zfo%202006.pdf.

Gelbmann, Ulrike/Vorbach, Stefan (2007): Das Innovationssystem. In: Strebel, Heinz (Hrsg.): Innovations- und Technologiemanagement. 2., erweiterte und überarbeitete Auflage. Wien: Utb.

Gemünden, Hans-Georg/Kock, Alexander (2009): Bei radikalen Innovationen gelten andere Spielregeln. In: Harland, Peter E./Schwarz-Geschka, Martina (Hrsg.): Immer eine Idee voraus: Wie innovative Unternehmen Kreativität systematisch nutzen. Fischbachtal: HARLAND media. S. 31-51.

Gemünden, Hans-Georg/Walter, Achim (1999): Beziehungspromotoren – Schlüsselpersonen für zwischenbetriebliche Innovationsprozesse. In: Hauschildt, Jürgen/Gemünden, Georg (Hrsg.): Promotoren: Champions der Innovation. 2. erweiterte Auflage. Wiesbaden: Gabler. S. 111-132.

Gerdemann, Peter (2005): Business Innovation. Chancen für die Mitarbeiterkommunikation. In: Mast, Claudia/Zerfaß, Ansgar (Hrsg.): Neue Ideen erfolgreich umsetzen. Das Handbuch der Innovationskommunikation. Frankfurt am Main: F.A.Z.-Buch. S. 162-168.

Gläser, Jochen/Laudel, Grit (2009): Experteninterviews und qualitative Inhaltsanalyse. 3., überarbeitete Auflage. Wiesbaden: VS Verlag für Sozialwissenschaften.

Glatz, Hans/Steindl, Roland (2005): Organisationsentwicklung – die Organisation als Erfolgsfaktor für Innovation. In: Schäppi, Bernd/Andreasen, Mogens M./Kirchgeorg, Manfred/Radermacher, Franz-Josef (Hrsg.): Handbuch Produktentwicklung. München: Carl Hanser. S. 61-83.

Gröner, Susanne/Zapf, Michael (1998): Unternehmen, Stakeholder und Umweltschutz. In: Umweltwirtschaftsforum. Band 6. Heft 1. S. 49-57.

Groh, Lutz (2009): Die dunkle Seite der Innovation – Warum manche Innovationen beim besten Willen nicht gelingen. In: Harland, Peter E./Schwarz-Geschka, Martina (Hrsg.): Immer eine Idee voraus: Wie innovative Unternehmen Kreativität systematisch nutzen. Fischbachtal: HARLAND media. S. 239-248.

Grossman, Lev (2007): Invention Of the Year: The iPhone. In: Time. Abrufbar unter: http://www.time.com/time/specials/2007/article/0,28804,1677329_1678542_167789 1,00.html.

Grunig, James E./Hunt, Todd (1984): Managing Public Relations. New York: Rinehart & Winston.

Güttler, Alexander/Klewes, Joachim (2002): Public Affairs Studie. Keine Angst vor der Lobby. Bürger wollen transparente Politikberatung. Düsseldorf: Güttler + Klewes Communications Management.

Haag, Thiemo (2011): „Internet der Dinge". Wenn Autos, Bäume und Pillen online gehen. In: F.A.Z.. Abrufbar unter: http://www.faz.net/aktuell/wirtschaft/netzwirtschaft/internet-der-dinge-wenn-autos-baeume-und-pillen-online-gehen-1592654.html.

Haas, Annette/Haas, Irene (2005): Gemeinsam Impulse setzen für die Medizintechnologie: Die Arbeit von „Aktion Meditech". In: Mast, Claudia/Zerfaß, Ansgar (Hrsg.): Neue Ideen erfolgreich umsetzen. Das Handbuch der Innovationskommunikation. Frankfurt am Main: F.A.Z.-Buch. S. 145-152.

Häder, Michael (2006): Empirische Sozialforschung. Eine Einführung. 1. Auflage. Wiesbaden: VS Verlag für Sozialwissenschaften.

Haller, Christine (2003): Verhaltenstheoretischer Ansatz für ein Management von Innovationsprozessen. Dissertation. Universität Stuttgart. Abrufbar unter: http://elib.uni-stuttgart.de/opus/volltexte/2004/1580/pdf/Dissertation_Christine_Haller.pdf.

Hamburger Abendblatt (2010): Autobauer: „Elektroauto-Trend nicht verschlafen". Abrufbar unter: http://www.abendblatt.de/wirtschaft/article1481809/Autobauer-Elektro auto-Trend-nicht-verschlafen.html.

Hambücher, Hans (2005): Neue Servicestrukturen in Filialbanken. Erfahrungen mit der internen und externen Kommunikation. In: Mast, Claudia/Zerfaß, Ansgar (Hrsg.): Neue Ideen erfolgreich umsetzen. Das Handbuch der Innovationskommunikation. Frankfurt am Main: F.A.Z.-Buch. S. 105-113.

Handelsblatt (2010): Plattform Elektromobilität. Deutschland will mit E-Auto an die Weltspitze. Abrufbar unter: http://www.handelsblatt.com/politik/deutschland/platt form-elektromobilitaet-deutschland-will-mit-e-auto-an-die-weltspitze/3426386.ht ml.

Harbert, Ludger (1992): Controlling-Begriffe und Controlling-Konzepte. Eine kritische Betrachtung des Entwicklungsstandes des Controllings und Möglichkeiten seiner Fortentwicklung. Bochum: Studienverlag Brockmeyer.

Harnischfeger (2010): Stuttgart. Ohne Kommunikation ist alles nichts. In: Süddeutsche.de. Abrufbar unter: http://www.sueddeutsche.de/politik/stuttgart-ohne-kom munikation-ist-alles-nichts-1.1009123.

Hart, Thomas (2003): Mehr Transparenz für die stillen Mächtigen. In: Leif, Thomas/Speth, Rudolf (Hrsg.): Die stille Macht. Lobbyismus in Deutschland. Wiesbaden: Westdeutscher Verlag. S. 60-84.

Hartmann, Jens/Seidlitz, Frank (2010): Thyssen gibt Transrapid-Standort Kassel auf. In: Welt Online: Abrufbar unter: http://www.welt.de/die-welt/wirtschaft/article 6946823/Thyssen-gibt-Transrapid-Standort-Kassel-auf.html.

Hauschildt, Jürgen/Kirchmann, Edgar (1999): Zur Existenz und Effizienz von Prozeß-promotoren. In: Hauschildt, Jürgen/Gemünden, Georg (Hrsg.): Promotoren: Champions der Innovation. 2. erweiterte Auflage. Wiesbaden: Gabler. S. 89-110.

Hauschildt, Jürgen/Salomo, Sören (2011): Innovationsmanagement. 5. Auflage. München: Vahlen.

Helfrich, Miguel (2009): Community Generated Innovation – Vernetzung von Verbrauchern und Kreativen auf der Ideen-Community Tchibo ideas. In: Zerfaß, Ansgar/Möslein, Kathrin (Hrsg.): Kommunikation als Erfolgsfaktor im Innovationsmanagement. Strategien im Zeitalter der Open Innovation. Wiesbaden: Gabler. S. 367-378.

Henderson, Rebecca M./Clark, Kim B. (1990): Architectural Innovation. The Reconfiguration of Existing Product Technologies and the Failure of the Firm: Administrative Science Quarterly. Band 35. Heft 1. S. 9-30.

Hillmann, Amy/Hitt, Mike (1999): Corporate Political Strategy Formulation: a Model of Approach, Participation, and Strategy Decisions. Academy of Management Review. Band 24. Heft 4. S. 825- 842.

Hofbauer, Günter/Körner, René/Nikolaus, Uwe/Poost, Andreas (2009): Marketing von Innovationen. Strategien und Mechanismen zur Durchsetzung von Innovationen. Stuttgart: Kohlhammer Druckerei.

Hogrefe, Jürgen (2009): Public Affairs in einem sich wandelnden komplexen Umfeld. In: Oltmanns, Torsten/Kleinaltenkamp, Michael/Ehret, Michael (Hrsg.): Kommunikation und Krise. Wie Entscheider die Wirklichkeit definieren. Wiesbaden: Gabler. S. 85-97.

Hübner, Heinz (2002): Integratives Innovationsmanagement. Nachhaltigkeit als Herausforderung für ganzheitliche Erneuerungsprozesse. Berlin: Erich Schmidt.

Huck, Simone (2006): New Perspectives on Innovation Communication. Findings from Germany's Survey INNOVATE 2006. In: Innovation Journalism. Band 3. Nr. 4. Abrufbar unter: http://www.innovationjournalism.org/archive/INJO-3-4/Huck.pdf.

Huck, Simone (2007): Vorwort. In: Huck, Simone (Hrsg.): Innovationskommunikation. Innovationen verständlich vermitteln: Strategien und Instrumente der Innovationskommunikation. Kommunikation und Analysen. Band 3. Stuttgart: Universität Hohenheim. Lehrstuhl für Kommunikationswissenschaft und Journalistik. S. 5-7. Abrufbar unter:_http://opus.ub.uni-hohenheim.de/volltexte/2008/264/pdf/ Band3_Inno vationen_verstaendlich_machen_Endfassung.pdf.

Huck-Sandhu, Simone (2009): Innovationskommunikation in den Arenen der Medien. Campaigning, Framing und Storytelling. In: Zerfaß, Ansgar/Möslein, Kathrin (Hrsg.): Kommunikation als Erfolgsfaktor im Innovationsmanagement. Strategien im Zeitalter der Open Innovation. Wiesbaden: Gabler. S. 195-208.

Hundt, Dieter (2005): Innovationen: Motor für Zukunftsfähigkeit in Deutschland. In: Mast, Claudia/Zerfaß, Ansgar (Hrsg.): Neue Ideen erfolgreich umsetzen. Das Handbuch der Innovationskommunikation. Frankfurt am Main: F.A.Z.-Buch. S. 9.

Hybrid-Elektrofahrzeuge.de (2012a): Better Place. Abrufbar unter: http://www.hybrid-elektrofahrzeuge.de/technik/better-place.html.

Hybrid-Elektrofahrzeuge.de (2012b): Studien Elektromobilität. Abrufbar unter: http://www.hybrid-elektrofahrzeuge.de/studien_elektromobilitaet/index.html.

IHK Region Stuttgart (2011): Elektromobilität: Zulieferer für den Strukturwandel gerüstet? Status quo und Handlungsempfehlungen für den Automobilstandort Metropolregion Stuttgart. Abrufbar unter: http://www.stuttgart.ihk24.de/linkableblob/ 1392898/data/Elektromobilitaet_Zulieferer_fuer_den_Strukturwandel_geruestet-da ta.pdf.

Ilgmann, Gottfried/Polatschek, Klemens (2006): Transrapid München: Katastrophe nach System. In: Bahn Report. Abrufbar unter: http://www.bahn-report.de/docs/lesepro ben/http_download.inc.php?dat=brep0661.pdf.

Ingenhoff, Diana/Röttger, Ulrike (2006): Issues Management. Ein zentrales Verfahren der Unternehmenskommunikation. In: Schmid, Beat/Lyczek, Boris (Hrsg.): Unternehmenskommunikation. Kommunikationsmanagement aus Sicht der Unternehmensführung. Wiesbaden: Gabler. S. 319-350.

innovationskommunikation.de. Das Portal rund um die Kommunikation von Innovationen (2010): Wissenspool. Abrufbar unter: http://www.innovationskommunikation.de/inno-wissenspool.html.

Issues Management Gesellschaft Deutschland (IMAGE) Deutschland e. V. (2007): Chefsache Issues Management. Ergebnisse einer Expertenbefragung. Abrufbar unter: http://www.image-ev.com/downloads/Issues_Management%202006-07.pdf.

Jacob, Rüdiger/Heinz, Andreas/Décieux, Jean-Philippe/Eirmbter, Willy H. (2011): Umfrage: Einführung in die Methoden der Umfrageforschung. München: Oldenbourg Wissenschaftsverlag.

Kaden, Wolfgang (2007): Deutsches Hightech-Debakel. Die Konzerne selbst stoppen den Transrapid. In: Spiegel Online: Abrufbar unter: http://www.spiegel.de/wirtschaft/0,1518,495045,00.html.

Kahney, Leander (2008): Steve Jobs' kleines Weißbuch. Die bahnbrechenden Managementprinzipien eines Revolutionärs. München: Finanzbuch.

Kaplan, Robert S. (1998): Innovation Action Research: Creating New Management Theory and Practice. In: Journal of Management Accounting Research. Band 10. S. 89-115.

Karmasin, Matthias (2007): Stakeholder-Management als Grundlage der Unternehmenskommunikation. In: Piwinger, Manfred (Hrsg.): Handbuch Unternehmenskommunikation. Wiesbaden: Gabler. S. 71-85.

Kelle, Udo (2008): Die Integration qualitativer und quantitativer Methoden in der empirischen Sozialforschung. Theoretische Grundlagen und methodologische Konzepte. 2. Auflage. Wiesbaden: VS Verlag für Sozialwissenschaften.

Kelle, Udo/Erzensberger, Christian (1999): Integration qualitativer und quantitativer Methoden. Methodologische Modelle und ihre Bedeutung für die Forschungspraxis. In: Kölner Zeitschrift für Soziologie und Sozialpsychologie. Jg. 51. S. 509-531.

Kelle, Udo/Erzensberger, Christian (2008): Qualitative und quantitative Methoden: kein Gegensatz. In: Flick, Uwe/Kardoff, Ernst von/Steinke, Ines (Hrsg.): Qualitative Forschung. Ein Handbuch. 6., durchgesehene und aktualisierte Auflage. Reinbek bei Hamburg: Rowohlt Taschenbuch. S. 299-308.

King, Nigel (1994): The Qualitative Research Interview. In: Cassell, Catherine/Symon, Gillian (Hrsg.): Qualitative Methods in Organizational Research: A Practical Guide. London: Sage.

Klaas, Kathrin (2007): Personalisierung in der Innovationskommunikation. In: Huck, Simone (Hrsg.): Innovationskommunikation. Innovationen verständlich vermitteln: Strategien und Instrumente der Innovationskommunikation. Kommunikation und Analysen. Band 3. Stuttgart: Universität Hohenheim. Lehrstuhl für Kommunikationswissenschaft und Journalistik. S. 31-49. Abrufbar auch unter: http://opus.ub.uni-hohenheim.de/volltexte/2008/264/pdf/Band3_Innovationen_verstaendlich_machen_Endfassung.pdf.

Kleinfeld, Ralf/Zimmer, Annette/Willems, Ulrich (2007): Lobbyismus und Verbändeforschung: Eine Einleitung. In: Kleinfeld, Ralf/Zimmer, Annette/Willems, Ulrich

(Hrsg.): Lobbying. Strukturen. Akteure. Strategien. Wiesbaden: VS Verlag für Sozialwissenschaften. S. 7-35.

Klewes, Joachim/van der Pütten, Sabrina (2007): Personalmanagement und Unternehmenskommunikation: Kompetenzen für Kommunikationsmanager. In: Piwinger, Manfred/Zerfaß, Ansgar (Hrsg.): Handbuch Unternehmenskommunikation. Wiesbaden: Gabler. S. 691-702.

Klöcker, Ingo (2009): Zukunftswerkstatt. Innovationen, neue Ideen und neue Wege. Aachen: Shaker.

Kolbe, Andreas/Hönigsberger, Herbert/Osterberg, Sven (2011): Teil A: Lobbyismus: Ein Überblick aus verschiedenen Perspektiven. 3. Lobbyismus in Literatur und wissenschaftlicher Debatte. In: Otto Brenner Stiftung.-Arbeitsheft 70. Marktordnung für Lobbyisten. Abrufbar unter: http://www.otto-brenner-stiftung.de/fileadmin/user_da ta_lobby/03_Online_ Teile/AH70_Online_A3.pdf.

Koch, Michael/Bullinger, Angelika/Möslein, Kathrin M. (2009): In: Zerfaß, Ansgar/Möslein, Kathrin (Hrsg.): Kommunikation als Erfolgsfaktor im Innovationsmanagement. Strategien im Zeitalter der Open Innovation. Wiesbaden: Gabler. S. 159-176

Köppl, Peter (1998): Lobbying als strategisches Interessenmanagement. In: Scheff, Josef/Gutschelhofer, Alfred (Hrsg.): Lobby Management. Chancen und Risiken vernetzter Machstrukturen im Wirtschaftsgefüge. Wien: Linde. S. 1-36.

Köppl, Peter (2000): Public Affairs Management: Strategien & Taktiken erfolgreicher Unternehmenskommunikation. Wien: Linde.

Köppl, Peter (2001): Die Macht der Argumente. Lobbying als strategisches Interessenmanagement. In: Althaus, Marco (Hrsg.): Kampagne! Neue Strategien für Wahlkampf, PR und Lobbying. 2. Auflage. Münster: LIT. S. 215-225.

Köppl, Peter (2003): Power Lobbying. Das Praxisbuch der Public Affairs. Wie professionelles Lobbying die Unternehmenserfolge absichert und steigert. Wien: Linde.

Köppl, Peter (2008): Lobbying und Public Affairs. Beeinflussung und Mitgestaltung des gesellschafts-politischen Unternehmensumfeldes. In: Meckel, Miriam/Schmid, Beat F. (Hrsg.): Unternehmenskommunikation. Kommunikationsmanagement aus Sicht der Unternehmensführung. 2., überarbeitete und erweiterte Auflage. Wiesbaden: Gabler. S. 187-221.

Kolbe, Andreas/Hönigsberger, Herbert/Osterberg, Sven (2011): Lobbyismus.: Ein Überblick aus verschiedenen Perspektiven. OBS-Arbeitsheft 70 – Marktordnung für Lobbyisten. Otto Brenner Stiftung: Frankfurt am Main. Abrufbar unter: http://www. otto-brenner-stiftung.de/fileadmin/user_data_lobby/03_Online_Teile/AH70_Online _A1.pdf.

Kromrey, Helmut (2009): Empirische Sozialforschung. Modelle und Methoden der standardisierten Datenerhebung. 12., überarbeitete Auflage. Stuttgart: Lucius & Lucius.

Krummheuer, Eberhard (2011): Transrapid. Deutsche Magnetbahn ohne große Chance. In: Handelsblatt: Abrufbar unter: http://www.handelsblatt.com/technologie/for schung-medizin/forschung-innovation/deutsche-magnetbahn-ohne-grosse-chance/ 4383838.html.

Kunczik, Michael (2010): Public Relations. Konzepte und Theorien. Köln; Weimar; Wien: Böhlau.

Kupczyk, Tobias (2007): Innovationskommunikation auf neuen Wegen – Integrierte Kommunikation als Grundlage des Erfolgs. In: Huck, Simone (Hrsg.): Innovationskommunikation. Innovationen verständlich vermitteln: Strategien und Instrumente der Innovationskommunikation. Kommunikation und Analysen. Band 3. Stuttgart: Universität Hohenheim. Lehrstuhl für Kommunikationswissenschaft und Journalistik. S. 86-115. Abrufbar auch unter: http://opus.ub.uni-hohenheim.de/volltexte/ 2008/264/pdf/Band3_Innovationen_verstaendlich_machen_Endfassung.pdf.

Lamnek, Sigfried (2005): Qualitative Sozialforschung. Lehrbuch. 4., vollständig, überarbeitete Auflage. Weinheim: Beltz.

Langbein, Kurt (2003): Die Pharmalobby. Der Mut zur Überdosis Macht. In: Leif, Thomas/Speth, Rudolf (Hrsg.): Die stille Macht. Lobbyismus in Deutschland. Wiesbaden: Westdeutscher Verlag. S: 137-143.

Lawrence, Anne T./Weber, James/Post, James E. (2005): Business and Society. Stakeholder Relations. Ethics. Public Policy. Boston: McGraw-Hill/Irwin.

Leif, Thomas/Speth, Rudolf (2003): Anatomie des Lobbyismus. Einführung in eine unbekannte Sphäre der Macht. In: Leif, Thomas/Speth, Rudolf (Hrsg.): Die stille Macht. Lobbyismus in Deutschland. Wiesbaden: Westdeutscher Verlag. S. 7-32.

Leif, Thomas/Speth, Rudolf (2006): Die fünfte Gewalt. Anatomie des Lobbyismus in Deutschland: In: Leif, Thomas/Speth, Rudolf (Hrsg.): Die fünfte Gewalt. Lobbyismus in Deutschland. Wiesbaden: VS Verlag für Sozialwissenschaften. S. 10-37.

Leifer, Richard/McDermott, Christopher M./O´Connor, Gina Colarelli/Peters, Lois S./Rice, Mark P./Veryzer, Robert W. (2000): Radical innovation: How mature companies can outsmart upstarts. Boston Massachusetts: McGraw-Hill Professional.

Leitschuh-Fecht, Heike (2007): David zu Gast bei Goliath – Stakeholderdialoge haben Konjunktur. In: Jahrbuch Ökologie 2007. München: C. H. Beck. S. 72-80.

Lerbinger, Otto (2006): Corporate Public Affairs. Interacting with Interest Groups, Media, and Government. Mahwah, New Jersey: Lawrence Erlbaum Associaties.

Lianos, Manuel/Hetzel, Rudolf (2003): Die Quadratur der Kreise. So arbeitet die Firmen-Lobby in Berlin. In: politik & kommunikation. S. 14-17.

Lianos, Manuel/Kahler, Tobias (2006): Die Rolle der Public-Affairs-Agenturen in Berlin. In: Leif, Thomas/Speth, Rudolf (Hrsg.): Die fünfte Gewalt – Anatomie des Lobbyismus in Deutschland. Wiesbaden: Gabler. S. 290-301.

Liehr-Gobbers, Kerstin (2006): Erfolgsfaktoren des legislativen Lobbying in Brüssel. Konzeptualisierung, Analyse und Handlungsempfehlungen für Genossenschaften in der EU. Aachen: Shaker.

Lies, Jan (2008): Politische Kommunikation. Lobbyismus und Public Affairs. In: Lies, Jan/Kleinjohann, Michael (Hrsg.): Public Relations. Ein Handbuch. Konstanz: UVK.

Lindlar, Harald (2005): Innovationen in der Öffentlichkeit: Die Bedeutung der Kommunikation für die Akzeptanz. In: Mast, Claudia/Zerfaß, Ansgar (Hrsg.): Neue Ideen erfolgreich umsetzen. Das Handbuch der Innovationskommunikation. Frankfurt am Main: F.A.Z.-Buch. S. 114-121.

Lippmann, Walter (1922): Public Opinion. New York: Macmillan.

Lösche, Peter (2006): Demokratie braucht Lobbying. In: Leif, Thomas/Speth, Rudolf (Hrsg.): Die fünfte Gewalt. Lobbyismus in Deutschland. Wiesbaden: VS Verlag für Sozialwissenschaften. S. 53-68.

Machnig, Matthias/Mikfeld, Benjamin (2003): Erweiterte Markenführung. Stakeholder-Kommunikation im politisch-öffentlichen Raum. Abrufbar unter: http://www.Poli tikkongress.de/_archiv_kongress2003/pdf/referent/machnig.pdf.

Maisch, Bettina/Meckel, Miriam (2009): Innovationskommunikation 2.0 – Das Beispiel Apple IPhone. In: Marketing Review St. Gallen. Strategisches Innovationsmanagement. Band 2. S. 42-46.

Malmendier, Ulrike/Schmidt, Klaus (2012): „You owe me". NBER-Working Paper. Nr. 18543.

Martiny, Anke (2003): Lobbyinteressen im Gesundheitssektor. Wo bleibt das Gemeinwohl? In: Leif, Thomas/Speth, Rudolf (Hrsg.): Die stille Macht. Lobbyismus in Deutschland. Wiesbaden: Westdeutscher Verlag. S. 115-130.

Mast, Claudia (2004): Innovationen als Herausforderung für Unternehmenskommunikation und Medien. In: Mast, Claudia/Zerfaß, Ansgar (Hrsg.): Stuttgarter Beiträge zur Medienwirtschaft. Band 13. Stuttgart: MFG/HdM. S. 35-48.

Mast, Claudia (2005): Innovationen als Herausforderung für die Unternehmenskommunikation. In: Mast, Claudia/Zerfaß, Ansgar (Hrsg.): Neue Ideen erfolgreich umsetzen. Das Handbuch der Innovationskommunikation. Frankfurt am Main: F.A.Z.-Buch. S. 43-57.

Mast, Claudia (2006): Unternehmenskommunikation. Ein Leitfaden. 2., neu bearbeitete und erweiterte Auflage. Stuttgart: Lucius & Lucius.

Mast, Claudia (2009): Mitarbeiterkommunikation, Change und Innovationskultur. In: Zerfaß, Ansgar/Möslein, Kathrin (Hrsg.): Kommunikation als Erfolgsfaktor im Innovationsmanagement. Strategien im Zeitalter der Open Innovation. Wiesbaden: Gabler. S. 271-288.

Mast, Claudia/Huck, Simone/Zerfaß, Ansgar (2004): Innovationskommunikation als Erfolgsfaktor – Ergebnisse der Trendstudie INNOVATE 2004. In: Mast, Claudia/Zerfaß, Ansgar (Hrsg.): Stuttgarter Beiträge zur Medienwirtschaft. Band 13. Stuttgart: MFG/HdM. S. 49-60.

Mast, Claudia/Huck, Simone/Zerfaß, Ansgar (2005a): Journalisten und Unternehmen: Meinungen, Erfahrungen, Perspektiven – Ergebnisse der Studie INNOVATE 2004: In: Mast, Claudia/Zerfaß, Ansgar (Hrsg.): Neue Ideen erfolgreich durchsetzen. Das Handbuch der Innovationskommunikation. Frankfurt am Main: F.A.Z.-Buch. S. 58-67.

Mast, Claudia/Huck, Simone/Zerfaß, Ansgar (2005b): Innovation Communication. Outline the Concept and Empirical Findings from Germany. In: Innovation Journalism Band 2. Nr. 7. S. 1-14. Abrufbar unter: http://www.communicationmanagement.de/fileadmin/cmgt/PDF_Publikationen_download/INJO-2-7.pdf.

Mast, Claudia/Huck, Simone/Zerfaß, Ansgar (2006): Innovationskommunikation in dynamischen Märkten. Empirische Ergebnisse und Fallstudien. Berlin: LIT.

Mast, Claudia/Stehle, Helena/Krüger, Florian (2010): Strom, Gas und Wasser – brisante Zukunftsthemen. Stakeholder, Themen und Strategien der Energiekommunikation. PR-Magazin. Band 41. Heft 7. S. 65-70.

Mast, Claudia/Stehle, Helena/Krüger, Florian (2011): Kommunikationsfeld Strom, Gas und Wasser – brisante Zukunftsthemen in der öffentlichen Diskussion. Berlin: LIT.

Mast, Claudia/Zerfaß, Ansgar (2004): Einleitung. In: Mast, Claudia/Zerfaß, Ansgar (Hrsg.): Stuttgarter Beiträge zur Medienwirtschaft. Band 13. Stuttgart: MFG/HdM. S. 5 f.

Mast, Claudia/Zerfaß, Ansgar (2005): Neue Ideen erfolgreich umsetzen. Das Handbuch der Innovationskommunikation. Frankfurt am Main: F.A.Z.-Buch.

Mayer, Klaus/Naji, Natalie (2000): Die Lobbyingaktivitäten der deutschen Wirtschaft. In: Recht und Politik: Vierteljahreshefte für Rechts – und Verwaltungspolitik. Band 36 (1). S. 31-43.

Mayring, Philipp (2001): Kombination und Integration qualitativer und quantitativer Analyse. In: Forum Qualitative Sozialforschung. Band 2. Nr. 1. Abrufbar unter: http://qualitativeresearch.net/fqs/fqs.htm.

Mayring, Philipp (2002): Einführung in die qualitative Sozialforschung. Eine Anleitung zu qualitativem Denken. 5. Auflage. Weinheim: Beltz.

McKinsey & Company (2010): Beitrag der Elektromobilität zu langfristigen Klimaschutzzielen und Implikationen für die Automobilindustrie. Überblick erste Ergebnisse und Überlegungen. Abrufbar unter: http://www.bmu.de/files/pdfs/allgemein/application/pdf/elektromobilitaet_klimaschutz.pdf.

Meier, Dominik (2005): Public Affairs als Markenzeichen einer neuen Politikberatungskultur: In: Rademacher, Lars (Hrsg.): Politik nach Drehbuch. Münster: LIT. S. 87-96.

Meinefeld, Werner (2008): Hypothesen und Vorwissen in der qualitativen Sozialforschung. In: Flick, Uwe/Kardoff, Ernst von/Steinke, Ines (Hrsg.): Qualitative Forschung. Ein Handbuch. 6., durchgesehene und aktualisierte Auflage. Reinbek bei Hamburg: Rowohlt Taschenbuch. S. 253-275.

Menasse, Peter (2005): Die Kampagne „innovatives.oesterreich.at". In: Mast, Claudia/Zerfaß, Ansgar (Hrsg.): Neue Ideen erfolgreich umsetzen. Das Handbuch der Innovationskommunikation. Frankfurt am Main: F.A.Z.-Buch. S. 153-161.

Menn, Andreas (2010): Smartphone-Innovation. Wie lange bleibt Apple an der Spitze? In: WirtschaftsWoche Online. Abrufbar unter: http://www.wiwo.de/technik-wissen/drei-jahre-iphone-wie-lange-bleibt-apple-spitze-451979/2/.

Merkens, Hans (2008): Auswahlverfahren, Sampling, Fallkonstruktion. In: Flick, Uwe/von Kardoff, Ernst/Steinke, Ines (Hrsg.): Qualitative Forschung. Ein Handbuch. S. 286-298.

Merkle, Hans (2003): Lobbying. Das Praxishandbuch für Unternehmen. Darmstadt: Primus.

Merten, Klaus (2000): Zur Konzeption von Konzeptionen. In: PR Magazin. 31. Jg. Nr. 3. S. 33-42.

Meuser, Michael/Nagel, Ulrike (2009): ExpertInneninterviews – vielfach erprobt, wenig bedacht. Ein Beitrag zur qualitativen Methodendiskussion. In: Bogner, Alexander/Littig, Beate/Menz, Wolfgang (Hrsg.): Das Experteninterview – Theorie, Methode, Anwendung. 3., grundlegend überarbeitete Auflage. Wiesbaden: VS Verlag für Sozialwissenschaften. S. 71-93.

Michalowitz, Irina (2004a): EU Lobbying. Principals, Agents and Targets: Strategic interest intermediation in EU policy making. Münster; Berlin: LIT.

Michalowitz, Irina (2004b): EU Lobbying. Profis mit begrenzter Wirkung – Warum der Einfluss der Interessenvertreter in Brüssel überschätzt wird. In: Wissenschaftliche Studien und Positionen zur Praxis in Politikmanagement, Politischer Kommunikation und Interessenrepräsentation. Deutsches Institut für Public Affairs. Abrufbar unter: http://www.marcoalthaus.de/resources/01+dipa_paper_michalowitz_eu_lobby. pdf.

Miller, Franz (2005): Agenda Setting für angewandte Forschung: Schlaglichter strategischer Innovationskommunikation. In: Mast, Claudia/Zerfaß, Ansgar (Hrsg.): Neue Ideen erfolgreich umsetzen. Das Handbuch der Innovationskommunikation. Frankfurt am Main: F.A.Z.-Buch. S. 138-144.

Ministerium für Finanzen und Wirtschaft Baden-Württemberg/e-mobil BW GmbH – Landesagentur für Elektromobilität und Brennstoffzellentechnologie/Fraunhofer IAO (2011): Strukturstudie BW^e Mobil 2011. Baden-Württemberg auf dem Weg in die Elektromobilität. Abrufbar unter: http://www.iao.fraunhofer.de/images/down loadbereich/300/strukturstudie-bwe-mobil-2011.pdf.

Ministerium für Finanzen und Wirtschaft Baden-Württemberg/Ministerium für Wissenschaft, Forschung und Kunst Baden-Württemberg/e-mobil BW GmbH – Landesagentur für Elektromobilität und Brennstoffzellentechnologie/Fraunhofer IAO (2012): Akademische Qualifizierung. Analyse der Bildungslandschaft im Zeichen Nachhaltiger Mobilität. Abrufbar unter: http://www.e-mobilbw.de/Website-Management/UserData/ModuleContents/1045/Downloads/120704_Qualifizierungs studie_final_web.pdf.

Mitchell, Ronald K./Agle, Bradley R./Wood, Donna J. (1997): Towards a theory of stakeholder identification and salience. Defining the principles of who and what really counts. In: Academy of Management Review. Band 4. Nr. 22. S. 853-886.

Morwind, Klaus/Koppenhöfer, Jörg P./Nüßler, Peter (2005): Markenführung zwischen Tradition und Innovation. Der Launch von Persil Megaperls. In: Mast, Claudia/Zerfaß, Ansgar (Hrsg.): Neue Ideen erfolgreich umsetzen. Das Handbuch der Innovationskommunikation. Frankfurt am Main: F.A.Z.-Buch. S. 86-97.

Möslein, Kathrin (2009): Innovation als Treiber des Unternehmenserfolges. Herausforderungen im Zeitalter der Open Innovation. In: Zerfaß, Ansgar/Möslein, Kathrin (Hrsg.): Kommunikation als Erfolgsfaktor im Innovationsmanagement. Strategien im Zeitalter der Open Innovation. Wiesbaden: Gabler. S. 2-22.

Möslein, Kathrin/Neyer Anne-Kathrin (2009): Open Innovation – Grundlagen, Herausforderungen, Spannungsfelder. In: Zerfaß, Ansgar/Möslein, Kathrin (Hrsg.): Kommunikation als Erfolgsfaktor im Innovationsmanagement. Strategien im Zeitalter der Open Innovation. Wiesbaden: Gabler. S. 85-104.

Müller, Bernhard/Wiechmann, Thorsten/Scholl, Wolfgang, Bachmann, Thomas/Habisch, André (2002): Kommunikation in regionalen Innovationsnetzwerken. München; Mering: Hampp.

Müller, Roland (1997): Innovation gewinnt: Kulturgeschichte und Erfolgsrezepte. Zürich: Orell Füssli.

Müller-Prothmann, Tobias/Dörr, Nora (2009): Innovationsmanagement. Strategien, Methoden und Werkzeuge für systematische Innovationsprozesse. München: Carl Hanser.

Müller-Stevens, Günter/Lechner, Christoph (2005): Strategisches Management. Wie strategische Initiativen zum Wandel führen. 3., aktualisierte Auflage. Stuttgart: Schäffer-Poeschel.

Nationale Plattform Elektromobilität (2010): Zwischenbericht der Nationalen Plattform Elektromobilität. Abrufbar unter: http://www.bmbf.de/pubRD/bericht_nationale_ plattform_elektromobilitaet.pdf.

Nationale Plattform Elektromobilität (2011): Zweiter Bericht der Nationalen Plattform Elektromobilität. Abrufbar unter: http://www.bmu.de/files/pdfs/allgemein/applicat ion/pdf/bericht_emob_2.pdf.

Nationale Plattform Elektromobilität (2012): Dritter Bericht der Nationalen Plattform Elektromobilität. Abrufbar unter: http://www.bmbf.de/pubRD/NPE_Fortschrittsbe richt_2012_VorlageBarrierefreiheit_n_DNK84g.pdf.

Neyer, Anne-Katrin/Bullinger, Angelika/Möslein, Kathrin (2009): Integrating inside and outside innovators: a sociotechnical system perspective. In: R&D Management. Band 39. Nr. 4. S. 410-419.

Niemann, Eckehard (2003): Das Interessengeflecht des Agrobusiness. In: Leif, Thomas/Speth, Rudolf (Hrsg.): Die stille Macht. Lobbyismus in Deutschland. Wiesbaden: Westdeutscher Verlag. S. 186-212.

Norfors, David (2005): The Potential of Innovation Journalism as a Driver for Economic Growth. In: Mast, Claudia/Zerfaß, Ansgar (Hrsg.): Neue Ideen erfolgreich umsetzen. Das Handbuch der Innovationskommunikation. Frankfurt am Main: F.A.Z.-Buch. S. 201-212.

Noss, Christian (2002): Innovationsmanagement – Quo vadis? Kommentar zu Jürgen Hauschilds „Zwischenbilanz zum Stand der betriebswirtschaftlichen Innovationsforschung" In: Theorien des Managements. Wiesbaden: Gabler. S. 35-48.

Now GmbH (2011): Marktvorbereitung als Aufgabe. Abrufbar unter: http://www.now-gmbh.de/de/ueber-die-now/aufgabe.html?no_cache=1.

Opal (2012): Opal – Energie für Deutschland. Abrufbar unter: http://www.opal-pipe line.com/public/de/startseite.html.

Ott, Ulrich (2005): Kommunikationsstrategien im Direktbanking: Innovative Wege zum Markterfolg. In: Mast, Claudia/Zerfaß, Ansgar (Hrsg.): Neue Ideen erfolgreich umsetzen. Das Handbuch der Innovationskommunikation. Frankfurt am Main: F.A.Z.-Buch. S. 98-104.

Pfannenberg, Jörg/Zerfaß, Ansgar (2004): Wertschöpfung durch Kommunikation. Thesenpapier zum strategischen Kommunikationscontrolling in Unternehmen und Institutionen. Bonn. November. Abrufbar unter: http://www.communicationcontrol ling.de/fileadmin/communicationcontrolling/pdf-fachbeitraege/DPRG-AK-Thesen papier-2004.pdf.

Plötz, Christiane/Reuscher, Günter/Zweck, Axel (2009): Mehr Wissen – weniger Ressourcen. Potenziale für eine ressourceneffiziente Wirtschaft. In: Zukünftige Technologien Consulting der VDI Technologiezentrum GmbH: Abrufbar unter: http:// www.2000watt.ch/data/downloads/Mehr_Wissen_Weniger_Ressourcen.pdf.

PricewaterhouseCoopers AG Wirtschaftsprüfungsgesellschaft (2012): Elektromobilität – Normen bringen die Zukunft in Fahrt. Abrufbar unter: http://www.forum-elektro mobilitaet.de/assets/mime/933d3791b27731594eeca5851fdee841/PWC_Elektro mobilitaet-Normen-bringen-die-Zukunft-in-Fahrt.pdf.

PricewaterhouseCoopers AG Wirtschaftsprüfungsgesellschaft/Fraunhofer IAO (2010): Automobilindustrie. Energiewirtschaft & Öffentliche Verwaltung. Elektromobilität. Herausforderungen für Industrie und öffentliche Hand. Abrufbar unter: http:// www.iao.fraunhofer.de/images/downloads/elektromobilitaet.pdf.

Priddat, Birger P./Speth, Rudolf (2007): Das neue Lobbying von Unternehmen: Public Affairs. Düsseldorf: Hans-Böckler-Stiftung.

PRIME Research.de (2012): PRIME Research. Excellence in Communication Research Abrufbar unter: http://www.prime-research.com/.

Pürer, Heinz (2003): Publizistik- und Kommunikationswissenschaften. Ein Handbuch. Konstanz: UVK.

Rademacher, Lars (2005): „Wir sind uns alle einig!?“ Systematisches zum Stand der Innovationskommunikation – als Beispiel einer Distinktionstheorie der PR. Abrufbar auch unter: http://www.pr-journal.de/images/stories/downloads/rademacher _innov1.pdf.

Radunski, Peter (2006): Public Affairs als Politikberatung. In: Falk, Svenja/Rehfeld, Dieter/Römmele, Andrea/Thunert, Martin (Hrsg.): Handbuch Politikberatung. Wiesbaden: Verlag für Sozialwissenschaften. S. 315-321.

Reichwald, Ralf/Piller, Frank (2006): Interaktive Wertschöpfung. Open Innovation, Individualisierung und neue Formen der Arbeitsteilung. Wiesbaden: Gabler.

Reichwald, Ralf/Piller, Frank (2009): Wertschöpfungsprinzipien von Open Innovation. Information und Kommunikation in verteilten offenen Netzwerken. In: Zerfaß, Ansgar/Möslein, Kathrin (Hrsg.): Kommunikation als Erfolgsfaktor im Innovationsmanagement. Strategien im Zeitalter der Open Innovation. Wiesbaden: Gabler. S. 105-120.

Rieksmeier, Jörg (2007): Vorwort des Herausgebers. In: Rieksmeier, Jörg (Hrsg.): Praxisbuch: Politische Interessenvermittlung. Instrumente – Kampagnen – Lobbying. Wiesbaden: VS Verlag für Sozialwissenschaften. S. 9-12.

Roeßle, Katharina (2007): Innovationskommunikation als Aufgabe der Organisationskommunikation: Ein Überblick über das Forschungsfeld der Innovationskommunikation. In: Huck, Simone (Hrsg.): Innovationskommunikation. Innovationen verständlich vermitteln: Strategien und Instrumente der Innovationskommunikation. Kommunikation und Analysen. Band 3. Stuttgart: Universität Hohenheim. Lehrstuhl für Kommunikationswissenschaft und Journalistik. S. 9-30. Abrufbar auch unter: http://opus.ub.uni-hohenheim.de/volltexte/2008/264/pdf/Band3_Innovationen_ver staendlich_machen_Endfassung.pdf.

Rogers, Everett (2003): Diffusion of Innovations. 5. Auflage. New York: Free Press.

Roschek, Jan (2009): Web 2.0 als Innovationsplattform – Wie multimediale Kollaboration bei Cisco interne und externe Innovationspotenziale mobilisiert. In: Zerfaß, Ansgar/Möslein, Kathrin (Hrsg.): Kommunikation als Erfolgsfaktor im Innovationsmanagement. Strategien im Zeitalter der Open Innovation. Wiesbaden: Gabler. S. 379-391.

Rothwell, Roy/Freeman, Christopher/Horsley, Anthony/Jervis, V. T. P./Robertson, A. B./Townsend, J. (1974): SAPPHO Updated – Project SAPPHO Phase II. In: Research Policy, Jahrgang 3. S. 258-291.

Salomo, Sören (2003): Konzept und Messung des Innovationsgrades – Ergebnisse einer empirischen Studie zu innovativen Entwicklungsvorhaben. In: Schwaiger, Manfred/Harhoff, Dietmar (Hrsg.): Empirie und Betriebswirtschaftslehre – Entwicklungen und Perspektiven. Stuttgart: Schäffer-Poeschel. S. 399-427.

Savage, Gran T./Nix, Timothy W./Whitehead, Carlton J./Blair, John D. (1991): Strategies for Assessing and Managing Organizational Stakeholder. In: Academy of Management Executive. Band 5. Heft 2. S. 61-75.

Schenk, Michael (2007): Medienwirkungsforschung. 3., vollständig überarbeitete Auflage. Tübingen: Mohr Siebeck.

Schewe, Gerhard/Nienaber, Ann-Marie (2009): Vertrauenskommunikation und Innovationsbarrieren. Theoretische Grundlagen. In: Zerfaß, Ansgar/Möslein, Kathrin (Hrsg.): Kommunikation als Erfolgsfaktor im Innovationsmanagement. Strategien im Zeitalter der Open Innovation. Wiesbaden: Gabler. S. 227-241.

Schläffer, Christopher (2009): Interne Innovations-Community mit Bewegtbild-Formaten – Generierung von Innovationsideen bei der Deutschen Telekom und T-Mobile. In: Zerfaß, Ansgar/Möslein, Kathrin (Hrsg.): Kommunikation als Erfolgsfaktor im Innovationsmanagement. Strategien im Zeitalter der Open Innovation. Wiesbaden: Gabler. S. 403-416.

Schlicht, Anja (2005): Stakeholder-Management. Kommunikationsportal der Gesellschaft Public Relations Agenturen (GPRA e. V). Abrufbar unter: http://alt.pr-guide.de/index.php?id=194&tx_ttnews%5Btt_news%5D=455&tx_ttnews%5Bauthor_id%5D=15&tx_ttnews%5BbackPid%5D=218&cHash=3e4c3f3938.

Schmid, Beat/Lyczek, Boris (2008): Die Rolle der Kommunikation in der Wertschöpfung in der Unternehmung In: Merkel, Miriam/Schmid, Beat (Hrsg.): Unternehmenskommunikation. Kommunikationsmanagement aus Sicht der Unternehmensführung. Wiesbaden: Gabler. S. 5-134.

Schnell, Rainer/Hill, Paul B./Esser, Elke (2008): Methoden der empirischen Sozialforschung. 6., völlig überarbeitete und erweiterte Auflage. München/Wien/Oldenbourg: Oldenbourg.

Schober, Gottlob (2003): Die Deutsche Telekom. Lobbyarbeit für den Börsengang. In: Leif, Thomas/Speth, Rudolf (Hrsg.): Die stille Macht. Lobbyismus in Deutschland. Wiesbaden: Westdeutscher Verlag. S. 157-177.

Schulz, Winfried (2009): Public Relations/Öffentlichkeitsarbeit. In: Noelle-Neumann, Elisabeth/Schulz, Winfried/Wilke, Jürgen (Hrsg.): Fischer Lexikon. Publizistik Massenkommunikation. 5., aktualisierte, vollständig überarbeitete und ergänzte Auflage. Frankfurt am Main: Fischer Taschenbuch.

Schumpeter, Joseph Alois (1939): Business Cycles. New York; London. McGraw-Hill. (Deutsche Ausgabe: Schumpeter, Joseph Alois (1961): Konjunkturzyklen. Eine theoretische, historische und statistische Analyse der kapitalistischen Prozesse. Göttingen: Vandenhoeck & Ruprecht.)

Schumpeter, Joseph Alois (1950): Kapitalismus, Sozialismus und Demokratie. Bern: A. Francke.

Schumpeter, Joseph Alois (1987): Theorie der wirtschaftlichen Entwicklung: eine Untersuchung über Unternehmergewinn, Kapital, Kredit, Zins und den Konjunkturzyklus. 7. Auflage. Unveränderter Nachdruck der 1934 erschienenen 4. Auflage. Berlin: Duncker und Humblot.

Schweinbenz, Andreas (2005): Vom Newcomer zum Trendsetter: Wie intelligente Kommunikationslösungen weltweit bekannt werden. In: Mast, Claudia/Zerfaß, Ansgar (Hrsg.): Neue Ideen erfolgreich umsetzen. Das Handbuch der Innovationskommunikation. Frankfurt am Main: F.A.Z.-Buch. S. 82-85.

Showalter, Amy/Fleisher, Craig S. (2005): The Tools and Techniques of Public Affairs. In: Harris, Phil/Fleisher, Craig S. (Hrsg.): The Handbook of Public Affairs. London; Thousand Oaks; New Delhi: Sage Publications. S. 109-122.

Sebaldt, Martin (2002): Parlamentarische Demokratie und gesellschaftliche Modernisierung: Der Deutsche Bundestag im Gefüge organisierter Interessen seit Mitte der siebziger Jahre. In: Sebaldt, Martin/Oberreuter, Heinrich/Kranenphohl, Uwe (Hrsg.): Der Deutsche Bundestag im Wandel. Ergebnisse neuerer Parlamentarismusforschung. Wiesbaden: Westdeutscher Verlag. S. 280-302.

Sebaldt, Martin (2007): Strukturen des Lobbying. Deutschland und die USA im Vergleich. In: Kleinfeld, Ralf/Annette Zimmer, Willems, Ulrich (Hrsg.): Lobbying. Strukturen. Akteure. Strategien. Wiesbaden: VS Verlag für Sozialwissenschaften. S. 92 – 123.

Siegele, Josef (2007): Lobbying. Praktische Grundlagen für politische, wirtschaftliche und kommunale Entscheidungsprozesse. Studien- und Praxisbuch. Wien: Facultas Universitätsverlag.

Simtion, Alexandra (2007): Storytelling in der Innovationskommunikation. Eine empirische Untersuchung am Beispiel der TWIN-Aufzüge von Thyssen Krupp. In: Huck, Simone (Hrsg.): Innovationskommunikation. Innovationen verständlich vermitteln: Strategien und Instrumente der Innovationskommunikation. Kommunikation und Analysen. Band 3. Stuttgart: Universität Hohenheim. Lehrstuhl für Kommunikationswissenschaft und Journalistik. S. 68-85. Abrufbar auch unter: http://opus.ub.uni-hohenheim.de/volltexte/2008/264/pdf/Band3_Innovationen_verstaendlich_machen_Endfassung.pdf.

Speth, Rudolf (2006): Wege und Entwicklungen der Interessenpolitik. In: Leif, Thomas/Speth, Rudolf (Hrsg.): Die fünfte Gewalt. Lobbyismus in Deutschland. Wiesbaden: VS Verlag für Sozialwissenschaften. S. 38-52.

Speth, Rudolf (2010): Das Bezugssystem Politik – Lobby – Öffentlichkeit. In: Politik und Zeitgeschichte. Nr. 19. Abrufbar unter: http://www.das-parlament.de/2010/19/Beilage/002.html.

Spiegel Online (2009): Förderung der Elektromobilität: Regierung will 1,4 Milliarden Euro investieren. Abrufbar unter: http://www.spiegel.de/auto/aktuell/foerderung-der-elektromobilitaet-regierung-will-1-4-milliarden-euro-investieren-a-662466.html.

Spiegel Online (2010): Ich will das beste Elektroauto der Welt. Abrufbar unter: http://www.spiegel.de/spiegel/print/d-69946883.html.

Spiegel Online (2012): Geringe Nachfrage: GM unterbricht Produktion von Elektroautos. Abrufbar unter: http://www.spiegel.de/auto/aktuell/chevrolet-volt-gm-unterbricht-produktion-des-elektroautos-a-852605.html.

Stäudner, Jürgen H. (2008): Der Sweet Spot der Innovation Transrapid. In: cridon. Abrufbar unter: http://www.cridon.de/der-sweet-spot-der-innovation-transrapid/.

Steinhoff, Fee (2008): Der Innovationsgrad in der Erfolgsfaktorenforschung – Einflussfaktor oder Kontingenzfaktor. In: Mohnkopf, Hermann/Hartmann, Matthias/Metze, Gerhard/Schmeisser, Wilhelm (Hrsg.): Innovationserfolgsrechnung. Innovationsmanagement und Schutzrechtsvertrag, Technologieportfolio, Target Costing, Investitionskalküle und Bilanzierung von FuE-Aktivitäten. Berlin; Heidelberg: Springer. S. 3-18.

Stehle, Helena/Krüger, Florian (2010): Themen, Akteure und Strategien – Eckpunkte erfolgreicher Energiekommunikation. Ergebnisse der Studie „Energiekommunikation". Fachgebiet Kommunikationswissenschaft und Journalistik. Stuttgart: Universität Hohenheim. Abrufbar unter: https://media.uni-hohenheim.de/filead min/einricht ungen/media/Dokumente/Kurzbericht_Energiekommunikation.pdf.

Steinhoff, Fee (2009): Kommunikation mit Kunden im Innovationsprozess – Das Fallbeispiel Deutsche Telekom Laboratories. In: Zerfaß, Ansgar/Möslein, Kathrin (Hrsg.): Kommunikation als Erfolgsfaktor im Innovationsmanagement. Strategien im Zeitalter der Open Innovation. Wiesbaden: Gabler. S. 345-354.

Steinhoff, Fee/Trommsdorff, Volker (2007): Einführung in das Innovationsmarketing. In: Heger, Günther/ Schmeisser, Wilhelm (Hrsg.): Beiträge zum Innovationsmarketing. München und Mering: Rainer Hampp. S. 4-18.

Stöhlker, Klaus J. (2001): Wer richtig kommuniziert wird reich. PR als Schlüssel zum Erfolg. Wien; Frankfurt am Main: Ueberreuter.

Straßner, Alexander (2006): Funktionen von Verbänden in der modernen Gesellschaft: In: Aus Politik und Zeitgeschichte. (APuZ 15-16). Abrufbar unter: http://www.bpb.de/apuz/29798/funktionen-von-verbaenden-in-der-modernen-gesellschaft.

Strauch, Manfred (1993): Lobbying. Wirtschaft und Politik im Wechselspiel. Frankfurt am Main: F.A.Z.

Strebel, Heinz (2009): Innovation als Nachhaltigkeit. In: uwf – UmweltWirtschaftsForum. Band 17. Nr. 3. Berlin; Heidelberg: Springer. Abrufbar unter: http://www.springer link.com/content/n0n6324288676813/fulltext.pdf?page=1.

Streeck, Wolfgang (1994): Staat und Verbände: Neue Fragen. Neue Antworten? In: Streeck, Wolfgang (Hrsg.): Staat und Verbände. Opladen: Westdeutscher Verlag. S. 7-36.

Stuttgarter Zeitung (2013): Autoindustrie halt an ihren Zielen fest. In: Stuttgarter Zeitung. Print-Ausgabe vom 22.03.2013. S. 11.

Süddeutsche.de (2008): Elektroautos. Aus der Krise an die Dose. Abrufbar unter: http://www.sueddeutsche.de/auto/elektroautos-aus-der-krise-an-die-dose-1.724688.

Südkurier (2011): Daimler Prüf- und Technologiezentrum: Projekt hat Mustercharakter. Abrufbar unter: http://www.suedkurier.de/daimler-pr%FCf-und-technologiezentrum -s%FCd./Daimler-Pruef-und-Technologiezentrum-Projekt-hat-Mustercharakter;art 372522,5248067.

Theuvsen, Ludwig (2001): Möglichkeiten des Umgangs mit Anspruchsgruppen. Münsteraner Diskussionspapiere zum Nonprofit-Sektor. Nr. 16. Abrufbar unter: http://www.sozial-politik-seminar.de/textefrei/theuvsen_2001_stakeholder_NPO.pdf

Trommsdorf, Volker/Steinhoff, Fee (2007): Innovationsmarketing. München: Franz Vahlen.

Ulrich, Hans (2001): Anwendungsorientierte Wissenschaft. In: Stiftung zur Förderung der systemorientierten Managementlehre St. Gallen (Hrsg.): Hans Ulrich Gesammelte Schriften. Band 5. Bern/Stuttgart/Wien. S. 205-232.

Ulsamer, Lothar (1997): Eine Kultur der Innovationen schaffen. In: Internationale Treuhand AG. Information Nr. 102. Basel.

Ulsamer, Lothar (2005): Management erfordert Sensibilität und Innovationsbereitschaft. In: Internationale Treuhand AG. Information Nr. 117. Basel. Abrufbar unter: http://www.itag.ch/uploads/media/Nr_117_Management_erfordert_02.pdf.

Vahs, Dietmar/Burmester, Ralf (2005): Innovationsmanagement. Von der Produktidee zur erfolgreichen Vermarktung. 2. Auflage. Stuttgart: Schäffer-Poeschel.

Vanhaverbeke, Wim/Van de Vrande, Vareska/Chesbrough, Henry (2008): Understanding the Advantages of Open Innovation Practices in corporate venturing in terms of real options. In: Creativity and Innovation Management. Band 17. Nr. 4. S. 251-258.

Verband der deutschen Automobilindustrie (2011): Elektromobilität. Eine Alternative zum Öl. Abrufbar unter: http://www.elektromobilitaet-vda.de/tl_files/vda03/content/pdf_infografiken/elektromobilitaet-vda-infografik-antriebstechnologien.pdf.

Verband der deutschen Automobilindustrie (2012): Kräftiges Wachstum in USA, China, Indien und Russland. Weltautomobilmarkt legt auf gut 65 Millionen zu – Deutschland stützt Westeuropa. Abrufbar unter: http://www.vda.de/de/meldungen/news/20120117-2.html.

Vetter, Elke (2007): Innovationskommunikation durch Framing. In: Huck, Simone (Hrsg.): Innovationskommunikation. Innovationen verständlich vermitteln: Strategien und Instrumente der Innovationskommunikation. Kommunikation und Analysen. Band 3. Stuttgart: Universität Hohenheim. Lehrstuhl für Kommunikationswissenschaft und Journalistik. S. 50-67. Abrufbar unter: http://opus.ub.uni-hohenheim.de/volltexte/2008/264/pdf/Band3_Innovationen_verstaendlich_machen_Endfassung.pdf.

Vondenhoff, Christoph/Busch-Janser Sandra (2009): Praxis-Handbuch. Lobbying. Berlin; München; Brüssel: polisphere.

Wahren, Heinz-Kurt (2004): Erfolgsfaktor Innovation – Ideen generieren, bewerten und umsetzen. Berlin; Heidelberg: Springer.

Walcher, Dominik (2009): Der Ideenwettbewerb als Methode der Open Innovation – Entwicklung eines externen Vorschlagwesens zur Integration von Kunden in den Innovationsprozess. In: Zerfaß, Ansgar/Möslein, Kathrin (Hrsg.): Kommunikation als Erfolgsfaktor im Innovationsmanagement. Strategien im Zeitalter der Open Innovation. Wiesbaden: Gabler. S. 141-158.

Waldmann, Lars (2009): Innovationskommunikation mit Referenzprojekten. In: Zerfaß, Ansgar/Möslein, Kathrin (Hrsg.): Kommunikation als Erfolgsfaktor im Innovationsmanagement. Strategien im Zeitalter der Open Innovation. Wiesbaden: Gabler. S. 333-343.

Wallrabenstein, Axel (2003): Public Affairs Boomtown Berlin: In: Althaus, Marco/Cecere, Vito (Hrsg.): Kampagne! Neue Strategien für Wahlkampf, PR und Lobbying. Münster; Hamburg, London: LIT. S. 427-435.

Walter, Achim/Gemünden, Hans-Georg (1999): Beziehungspromotoren als Förderer inter-organisationaler Austauschprozesse: Empirische Befunde. In: Hauschildt, Jürgen/Gemünden, Georg (Hrsg.): Promotoren: Champions der Innovation. 2. erweiterte Auflage. Wiesbaden: Gabler. S. 133-158.

Weber, Thomas (2012): Elektromobilität ist ein wesentlicher Stellhebel für nachhaltige Mobilität. In: VDI nachrichten. Abrufbar unter: http://www.vdi-nachrichten.com/ar tikel/Elektromobilitaet-ist-ein-wesentlicher-Stellhebel-fuer-nachhaltige-Mobilitaet /59447/2.

Wehrmann, Iris (2007): Lobbying in Deutschland. Begriff und Trends. In: Kleinfeld, Ralf/Annette Zimmer, Willems, Ulrich (Hrsg.): Lobbying. Strukturen. Akteure. Strategien. Wiesbaden: VS Verlag für Sozialwissenschaften. S. 36-64).

Weiser, Alexander (2004): Public Affairs Management in Japan. Ein interkultureller Vergleich in der chemischen und pharmazeutischen Industrie. Wiesbaden: Deutscher Universitätsverlag.

Weisshaupt, Bruno (2006): SystemInnovation. Die Welt neu entwerfen. Zürich: Orell Fuessli.

Welge, Martin K./Al-Laham, Andreas (2003): Strategisches Management. Grundlagen – Prozess – Implementierung. Wiesbaden: Gabler.

Weyer, Peter (2010): Ein Blick in die Zukunft. Auf der Suche nach alternativen Antrieben ist die Autobranche in Bewegung wie selten zuvor. Haben Benziner und Diesel noch Chancen, oder kommt wirklich der Elektromotor? Der *stern* gibt Antworten. Stern. Ausgabe vom 27.05.2010. S. 70-73.

Wheelwright, Stephen/Clark, Kim B. (1994): Revolution in der Produktentwicklung. Spitzenleistungen in Schnelligkeit, Effizienz und Qualität durch dynamische Teams. Frankfurt am Main: Campus.

Wiebusch, Dagmar (2003): Public Affairs – Kommunikation im politischen System. Abrufbar unter: http://www.phil-fak.uni-duesseldorf.de/sozwiss/mewi1/reader/ ss05/wiebusch/PA-KommunikationimpolitischenSystem_Wiebusch_2003.pdf.

Wiedemann, Peter/Ries, Klaus Peter (2007): Issues Management und Issues Monitoring. In: Piwinger, Man-fred/Zerfaß, Ansgar (Hrsg.): Handbuch Unternehmenskommunikation. Wiesbaden: Gabler. S. 285-302.

Wiedmann, Klaus-Peter/Venghaus, Sandra/Münchenberg, Jan-Lukas (2009): Radikale Innovationen und Netzwerkbildung – eine Analyse des Innovationsprozesses am Beispiel des Elektroantriebs in der Automobilbranche. Schriftenreihe Marketing Management. Hannover: Institut für Marketing & Management.

Winter, Thomas von (2003): Vom Korporatismus zum Lobbyismus. Forschungsstand und politische Realität. In: Forschungsjournal Neue Soziale Bewegungen. Band 16. Heft 3. S. 37-44.

Winter, Thomas von (2004): Vom Korporatismus zum Lobbyismus. Paradigmenwechsel in Theorie und Analyse der Interessenvermittlung. In: Zeitschrift für Parlamentsfragen Band 35. Heft 4. S. 761-776.

Winter, Thomas von (2007): Asymmetrien der verbandlichen Interessenvermittlung. In: Kleinfeld, Ralf/Zimmer, Annette/Willems, Ulrich (Hrsg.): Lobbying. Strukturen. Akteure. Strategien. Wiesbaden: VS Verlag für Sozialwissenschaften. S. 217-239.

WirtschaftsWoche Online (2012): Die größten Carsharing-Anbieter. Abrufbar unter:

http://www.wiwo.de/unternehmen/mittelstand/hannovermesse/mietautos-die-groes
sten-carsharing-anbieter/6521446.html?slp=false&p=2&a=false#image.

Wirtschaftsministerium Baden-Württemberg/Wirtschaftsförderung Region Stuttgart
GmbH/Fraunhofer IAO (2010): Strukturstudie BWe mobil. Baden-Württemberg auf
dem Weg in die Elektromobilität. Abrufbar unter: http://www.iao.fraunhofer.de/
images/downloadbereich/300/strukturstudie-bwe-mobil.pdf.

Wirtschaftsministerium Baden-Württemberg/Fraunhofer IAO/e-mobil GmbH – Landesagentur für Elektromobilität und Brennstoffzellentechnologie (2010): Systemanaly-
se BW^e mobil. IKT-und Energieinfrastruktur für innovative Mobilitätlösungen in
Baden-Württemberg. Abrufbar unter: http://www.e-mobilbw.de/Resources/System
analyse_BWemobil_IKT_Energie.pdf.

Witt, Dieter/Velsen-Zerweck, Burkhard von/Thiess, Michael/Heilmair, Astrid (2006):
Herausforderung Verbändemanagement. Handlungsfelder und Strategien. Wiesbaden: Gabler.

Witte, Eberhard (1999): Das Promotoren-Modell. In: Hauschildt, Jürgen/Gemünden,
Georg (Hrsg.): Promotoren: Champions der Innovation. 2. erweiterte Auflage.
Wiesbaden: Gabler. S. 9-42.

Wolf, David (2011): Wahlkampf. Unternehmen dürfen nicht für politische Parteien werben. Abrufbar unter: http://www.business-wissen.de/personalmanagement/wahl
kampf-unternehmen-muessen-neutral-bleiben/.

Zboralski, Katja/Gemünden Hans-Georg (2009): Kommunikation und Innovation. Die
Rolle von Communities of Practice. In: Zerfaß, Ansgar/Möslein, Kathrin (Hrsg.):
Kommunikation als Erfolgsfaktor im Innovationsmanagement. Strategien im Zeital-
ter der Open Innovation. Wiesbaden: Gabler. S. 289-303.

Zerfaß, Ansgar (2004a): Innovationsfähigkeit durch Kommunikation – Strategien, Erfolgsfaktoren und Praxisbeispiele Innovationskommunikation als Herausforderung
für PR und Journalismus. In: Mast, Claudia/Zerfaß, Ansgar (Hrsg.): Stuttgarter Beiträge zur Medienwirtschaft. Band 13. Stuttgart: MFG/HdM. S. 9-34.

Zerfaß, Ansgar (2004b): Die Corporate Communications Scorecard – Kennzahlensystem,
Optimierungstool oder strategisches Steuerungsinstrument? In: PR-Digest. S. 1-8.
Abrufbar unter: http://www.communicationcontrolling.de/fileadmin/communication
controlling/pdf-fachbeitraege/Zerfass-CCS-April2004.pdf.pdf.

Zerfaß, Ansgar (2005a): Innovation Readiness – A framework for enhancing corporations
and regions by Innovation Communication. Innovation Journalism. Band 2. Nr. 8. S.
1-27. Auch abrufbar unter: http://innovationjournalism.org/archive/INJO-2-4_split/
INJO-2-4%20pp.229-255.pdf.

Zerfaß, Ansgar (2005b): Innovationsmanagement und Innovationskommunikation. Er-
folgsfaktor für Unternehmen und Region. In: Mast, Claudia/Zerfaß, Ansgar (Hrsg.):
Neue Ideen erfolgreich umsetzen. Das Handbuch der Innovationskommunikation.
Frankfurt am Main: F.A.Z.-Buch. S. 16-42.

Zerfaß, Ansgar (2006): Der Missing Link zum Erfolg – Innovationskommunikation: Neue
Ideen öffentlich und verständlich machen. RKW Magazin. Nr. 1. S. 18-20. Abrufbar
unter: http://www.innovationskommunikation.de/fileadmin/_innovate/downloads
RKW-Magazin_0106.pdf.

Zerfaß, Ansgar (2007): Unternehmenskommunikation und Kommunikationsmanagement: Grundlagen, Wertschöpfung, Integration. In: Piwinger, Manfred/Zerfaß, Ansgar (Hrsg.): Handbuch Unternehmenskommunikation. Wiesbaden: Gabler. S. 21-70.

Zerfaß, Ansgar (2009): Kommunikation als konstitutives Element im Innovationsmanagement. Soziologische und kommunikationswissenschaftliche Grundlagen der Open Innovation. In: Zerfaß, Ansgar/Möslein, Kathrin (Hrsg.): Kommunikation als Erfolgsfaktor im Innovationsmanagement. Strategien im Zeitalter der Open Innovation. Wiesbaden: Gabler. S. 23-56.

Zerfaß, Ansgar/Mast, Claudia (2005): Mehr Innovation durch Kommunikation. Herausforderung für Unternehmen und Medien. In: Kommunikationsmanager 2. Nr. 1. S. 16. Abrufbar unter: http://www.innovationskommunikation.de/fileadmin/_innovate/ downloads/innovation_durch_kommunikation.pdf.

Zerfaß, Ansgar/Ernst, Nadin (2008): Kommunikation als Erfolgsfaktor im Innovationsmanagement. Ergebnisse einer Studie in deutschen Zukunftstechnologie-Branchen. Leipzig: Universität Leipzig. Abrufbar unter: http://www.communicationmanage ment.de/fileadmin/cmgt/PDF_Publikationen_download/Ergebnisbericht_Studie_Ko mmunikation_Innovationsmanagement_-_Uni_Leipzig_-_April_2008.pdf.

Zerfaß, Ansgar/Huck, Simone (2007a): Innovation, Communication, and Leadership: New Developments in Strategic Communication. International Journal of Strategic Communication. Band 1. Nr. 2. S. 107-122. Abrufbar unter: http://www.innovati on-skommunikation.de/fileadmin/_innovate/downloads/ZerfassHuck-IJoSC-2007.pdf.

Zerfaß, Ansgar/Huck, Simone (2007b): Innovationskommunikation: neue Produkte, Ideen und Technologien erfolgreich positionieren. In: Piwinger, Manfred/Zerfaß, Ansgar (Hrsg.): Handbuch Unternehmenskommunikation. Wiesbaden: Gabler. S. 847-858.

Zerfaß, Ansgar/Möslein, Kathrin (2009): Vorwort. In: Zerfaß, Ansgar/Möslein, Kathrin (Hrsg.): Kommunikation als Erfolgsfaktor Kommunikation als Erfolgsfaktor im Innovationsmanagement. Strategien im Zeitalter der Open Innovation. Wiesbaden: Gabler. S. V-X.

Zerfaß, Ansgar/Sandhu, Swaran/Huck, Simone (2004a): Innovationskommunikation – strategisches Handlungsfeld für Corporate Communications. In: Bentele, G./Piwinger, M./Schönborn (Hrsg.): Kommunikationsmanagement. [Loseblattsammlung]. Neuwied: Luchterhand. S. 1-32. Abrufbar unter: http://www.bio-pro. de/artikel/02571/index.html?lang=de&download=NHzLpZeg7t,lnp6I0NTU042l2Z6l n1acy4Zn4Z2qZpnO2Yuq2Z6gpJCDeoN5fmym162epYbg2c_JjKbNoKSn6A--.

Zerfaß, Ansgar/Sandhu, Swaran/Huck, Simone (2004b): Neue Ideen und Produkte erfolgreich positionieren: Kommunikation von Innovationen. In: Kommunikationsmanager. S. 56-58.

Zingerle, Arnold (1976): Innovation. In: Ritter, Joachim/Gründer, Karlfried (Hrsg.): Historisches Wörterbuch der Philosophie. Band 4. Basel: Schwabe.

(Alle Internetquellen wurden am 25. März 2013 zuletzt online aufgerufen.)